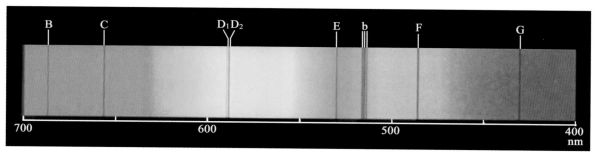

B   C   D₁D₂   E   b   F   G

700   600   500   400
                                         nm

彩图 1   太阳光谱与夫琅禾费线

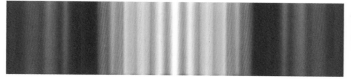

彩图 2   白光杨氏双缝干涉图样

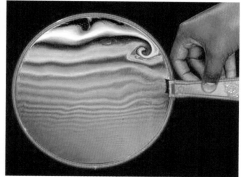

彩图 3   肥皂膜白光下的等厚干涉图样

彩图 4   孔雀羽毛的颜色

羽毛在不同方向上显示不同的颜色，因为它的多层结构类似体全息图，可以产生干涉效果。

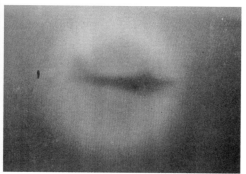

彩图 5   飞机上看到的"佛光"

阳光在大气水滴上的夫琅禾费衍射产生彩色晕光，峨嵋山的"佛光"也是这样产生的。

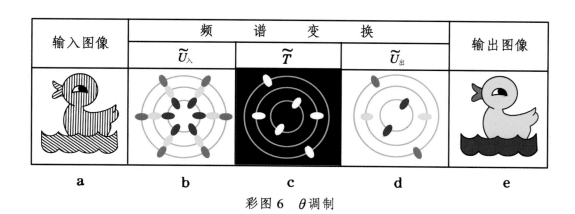

输入图像	频 谱 变 换			输出图像
	$\widetilde{U}_入$	$\widetilde{T}$	$\widetilde{U}_出$	

a   b   c   d   e

彩图 6 θ 调制

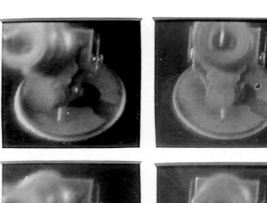

彩图7 从各个角度看一张全息图

匈牙利友人G.马克思教授赠送全息图，本书作者拍照。

彩图8 甲虫的颜色

甲虫翅膀反射的光是圆偏振的，在手性相反的圆偏振光照射下是黑的(上图)。

彩图9 教堂建筑结构的光测弹性模型

彩图10 单轴晶体在会聚白光下的干涉图样

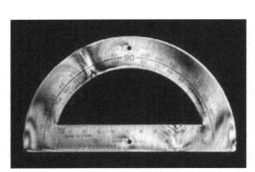

彩图11 在正交偏振片间塑料量角器
显示出凝固在其中的残余应力

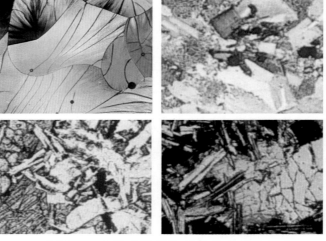

彩图12 在偏光显微镜下的各种矿物样本

面向21世纪课程教材

新概念物理教程

光　学

（第二版）

赵凯华

高等教育出版社·北京

内容简介

　　《新概念物理教程》是教育部"面向 21 世纪教学内容和课程体系改革计划"的研究成果,是面向 21 世纪课程教材。作为《新概念物理教程》光学卷,与已出版的力学、热学、电磁学、量子物理各卷配套,组成一个完整的基础物理课程教材体系。本卷共分光和光的传播,几何光学成像,干涉,衍射,变换光学与全息照相,偏振,光与物质的相互作用、光的量子性七章和两个附录。

　　本书可作为高等学校物理类专业的教材或参考书,特别适合物理学基础人才培养基地选用。对于其他理工科专业,本书也是教师备课时很好的参考书和优秀学生的辅助读物。

图书在版编目(CIP)数据

　　新概念物理教程.光学 / 赵凯华主编. — 2 版. —
北京 : 高等教育出版社,2021.2(2024.5重印)
　　ISBN 978 - 7 - 04 - 051308 - 0

　　Ⅰ.①新… Ⅱ.①赵… Ⅲ.①物理学-高等学校-教材②光学-高等学校-教材 Ⅳ.①O4

　　中国版本图书馆 CIP 数据核字(2019)第 025314 号

XINGAINIAN WULI JIAOCHENG　GUANG XUE

策划编辑	高聚平	责任编辑	高聚平	封面设计	杨立新	版式设计 徐艳妮
插图绘制	于 博	责任校对	张 薇	责任印制	刘思涵	

出版发行	高等教育出版社		网　址	http://www.hep.edu.cn
社　址	北京市西城区德外大街 4 号			http://www.hep.com.cn
邮政编码	100120		网上订购	http://www.hepmall.com.cn
印　刷	北京联兴盛业印刷股份有限公司			http://www.hepmall.com
开　本	787mm×1092mm　1/16			http://www.hepmall.cn
印　张	20.00			
字　数	470 千字		版　次	2004 年 11 月第 1 版
插　页	1			2021 年 2 月第 2 版
购书热线	010—58581118		印　次	2024 年 5 月第 7 次印刷
咨询电话	400—810—0598		定　价	42.80 元

本书如有缺页、倒页、脱页等质量问题,请到所购图书销售部门联系调换

版权所有　侵权必究
物 料 号　51308—00

第二版序

本书已出版了十六年，印刷 27 次。承蒙使用本书的教师和热心的读者来信，指出书中的文字和公式符号的排版错误，在最初两三次印刷时都已挖改过了。作者对他们非常感谢。

我们应出版社的要求，扩大开本，出第二版。在此过程中出版社的编辑们对此书从头到尾仔细校对了一遍。本书的配套教辅《新概念物理题解》的出版远迟于本书，我们未注意到本书所附的"习题答案"与该书多有不符之处，编辑们这次校对时做了核对，订正了不少。作者也很感谢他们。

作 者

2020 年 8 月

第 一 版 序

从教学顺序上看,本书是《新概念物理教程》中的第四卷,从写作顺序上看却是最后一本。我和钟锡华在 20 年前编写过一套《光学》教材,[1] 在全国一定范围内沿用至今。该书在当时参考了国外经典性光学教材[2]的相应部分,并从北京大学前辈和同事们那里吸取了营养(如沈克琦先生的讲稿,虞福春先生关于半波损问题的论述,陈熙谋先生关于干涉条纹定域问题的讨论)。教材[1]成书时新兴的现代变换光学已有了很大发展,该书及时地把一些基本思想和内容补充进去。这一点主要归功于钟锡华先生。钟锡华先生最近出版了一本新教材[3],总结了他 20 余年的教学实践和科学研究的学识和经验,在波动光学方面满怀激情地写出了自己清新流畅的风格。

本书作者审视了近年来光学的最新进展,如信息光学、统计光学、非线性光学等,它们或用的数学比较多,或技术性比较强,或需要一些排在“光学”课之后的量子物理知识,不大适合在本课中太多地介绍。“光学”作为一门基础课,主要把传统的光学原理讲好,还是最根本的。本书以教材[1]为本,但在波动光学的章节处理上恢复了更加传统的干涉、衍射、偏振三大块的编排。在变换光学、信息光学方面侧重于基本原理、基本概念的介绍,删去了一些较深的和较技术性的内容。

赵凯华

2004 年 8 月

---

[1] 赵凯华、钟锡华,《光学》上、下册,北京:北京大学出版社,1984 年。

[2] F.A.Jenkins, H.E.White, *Fundamentals of Optics*, McGraw-Hill Inc.,1952.

M.Born, E.Wolf, *Principles of Optics*, Pergamon Press, 1964.

Г.С.Ландсберг, *Оптика*, Госиздат., 1957.

[3] 钟锡华,《现代光学基础》,北京:北京大学出版社,2003 年。

目　录

第一章 光和光的传播

§1. 光 和 光 学

1.1 光的本性

　　光是一种重要的自然现象。我们之所以能够看到客观世界中斑驳陆离、瞬息万变的景象,是因为眼睛接收物体发射、反射或散射的光。据统计,人类感官收到外部世界的总信息量中,至少有 90% 是通过眼睛的。由于光与人类生活和社会实践的密切联系,光学也和天文学、几何学、力学一样,是一门最早发展起来的学科。然而,在很长一个历史时期里,人类的光学知识仅限于一些现象和简单规律的描述。对光的本性的认真探讨,应该说是从 17 世纪开始的,当时有两个学说并立。一方面,以牛顿(I.Newton)为代表的一些人提出了微粒理论,认为光是按照惯性定律沿直线飞行的微粒流。这个学说直接说明了光的直线传播定律,并能对光的反射和折射作一定的解释(见 4.3 节)。但是,微粒说研究光的折射定律时,得出了光在水中的速度比空气中大的错误结论。不过这一点在当时的科学技术条件下还不能通过实验测定来鉴别。光的微粒理论差不多统治了 17、18 两个世纪。另一方面,和牛顿同时代的惠更斯(C.Huygens)提出了光的波动理论,认为光是在一种特殊弹性介质中传播的机械波。这个理论也解释了光的反射和折射等现象(见 3.3 节)。然而惠更斯认为光是纵波,他的理论是很不完善的。 19 世纪初,托马斯·杨(Thomas Young)和菲涅耳(A.J.Fresnel)等人的实验和理论工作把光的波动理论大大推进,解释了光的干涉、衍射现象,初步测定了光的波长,并根据光的偏振现象确认光是横波(有关光的波动理论,参见第三、四、五各章)。用光的波动理论研究光的折射,得出的结论是光在水中的速度应小于它在空气中的速度,这一点在 1850 年为傅科(J.B.L.Foucault)的实验所证实。因此,19 世纪中叶,光的波动说战胜了微粒说,在比较坚实的基础上确立起来。

　　惠更斯-菲涅耳旧波动理论的弱点,和微粒理论一样,在于它们都带有机械论的色彩,把光现象看成某种机械运动过程。认为光是一种弹性波,就必须臆想一种特殊的弹性介质[历史上称为"以太(aether)"]充满空间。为了不与观测事实抵触,还必须赋予以太极其矛盾的属性:密度极小和弹性模量极大。这不仅在实验上无法得到证实,理论上也显得荒唐。重要的突破发生在 19 世纪 60 年代。 麦克斯韦(J.C.Maxwell)在前人的基础上,建立起他著名的电磁理论。这个理论预言了电磁波的存在,并指出电磁波的速度与光速相同。因此麦克斯韦确信光是一种电磁现象,即波长较短的电磁波。1888 年,赫兹(H.R.Hertz)通过实验发现了波长较长的电磁波 —— 无线电波,它有反射、折射、干涉、衍射等与光波类似的性质。后来的科学实验又证明,红外线、紫外线和 X 射线等也都是电磁波,它们彼此的区别只是波长不同而已。光的电磁理论以大量无可辩驳的事实赢得了普遍的公认。

　　以上是经典物理学中光的微粒说与波动说之争的简短回顾,其中讨论的主要是光的传播,很少涉及光的发射和吸收。那时期光和物质的相互作用问题还没有怎么研究过,许多现象尚未发现。

　　19 世纪末、20 世纪初是物理学发生伟大革命的时代。从牛顿力学到麦克斯韦的电磁理论,经典物理学形成一套严整的理论体系。当时绝大部分物理学家深信,物理学中各种基本问题在原则上都已得到完美的解决,它的理论体系囊括了一切物理现象的基本规律,剩下的似乎只是解微分方程和具体应用的问题了。 然而,正当人们欢庆这座宏伟的经典物理学大厦落成的时候,一个个使经典物理学理论陷入窘境的惊人发现接踵而来。 1887 年,迈克耳孙(A.A.Michelson)和莫雷(E.W.Morley)利用光的干涉效应,试图探测地球在"以太"中的绝对运动。他们得到否定的结果,从而动摇了作为光波(电磁波)载体的"以太"假说,以"静止以太"为背景的绝对时空观遇到了根本性的困难。随后瑞利(J.W.S.Rayleigh)和金斯(J.H.Jeans)根据经典统计力学和电磁波理论,导出黑体辐射公式,该公式要求辐射能量随频率的增长而趋于无穷大。当时物理学界的权威开尔文爵士(Lord Kelvin)把光以太和能均分定理的困难比喻作笼罩在物理学晴朗天空中的两朵乌云。从后来物理学的发展来看,这两朵"乌云"正预示着近代物理学两个革命性的重大理论 —— 相对论和量子论的诞生。有趣的是,这两个问题恰好都与光学有关。

现在让我们回到光的本性问题上来。为了解决黑体辐射理论中的矛盾,1900 年普朗克(M.Planck)提出了量子假说,认为各种频率的电磁波(包括光),只能像微粒似地以一定最小份额的能量(称为能量子)发生。这是一个光的发射问题。另一个显示光的微粒性的重要发现是光电效应,即光照射在金属表面上可使电子逸出,逸出电子的能量与光的强度无关,但与 频率有关,这是一个光的吸收问题。 1905 年,爱因斯坦发展了光的量子理论,成功地解释了光究竟是微粒还是波动? 这个古老的争论重新摆在了我们的面前。

其实,"粒子"和"波动"都是经典物理的概念。近代科学实践证明,光是个十 体。对于它的本性问题,只能用它所表现的性质和规律来回答:光的某些方面的行 "波动",另一些方面的行为却像经典的"粒子"。这就是所谓"光的波粒二象性"。任 念都不能完全概括光的本性。

1.2 光源与光谱

任何发光的物体都可称为光源。太阳、蜡烛的火焰、钨丝白炽灯、日光灯、水银 日常生活中熟悉的光源。光源不仅用来照明,在实验室中为了各种科学研究课题的 使用形式多样的特殊光源,如各种电弧和气体辉光放电管等。1960 年发明的激光器 与所有过去的光源性质不同的崭新光源。光既然是一种电磁辐射,就要有某种能量的补给来维持其发射,按能量补给的方式不同,光的发射大致可分为以下两大类。

(1)热辐射

不断给物体加热来维持一定的温度,物体就会持续地发射光,包括红外线、紫外线等不可见的光。在一定温度下处于热平衡状态下物体的辐射,称为热辐射或温度辐射。太阳、白炽灯中光的发射属于此类。

(2)光的非热发射

各种气体放电管(如日光灯、水银灯)管内的发光过程是靠电场来补给能量的,这过程称为电致发光。某些物质在放射线、X 射线、紫外线、可见光或电子束的照射或轰击下,可以发出可见光来。这一种过程称为荧光。日光灯管壁上的荧光物质、示波管或电视显像管中的荧光屏的发光属于此类。有的物质在上述各种射线的辐照之后,可以在一段时间内持续发光,这种过程称为磷光,夜光表上的磷光物质的发光属于此类。由于化学反应而发光的过程,称为化学发光,腐物中的磷在空气中缓慢氧化发出的光(如有时在坟地上出现的"鬼火")属于这一类。生物体(如萤火虫)的发光称为生物发光,它是特殊类型的化学发光过程。应当指出,能量形式可以相互转化,上述光的各种发射过程不能截然分开,同一光源中光的发射过程也往往不是单一的。在各种波长 λ 的电磁波中,能为人类的眼睛所感受的,只是 $\lambda = (400 \sim 760)\,\text{nm}$ 的狭小范围。这波段内的电磁波称为可见光。在可见光范围内不同波长的光引起不同的颜色感觉。大致说来,波长与颜色的对应关系见表 1-1:

表 1—1 波长与颜色对应表

760	630	600	570	500	450	430	400 nm
红	橙	黄	绿	青	蓝		紫

由于颜色是随波长连续变化的,上述各种颜色的分界线带有人为约定的性质。

在电磁波谱中与可见光波段衔接的,短波一侧是紫外线 $[(400 \sim 5)\,\text{nm}]$,长波一侧是红外线 $(760\,\text{nm} \sim$ 十分之几 mm$)$。红外的波段很宽,为了方便,人们还常把它进一步分为近红外、中红外和远红外几段。习惯上红外线的波长用微米(μm)作单位,波长小于 $(1 \sim 2)\,\mu$m 的叫近红外,数量级大于 μm 的叫远红外,二者之间便是中红外。下面我们谈到"光",常广义地把可见光以外波段的电磁辐射(特别是红外线和紫外线)包括在内。任何波长的电磁波在真空中的传播速度都是相同的,通常用 c 表示,其数值为

$$c = 299\,792\,458\,\text{m/s} \approx 3 \times 10^8\,\text{m/s}.$$

因此从波长 λ 立即可以换算出频率 ν 来:

$$\nu = \frac{c}{\lambda}. \tag{1.1}$$

例如,波长范围为 $(400 \sim 760)\,\text{nm}$ 的可见光,对应的频率范围是 $(7.5 \sim 3.9) \times 10^{14}\,\text{Hz}$.

通常说光的强度(简称光强),是指单位面积上的平均光功率,或者说,光的平均能流密度。作为电磁波,这应由坡印亭矢量 $\boldsymbol{S} = \boldsymbol{E} \times \boldsymbol{H}$ 确定。[●]因电磁波中 $\boldsymbol{E} \perp \boldsymbol{H}$,且 $\sqrt{\varepsilon \varepsilon_0}\,E = \sqrt{\mu \mu_0}\,H$,坡印亭矢量的瞬时值为

$$S = |\boldsymbol{E} \times \boldsymbol{H}| = \sqrt{\frac{\varepsilon \varepsilon_0}{\mu \mu_0}}\,E^2. \tag{1.2}$$

式中 ε 和 μ 分别是相对介电常量和相对磁导率,ε_0 和 μ_0 分别是真空介电常量和真空磁导率。在光频波段,所有磁化机制都不起作用,$\mu \approx 1$,从而光学折射率 $n = \sqrt{\varepsilon \mu} \approx \sqrt{\varepsilon}$,故

$$S = \sqrt{\frac{\varepsilon_0}{\mu_0}}\,n E^2 = \frac{n}{c \mu_0}\,E^2. \tag{1.3}$$

这里用到 $c = 1/\sqrt{\varepsilon_0 \mu_0}$ 的关系式。对于简谐振动,平均值 $\overline{E^2} = \frac{1}{2} E_0^2$,其中 E_0 为振幅,故光的强度为

$$I = \overline{S} = \frac{n}{2 c \mu_0}\,E_0^2. \tag{1.4}$$

在同一种介质里只关心光强的相对分布时,上式中的比例系数不重要,人们往往把光的(相对)强度就写成振幅的平方:

$$I = E_0^2. \tag{1.5}$$

但在比较两种介质里的光强时,则应注意到,比例系数中还有一个与介质有关的量——折射率 n.

单一波长的光叫单色光,否则是非单色光。

如果我们用棱镜或其它分光仪器对各种普通光源发出的光进行分析,就会发现它们大都不是单色光。令 $\mathrm{d}I_\lambda$ 代表波长在 λ 到 $\lambda + \mathrm{d}\lambda$ 之间光的强度,

---

●   参见《新概念物理教程·电磁学》第六章 3.1 节。

$$i(\lambda) = \frac{\mathrm{d}I_\lambda}{\mathrm{d}\lambda} \tag{1.6}$$

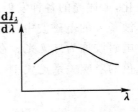

图 1-1　连续光谱

代表单位波长区间的光强,非单色光的 $i(\lambda)$ 按波长的分布,称为光谱,$i(\lambda)$ 称为谱密度,总光强 I 与谱密度的关系是

$$I = \int_{\lambda=0}^{\lambda=\infty} \mathrm{d}I_\lambda = \int_0^\infty i(\lambda)\mathrm{d}\lambda. \tag{1.7}$$

不同的光源有不同的光谱,例如热辐射光源光谱的特点如图 1-1 所示,光强在很大的波长范围内连续分布,这种光谱叫连续光谱。气体(或金属蒸气)放电发射光谱的特点如图 1-2 所示,光强集中在一些离散的波长值 λ_1、λ_2、λ_3、… 附近形成一条条谱线,这种光谱叫线光谱。不同化学成分的物质各有自己的特征谱线。每条谱线只是近似的单色光,它们的光强分布有一定的波长范围 $\Delta\lambda$,这 $\Delta\lambda$ 称为谱线宽度。$\Delta\lambda$ 愈小,表示光的单色性愈好。激光器的谱线宽度可以做得比普通光源小得多,单色性好正是激光的几个基本优点之一。若干元素的普通光源和激光器的典型谱线列于表 1-2。

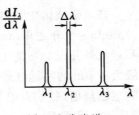

图 1-2　线光谱

表 1-2　典型谱线

元素	谱线波长 /nm	颜色	元素	谱线波长 /nm	颜色
钠(Na)	589.0, 589.6	黄(D 双线)	氢(H)	410.2	紫
汞(Hg)	404.7, 407.8	紫		434.0	蓝
	435.8	蓝		486.1	青绿(F 线)
	546.1(最强)	绿		656.3	橙红(C 线)
	577.0, 579.1	黄	氦氖激光器	632.8	红
镉(Cd)	634.8	红	氩离子	488.0	青
氪(Kr)	605.7	橙	激光器	514.5	绿

太阳光谱除了一些暗线外,基本上是连续谱,它所发出的各种波长的可见光混合起来,给人的感觉是白色。光学中所谓白光,经常指具有和太阳连续光谱相近的多色混合光。❶

1.3　光学的研究对象、分支与应用

光学是研究光的传播,以及它和物质相互作用问题的学科。光学除了是物理学中一门重要的基础学科外,它也是一门应用性很强的学科。光学的研究对象早已不限于可见光。在长期的发展过程中,光学里形成一套行之有效的特殊方法和仪器设备,它们可用之于日益宽广的电磁波段。光学与其它同电磁波打交道的学科(如无线电物理、原子和原子核物理)之间的界限,与其说是按波段,还不如说是按研究手段来划分。并且随着科学的发展,各学科相互交叠和渗透,其间的界限越来越模糊了。

若不涉及光的发射和吸收等与物质相互作用过程的微观机制,光学在传统上分为两大部分:当光的波长可视为极短,从而其波动效应不明显时,人们把光的能量看成是沿着一根根光线传播

---

❶　两种互补色(如橙和蓝,黄和靛青)的光,或三种颜色(如红、绿、蓝)的光按适当比例混合,也可给人的视觉造成白色的感觉。但用它们来照明各种颜色的物体时,看起来就和日光照明不同了,其原因在于它们的光谱和日光光谱不同。从物理学的角度来研究问题,则不仅要看生理效果,还要看光谱分布。

的,它们遵从直进、反射、折射等定律,这便是几何光学。研究光的波动性(干涉、衍射、偏振)的学科,称为物理光学(或波动光学)。光和物质相互作用的问题,通常是在分子或原子的尺度上研究的。在这领域内有时可用经典理论,有时则需用量子理论。对于这类原不属于传统光学的内容,有人冠之以"分子光学"和"量子光学"等名称,也有人把它们仍归于物理光学之内。

　　光学的应用十分广泛。几何光学本来就是为设计各种光学仪器而发展起来的专门学科。随着科学技术的进步,物理光学也越来越显示出它的威力。例如,光的干涉目前仍是精密测量中无可替代的手段,衍射光栅则是重要的分光仪器。光谱在人类认识物质的微观结构(如原子结构、分子结构等)方面曾起了关键性的作用,现在它不仅是化学分析中的先进方法,还为天文学家提供了关于星体的化学成分、温度、磁场、速度等大量信息。近 40 多年来,人们把数学、信息论与光的衍射结合起来,发展起一门新的学科 —— 傅里叶光学,已被应用到信息处理、像质评价、光学计算等技术中。激光的发明,可以说是光学发展史上的一个革命性的里程碑。由于激光具有强度大、单色性好、方向性强等一系列独特的性能,自从它问世以来,很快就被运用到材料加工、精密测量、通信、全息检测、医疗、农业等极为广泛的技术领域,取得了优异的成绩。此外,激光还在同位素分离、催化、信息处理、受控核聚变,以及军事上的应用等方面,取得了光辉的成果。

§2. 光的几何光学传播规律

2.1 几何光学三定律

　　几何光学是以下列三个实验定律为基础建立起来的,它是各种光学仪器设计的理论根据。

　　(1) 光的直线传播定律:光在均匀介质里沿直线传播

　　在点光源的照射下,不透明的物体背后出现清晰的影子。影子的形状与以光源为中心发出的直线所构成的几何投影形状一致(图1-3)。 如果在一个暗箱的前壁上开一小孔,由物体上各点发出的光线将沿直线通过小孔,在暗箱的后壁上形成一倒立的像(图1-4)。 以上两个例子都是表明光线沿直线传播的基本事实。应当注意,光线只在均匀介质中沿直线传播。在非均匀介质中光线将因折射而弯曲,这种现象经常发生在大气中。例如在海边有时出现的海市蜃楼幻景,便是由光线在密度不均匀的大气中折射引起的。

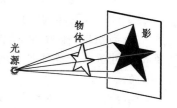

图 1-3 物体的影子

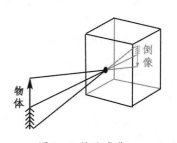

图 1-4 针孔成像

　　(2) 光的反射定律和折射定律

　　设介质 1、2 都是透明、均匀和各向同性的,且它们的分界面是平面(如果分界面不是平面,但曲率不太大时,以下结论仍适用)。当一束光线由介质 1 射到分界面上时,在一般情形下它将分解为两束光线:反射线和折射线(图1-5)。入射线与分界面的法线构成的平面称为入射面,分界面法线与入射线、反射线和折射线所成的夹角 i_1、i_1' 和 i_2 分别称为入射角、反射角和折射角。实验表明:

　　① 反射线与折射线都在入射面内。

② 反射角等于入射角，

$$i_1' = i_1. \tag{1.8}$$

③ 入射角与折射角的正弦之比与入射角无关，是一个与介质与光的波长有关的常数，

$$\frac{\sin i_1}{\sin i_2} = n_{12}（常数）, \tag{1.9}$$

比例常数 n_{12} 称为第二种介质相对第一种介质的折射率。上式有时称为斯涅耳定律（W.Snell,1621）。

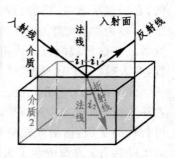

图 1-5 光的反射与折射

任何介质相对于真空的折射率，称为该种介质的绝对折射率，简称折射率。折射率较大的介质称为光密介质，折射率较小的介质称为光疏介质。

实验还表明，两种介质 1、2 的相对折射 n_{12} 等于它们各自的绝对折射率 n_2 与 n_1 之比：

$$n_{12} = \frac{n_2}{n_1}, \tag{1.10}$$

从而

$$n_{21} = 1/n_{12}.$$

用两种介质的绝对折射率 n_1 和 n_2 来表示，斯涅耳折射定律（1.9）式可写成

$$n_1 \sin i_1 = n_2 \sin i_2. \tag{1.11}$$

几种常见透明介质对钠黄光（D 线，589.3 nm）的折射率数值列于表 1-3 中，更详细的折射率数据见 2.3 节。

表 1-3 对钠黄光的折射率

介　质	折射率（D 线）
空气	1.00028
水	1.333
各种玻璃	1.5～2.0
金刚石	2.417

应当指出，作为实验规律，几何光学三定律是近似的，它们只在空间障碍物及反射和折射界面的尺寸远大于光的波长时才成立。尽管如此，在很多情况下用它们来设计光学仪器还是足够精确的。

例题 1　在水中深度为 y 处有一发光点 Q，作 QO 面垂直于水面，求射出水面折射线的延长线与 QO 交点 O' 的深度 y' 与入射角 i 的关系（图 1-6）。

解：　设水相对于空气的折射率为 $n(n \approx 4/3)$，则根据折射定律，有

$$n \sin i = \sin i'.$$

设入射角为 i 的光线与水面相遇于 M 点，令 $\overline{OM} = x$，则

$$y = \frac{x}{\tan i}, \quad y' = \frac{x}{\tan i'}.$$

于是

$$y' = y\frac{\tan i}{\tan i'} = y\frac{\sin i \cos i'}{\sin i' \cos i} = \frac{y\sqrt{1 - n^2 \sin^2 i}}{n \cos i}.$$

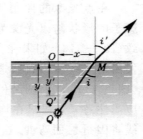

图 1-6 例题 1——
水中的发光点

上式表明，由 Q 发出的不同方向的光线，折射后的延长线不再交于同一点。但对于那些接近法线方向的光线（$i \approx 0$），若忽略 $O(i^2)$ 的高级小量，则 $\sin^2 i \approx 0, \cos i \approx 1$，我们有

$$y' = \frac{y}{n}. \tag{1.12}$$

这时 y' 与入射角 i 无关，即折射线的延长线近似地交于同一点 Q'，其深度为点光源深度的 $1/n \approx 3/4$. ∎

例题 2　用作图法求任意入射线在球面上的折射线。

解：　如图 1-7，设折射球面的球心位于 C 点，半径为 r，左右两边介质的折射率分别为 n 和 $n'(n < n')$。以 C 为中心，分别以 $p = (n'/n)r$ 和 $p' = (n/n')r$ 为半径作圆弧 Σ 和 Σ'. 将入射线 RM 延长，与 Σ 交于 H. 连接 CH 交 Σ' 于 H'. 连接 MH'，即为所求的折射线。以上作图法的依据如下：

① 应用正弦定律于 $\triangle HCM$，则有

$$\sin i / \sin \varphi = \overline{CH} / \overline{CM} = n'/n,$$

② 在 $\triangle MCH'$ 和 $\triangle HCM$ 中有公共角 $\angle C$，且

$$\overline{CH} / \overline{CM} = \overline{CM} / \overline{CH'} = n'/n,$$

故两三角形相似，从而 $i' = \varphi$。

将①与②结论结合起来，得 $\sin i / \sin i' = n'/n$，即图中 i 和 i' 满足折射定律。∎

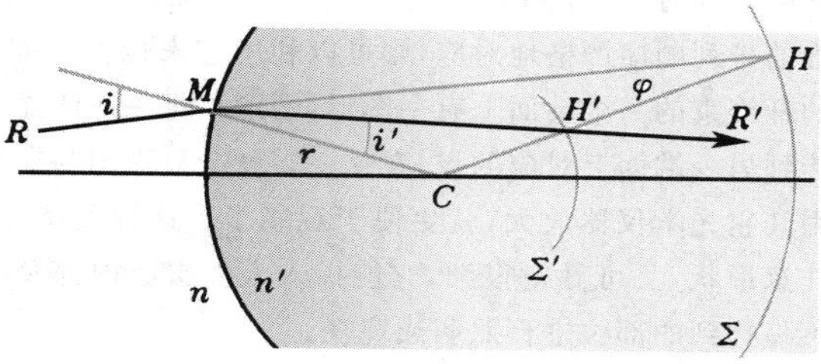

2.2 全反射

当光线从光密介质射向光疏介质时，$n_{12} < 1$，

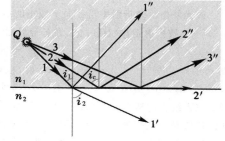

图 1-7 例题 2——球面折射的光线追迹作图

即 $n_2 < n_1$，由 (1.11) 式可以看出，折射角 i_2 大于入射角 i_1（见图 1-8 中光线 $1 - 1'$）。当入射角增至某一数值

$$i_c = \arcsin(n_2/n_1) \qquad (1.13)$$

时，折射线消失，光线全部反射（见图 1-8 中光线 $2 - 2'$）。这现象称为全反射，i_c 称为全反射临界角。由水到空气的全反射临界角约为 $49°$，由各种玻璃到空气的全反射临界角在 $30° \sim 42°$ 之间。

当入射角增大时，光的强度变化情形如下：入射角 i_1 由小到大趋近临界角 i_c 时，折射光的强度逐渐减小，反射光的强度逐渐增大。i_1 达到或超过临界角 i_c 后，折射光的强度减到 0，反射光的强度达到 100%。

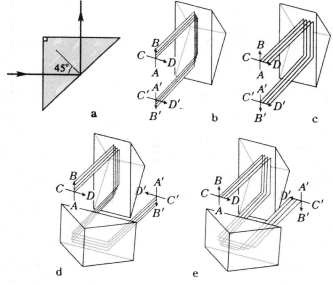

图 1-8 全反射

这里举几个全反射原理应用的例子。

（1）全反射棱镜

图 1-9 所示是等腰直角三角形棱镜的几种用途。在图 1-9a 中，光线从直角棱的一个界面正入射后，以超过 i_c 的 $45°$ 入射角射在斜面上，在该处发生全反射后又从直角棱的另一界面垂直射出。这就使光线的传播方向改变 $90°$。我们也可以如图 1-9b、c 那样安排光路，使光线在棱镜内发生两次全反射，将它的传播方向改变 $180°$。这样的光路可以使像的上下方位 A、B 倒转过来（图 b），但左右方位 C、D 不变（图 c）。如果要使像的左右方位也同时调转，我们可以如图 1-9d、e 那样，安置两个棱边互相垂直的等腰直角三棱镜，一个倒转上下方位（图 d），一个倒转左右方位（图 e）。这类装置常在观察地面物体用的双筒望远镜中使用。

图 1-9 全反射棱镜

（2）光导纤维

如图 1-10a，在一根折射率较高的玻璃纤维外包一层折射率较低的玻璃介质，光线经多次全反射可沿着它从

一端传到另一端,❶而且用大量这样的纤维并成一束,光在各条纤维之间不会串通。如果纤维束的两端各条纤维的排列顺序严格地对应,则可以利用它来传像。如图 1-10b 所示,在这样的纤维束的一个端面上有一图形,图形上每一点的光线沿着一根特定的纤维传到另一端面上对应的点,在这一端就会显现出与原来一样的图形。若能再用其它光学仪器放大,就更便于观察了。这种玻璃纤维束很柔软,可以弯成任意形状,又可做得很细,它能探入人体腹腔内部及结构复杂的机器部件中不易达到的部位进行照明或窥视。

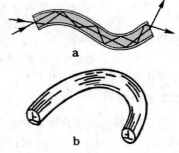

图 1-10　光导纤维

光导纤维折射率的分布不一定是内、外截然不同的两层,它也可以是渐变的。这类纤维能使光线向轴线会聚。在这种聚光纤维中光线走的不是折线,而是光滑曲线。聚光纤维具有光程短、光的透过率和分辨率高等一系列优点。

设光纤由许多折射率沿径向 r 减小的薄层组成(见图 1-11): $n_0 > n_1 > n_2 > \cdots$ 。按折射定律(1.11)式,在各分界面上

$$n_0 \sin i_0 = n_1 \sin i_1 = n_2 \sin i_2 = \cdots = \text{常量},$$

或

$$n_0 \cos \theta_0 = n_1 \cos \theta_1 = n_2 \cos \theta_2 = \cdots = \text{常量}. \tag{1.14}$$

因 $n_0 > n_1 > n_2 > \cdots$,故 $i_0 < i_1 < i_2 < \cdots$, $\theta_0 > \theta_1 > \theta_2 > \cdots$,光线愈接近光纤表面,传播方向愈趋向与其表面平行。在光线到达某一层 k 时终于其入射角 $i_k > i_c$ (该层的全反射临界角),发生全反射,于是光线的传播转向轴线。这便是渐变折射率光纤的聚焦作用。把折射率看成 r 的连续函数: $n = n(r)$,则 θ 也是 r 的连续函数: $\theta = \theta(r)$,(1.14)式化为

$$n(r) \cos \theta(r) = \text{常量},$$

即

$$\frac{\mathrm{d}n}{\mathrm{d}\theta} = n \tan \theta. \tag{1.15}$$

由图 1-11b 可以看出,沿长度方向 z :

$$\frac{\mathrm{d}r}{\mathrm{d}z} = \tan \theta. \tag{1.16}$$

由(1.15)式和(1.16)式知

$$\frac{\mathrm{d}n}{\mathrm{d}\theta} = n \frac{\mathrm{d}r}{\mathrm{d}z},$$

或

$$\frac{\mathrm{d}\theta}{\mathrm{d}z} = \frac{1}{n} \frac{\mathrm{d}n}{\mathrm{d}r}.$$

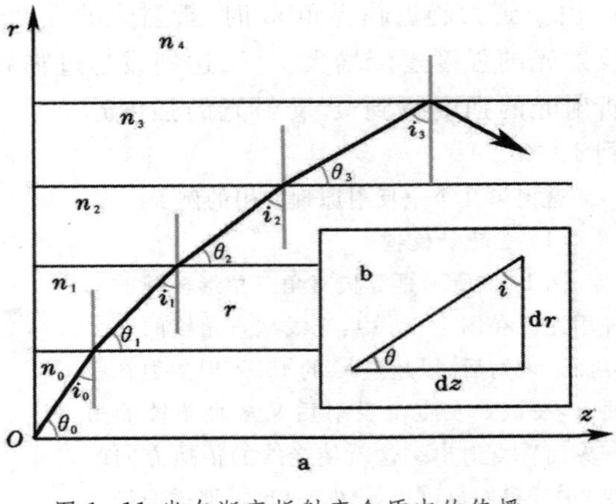

取(1.16)式对 z 导数:

$$\frac{\mathrm{d}^2 r}{\mathrm{d}z^2} = \frac{1}{\cos^2 \theta} \frac{\mathrm{d}\theta}{\mathrm{d}z} = \frac{n^2}{n_0^2 \cos^2 \theta_0} \cdot \frac{1}{n} \frac{\mathrm{d}n}{\mathrm{d}r},$$

即

$$\frac{\mathrm{d}^2 r}{\mathrm{d}z^2} = \frac{1}{2 n_0^2 \cos^2 \theta_0} \frac{\mathrm{d}n^2}{\mathrm{d}r}. \tag{1.17}$$

图 1-11　光在渐变折射率介质中的传播

例题 3　已知光纤纤芯介质的折射率的平方 n^2 按抛物线函数变化:

$$n^2(r) = n_0^2 (1 - a^2 r^2), \tag{1.18}$$

式中 n_0 是 $r = 0$ 处的折射率, a 为常量。试求光线轨迹。

---

❶　当光导纤维细到一定程度,传光的过程就不能用几何光学中全反射的概念来描述了,这时应把它看成是传播电磁波的微型波导。

解:　将(1.18)式代入(1.17)式,得

$$\frac{\mathrm{d}^2 r}{\mathrm{d} z^2} + \frac{a^2}{\cos^2 \theta_0} r = 0,$$

其解为

$$r(z) = A \sin \left(\frac{a}{\cos \theta_0} z + \varphi_0 \right).$$

式中 A 和 φ_0 是由初始条件 r_0、θ_0 决定的常量。∎

纤维光学近 30 多年来得到了突飞猛进的发展,它不仅用于内窥光学系统,尤其重要的是它成功地应用于通信系统。自从 20 世纪 70 年代初,低损耗的石英光导纤维问世以来,便开始了激光光导纤维通信的工作。由于光纤通信与电通信相比有很多优点,如抗电磁干扰性强、频带宽和通信容量大、保密性好、能节省有色金属等,近些年来,许多国家都已广泛地采用了光缆通信。

2.3 棱镜与色散

棱镜是由透明介质(如玻璃)做成的棱柱体,截面呈三角形的棱镜叫三棱镜。与棱边垂直的平面叫棱镜的主截面。下面我们讨论光线在三棱镜主截面内折射的情况。

如图 1-12, $\triangle ABC$ 是三棱镜的主截面,沿主截面入射的光线 DE 在界面 AB 上的 E 点发生第一次折射。光线在这里是由光疏介质进入光密介质的,折射角 i_2 小于入射角 i_1,光线偏向底边 BC。进入棱镜的光线 EF 在界面 AC 上的 F 点发生第二次折射,在这里光线是由光密介质进入光疏介质的,折射角 i_1' 大于入射角 i_2',出射光线进一步偏向底边 BC。光线经两次折射,传播方向总的变化可用入射线 DE 和出射线 FG 延长线的夹角 δ 来表示,δ 称为偏向角。

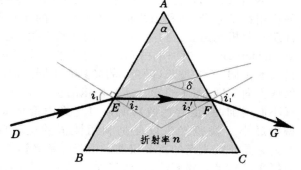

图 1-12　光在三棱镜主截面内的折射

由图 1-12 可以看出,δ 与 i_1、i_2、i_1'、i_2' 以及棱角 α 之间有如下几何关系:

$$\begin{aligned} \delta &= (i_1 - i_2) + (i_1' - i_2') \\ &= (i_1 + i_1') - (i_2 + i_2'), \end{aligned} \tag{1.19}$$

$$\alpha = i_2 + i_2', \tag{1.20}$$

所以

$$\delta = i_1 + i_1' - \alpha. \tag{1.21}$$

上式表明,对于给定的棱角 α,偏向角 δ 随 i_1 而变。由实验得知,在 δ 随 i_1 的改变中,对于某一 i_1 值,偏向角有最小值 $\delta_{\min}$,称为最小偏向角。可以证明,产生最小偏向角的充要条件是

$$i_1 = i_1' \quad \text{或} \quad i_2 = i_2'. \tag{1.22}$$

在此情况下有

$$n = \frac{\sin \dfrac{(\alpha + \delta_{\min})}{2}}{\sin \dfrac{\alpha}{2}}. \tag{1.23}$$

在棱角 α 已知的条件下,通过最小偏向角 $\delta_{\min}$ 的测量,利用上式可算出棱镜的折射率 n。

产生最小偏向角的条件可证明如下。取(1.21)式对 i_1 的导数,得

$$\frac{\mathrm{d} \delta}{\mathrm{d} i_1} = 1 + \frac{\mathrm{d} i_1'}{\mathrm{d} i_1}.$$

产生最小偏向角的必要条件是

$$\frac{\mathrm{d} \delta}{\mathrm{d} i_1} = 0, \quad \text{即} \quad \frac{\mathrm{d} i_1'}{\mathrm{d} i_1} = -1.$$

按折射定律

$$\begin{cases} n \sin i_2 = \sin i_1, \\ n \sin i_2' = \sin i_1'. \end{cases} \tag{1.24}$$

取微分后得

$$\begin{cases} n\cos i_2 \mathrm{d}i_2 = \cos i_1 \mathrm{d}i_1, \\ n\cos i_2' \mathrm{d}i_2' = \cos i_1' \mathrm{d}i_1'. \end{cases}$$

由上述两式得

$$\frac{\mathrm{d}i_1'}{\mathrm{d}i_1} = \frac{\cos i_1 \cos i_2'}{\cos i_2 \cos i_1'} \frac{\mathrm{d}i_2'}{\mathrm{d}i_2}.$$

由(1.20)式知,$\mathrm{d}i_2 = -\mathrm{d}i_2'$,上式又可写为

$$\frac{\mathrm{d}i_1'}{\mathrm{d}i_1} = -\frac{\cos i_1 \cos i_2'}{\cos i_2 \cos i_1'}.$$

所以产生最小偏向角的条件为

$$\frac{\cos i_1 \cos i_2'}{\cos i_2 \cos i_1'} = 1 \quad 或 \quad \frac{\cos i_1}{\cos i_2} = \frac{\cos i_1'}{\cos i_2'}.$$

取上式的平方,并利用(1.24)式,得

$$\frac{1-\sin^2 i_1}{n^2 - \sin^2 i_1} = \frac{1-\sin^2 i_1'}{n^2 - \sin^2 i_1'}. \tag{1.25}$$

上式只有当 $i_1 = i_1'$ 时才成立,此时 $i_2 = i_2'$ 亦成立。这就是说,光线 DE 和 FG 对棱镜对称,△EFA 是等腰三角形。在此情况下,可由(1.20)式和(1.21)式得

$$i_2 = i_2' = \alpha/2, \quad i_1 = i_1' = (\alpha + \delta_{\min})/2.$$

代入(1.24)式后,经整理可得(1.23)式。

　　可以证明,$\dfrac{\mathrm{d}^2\delta}{\mathrm{d}i_1^2} = \dfrac{\mathrm{d}^2 i_1'}{\mathrm{d}i_1^2} > 0$,故上述必要条件也是产生最小偏向角的充分条件。

　　除了 2.2 节所述的几种全反射方面的用途外,棱镜最主要的应用在于分光,即利用棱镜对不同波长的光有不同折射率的性质来分析光谱。折射率 n 与光的波长有关,这一现象称为色散(dispersion)。当一束白光或其它非单色光射入棱镜时,由于折射率不同,不同波长(颜色)的光具有不同的偏向角 δ,从而出射线方向不同(图1-13)。通常棱镜的折射率 n 是随波长 λ 的减小而增加的(正常色散),所以可见光中紫光偏折最大,红光偏折最小。棱镜光谱仪便是利用棱镜的这种分光作用制成

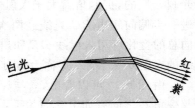

图 1-13 棱镜的色散

的。它是研究光谱的重要仪器。由于棱镜光谱仪中除了棱镜这个主要部件外,还有准直管、望远或摄影等辅助光路系统,这些将在第二章 §5 中作较详细的介绍。

　　表 1-4 中给出一些典型光学玻璃的折射率随波长变化的数据。

表 1—4 典型光学玻璃的色散

谱　线 *	λ/nm	玻 璃					
		冕牌玻璃(K9)	钡冕牌玻璃(BaK7)	重冕牌玻璃(ZK6)	轻火石玻璃(QF3)	钡火石玻璃(BaF1)	重火石玻璃(ZF1)
—(紫外)	365.0	1.53582	1.59417	1.63862	1.61197	1.57371	1.70022
h(蓝)	404.7	1.52982	1.58620	1.63049	1.59968	1.56553	1.68229
g(青)	435.8	1.52626	1.58154	1.62573	1.59280	1.56080	1.67245
F(青绿)	486.1	1.52195	1.57597	1.61999	1.58481	1.55518	1.66119
e(绿)	546.1	1.51826	1.57130	1.61519	1.57832	1.55050	1.65218
D(黄)	589.3	1.51630	1.56880	1.61260	1.57490	1.54800	1.64750
c(橙红)	656.3	1.51389	1.56582	1.60949	1.57089	1.54502	1.64207
A'(红)	766.5	1.51104	1.56238	1.60592	1.56638	1.54160	1.63609
—(红外)	863.0	1.50918	1.56023	1.60268	1.56366	1.53946	1.63254
—(红外)	950.8	1.50778	1.55866	1.60206	1.56172	1.53791	1.63007

* 谱线用的是太阳光谱中的夫琅禾费黑线代号,参看彩图1,详见第七章1.4。

2.4 光路的可逆性原理

从几何光学的基本定律不难看出,如果光线逆着反射线方向入射,则这时的反射线将逆着原来的入射线方向传播;如果光线逆着折射线方向由介质2入射,则射入介质1的折射线也将逆着原来的入射线方向传播(参见图1-14)。也就是说,当光线的方向返转时,它将逆着同一路径传播。这个带有普遍性的结论称为光路的可逆性原理。在今后不少场合,这一原理将对我们有所帮助。

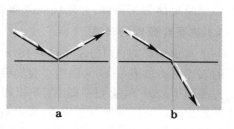

图 1-14 光路的可逆性原理

例题4 利用光路的可逆性原理证明:棱镜产生最小偏向角的条件是光线相对于棱镜对称。

证: 设图1-15中光线1-1'相对于棱镜对称。在它的附近取另一条光线2-2',并作与2-2'对称的光线3'-3。后者是由棱镜的另一侧入射的,它的逆光线3-3'与前二者从棱镜的同一侧入射。由对称性和可逆性可知,光线2-2'和3-3'的偏向角是一样大的($\delta_2=\delta_3$)。应注意,光线2-2'和3-3'朝相反方向偏离光线1-1',而它们的偏向角只能都比δ_1大,或都比δ_1小,亦即δ_1是极值。(要证明这极值是极小值,必须像2.3节中那样,利用折射定律和几何关系对δ_2或δ_3作具体运算。仅用光路的可逆性原理是不易作出判断的。)▌

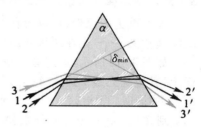

图 1-15 例题4——用光路的可逆性原理判断棱镜的最小偏向角

上述例题告诉我们,利用光路的可逆性原理,往往可以通过很简短的推理得到某些重要的结论。

§ 3. 惠更斯原理

3.1 波的几何描述

我们知道,波动是扰动在空间里的传播。这里所说的扰动,在较多的情况下是指周期性的振动。在同一振源的波场中,扰动同时到达的各点具有相同的相位,这些点的轨迹是一曲面,称为波面(或波阵面)。例如由一个点振源发出的波,在各向同性的均匀介质中的波面是以振源为中心的球面,这种波称为球面波(见图1-16a)。在离振源很远的地方,波面趋于平面,称为平面波(见图1-16b)。

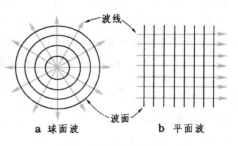

图 1-16 波面与波线

我们设想在波场中绘出一线族,它们每点的切线方向代表该点波扰动传播的方向(或者说代表能量流动的方向)。这样的线族称为波线。在各向同性介质中,波线总是与波面正交的(参见图1-16)。❶所以球面波的波线通过共同中心点,构成同心波束。平面波的波线构成平行波束。所谓"光线",就是光波的波线。

用波面或波线都可描绘波的传播情况,它们统称波的几何描述。几何光学便是以2.1节所

---

❶　在各向异性介质中情况有所不同,详见第六章 § 3。

述三条定律为基础,研究光线或波面传播的学科。

3.2 惠更斯原理的表述

惠更斯原理(C.Huygens,于 1678 年提出)是关于波面传播的理论。它的表述可通过图 1-17 来说明。我们考虑在某一时刻 t 由振源发出的波扰动传播到了波面 S. 惠更斯提出:S 上的每一面元可认为是次波的波源。由面元发出的次波向四面八方传播,在以后的时刻 t' 形成次波面。在各向同性的均匀介质中,次波面是半径为 $v\Delta t$ 的球面,这里 v 为波速,$\Delta t= t'-t$. 惠更斯认为:这些次波面的包络面 S' 就是 t' 时刻总扰动的波面。

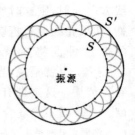

图 1-17 惠更斯原理

3.3 对反射定律和折射定律的解释

根据惠更斯原理,可以解释光的反射定律和折射定律,并给出折射率的物理意义 —— 光在两种介质中速度之比。下面就来论证这个问题。

如图 1-18 所示,设想有一束平行光线(平面波)以入射角 i_1 由介质 1 射向它与介质 2 的分界面上,其边缘光线 1 到达 A_1 点。作通过 A_1 点的波面,它与所有的入射光线垂直。在光线 1 到达 A_1 点的同时,光线 2、3、$\cdots$、n 到达此波面上的 A_2、A_3、$\cdots$、A_n 点。设光在介质 1 中的速度为 v_1,则光线 2、3、$\cdots$、n 分别要经过一段时间 $t_2 = A_2B_2/v_1$、$t_3 = A_3B_3/v_1$、$\cdots$、$t_n = A_nB_n/v_1$ 后才到达分界面上的 B_2、B_3、$\cdots$、B_n 各点,每条光线到达分界面上时都同时发射两个次波,一个是向介质 1 内发射的反射次波,另一个是向介质 2 内发射的透射次波。设光在介质 2 中的速度为 v_2,在第 n 条光线到达 B_n 的同时,由 A_1 点发出的反射次波面和透射次波面分别是半径为 $v_1 t_n$ 和 $v_2 t_n$ 的半球面。在此同时,光线 2、3、$\cdots$ 传播到 B_2、B_3、$\cdots$ 各点后发出的反射次波面的半径分别为

$$v_1(t_n - t_2)、v_1(t_n - t_3)、\cdots,$$

而透射次波面的半径为

$$v_2(t_n - t_2)、v_2(t_n - t_3)、\cdots。$$

这些次波面一个比一个小,直到 B_n 处缩成一个点。根据惠更斯原理,这时刻总扰动的波面是这些次波面的包络

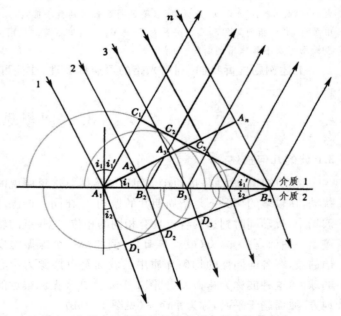

图 1-18 用惠更斯原理解释反射定律和折射定律

面。不难证明,反射次波和透射次波的包络面都是通过 B_n 的平面。❶设反射波总扰动的波面与各次波面相切于 C_1、C_2、C_3、$\cdots$ 各点,而透射波总扰动的波面与各次波面相切于 D_1、D_2、

---

❶ 图 1-18 是某入射面的平面图。应当注意,实际上在与图纸平面平行的其它入射面内也有入射光线。在这些平面内发生的情况与图 1-18 所示的完全一样,也就是说,这里也有一系列同样的波面。总扰动的波面与所有这些中心位于不同入射面内的波面相切,因此是垂直于入射面的平面。

D_3、… 各点。 连接次波源和切点，即得到总扰动的波线，亦即，A_1C_1、B_2C_2、B_3C_3、… 为反射光线，A_1D_1、B_2D_2、B_3D_3、… 为折射光线。

由于 $A_1C_1 = A_nB_n = v_1t_n$，直角三角形 $\triangle A_1C_1B_n$ 和 $\triangle B_nA_nA_1$ 全同，因而 $\angle A_nA_1B_n$ $=\angle C_1B_nA_1$，由图 1-18 不难看出，$\angle A_nA_1B_n=$ 入射角 i_1，$\angle C_1B_nA_1=$ 反射角 i_1'，故得到
$$i' = i,$$
这样便导出了反射定律。由图 1-18 还可看出，$\angle D_1B_nA_1=$ 折射角 i_2，因此
$$\sin i_2 = \overline{A_1D_1} / \overline{A_1B_n},$$
此外 $\sin i_1 = \overline{A_nB_n} / \overline{A_1B_n}$，于是
$$\frac{\sin i_1}{\sin i_2} = \frac{\overline{A_nB_n}}{\overline{A_1D_1}} = \frac{v_1t_n}{v_2t_n} = \frac{v_1}{v_2}.$$

由此可见，入射角与折射角正弦之比为一常数。这样我们便导出了折射定律。在折射定律中我们称比值 $\sin i_1/\sin i_2$ 为介质 2 相对介质 1 的折射率 n_{12}，因此相对折射率与光在两种介质中速度的关系为
$$n_{12} = \frac{n_2}{n_1} = \frac{v_1}{v_2}. \tag{1.26}$$
由此可见，一种介质的绝对折射率为
$$n = \frac{c}{v}, \tag{1.27}$$
式中 c 为真空中光速，v 为该种介质中的光速。从 (1.26) 式或 (1.27) 式看来，在光密介质中光的速度较小。这一结论是与实验相符的。

早期微粒说也可以解释光的反射定律和折射定律。微粒说认为，光的微粒由光源发出后，在透明的均匀介质中依惯性定律飞行。当微粒遇到反射面时，它们像弹性小球一样地反跳。这时微粒的切向速度 v_t 不变，而法向速度 v_n 反转，从而反射角 i_1' 等于入射角 i_1（参见图 1-19a）。为了解释折射定律，则需假设在介质界面存在着一种力，它使微粒通过界面时法向速度发生改变，$v_{2n} \neq v_{1n}$（参见图 1-19b）。由于切向速度 $v_{1t} = v_1 \sin i_1$ 与 $v_{2t} = v_2 \sin i_2$ 相等。于是
$$\frac{\sin i_1}{\sin i_2} = \frac{v_2}{v_1}.$$
由于在各向同性介质中速度 v_1、v_2 与光的传播方向无关，上式右端是一个与入射角无关的常数。这样便解释了光的折射定律。不过，当我们将上式与 (1.9) 式比较后可以看出
$$n_{12} = \frac{n_2}{n_1} = \frac{v_2}{v_1},$$
亦即在光的微粒说看来，在光密介质中光"微粒"的速度较大。这一点后来为傅科的实验所否定。

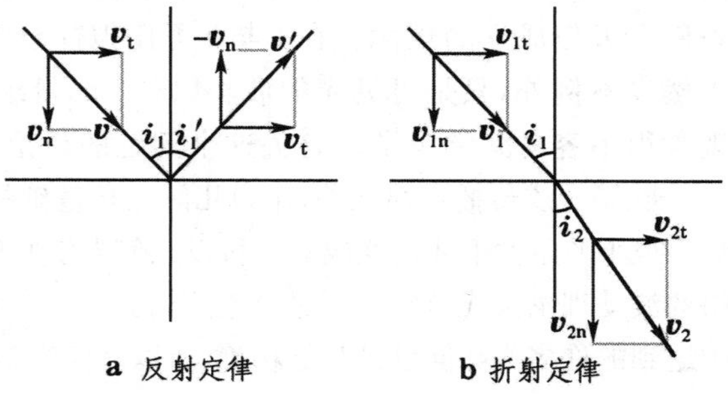

a 反射定律 **b 折射定律**

图 1-19 微粒说对反射定律和折射定律的解释

3.4 直线传播问题

要想验证光的直进性，我们必须用带小孔的障板把一根光线（更确切地说，是一束较窄的光）分离出来（见图 1-20）。由这束光的边缘光线可以考查直线传播定律是否成立。我们设原来的波是由点波源 Q 发出的球面波，画出它传播到障板开口处的波面。根据惠更斯原理，这波面上的每个面元都是一个次波中心。当然只有波面上未被障板遮住的部分 AB 发出的次波才对障板后边的空间起作用。考虑以后的某一时刻，画出此时波前 S 上 AB 部分每点发出的次波的波面，并作这些次波面的包络面 CD。不难看出，CD 也是以 Q 为中心的球面的一部分。按照惠更斯的说法，只有各次波面的包络面 CD 上才发生可察觉的总扰动，也就是说，在包络面两侧 D 和 C 之

外的扰动是可以忽略不计的。所以 *QAC* 和 *QBD* 就是通过孔隙的边缘光线，它们都是直线。惠更斯就这样说明了波的直进性。

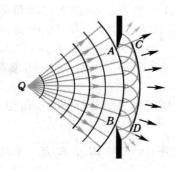

图 1-20 用惠更斯原理解释光的直进性

以上的解释并不令人十分满意，因为 *CD* 两侧之外还有次波存在，为什么次波在这些地方不发生作用呢？事实上并非如此，图 1-21 所示为水波通过大小不同的孔隙后的情况。可以看出，当孔隙大时（见图 1-21a），障板后面的波动正像上面的论述所预期的那样，基本上沿直线传播。当孔隙较小时（见图 1-21b），波的传播开始偏离直线。当孔隙十分小时（见图 1-21c），在障板后面看来，好像波是从小孔那里重新发出似的，这时完全谈不上直进性。在后两种情况下所发生的，就是通常所说的衍射现象。由于惠更斯原理未能定量地给出次波面的包络面上和包络面以外

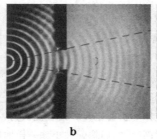

a   b   c

图 1-21 水波的衍射

波扰动强度的分布，因而也就不能完满地解释波的直进性与衍射现象的矛盾。随着科学的进展，这个问题直到 100 多年后才得到解决。原来，任何波动的直进性只是波长 λ 远小于孔隙线度 a 的条件下近似成立的规律。在 λ 与 a 可比拟甚至大于 a 的情形下，将发生显著的衍射。光波的情况当然也不例外，只是可见光的波长（10^{-5} cm 量级）比通常障碍物的线度小得多，偏离直线传播的现象很不容易察觉罢了。有关这个问题的讨论，详见第四章 §1。

除了直线传播定律之外，作为几何光学基础的另外两条定律 —— 反射定律和折射定律，也都只在 λ 很小的条件下才近似成立。所以几何光学原理的适用范围是有限度的，在必要的时候需要用更严格的波动理论来代替它。不过由于几何光学处理问题的方法要简单得多，并且它对于各种光学仪器中遇到的许多实际问题已足够精确，所以几何光学并不失为各种光学仪器的重要理论基础。

§4. 费 马 原 理

4.1 光 程

光线在真空中传播距离 $\overline{QP}$ 所需的时间为
$$\tau_{QP} = \overline{QP}/c,$$
光线经过几种不同介质时（图 1-22），由 Q 经 M、N 直到 P 所需的时间为

$$\tau_{QP} = \sum_i \frac{\Delta l_i}{v_i} = \sum_i \frac{n_i \Delta l_i}{c} = \frac{(QMNP)}{c}. \tag{1.28}$$

其中 Δl_i、v_i、n_i 分别是光线在第 i 种介质中的路程、速度和折射率，而

$$（QMNP）或简写成（QP）= \sum_i n_i \Delta l_i \qquad (1.29)$$

称为光线 $QMNP$ 的光程(optical path)。若介质的折射率连续变化,则光程应为

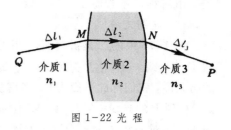

图 1-22 光 程

$$（QP）= \int_{(L) P}^{Q} n \, \mathrm{d} l, \qquad (1.30)$$

其中积分沿光线的路径 L. 从(1.28)式可以看出,"光程"可理解为在相同时间内光线在真空中传播的距离。 以后我们会看到,相位差的计算在波动光学中是十分重要的。可以证明,相位差 $\varphi(P)-\varphi(Q)$ 与光程 (QP) 成正比,从而可以用光程差的计算代替相位差的计算。此是后话,暂且不谈。下面仍局限于几何光学的讨论。

4.2 费马原理的表述

光程的概念对几何光学的重要意义体现在费马原理中。几何光学的基础本是 2.1 节所述的三个实验定律,费马却用光程的概念高度概括地把它们归结成一条统一的原理。 费马原理(P.de Fermat,1679 年)的表述为:QP 两点间光线的实际路径,是光程 (QP)(或者说所需的传播时间 τ_{QP})为平稳(stationary)的路径。

以上表述,特别是其中"平稳"一词,有些费解。在微分学中说一个函数 $y=f(x)$ 在某处平稳,是指它的一阶微分 $\mathrm{d}y=0$。在这里函数可以具有极小值($\mathrm{d}^2 y>0$),也可以有极大值($\mathrm{d}^2 y<0$),还可以有其它情况(如拐点,甚至是常数等)。在费马原理的表述中"平稳"一词的含义本此。若用严格的数学语言来表述,就是在光线的实际路径上光程的变分为 0:

$$\delta(QP) = \delta \int_{(L) P}^{Q} n \, \mathrm{d} l = 0. \qquad (1.31)$$

读者可能对"变分"一词感到生疏。 粗浅一点理解,可认为它就是函数的微分。要想稍详细一点理解它,请参看附录 A。不过在下面我们将遇到的多数场合里,光程具有极小值或恒定值,少数场合里是极大值,因此我们可在这些较狭隘的意义下理解它。

在微分学中所谓"极小"、"极大"或"平稳",都是对自变量的无穷小变化而言的。 (1.31)式中的积分与路径 L 有关。 所谓"极小"、"极大"或"平稳",是对路径的无穷小变化而言的。 如图 1-23,设 $QMNP$ 是光线的实际路径,今在其附近取任一其它路径 $QM'N'P$,两者间的距离处处小于某个无穷小量 ε. 所谓光程 $(QMNP)$ 极小(或极大),就是它小于(或大于)所有附近路径的光程 $(QM'N'P)$;所谓光程 $(QMNP)$ 具有恒定值,就是它和附近所有路径的光程 $(QM'N'P)$ 相等。

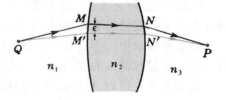

图 1-23 费马原理

4.3 由费马原理推导几何光学三定律

前已述及,费马原理比几何光学三定律具有更高的概括性,由它可以推导出这三个定律来。在均匀介质中光的直线传播定律是费马原理的显然推论,下面看反射定律和折射定律。

(1) 反射定律

考虑由 Q 发出经反射面 Σ 到达 P 的光线。相对于 Σ 取 P 的镜像对称点 P'(图 1-24),从 Q 到 P 任一可能路径 $QM'P$ 的长度与 $QM'P'$ 相等。显然,直线 QMP' 是其中最短的一根,从而路径

QMP 的长度最短。根据费马原理，QMP 是光线的实际路径。由对称性不难看出，$i=i'$.

（2）折射定律

图 1-25 中的 Σ 是折射面。考虑由 Q 出发经 Σ 折射到达 P 的光线。作 $QQ'\perp\Sigma,PP'\perp\Sigma$. 因 QQ' 与 PP' 平行，故而共面，我们称此平面为 Π. 考虑从 Q 经折射面 Σ 上任一点 M' 到 P 的光线 $QM'P$. 由 M' 作垂足 Q'、P' 连线的垂线 $M'M$，不难看出 $QM<QM'$，$PM<PM'$ 即光线 $QM'P$ 在 Π 平面上的投影 QMP 比 $QM'P$ 本身的光程更短。可见光程最短的路径应在 Π 平面内寻找。在 Π 平面内，令 $\overline{QQ'}=h_1$，$\overline{PP'}=h_2$，$\overline{Q'P'}=p$，$\overline{Q'M}=x$，则

$$(QMP)=n_1\overline{QM}+n_2\overline{MP}$$
$$=n_1\sqrt{h_1^2+x^2}+n_2\sqrt{h_2^2+(p-x)^2},$$

式中 n_1、n_2 为 Σ 两边介质的折射率。取上式对 x 的微商，得

$$\frac{\mathrm{d}}{\mathrm{d}x}(QMP)=\frac{n_1x}{\sqrt{h_1^2+x^2}}-\frac{n_2(p-x)}{\sqrt{h_2^2+(p-x)^2}},$$

由光程极小的条件 $\mathrm{d}(QMP)/\mathrm{d}x=0$ 即得

$$n_1\sin i_1=n_2\sin i_2.$$

至此我们全面证明了：符合费马原理的光线路径与几何光学三个基本定律一致。

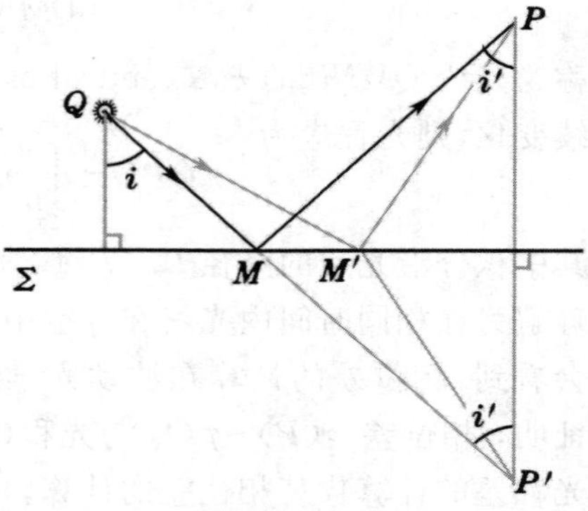

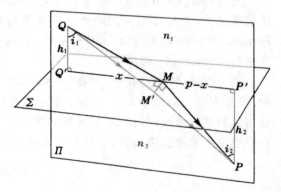

图 1-24 由费马原理推导反射定律

图 1-25 由费马原理推导折射定律

§5. 光度学基本概念

5.1 辐射能通量和光通量

我们知道，可见光在电磁辐射中只占一个很窄的波段。研究光的强弱的学科称为光度学，而研究各种电磁辐射强弱的学科，称为辐射度量学。

辐射度量学中一个最基本的量是辐射能通量，或者说辐射功率，它是指单位时间内光源发出或通过一定接收截面的辐射能，在 CGS 和 MKS 制中它的单位分别是尔格每秒（erg/s）和瓦（W）。

对于非单色辐射，辐射能通量的概念显得太笼统，人们往往关心能量的频谱分布。用 Ψ 代表辐射能通量，$\Delta\Psi_\lambda$ 代表在波长范围 λ 到 $\lambda+\Delta\lambda$ 中的辐射能通量。对于足够小的 $\Delta\lambda$，可以认为 $\Delta\Psi_\lambda\propto\Delta\lambda$，于是写成 $\Delta\Psi_\lambda=\psi(\lambda)\Delta\lambda$，各种波长的总辐射能通量则为

$$\Psi=\sum_\lambda\Delta\Psi_\lambda=\sum_\lambda\psi(\lambda)\Delta\lambda,$$

取 $\Delta\lambda\to0$ 的极限，则有

$$\Psi=\int\psi(\lambda)\mathrm{d}\lambda, \tag{1.32}$$

这里 $\psi(\lambda)$ 描述着辐射能在频谱中的分布，称为辐射能通量的谱密度。

研究光的强度，或更广泛些，研究电磁辐射的强度，都离不开检测器件，如光电池、热电偶、炭斗、光电倍增管、感光乳胶等。一般说来，每种检测器件对不同波长的光或电磁辐射有不同的灵

敏度。检测器件的这种特性用其光谱响应曲线来表征。光谱响应 R_λ 的定义是检测器件的输出信号(通常是电压或电流)的大小与某个波长 λ 的入射光功率之比。图 1-26 给出一些光电阴极的光谱响应曲线,它显示不同器件的光谱响应差别很大。 在光度学或辐射度量学的测量中往往希望有 R_λ 不随 λ 变化的器件,近似于黑体的热电偶或炭斗可以满足这一要求,它们的 R_λ 在包括可见光的相当大波长范围内是常数。

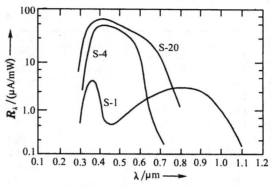

图 1-26 光电阴极的光谱响应曲线

在光学的发展史中可见光波段曾占有特殊的地位。随着人们认识的发展和检测技术的进步,眼睛的作用越来越多地被客观的(或者说物理的)仪器所取代。可见光强度的度量已可归入更普遍的辐射度量之内。但是在某些领域中,人类的眼睛仍不失为一个重要的接收或检测器件而保持其特殊地位。例如,虽然人们越来越多地用照相机去拍摄显微镜和望远镜所成的像,但用肉眼观察还是不可避免的。又如,照明技术是直接为人类创造适当的工作环境而服务的,它就不能不考虑人类眼睛对光的适应性。下面谈谈人类眼睛的光谱响应特征。

诚然,光使眼睛产生亮暗感觉的程度是无法作定量比较的,但人们的视觉能够相当精确地判断两种颜色的光亮暗感觉是否相同。所以为了确定眼睛的光谱响应,可将各种波长的光引起相同亮暗感觉所需的辐射能通量进行比较。对大量具有正常视力的观察者所做的实验表明,在较明亮环境中人的视觉对波长为 555.0 nm 左右的绿色光最敏感。设任一波长为 λ 的光和波长为 555.0 nm 的光产生同样亮暗感觉所需的辐射能通量分别 Ψ_λ 和 Ψ_{555},我们把后者与前者之比

$$V(\lambda) = \frac{\Psi_{555}}{\Psi_\lambda} \tag{1.33}$$

称为视见函数。例如,实验表明,要引起与 1 mW 的 555.0 nm 绿光相同亮暗感觉的 400.0 nm 紫光需要 2.5 W,于是在 400.0 nm 的视见函数值为

$$V(400.0\,\mathrm{nm}) = \frac{10^{-3}}{2.5} = 0.0004.$$

表 1-5 和图 1-27 中分别给出了国际上公认的视见函数值和曲线。可以看出,在 400.0 nm ~ 760.0 nm 范围以外,$V(\lambda)$ 实际上已趋于 0。应当指出,在比较明亮的环境中(如白昼)和比较昏暗的环境中(如夜晚),视见函数是不同的,图 1-27 中黑线代表前者,灰线代表后者,它们分别称为适亮性视见函数和适暗性(或微光)视见函数。可以看出,在昏暗的环境中,视见函数的极大值朝短波(蓝色)方向移动。所以在月色朦胧的夜晚,我们总感到周围的一切笼罩了一层蓝绿的色彩,便是这个缘故。视见函数的这种差别,来源于视网膜上有两种感光单元,一种呈圆锥状,称为圆锥视神经细

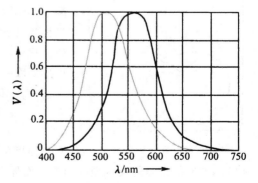

图 1-27 视见函数曲线

胞;另一种呈圆柱状,称为圆柱视神经细胞。在明亮的环境中圆锥视神经细胞起作用,在昏暗的环境中圆柱视神经细胞起作用,它们有不同的光谱响应特性,从而形成适亮性和适暗性两个不同的视见函数。

表 1-5 适亮性视见函数

λ/nm	$V(\lambda)$	λ/nm	$V(\lambda)$	λ/nm	$V(\lambda)$	λ/nm	$V(\lambda)$
390	0.0001	490	0.208	590	0.757	690	0.0082
400	0.0004	500	0.323	600	0.631	700	0.0041
410	0.0012	510	0.503	610	0.503	710	0.0021
420	0.0040	520	0.710	620	0.381	720	0.00105
430	0.0116	530	0.862	630	0.265	730	0.00052
440	0.023	540	0.954	640	0.175	740	0.00025
450	0.038	550	0.995	650	0.107	750	0.00012
460	0.060	560	0.995	660	0.061	760	0.00006
470	0.091	560	0.952	670	0.032	770	0.00003
480	0.139	580	0.870	680	0.017	780	0.000015

量度光通量的多少,要将辐射能通量以视见函数为权重因子折合成对眼睛的有效数量。例如对波长为 λ 的光,光通量 $\Delta\Phi_\lambda$ 与辐射能通量 $\Delta\Psi_\lambda$ 的关系为

$$\Delta\Phi_\lambda = V(\lambda)\Delta\Psi_\lambda,$$

多色光的总光通量

$$\Phi \propto \sum_\lambda V(\lambda)\Delta\Psi_\lambda = \sum_\lambda V(\lambda)\psi(\lambda)\Delta\lambda.$$

取 $\Delta\lambda \to 0$ 的极限并写成等式,则有

$$\Phi = K_{\max}\int V(\lambda)\psi(\lambda)\mathrm{d}\lambda, \tag{1.34}$$

式中 $K_{\max}$ 是波长为 555.0 nm 的光功当量,也可称为最大光功当量,其值由 Φ 和 Ψ 的单位决定。光通量单位为 lm(lumen,流明),

$$K_{\max} = 683\,\text{lm/W}.$$

有关光度学单位的定义留到 5.5 节中再详谈。

5.2 发光强度和亮度

当光源的线度足够小,或距离足够远,从而眼睛无法分辨其形状时,我们把它称为点光源。在实际中多数情形里,我们看到的光源有一定的发光面积,这种光源称为面光源,或扩展光源。点光源 Q 沿某一方向 r 的发光强度 I 定义为沿此方向上单位立体角内发出的光通量。如图1-28所示,我们以 r 为轴取一立体角元 $\mathrm{d}\Omega$,设 $\mathrm{d}\Omega$ 内的光通量为 $\mathrm{d}\Phi$,则沿 r 方向的发光强度为

$$I = \frac{\mathrm{d}\Phi}{\mathrm{d}\Omega}. \tag{1.35}$$

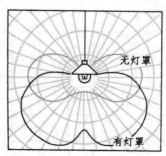

图 1-29 电灯发光强度的角分布

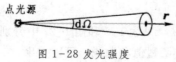

图 1-28 发光强度

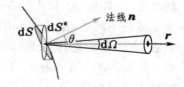

图 1-30 亮度

发光强度的单位为 cd(candela,坎德拉)。大多数光源的发光强度因方向而异。图1-29显示了一盏电灯在加罩前后各方向发光强度的角分布。 扩展光源表面的每块面元 $\mathrm{d}S$ 沿某方向 r 有一定的发光强度 $\mathrm{d}I$,如图1-30所示,设 r 与法线 n 的夹角为 θ,当一个观察者迎着 r 的方向观察 $\mathrm{d}S$ 时,它的投

影面积为 $dS^* = dS\cos\theta$，面元 dS 沿 r 方向的光度学亮度（简称 亮度）B 定义为在此方向上单位投影面积的发光强度，或者更具体一些，它是在 r 方向上从单位投影面积在单位立体角内发出的光通量。用公式表示，则有

$$B = \frac{dI}{dS^*} = \frac{dI}{dS\cos\theta},$$

或

$$B = \frac{d\Phi}{d\Omega\, dS^*} = \frac{d\Phi}{d\Omega\, dS\cos\theta}. \qquad (1.36)$$

从(1.36)式可知，光度学亮度 B 的单位为 $lm/(m^2\cdot sr)$[流明／（平方米·球面度）] 或为 $lm/(cm^2\cdot sr)$[流明／（平方厘米·球面度）]，后者记作 sb(stilb，熙提)：

$$1\,sb = 1\,lm/(cm^2\cdot sr).$$

把(1.35)式中的光通量 Φ 换为辐射能通量 Ψ，即得辐射强度，其单位为 W/sr(瓦／球面度)。把(1.36)式中的 Φ 换为 Ψ，则得辐射亮度，其单位为 $W/(m^2\cdot sr)$[瓦／（平方米·球面度）] 或 $W/(cm^2\cdot sr)$[瓦／（平方厘米·球面度）]。

5.3 余弦发光体和定向发光体

如前所述，光源发射光通量一般是因方向而异的。这里就发光的方向性来看，讨论两个特殊情况。

（1）余弦发光体

如果一扩展光源的发光强度 $dI \propto \cos\theta$，从而其亮度 B 与方向无关。这类发射体称为余弦发光体，或朗伯(J.H.Lambert)发光体，上述按 $\cos\theta$ 规律发射光通量的规律，称为朗伯余弦定律。

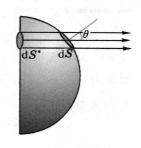

一个均匀的球形余弦发光体，在远处的观察者看来，与同样半径同样亮度的一个均匀发光圆盘无异。这一点不难从图 1-31 看出。因为我们可以把面对观察者的半球上每个面元 dS 投影到圆盘上，得到一个面积为 $dS^* = dS\cos\theta$ 的面元，这两个面元在指向观察者方向上的发光强度和投影面积都是一样的，因而亮度也一样。太阳看起来近似像一个亮度均匀的圆盘，这表明它接近于一个余弦发光体。此外，日常生活里常见的光源，

图 1-31 朗伯体的亮度

许多接近于余弦发光体。 发光强度和亮度的概念不仅适用于自己发光的物体，还可应用到反射体。光线射到光滑的表面上，定向地反射出去；射到粗糙的表面上时，它将朝所有方向漫射。一个理想的漫射面，应是遵循朗伯定律的，亦即不管入射光来自何方，沿各方向漫射光的发光强度总与 $\cos\theta$ 成正比，从而亮度相同。积雪、刷粉的白墙，以及十分粗糙的白纸表面，都很接近这类理想的漫射面。这类物体称为朗伯反射体。

（2）定向发光体

实际中有相当大一类发光体，它们发出的光束集中在一定的立体角 $\Delta\Omega$ 内，即亮度有一定的方向性。从成像光学仪器（如投影仪）发出的光束都有这样的特征。在亮度具有方向性方面最突出的例子是激光器。激光器发

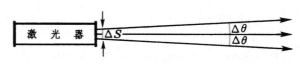

图 1-32 激光器的亮度

出的光束通常是截面 ΔS 很小而高度平行的（图1-32），从 而用不大的辐射功率就可获得极大的辐射亮度。以辐射功率 $\Delta\Psi=10\,\text{mW}$ 的氦氖激光器为例，典型的数据可取光束截面 $\Delta S=1\,\text{mm}^2$，光束发散角 $\Delta\theta=2'=6\times10^{-4}\,\text{rad}$，从而立体角 $\Delta\Omega\approx\pi(\Delta\theta)^2\approx10^{-6}\,\text{sr}$，在光束内部 $\cos\theta\approx1$，由此算得辐射亮度

$$B = \Delta\Psi/(\Delta S\,\Delta\Omega\cos\theta)\approx10^{10}\,\text{W}/(\text{m}^2\cdot\text{sr}).$$

为了对此数值有个数量级的概念，可与太阳光对比。太阳的辐射亮度

$$B\approx10^6\,\text{W}/(\text{m}^2\cdot\text{sr}).$$

亦即区区 10mW 的功率竟产生了比太阳大上万倍的辐射亮度！其关键在于能量在方向上的高度集中。

5.4 照 度

一个被光线照射的表面上的照度定义为照射在单位面积上的光通量。假设面元 dS' 上的光通量为 $d\Phi'$，则此面元上的照度为

$$E = \frac{d\Phi'}{dS'},\qquad(1.37)$$

照度的单位记 lx(lux,勒克斯) 或 ph(phot,辐透)：

$$1\,\text{lx}=1\,\text{lm}/\text{m}^2,\quad 1\,\text{ph}=1\,\text{lm}/\text{cm}^2,$$

故 $1\text{lx}=10^{-4}\text{ph}$. 把(1.37)式中的光通量换成辐射能通量，则得辐射照度，即辐射能流密度，其单位为 W/m^2 或 W/cm^2。

（1）点光源产生的照度

如图 1-33，设点光源的发光强度为 I，被照射面元 dS' 对它所张的立体角为 $d\Omega$，则照射在 dS' 的光通量为

$$d\Phi'=I\,d\Omega=\frac{I\,dS'\cos\theta'}{r^2},$$

从而照度为

$$E=\frac{d\Phi'}{dS'}=\frac{I\cos\theta'}{r^2}.\qquad(1.38)$$

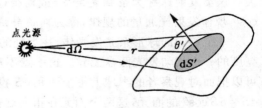

图 1-33 点光源的照度

上式表明，$E\propto\cos\theta'$ 和 $1/r^2$，后者是读者熟知的平方反比律。

（2）面光源产生的照度

如图 1-34，在光源表面和被照射面上各取一面元 dS 和 dS'，令二者连线与各自的法线 n、n' 的夹角分别为 θ、θ'，面光源的亮度为 B，则由 dS 发出并照射在 dS' 上的光通量为

$$d\Phi'=B\,d\Omega\,dS\cos\theta=B\left(\frac{dS'\cos\theta'}{r^2}\right)dS\cos\theta$$

$$=\frac{B\,dS\,dS'\cos\theta\cos\theta'}{r^2},\qquad(1.39)$$

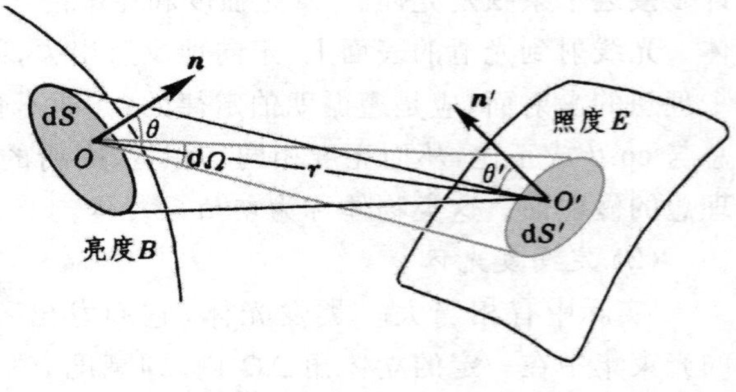

图 1-34 面光源的照度

式中 $dS'\cos\theta'/r^2=d\Omega$ 是 dS' 对 dS 的中心 O 点所张的立体角。上式对 dS 积分并除以 dS'，即得 dS' 上的照度

$$E = \iint\limits_{(光源表面 S)} \frac{B\, \mathrm{d}S \cos\theta \cos\theta'}{r^2}, \tag{1.40}$$

值得注意的是,面元 $\mathrm{d}S$ 和 $\mathrm{d}S'$ 在(1.39)式中的地位是对称的,从这里我们得到光源与被照面可以互易的结论:倘若 $\mathrm{d}S'$ 是亮度为 B 的面光源,它将产生同样的通量照射在 $\mathrm{d}S$ 上。

例题 5 计算均匀余弦发光圆盘在轴上一点产生的垂直照度。设盘的半径为 R,亮度为 B.

解: 令光源面元 $\mathrm{d}S$ 中心 O 与被照射面元 $\mathrm{d}S'$ 中心 O' 之间的距离为 r,则

$$r^2 = r'^2 + z^2,$$

式中字母的含义见图 1-35. 按(1.39)式有

$$\mathrm{d}\Phi' = 2\pi B\, \mathrm{d}S' \int_0^R \frac{z^2\, r'\, \mathrm{d}r'}{(r'^2 + z^2)^2}$$

$$= \frac{\pi R^2 B\, \mathrm{d}S'}{R^2 + z^2},$$

而照度

$$E = \frac{\mathrm{d}\Phi'}{\mathrm{d}S'} = \frac{\pi R^2 B}{R^2 + z^2}. \tag{1.41}$$

当 $z \gg R$ 时,发光圆盘可看成是发光强度 $I = \pi R^2 B$ 的点光源,$E \approx \pi R^2 B / z^2$,亦即在此极限情形下它和点光源一样,产生的照度遵循平方反比律。∎

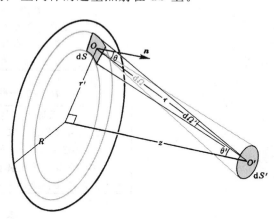

图 1-35 例题 5—— 圆盘光源在轴上的垂直照度

5.5 光度学单位的定义

上面引进了一系列光度学单位:lm、cd、sb、lx 等。选择其中之一为基本单位,其它便可作为导出单位。在光度学中采用发光强度的单位为基本单位。早年发光强度的单位称为烛光(candle),它是通过一定规格的实物基准来定义的。最初的基准是标准蜡烛,后来用一定燃料的标准火焰灯,以至标准电灯。所有上述标准具在一般实验室中都不易复制,并且很难保证其客观性和准确度。1948 年第 9 届国际计量大会决定用一种绝对黑体辐射器作标准具,并给予发光强度以现在的命名 ——candela(cd,坎德拉)。cd 是国际单位制(SI)的七个基本单位之一,其修正了的定义是 1967 年第 13 届国际计量大会上规定的:"坎德拉是在 $101\,325\,\mathrm{N/m^2}$ 压强下,处于铂凝固温度的黑体的 $(1/600\,000)\mathrm{m^2}$ 表面垂直方向上的发光强度"。现代照明技术和电子光学工业的发展,各种新型光源和探测器的出现,要求对各种复杂辐射进行准确测量,而上述坎德拉的定义是以铂在凝固点下的光谱成分为基点的,要换算到其它光谱成分,还要相应的视见函数值,很不易准确。此外上述定义中未明确规定最大光功当量 $K_{\max}$ 之值,影响整个光度学和辐射度学之间的换算关系。1979 年第 16 届国际计量大会通过决议,废除上述坎德拉的定义,并规定其新定义为

坎德拉是发出 $540 \times 10^{12}\,\mathrm{Hz}$ 频率的单色辐射源在给定方向上的发光强度,该方向上的辐射强度为 $(1/683)\mathrm{W/sr}$.

在上述定义中,频率 $540 \times 10^{12}\,\mathrm{Hz}$ 是当视见函数 $V(\lambda)$ 取最大值 1 时,且在空气中波长接近 $555.0\,\mathrm{nm}$ 的单色辐射的频率($540.0154 \times 10^{12}\,\mathrm{Hz}$)略去尾数而得。因频率与空气折射率无关,在定义中采用频率比波长更为严密。这个定义等于说规定了最大光功当量 $K_{\max}$ 之值为 $683\,\mathrm{lm/W}$,有了 cd 和 lm,亮度和照度的单位 sb 和 lx 也就定下来了。

为了使读者对光度学单位的大小有个概念,表 1-6 和表 1-7 分别给出一些常见的实际情形中的亮度和照度值。

表 1—6 常见光源的亮度

在地球大气层外看到的太阳	约 190 000 sb
通过大气看到的太阳	约 150 000 sb
钨丝白炽灯	约 500 sb
蜡烛火焰	约 0.5 sb
通过大气看到的满月	约 0.25 sb
晴朗的白昼天空	约 0.15 sb
没有月亮的夜空	约 10^{-8} sb

表 1—7 一些实际情况下的照度

无月夜天时光在地面上的照度	3×10^{-4} lx
接近天顶的满月在地面上的照度	0.2 lx
办公室工作所必需的照度	$20 \sim 100$ lx
晴朗夏日在采光良好的室内照度	$100 \sim 500$ lx
夏天太阳不直接照到的露天地面上的照度	$10^3 \sim 10^4$ lx

本 章 提 要

1. 对光的本性的认识
   (1) 微粒说:服从经典力学的微粒
   (2) 波动说:弹性以太波 → 电磁波
   (3) 波粒二象性:光子及其波函数
2. 光强:光的平均能流密度。按光的电磁理论

$$光强 \ I = \overline{|\boldsymbol{E} \times \boldsymbol{H}|} = \frac{n}{2c\mu_0}E_0^2 \propto E_0^2 \quad (n \text{——折射率}, \ E_0 \text{——电场振幅}).$$

3. 几何光学三定律:
   (1) 直线传播定律:光在均匀介质里沿直线传播。
   (2) 反射定律:反射线在入射面内,反射角等于入射角: $i_1' = i_1$.
   (3) 折射定律:折射线在入射面内,折射角与入射角正弦之比等于常数 （相对折射率）。

$$\frac{\sin i_1}{\sin i_2} = n_{12} = n_2/n_1.$$

光从光密介质射向光疏介质,入射角 $i_1 > i_c = \arcsin(n_2/n_1)$ 时发生全反射。

4. 惠更斯原理:波面上的每一面元可认为是次波源,这些次波面的包络面是下一时刻的波面。
   用惠更斯作图法解释几何光学三定律,得出折射率是光速之比的结论:

$$n_{12} = \frac{n_2}{n_1} = \frac{v_1}{v_2}.$$

5. 费马原理:QP 两点间光线的实际路径,是光程（QP）为平稳（极小、极大或恒定）的路径。（光程 —— 折射率×几何路程）

$$\delta(QP) = \delta \int_{\substack{P \\ (L)}}^{Q} n \, \mathrm{d}l = 0.$$

用费马原理导出几何光学三定律。

6. 棱镜最小偏向角 $\delta_{\min}$:

$$n = \frac{\sin \dfrac{(\alpha + \delta_{\min})}{2}}{\sin \dfrac{\alpha}{2}} \quad (\alpha \text{—— 棱角}).$$

7. 光度学基本概念:

(1) 辐射能通量 $\Psi = \int \psi(\lambda)\mathrm{d}\lambda$,   单位 W。

     光通量 $\Phi = K_{\max}\int V(\lambda)\psi(\lambda)\mathrm{d}\lambda$,   单位 lm(流明)。

     其中 $V(\lambda)$—— 人眼的视见函数, $K_{\max}=683\,\mathrm{lm/W}$—— 最大光功当量。

(2) 发光强度 $I = \dfrac{\mathrm{d}\Phi}{\mathrm{d}\Omega}$,   单位 lm/sr=cd(坎德拉)。

     亮度 $B = \dfrac{\mathrm{d}\Phi}{\mathrm{d}\Omega\,\mathrm{d}S\cos\theta}$,   单位 $\begin{cases}\mathrm{lm/(m^2\cdot sr)},\\ \mathrm{lm/(cm^2\cdot sr)=sb(熙提)}。\end{cases}$

     朗伯发光体(余弦发光体):亮度与方向无关的发光体。

(3) 照度 $E = \dfrac{\mathrm{d}\Phi'}{\mathrm{d}S'}$,   单位 $\begin{cases}\mathrm{lm/m^2=lx(勒克斯)},\\ \mathrm{lm/cm^2=ph(辐透)}。\end{cases}$

光度学基本单位:

     cd(坎德拉)—— 发出 $540\times10^{12}\,\mathrm{Hz}$ 频率的单色辐射源在给定方向上的发光强度,该方向上的辐射强度为(1/683)W/sr(1979 年第 16 届国际计量大会决议)。

思 考 题

  1-1. 为什么透过茂密树叶的缝隙投射到地面的阳光形成圆形光斑? 你能设想在日偏食的情况下这种光斑的形状会有变化吗?

  1-2. 试说明,为什么远处灯火在微波荡漾的湖面形成的倒影拉得很长。

  1-3. 有人设想用如本题图所示的反射圆锥腔使光束的能量集中到极小的面积上,因为出口可以做得任意小,从而射出的光束的能流密度可以任意大。这种想法正确吗?

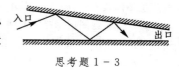

思考题 1-3

  1-4. 为什么日出和日落时太阳看起来是扁的?

  1-5. 大气折射给星体位置的观察造成的偏差,称为蒙气差,这是天文学必须考虑的因素。试定性地讨论蒙气差与星体到天顶距离之间的关系。

  1-6. 试讨论平行光束折射后截面积的变化。

  1-7. 惠更斯原理是否适用于空气中的声波? 你是否期望声波也服从和光波一样的反射定律和折射定律?

  1-8. 一儿童落水,岸上青年奔去抢救。设他在岸上奔跑的速度为 v_1,泅水的速度为 v_2,$v_1>v_2$,他从 A 点出发应采取怎样的路径最快地到达孩子处 B(见本题图)?

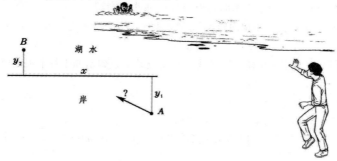

思考题 1-8

这个问题与光的折射定律有什么相似的地方？

习　题

1-1. 太阳与月球的直径分别是 1.39×10^6 km 和 3.5×10^3 km，太阳到地面的距离为 1.50×10^9 km，月球到地面的距离为 3.8×10^5 km. 试计算，地面上能见到日全食区域的面积（可把该区域的地面视为平面）。

1-2. 由立方体的玻璃切下一角制成的棱镜，称为隔角棱镜（见本题图）。证明从斜面射入的光线经其它三面全反射后，出射线的方向总与入射线相反。设想一下，这样的棱镜可以在什么场合发挥作用。

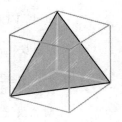

习题 1-2

1-3. 光线射入如本题图所示的棱镜，经两次折射和反射后射出。

(1) 证明偏向角与入射方向无关，恒等于 2α.

(2) 在此情况下，能否产生色散？

1-4. 试证明：当一条光线通过平行平面玻璃板时，出射光线方向不变，但产生侧向平移。当入射角 θ 很小时，位移为

$$x = \frac{n-1}{n}\theta t,$$

式中 n 为玻璃板的折射率，t 为其厚度。

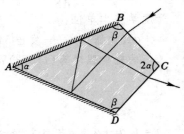

习题 1-3

1-5. 证明：光线相继经过几个平行分界面的多层介质时，出射光线的方向只与入射方向和两边的折射率有关，与中间各层介质无关。

1-6. 顶角 α 很小的棱镜称为光劈（wedge），证明光劈使垂直入射的光线产生偏向角 $\delta=(n-1)\alpha$，其中 n 是光劈的折射率。

1-7. 本题图所示是一种求折射线方向的追迹作图法。例如为了求光线通过棱镜的路径（图 b），可如图 a 以 O 为中心作二圆弧，半径正比于折射率 n、n'（设 $n>n'$）。作 OR 平行于入射线 DE，作 RP 平行于棱镜第一界面的法线 N_1N_1'，则 OP 的方向即为第一次折射后光线 EF 的方向。再作 QP 平行于第二界面的法线 N_2N_2'，则 OQ 的方向即为出射线 FG 的方向，从而 $\angle ROQ=\delta$ 为偏向角。试论证此法的依据。

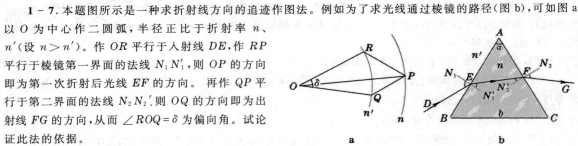

a　　　　　　　　b

习题 1-7

1-8. 利用上题的图证明最小偏向角的存在及 (1.23) 式。

1-9. 已知棱镜顶角为 $60°$，测得最小偏向角为 $53°14'$，求棱镜的折射率。

1-10. 顶角为 $50°$ 的三棱镜的最小偏向角是 $35°$，如果把它浸入水中，最小偏向角等于多少？（水的折射率为 1.33。）

1-11. 如本题图所示，在水中有两条平行光线 1 和 2，光线 2 射到水和平行平板玻璃的分界面上。

(1) 两光线射到空气中是否还平行？

(2) 如果光线 1 发生全反射，光线 2 能否进入空气？

1-12. 计算光在下列介质之间穿行时的全反射临界角：(1) 从玻璃到空气，(2) 从水到空气，(3) 从玻璃到水。

1-13. 设光导纤维玻璃芯和外套的折射率分别为 n_1 和 n_2（$n_1>n_2$），垂直端面外介质的折射率为 n_0（见

习题 1-11

本题图),试证明,能使光线在纤维内发生全反射的入射光束的最大孔径角 θ_1 满足下式:

$$n_0 \sin\theta_1 = \sqrt{n_1^2 - n_2^2}$$

(θ_1 称为纤维的数值孔径)。

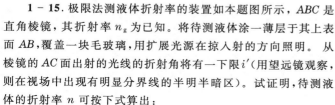

习题 1-13

1-14. 光导纤维外套由折射率为 1.52 的冕牌玻璃做成,芯线由折射率为 1.66 的火石玻璃做成,求垂直端面的数值孔径。

1-15. 极限法测液体折射率的装置如本题图所示,ABC 是直角棱镜,其折射率 n_g 为已知。将待测液体涂一薄层于其上表面 AB,覆盖一块毛玻璃,用扩展光源在掠入射的方向照明。从棱镜的 AC 面出射的光线的折射角将有一下限 i'(用望远镜观察,则在视场中出现有明显分界线的半明半暗区)。试证明,待测液体的折射率 n 可按下式算出:

$$n = \sqrt{n_g^2 - \sin^2 i'}.$$

用这种方法测液体折射率,测量范围受到什么限制?

习题 1-15

1-16. 在空气中钠黄光的波长为 589.3 nm,问

(1) 其频率有多大?

(2) 在折射率为 1.52 的玻璃中其波长为多少?

1-17. 在熔凝石英中波长为 550.0 nm 的光频率为多少? 已知折射率为 1.460。

1-18. 填充下表中的空白:

谱　线	F　　线		D　　线	
介　质	真空	水	真空	水
折射率		1.337		1.333
波　长	486.1 nm		589.3 nm	
频　率				
光　速				

1-19. 一只船以速度 v 在水面上行驶,v 比水面波的速率 u 大。用惠更斯作图法证明,在水中出现一圆锥形波前,其半顶角 θ 由下式给出:

$$\sin\theta = \frac{u}{v},$$

此波称为艏波,超音速飞机在空气中产生的冲击波,也是这样产生的。

设想一下,若电子以大于介质中光速的速度在介质中作匀速运动,会产生什么现象?

1-20. 证明图 1-18 中光线 A_1C_1、$A_2B_2C_2$、$A_3B_3C_3$、$\cdots$、A_nB_n 的光程相等。

1-21. 证明图 1-18 中光线 A_1D_1、$A_2B_2D_2$、$A_3B_3D_3$、$\cdots$、A_nB_n 的光程相等。

1-22. 在离桌面 1.0 m 处一盏 100 cd 的电灯 L,设 L 可看作是各向同性的,求桌上 A、B 两点的照度(见本题图)。

1-23. 若上题中电灯 L 可垂直上下移动,问怎样的高度使 B 点的照度最大。

1-24. (1) 设天空为亮度均匀的朗伯体,其亮度为 B,试证明,在露天水平面上的照度为 $E = \pi B$;

习题 1-22

(2) 在上面的计算中,与我们假设天空是怎样形状的发光面有无关系? 与被照射面的位置有无关系?

1－25. 试证明，一个理想漫射体受到照度为 E 的辐射时，反射光的亮度 $B = E/\pi$.

1－26. 阳光垂直照射地面时，照度为 1.0×10^5 lx. 若认为太阳的亮度与光流方向无关，并忽略大气对光的吸收，且已知地球轨道半径为 1.5×10^8 km，太阳的直径为 1.4×10^6 km，求太阳的亮度。

第二章 几何光学成像

§1. 成 像

光学仪器中很大一部分是成像的仪器,如显微镜、望远镜、投影仪和照相机等皆是。成像是几何光学要研究的中心问题之一。本节先介绍一些有关成像的基本概念,以后各节再研究它的规律。

1.1 实像与虚像 实物与虚物

各光线本身或其延长线交于同一点的光束,叫同心光束(concentric beam),在各向同性介质中它对应于球面波,例如从一点光源发出的光束便是同心光束。由若干反射面或折射面组成的光学系统,称为光具组(optical system),例如平面镜(一个反射平面)、透镜(两个折射球面),以及更复杂的光学仪器,都可称之为光具组。如果一个以 Q 点为中心的同心光束经光具组的反射或折射后转化为另一以 Q' 点为中心的同心光束,我们说光具组使 Q 成像于 Q'. Q 称为物点, Q' 称为像点。若出射的同心光束是会聚的(图2–1a 与c),我们称像点 Q' 为实像(real image);若出射同心光束是发散的(图2–1b 与d),我们称像点 Q' 为虚像(virtual image)。[1] 作为成实像或成虚像的简单例子,读者也许会举出凸透镜和凹镜来。但是以后我们将看到,透镜并不能严格地保持光束的同心性,即它们都只能近似地成像。能严格保持光束同心性的光具组是极少的。 第一章的例题1表明,单个折射平面就不能保持光束的同心性。然而,单个反射平面却是为数不多的几个严格成像的例子之一。

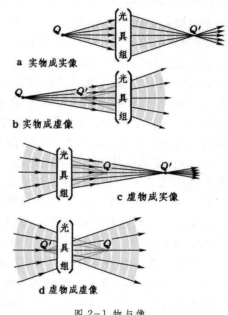

a 实物成实像

b 实物成虚像

c 虚物成实像

d 虚物成虚像

图 2-1 物与像

图2-2所示为平面镜成像原理。 MM' 为镜面,由镜前一发光点 Q 射出的同心光束经镜面反射后成为发散光束。根据反射定律不难证明,反射线的延长线严格地交于镜面后同一点 Q',像点 Q' 与物点 Q 对镜面对称(证明由读者自己完成)。这是个实物严格成虚像的例子,严格成实像的例子将在1.4节中给出。

实像既可用屏幕来接收,又可用眼睛来观察,这一点是不难理解的。 然而眼睛为什么能看到虚像?原来在观察一个发光点时,我们是根据射入眼睛的那部分光线的最后方向和发散程度来判断它们发光中心的位置的。所以当一束成虚像的发散光束射入眼睛后,我们的感觉是在它们延长线的交点处似乎真有一个发光点(参见图2–2)。

---

[1] 从图2–1可以看出,会聚光束经过像点 Q' 后就变为发散的了。所以判断光束是会聚还是发散,应以刚从光具组的最后一个界面射出时为准。此外有一种说法,认为像的虚实要看它是光线本身还是延长线的交点。对于单个薄透境来说,这种说法与我们的定义一致。然而当光束一连通过几个光具组时,用这种方法来规定中间像的虚实就不恰当了(参见图2–3中给出的例子)。

不仅像点有虚实之分,物点也可以有虚实之别。 对于某个光具组来说,如果入射的是发散的同心光束,则相应的发散中心 Q 称为实物(real object,图 2-1a 与 b),如果入射的是会聚的同心光束,则相应的会聚中心 Q 称为虚物(virtual object,图 2-1c 与 d)。 来自真实发光点的光束当然不会是会聚的,虚物出现在几个光具组联合成像的问题中。 以图 2-3 所示的光路为例,真实发光点 Q 经第一个透镜 L_1 成像于 Q_1',这是个实像。 当第二个透镜 L_2 插在 Q_1' 之前时,它接收到的便是一个会聚光束,中间像 Q_1' 可看作是 L_2 的虚物,L_2 把入射的光束进一步会聚到 Q_2'. 我们说,L_2 使虚物 Q_1' 成实像于 Q_2'.

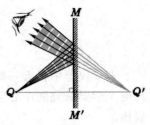

图 2-2 平面镜成像

1.2 物方和像方 物与像的共轭性

一个能使任何同心光束保持同心性的光具组,称为理想光具组。理想光具组将空间每个物点 Q 和相应的像点 Q' 组成一对一的映射关系。为了讨论问题的方便,我们把由物点组成的空间和由像点组成的空间从

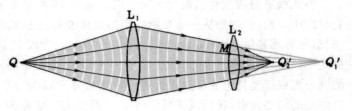

图 2-3 虚物的例子

概念上区分开来,前者称为物方或物空间(object space),后者称为像方或像空间(image space)。 由于物空间包含了所有实的和虚的物点,它不仅是光具组前面的那部分空间,而是要延伸到光具组之后;同样地,由于像空间包含了所有实的和虚的像点,它也不仅是光具组后面的那部分空间,而是要延伸到光具组之前。 所以,物方和像方两个空间实际上是重叠在一起的。在一个问题中为了区分空间某个点属于物方还是像方,不是看它在光具组之前还是之后,而要看它与入射光束相联系还是与出射光束相联系。例如在图 2-3 中的 Q_1' 和 Q_2' 点都在透镜 L_2 之后,但 Q_1' 点是入射光束延长线的交点,故对 L_2 来说它属于物方;而 Q_2' 点是出射光束会聚的中心,对 L_2 来说它属于像方。

物方和像方的点不仅一一对应,而且根据光的可逆性原理,如果将发光点移到原来像点的位置 Q' 上,并使光线沿反方向射入光具组,它的像将成在原来物点的位置 Q 上。这样一对互相对应的点 Q 和 Q',称为共轭点(conjugate points)。

1.3 物像之间的等光程性

由费马原理可导出一个重要结论:物点 Q 和像点 Q' 之间各光线的光程都相等。这便是物像之间的等光程性。

实物和实像之间的等光程性很容易证明。如图 2-4 所示,在从 Q 到 Q' 的同心光束间连续分布着无穷多条实际的光线路径。根据费马原理,它们的光程都应取极值或恒定值,这些连续分布的实际光线的光程都取极大值或极小值是不可能的,唯一的可能性是取恒定值,即它们的光程都相等。

为了把物像之间的等光程原理推广到虚物或

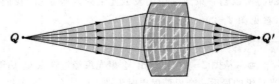

图 2-4 物像之间的等光程性

虚像情形,需要引入"虚光程"的概念。以图 2-3 中透镜 L_2 成像为例。取虚物点 Q_1' 到实像点 Q_2' 之间的某一条光线 $Q_1'MQ_2'$,这条光线中 $Q_1'M$ 一段是物方实际光线的延长线,我们规定其光程取负值,即 $(Q_1'M) = -n\overline{Q_1'M}$. 应注意,这里 n 是物方的折射率。这段光程称为虚光程。对于虚像情形也可作同样处理,只是虚光程的折射率是像方的。对虚物或虚像间光线的光程作如上理解后,等光程原理就可对它们同样适用了。其证明如下:在图 2-3 中, Q 和 Q_2' 对于透镜 L_1 和 L_2 组成的联合光具组是一对实的共轭点, Q 和 Q_1' 对于透镜 L_1 是一对实的共轭点,故 Q、Q_1' 和 Q、Q_2' 之间各光线分别是等光程的。 光程相减,便可导出 Q_1' 和 Q_2' 之间的等光程性。 以上是虚物情形。若利用光的可逆性原理把 Q_1' 和 Q_2' 的物像关系颠倒一下,就可得到虚像的情形。

1.4 等光程面

下面我们利用物像之间的等光程原理,探讨一下严格成像的可能性。

给定 Q、Q' 两点,若有这样一个曲面,凡是从 Q 出发经它反射或折射后达到 Q' 的光线都是等光程的,这样的曲面称为等光程面。显然,对于等光程面, Q 和 Q' 是一对物像共轭点,以 Q 为中心的同心光束经等光程面反射或折射后,严格地转化为以 Q' 为中心的同心光束。

（1）反射等光程面

设从 Q 到 Q' 的光线与等光程面相遇的点为 M,则反射等光程面方程为

$$\overline{QM} + \overline{MQ'} = 常量（实像），\tag{2.1}$$

或

$$\overline{QM} - \overline{MQ'} = 常量（虚像）。\tag{2.2}$$

满足（2.1）式的曲面是以 Q、Q' 为焦点的旋转椭球面（图 2-5a）,在 Q 或 Q' 之一为无穷远点,即入射光束或出射光

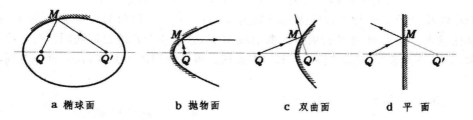

a 椭球面　　　**b 抛物面**　　　**c 双曲面**　　　**d 平面**

图 2-5 反射等光程面

束之一为平行光束的极限情形下,曲面退化为旋转抛物面（图 2-5b）。满足（2.2）式的曲面是以 Q、Q' 为焦点的旋转双曲面（图 2-5c）,当式中常量 = 0 时,曲面退化为平面（图 2-5d）。以上便是所有可能的反射等光程面,其中反射平面是前面已提到的平庸例子,能产生和接收平行光束的抛物反射面在探照灯、望远镜中有着实际的应用。

（2）折射等光程面和齐明点

一般地说,折射等光程面是四次曲面（笛卡儿卵形面）,这种形状加工不易,下面只讨论折射球面,看它是否可能成为某对共轭点的等光程面。 如图 2-6 所示,设球的半径为 r,球心在 C 点,球内外介质的折射率分别为 n 和 n',并设 $n > n'$. 研究表明,这里存在一对共轭点 Q、Q',它们到球心的距离分别是

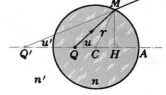

图 2-6 折射球面的齐明点

$$\overline{QC} = \frac{n'}{n}r, \qquad \overline{Q'C} = \frac{n}{n'}r. \tag{2.3}$$

由于对称性, Q、Q' 必与 C 共线,此线称为光轴。 Q、Q' 间各光线的等光程性证明如下:在球上取任一点 M,由于（2.3）式, $\triangle QMC$ 与 $\triangle MQ'C$ 相似,故

$$\frac{\overline{QM}}{\overline{MQ'}} = \frac{\overline{MC}}{\overline{Q'C}} = \frac{n'}{n},$$

即光程$(QMQ') = n\,\overline{QM} - n'\,\overline{MQ'} = 0$(与 M 无关)。 应注意，$\overline{MQ'}$ 这段光程是虚的，Q' 是 Q 的虚像。

顺便提起，角度 $u = \angle MQA$、$u' = \angle MQ'A$ 和距离 $\overline{QA}$、$\overline{AQ'}$ 之间存在下列关系：

$$\frac{\sin u}{\sin u'} = \frac{\overline{AQ'}}{\overline{QA}}. \tag{2.4}$$

Q、Q' 这对共轭点称为折射球面的齐明点(aplanatic points)。齐明点的概念和(2.4)式将在以后用到。

§2. 共轴球面组傍轴成像

大多数光学仪器是由球心在同一直线上的一系列折射或反射球面组成的，这种光具组叫做共轴球面光具组，各球心的连线称为它的光轴。

前面我们看到，除了个别特殊共轭点外，球面是不能成像的。但是若将参加成像的光线限制在光轴附近，即所谓"傍轴光线"，则近似成像是可能的。为了研究共轴球面光具组在傍轴条件下成像的规律，我们从单个球面开始，然后利用逐次成像的概念推广到多个球面。

2.1 光在单个球面上的折射

如图 2-7 所示，Σ 为折射球面。 设其半径为 r，球心位于 C，顶点(与光轴的交点)为 A，前后介质的折射率分别为 n 和 n'. 从轴上物点 Q 引一条入射光线与 Σ 相遇于 M，折射后重新交光轴于 Q'. 令

$$\overline{QA} = s, \quad \overline{AQ'} = s', \quad \overline{QM} = p, \quad \overline{MQ'} = p'.$$

QM、MQ' 以及半径 CM 与光轴的夹角分别为 u、u' 和 φ，入射角为 i，折射角为 i'. 我们的任务是寻求任意入射线 QM 经 Σ 折射后的曲射线 MQ'，这是一个光线追迹问题。两光线可分别用 (s, u) 和 (s', u') 来表征，或者用 s、s' 和 φ 来表征。可资利用的关系式，在物理上有斯涅耳折射定律

$$n \sin i = n' \sin i' \tag{2.5}$$

在几何上有

$$i - u = i' + u' = \varphi, \tag{2.6}$$

$$\begin{cases} \dfrac{p}{\sin\varphi} = \dfrac{s+r}{\sin i} = \dfrac{r}{\sin u}, & (2.7) \\[2mm] \dfrac{p'}{\sin\varphi} = \dfrac{s'-r}{\sin i'} = \dfrac{r}{\sin u'} & (2.8) \end{cases}$$

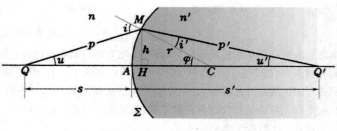

图 2-7 单个球面的折射

及

$$\begin{cases} p^2 = (s+r)^2 + r^2 - 2r(s+r)\cos\varphi, & (2.9) \\ p'^2 = (s'-r)^2 + r^2 + 2r(s'-r)\cos\varphi. & (2.10) \end{cases}$$

(2.7)~(2.10)各式分别是正弦定律和余弦定律在 $\triangle QCM$ 和 $\triangle Q'CM$ 上的应用。上列各式已在原则上解决了光线追迹问题，尽管需要解一系列三角方程，具体计算是相当烦冗的。不过有了现代的电子计算机，这也算不了什么困难。

为了便于分析问题，我们将上列公式进行改写。由(2.5)、(2.6)、(2.7)、(2.8)式可得

$$\frac{p}{n(s+r)} = \frac{p'}{n'(s'-r)} \tag{2.11}$$

此外,(2.9)、(2.10) 式可改写为

$$\begin{cases} p^2 = s^2 + 4r(s+r)\sin^2(\varphi/2), & (2.12) \\ p'^2 = s'^2 - 4r(s'-r)\sin^2(\varphi/2). & (2.13) \end{cases}$$

取(2.11)式的平方,然后将(2.12)、(2.13)式代入,可整理成如下形式:

$$\frac{s^2}{n^2(s+r)^2} - \frac{s'^2}{n'^2(s'-r)^2} = -4r\sin^2(\varphi/2)\left[\frac{1}{n^2(s+r)} + \frac{1}{n'^2(s'-r)}\right], \quad (2.14)$$

给定 s 和 φ,可由上式定出 s'。一般说来,s' 是与 φ 有关的。这就是说,由 Q 点发出的不同倾角的光线,折射后不再与光轴交于同一点,亦即光束丧失了它的同心性。从成像的角度来讨论问题,我们关心的是在什么条件下 s' 将与 φ 无关,从而 Q 成像于 Q'。一种可能性是我们要求宽光束成像,这可通过令(2.14)式的左端和右端同时为零

$$\begin{cases} \dfrac{s^2}{n^2(s+r)^2} - \dfrac{s'^2}{n'^2(s'-r)^2} = 0, & (2.15) \\ \dfrac{1}{n^2(s+r)} + \dfrac{1}{n'^2(s'-r)} = 0. & (2.16) \end{cases}$$

这组联立方程将把 s 和 s' 同时确定下来,亦即宽光束成像只能在个别的共轭点上实现。这对特殊的共轭点正是 1.4 节讲过的齐明点(参见习题 2-14)。另一种可能性是把光束限制在傍轴范围内,这时光轴任意点皆可成像。下面我们着重讨论这一情形。

2.2 轴上物点成像 焦距、物像距公式

在图 2-7 中,引 M 点到光轴的垂线 MH,令此高度 $\overline{MH}=h$。对于轴上物点来说,傍轴条件可表述为

$$h^2 \ll s^2,\ s'^2 \ \text{和}\ r^2. \quad (2.17)$$

若用角度来表示,则有

$$u^2,\ u'^2 \ \text{和}\ \varphi^2 \ll 1. \quad (2.18)$$

由于有(2.6)式,上式将意味着 i^2 和 $i'^2 \ll 1$。

在傍轴条件下,(2.14)式中正比于 $\sin^2(\varphi/2)$ 的项可忽略,于是得到

$$\frac{s^2}{n^2(s+r)^2} = \frac{s'^2}{n'^2(s'-r)^2}.$$

上式两端开方取倒数后除以 r,可整理成如下形式:

$$\frac{n'}{s'} + \frac{n}{s} = \frac{n'-n}{r}. \quad (2.19)$$

上式表明,对于任一个 s,有一个 s',它与 φ 角无关。这就是说,在傍轴条件下轴上任意物点 Q 皆可成像于某个 Q' 点,故式中的 s 和 s' 可分别称为物距和像距。(2.19)式便是单个折射球面的物像距公式。

轴上无穷远像点的共轭点称为物方焦点(或第一焦点、前焦点,记作 F);轴上无穷远物点的共轭像点称为像方焦点(或第二焦点、后焦点,记作 F')。[❶] 它们到顶点 A 的距离分别叫物方焦距(或第一焦距、前焦距)和像方焦距(或第二焦距、后焦距),记作 f 和 f'。依次令公式(2.19)中 $s'=\infty$, $s=f$ 和 $s=\infty$, $s'=f'$,可得物、像方焦距的公式:

---

❶ 轴上的物点或像点在无穷远处,分别表示入射光束或出射光束为平行于光轴的平行光束。

$$f = \frac{nr}{n'-n}, \quad f' = \frac{n'r}{n'-n}. \tag{2.20}$$

两者之比为

$$\frac{f}{f'} = \frac{n}{n'}. \tag{2.21}$$

物像距公式(2.19)可用焦距表示为

$$\frac{f'}{s'} + \frac{f}{s} = 1. \tag{2.22}$$

上面就一种特殊情形求得了物像距公式(2.19)、(2.22)和焦距公式(2.20),在这种情形里,实物点 Q 成实像点 Q'。一般说来,物和像都有实、虚两种可能性。此外球心 C 在哪一侧也有两种可能性,不同情形的公式之间差别仅在于各项的正负号不同。可以约定一种正负号法则,把所有这些情形的公式统一起来。这类法则不是唯一的,我们采用下列一种。

设入射光从左到右,我们规定:

（Ⅰ）若 Q 在顶点 A 之左(实物),则 $s>0$；Q 在 A 之右(虚物),则 $s<0$。

（Ⅱ）若 Q' 在顶点 A 之左(虚像),则 $s'<0$；Q' 在 A 之右(实像),则 $s'>0$。

（Ⅲ）若球心 C 在顶点 A 之左,则半径 $r<0$；C 在 A 之右,则 $r>0$。

焦距 f、f' 是特殊的物、像距,对它们正负的规定分别与 s、s' 相同。

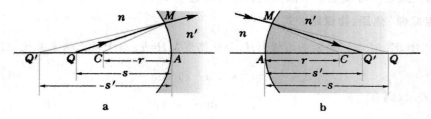

图 2-8 法则及其标示法

有了上述正负号的约定,物像距公式(2.19)、(2.22)和焦距公式(2.20)将对上述所有情况适用,成为傍轴条件下球面折射的普遍公式。读者可挑选几种情形验证一下。为了推导的方便,作图时其中距离总用绝对值标示。例如图 2-8a 中的 r、s' 和图 2-8b 中的 s 都是负的,图中分别用它们的绝对值 $|r|=-r$、$|s'|=-s'$ 和 $|s|=-s$ 标示。以上标示法下面将一直沿用,并推广到角度、横向距离等其它量(参看图 2-10)。对于反射情形,由于反射线的方向倒转为从右到左,需将上述像距的规定(Ⅱ)改变如下:

（Ⅱ'）若 Q' 在顶点 A 之左(实像),则 $s'>0$；Q' 在 A 之右(虚像),$s'<0$。

傍轴条件下反射球面成像的普遍物像距公式为

$$\frac{1}{s'} + \frac{1}{s} = -\frac{2}{r}. \tag{2.23}$$

焦距公式为

$$f = f' = -\frac{r}{2}. \tag{2.24}$$

这时 F、F' 两个焦点是重合的。(2.23)式和(2.24)式请读者自己推导。

2.3 傍轴物点成像与横向放大率

设想将图 2-7 绕球心 C 转一很小的角度 φ,Q 和 Q' 将分别转到 P 和 P' 点(图 2-9)。由于球对称性，P 和 P' 必然也是共轭点，这就证明了傍轴物点成像。$\widehat{PQ}$ 和 $\widehat{P'Q'}$ 分别是以 C 为中心的

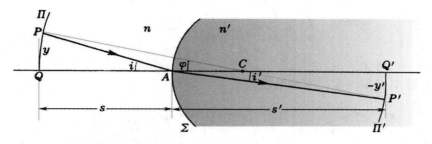

图 2-9 傍轴物点成像

两个球面上的弧线，因 φ 很小，它们都可近似地看作是光轴的垂线，而那两个球面也可看作是垂直于光轴的小平面，下面分别用 Π 和 Π' 表示。在上述推论中，小角度 φ 是任意的，故上述结论对 Π、Π' 上的其它点也都适用。这就是说，Π 上所有的点都成像在 Π' 上（当然只限于傍轴区域）。Π 和 Π' 这样一对由共轭点组成的平面，叫共轭平面，其中 Π 叫物平面，Π' 叫像平面。

令共轭点 P、P' 到光轴的距离分别为 y、y'. 轴外共轭点的傍轴条件 为

$$y^2, \ y'^2 \ll s^2, \ s'^2 \ \text{和} \ r^2. \tag{2.25}$$

对 y、y' 的正负号作如下规定：

（Ⅳ）若 P（或 P'）在光轴上方，y（或 y'）>0；在光轴下方，y（或 y'）<0。

引入横向放大率的概念，其定义为

$$V = \frac{y'}{y}. \tag{2.26}$$

$|V|>1$ 表示放大，$|V|<1$ 表示缩小。此外，按照正负号法则（Ⅳ），$V>0$ 表示像是正立的，$V<0$ 表示像是倒立的。

为了推导横向放大率的计算公式，在图 2-9 中作入射线 PA，它在 Σ 上折射后必通过共轭点 P'，且 $\angle PAQ=i$ 和 $\angle P'AQ'=i'$ 分别为入射角和折射角。在傍轴近似下 $ni \approx n'i'$，因

$$i \approx \frac{\overline{PQ}}{\overline{QA}} = \frac{y}{s}, \quad i' \approx \frac{\overline{P'Q'}}{\overline{AQ'}} = -\frac{y'}{s'},$$

于是得到折射球面的横向放大率公式为

$$V = -\frac{n \, s'}{n' s}. \tag{2.27}$$

用类似的方法可以证明，反射球面的横向放大率公式为

$$V = -\frac{s'}{s}. \tag{2.28}$$

（2.27）和（2.28）式表明，对于给定的一对共轭平面，放大率是与 y 无关的常数。这就保证了一对共轭平面内几何图形的相似性。

2.4 逐次成像

2.2 和 2.3 节中都仅仅讨论了单个球面上的成像问题，要把得到的结果用到共轴球面组，可采用逐次成像法。以折射为例，如图 2-10 所示，物 PQ 经 Σ_1 成像于 $P'Q'$；然后把 $P'Q'$ 当作物，经 Σ_2 成像于 $P''Q''$，等等。如此下去，直到最后一个球面为止。对每次成像过程列出物像距公式（2.19）或（2.22）和横向放大率公式（2.27）：

$$\frac{n'}{s'_1} + \frac{n}{s_1} = \frac{n'-n}{r_1}, \quad \frac{n''}{s'_2} + \frac{n'}{s_2} = \frac{n''-n'}{r_2}, \quad \cdots \tag{2.29}$$

或

$$\frac{f'_1}{s'_1} + \frac{f_1}{s_1} = 1, \quad \frac{f'_2}{s'_2} + \frac{f_2}{s_2} = 1, \quad \cdots \tag{2.30}$$

和

$$V_1 = -\frac{n\,s'_1}{n'\,s_1}, \quad V_2 = -\frac{n'\,s'_2}{n''\,s_2}, \quad \cdots \tag{2.31}$$

最后总的放大率 V 是 V_1、V_2、$\cdots$ 的乘积。

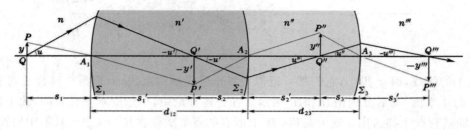

2-10 逐次成像

从原则上讲,逐次成像法可以解决任何数目的共轴球面问题,❶不过要从这里得到整个光具组物方量和像方量之间的一般关系式是比较难的,因为上述公式示都包含物距、像距这类量,它们在逐次成像的过程中计算的起点 A_1、A_2、$\cdots$ 每次都要改变。它们之间的换算关系是

$$s_2 = d_{12} - s'_1, \quad s_3 = d_{23} - s'_2, \quad \cdots \tag{2.32}$$

式中 $d_{12} = \overline{A_1A_2}$,$d_{23} = \overline{A_2A_3}$,$\cdots$。把(2.32)式代入(2.29)至(2.31)各式后,很难从中把那些中间像的位置消去。

2.5 拉格朗日—亥姆霍兹定理

如图 2-10,由轴上物点 Q 引一根入射线,并作出它逐次折射的路径,令各段光线对光轴的倾角分别为 u、u'、u''、$\cdots$(取锐角),并对 u 的正负号作如下规定:

(Ⅴ)从光轴转到光线的方向为逆时针时交角 u 为正,顺时针时交角 u 为负。

先考虑在某一次折射时 u 的变换规律,为此参看图2-7,不过按(Ⅴ),其中 u' 应改为 $-u'$,于是有

$$u \approx \frac{h}{QA} = \frac{h}{s}, \quad -u' \approx \frac{h}{AQ'} = \frac{h}{s'}.$$

故

$$\frac{u}{u'} = -\frac{s'}{s}. \tag{2.33}$$

把(2.33)式代入横向放大率公式(2.26)、(2.27),即可得到

$$ynu = y'n'u'. \tag{2.34}$$

这关系式叫拉格朗日—亥姆霍兹定理(J.L.Lagrange, H.von Helmholtz),它表明 ynu 这个乘积经过每次折射都不变,它称为拉格朗日—亥姆霍兹不变量。与前面的物像距公式和横向放大率公式不同,拉格朗日—亥姆霍兹定理很容易推广到多个共轴球面上:

$$ynu = y'n'u' = y''n''u'' = \cdots. \tag{2.35}$$

此公式立即把整个光具组的物方量和像方量联系起来了。

---

❶　当然这里需要假设,傍轴条件始终得到保持。

§3. 薄 透 镜

3.1 焦距公式

透镜是由两个折射球面组成的光具组(图 2-11),两球面间是构成透镜的介质(通常是玻

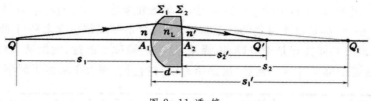

图 2-11 透 镜

璃),其折射率记作 n_L,透镜前后介质的折射率(物方折射率和像方折射率)分别记作 n 和 n',在大多数场合,物方和像方的介质都是空气,$n = n' \approx 1$,今后我们也会遇到少数情况,其中物方和像方的折射率不同。

分别写出两折射球面的物像距公式:

$$\frac{f_1'}{s_1'} + \frac{f_1}{s_1} = 1, \quad \frac{f_2'}{s_2'} + \frac{f_2}{s_2} = 1.$$

由图 2-11 可以看出,$-s_2 = s_1' - d$,即 $s_2 = d - s_1'$,这里 $d = \overline{A_1 A_2}$ 为透镜的厚度。d 很小的透镜,称为薄透镜。在薄透镜中 A_1 和 A_2 几乎重合为一点,这个点称为透镜的光心,今后记作 O. 薄透镜的物距 s 和像距 s' 都从光心 O 算起,于是 $s = \overline{QO} \approx s_1$,$s' = \overline{OQ'} \approx s_2'$,此外,$-s_2 \approx s_1'$. 代入上面两式,消去 s_2 和 s_1',可得

$$\frac{f_1' f_2'}{s'} + \frac{f_1 f_2}{s} = f_1' + f_2. \tag{2.36}$$

依次令上式中 $s' = \infty$,$s = f$ 和 $s = \infty$,$s = f'$,即得薄透镜的焦距:

$$f' = \frac{f_1' f_2'}{f_1' + f_2}, \quad f = \frac{f_1 f_2}{f_1' + f_2}. \tag{2.37}$$

把单球面的焦距公式(2.20)用于透镜两界面可得

$$\begin{cases} f_1 = \dfrac{n r_1}{n_L - n}, \\ f_1' = \dfrac{n_L r_1}{n_L - n}; \end{cases} \quad \begin{cases} f_2 = \dfrac{n_L r_2}{n' - n_L}, \\ f_2' = \dfrac{n' r_2}{n' - n_L}; \end{cases}$$

代入(2.37)式,即得薄透镜的焦距公式

$$\begin{cases} f = \dfrac{n}{\dfrac{n_L - n}{r_1} + \dfrac{n' - n_L}{r_2}}, \\ f' = \dfrac{n'}{\dfrac{n_L - n}{r_1} + \dfrac{n' - n_L}{r_2}}, \end{cases} \tag{2.38}$$

两者之比为

$$\frac{f}{f'} = \frac{n}{n'}. \tag{2.39}$$

在物像方折射率 $n = n' \approx 1$ 的情况下

$$f = f' = \frac{1}{(n_{\mathrm{L}} - 1)\left(\dfrac{1}{r_1} - \dfrac{1}{r_2}\right)}. \qquad (2.40)$$

(2.40)式给出薄透镜焦距与折射率、曲率半径的关系,称为磨镜者公式。

　　具有实焦点(f 和 $f' > 0$)的透镜叫正透镜或会聚透镜,具有虚焦点(f 和 $f' < 0$)的透镜称为负透镜或发散透镜。因为 $n_{\mathrm{L}} > 1$,由(2.40)式可见,会聚透镜要求 $1/r_1 > 1/r_2$,发散透镜要求 $1/r_1 < 1/r_2$. 应注意, r_1 和 r_2 都是可正可负的代数量,以上每个不等式都包含多种可能性(见图 2-12)。归纳起来,会聚透镜的共同特点是中央厚、边缘薄,这类透镜称凸透镜;发散透镜的共同特点是边缘厚,中央薄,这类透镜统称凹透镜。当然,这是指透镜材料折射率大于两侧折射率的情况。

凹凸透镜	平凸透镜	双凸透镜	平凸透镜	凹凸透镜
$r_1 < 0, r_2 < 0$ $\|r_1\| > \|r_2\|$	$r_1 = \infty, r_2 < 0$	$r_1 > 0, r_2 < 0$	$r_1 > 0, r_2 = \infty$	$r_1 > 0, r_2 > 0$ $r_1 < r_2$

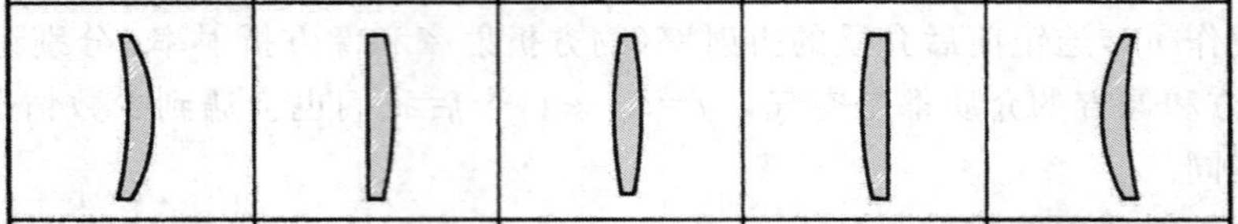

a　凸透镜(会聚)

凸凹透镜	平凹透镜	双凹透镜	平凹透镜	凸凹透镜
$r_1 < 0, r_2 < 0$ $\|r_1\| < \|r_2\|$	$r_1 < 0, r_2 = \infty$	$r_1 < 0, r_2 > 0$	$r_1 = \infty, r_2 > 0$	$r_1 > 0, r_2 > 0$ $r_1 > r_2$

b　凹透镜(发散)

图 2-12 各种形状的透镜

3.2 成像公式

　　利用(2.37)式中 f 和 f' 的表达式,可将(2.36)式通过 f、f' 表示出来:

$$\frac{f'}{s'} + \frac{f}{s} = 1. \qquad (2.41)$$

当物像方折射率相等时, $f' = f$,上式化为

$$\frac{1}{s'} + \frac{1}{s} = \frac{1}{f}. \qquad (2.42)$$

这便是薄透镜物像公式的高斯形式。图 2-13 是按此公式绘制的 s-s' 曲线。

　　前面的物、像距 s, s' 都是从光心 O 算起的,它们也可以从焦点 F、F' 算起。从 F、F' 算起的物、像距记作 x、x',对它们的正负号作如下约定:

　　(Ⅵ)当物点 Q 在 F 之左时,则 $x > 0$; Q 在 F 之右时, $x < 0$;

　　(Ⅶ)当像点 Q' 在 F' 之左时,则 $x' < 0$; Q' 在 F' 之右时, $x' > 0$.

由图 2-14 不难看出,

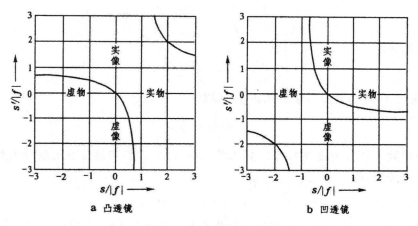

图 2-13 薄透镜的物像关系

$$\begin{cases} s = x + f, \\ s' = x' + f'. \end{cases} \tag{2.43}$$

代入(2.40)式,得

$$x x' = f f'. \tag{2.44}$$

这是薄透镜物像公式的牛顿形式。

透镜两球面的横向放大率分别为

$$V_1 = -\frac{n s_1'}{n_{\mathrm{L}} s_1}, \quad V_2 = -\frac{n_{\mathrm{L}} s_2'}{n' s_2}.$$

总的横向放大率 $V = V_1 V_2$,令上式中 $s_1 = s$,$-s_2 = s_1'$,$s_2' = s'$,

$$V = -\frac{n s'}{n' s} = -\frac{f s'}{f' s}. \tag{2.45}$$

若用 x、x' 来表示,则有

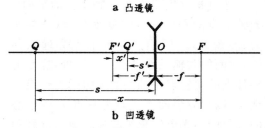

图 2-14 s、f、x 和 s'、f'、x' 的关系

$$V = -\frac{f}{x} = -\frac{x'}{f'}, \tag{2.46}$$

物、像方折射率相等时,$f = f'$,上面各式化为

$$V = -\frac{s'}{s}, \tag{2.47}$$

或

$$V = -\frac{f}{x} = -\frac{x'}{f}. \tag{2.48}$$

这些便是薄透镜的横向放大率公式。

3.3 密接透镜组

在实际中,我们往往需要将两个或更多的透镜组合起来使用。透镜组合的最简单情形,是两个薄透镜紧密接触在一起,有时还用胶将它们黏起来,❶成为复合透镜。下面讨论这种复合透镜与组成它的每个透镜焦距之间的关系。为此我们只需使用高斯公式两次。两次成像的公式分别为

---

❶　这里假定相互黏合的两个表面的曲率吻合。

$$\frac{1}{s'_1} + \frac{1}{s_1} = \frac{1}{f_1}, \qquad \frac{1}{s'_2} + \frac{1}{s_2} = \frac{1}{f_2}.$$

由于两透镜紧密接触，$s_2 = -s'_1$，于是

$$\frac{1}{s'_2} + \frac{1}{s_1} = \frac{1}{f_1} + \frac{1}{f_2},$$

与 $s'_2 = \infty$ 对应的 s_1 即为复合透镜的焦距 f，所以

$$\frac{1}{f} = \frac{1}{f_1} + \frac{1}{f_2}, \tag{2.49}$$

通常把焦距的倒数 $1/f$ 称为透镜的光焦度 P.[❶] (2.49) 式表明，密接复合透镜的光焦度是组成它的透镜的光焦度之和，即

$$P = P_1 + P_2, \tag{2.50}$$

其中 $$P = 1/f, \quad P_1 = 1/f_1, \quad P_2 = 1/f_2. \tag{2.51}$$

光焦度的单位是屈光度（diopter，记为 D）。若透镜焦距以 m 为单位，其倒数的单位便是 D. 例如 $f = -50.0\,\text{cm}$ 的凹透镜的光焦度 $P = \dfrac{1}{-0.500\,\text{m}} = -2.00\,\text{D}$. 应注意，通常眼镜的度数，是屈光度的 100 倍，例如焦距为 $50.0\,\text{cm}$ 的眼镜，度数是 200。

3.4 焦 面

通过物方焦点 F 与光轴垂直的平面 $\mathscr{F}$ 叫物方焦面（第一焦面、前焦面），通过像方焦点 F' 与光轴垂直的平面 $\mathscr{F}'$，叫像方焦面（第二焦面、后焦面）。因焦点与轴上无穷远点共轭，焦面的共轭平面也在无穷远处，焦面上轴外点的共轭点是轴外的无穷远点。换句话说，以物方焦面 $\mathscr{F}$ 上轴外一点 P 为中心的入射同心光束转化为与光轴成一定倾角的出射平行光束（图 2-15a）。与光轴成一定倾角的入射平行光束转化为以像方焦面 $\mathscr{F}'$ 上轴外一点 P' 为中心的出射同心光束（图 2-15b）。倾斜平行光束的方向可由 P 或 P' 与光心 O 的连线来确定。这连线有时称为副光轴，相应地把透镜的对称轴称为主光轴。

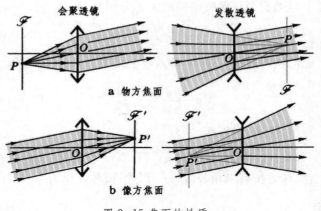

图 2-15 焦面的性质

3.5 作图法

除了利用 3.2 节的物像公式外，求物像关系的另一方法是作图法。作图法的依据是共轭点之间同心光束转化的性质。每条入射线经光具组后转化为一条出射线，这一对光线称为共轭光线。

---

❶ 在透镜的物像方折射率 n、n' 彼此不等或不等于 1 的情形里，更普遍的光焦度定义为

$$P = \frac{n'}{f'} = \frac{n}{f}.$$

单个折射球面的光焦度定义为

$$P = \frac{n'}{f'} = \frac{n}{f} = \frac{n' - n}{r} \quad (r \text{ 为曲率半径}).$$

按照成像的含义,通过物点每条光线的共轭光线都通过像点,这里"通过"指光线本身或其延长线。因此只需选两条通过物点的入射光线,画出与它们共轭的出射光线来,即可求得像点。在薄透镜的情形里,对轴外物点 P 有三对特殊的共轭光线可供选择:

(1)若物像方折射率相等,通过光心 O 的光线经透镜后方向不变(见图 2-16 中光线 $1-1'$),其原因是薄透镜的中央部分可近似地看成是很薄的平行平面玻璃板(参看第一章习题1-4);

(2)通过物方焦点 F 的光线,经透镜后平行于光轴(见图 2-16 中光线 $2-2'$);

(3)平行于光轴的光线,经透镜后通过像方焦点 F'(见图 2-16 中光线 $3-3'$)。

从以上三条光线中任选两条作图,出射线的交点即为像点 P'.

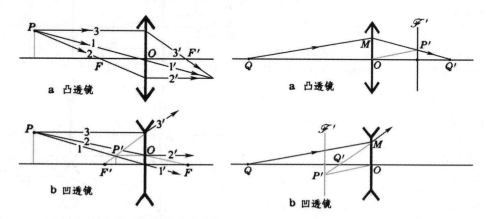

图 2-16 用作图法求轴外物点的像   图 2-17 用作图法求共轭光线

为求轴上物点的像,或任意入射光线的共轭线,可利用焦面的性质。例如为求图 2-17 中任意光线 QM 的共轭线,通过光心 O 作它的平行线。令此线与像方焦面 $\mathscr{F}'$ 的交点为 P',连接 MP',即为 QM 的共轭光线。因共轭光线与光轴的交点 Q 与 Q' 彼此共轭,上述方法也可用来求轴上的共轭点。

3.6 透镜组成像

利用 3.2 节给出的成像公式,或 3.5 节所述的作图法,都可直接给出一次成像过程中的物像关系。逐次使用这些方法,就可解决共轴透镜组的成像问题。对初学的读者来说,困难往往发生在如何处理虚共轭点(特别是虚物)上。下面的例题 1 就是这样的例子。在这个例题中,我们用作图法、高斯公式、牛顿公式三种方法求像,所得结果可以互相验证。

例题 1   凸透镜 L_1 和凹透镜 L_2 的焦距分别为 20.0 cm 和 40.0 cm,L_2 在 L_1 之右 40.0 cm,傍轴小物放在 L_1 之左 30.0 cm,求它的像。

解: (1)作图法

首先根据题意,将两透镜和它们焦点的位置,以及物体的位置,按比例标在图上(图 2-18a)。

第一次 QP 对 L_1 成实像 Q_1P_1(见图 2-18b),第二次虚物 Q_1P_1 对 L_2 成实像 $P'Q'$(见图 2-18c)。两图中,$1-1'$ 都代表平行于光轴折射后通过像方焦点的光线,$2-2'$ 都代表通过物方焦点折射后平行于光轴的光线,黑线表示光线实际经过的部分,灰线表示它的延长线。

为了把整个成像过程中由 P 点发出的同心光束逐次转化的情形显示出来,我们将它的边缘光线和波面示于图 2-18d 中。图中清楚地显示出,这发散的同心光束经凸透镜 L_1 折射后,转化为会聚到 P_1 的同心光束。它再经凹透

镜 L_2 折射后，转化为会聚到 P' 的同心光束，由于 L_2 的发散作用，最后的光束与中间光束相比，会聚程度较小。❶

（2）用高斯公式

第一次成像　　　$\dfrac{1}{s'_1} + \dfrac{1}{s_1} = \dfrac{1}{f_1}$，

其中 $s_1 = 30.0\,\text{cm}$，$f_1 = 20.0\,\text{cm}$，由此得 $s'_1 = 60.0\,\text{cm}$（实像），横向放大率

$$V_1 = -\frac{s'_1}{s_1} = -2 \text{（倒立）}.$$

第二次成像

$$\frac{1}{s'_2} + \frac{1}{s_2} = \frac{1}{f_2},$$

由于 L_1 和 L_2 间距 $d = 40.0\,\text{cm}$，$s_2 = -20.0\,\text{cm}$（虚物），$f_2 = -40.0\,\text{cm}$。由此得 $s'_2 = 40.0\,\text{cm}$（实像）。横向放大率

$$V_2 = -\frac{s'_2}{s_2} = +2 \text{（正立）}.$$

两次成像的横向放大率为

$$V = V_1 V_2 = -4 \text{（倒立）}.$$

（3）用牛顿公式

第一次成像

$$x_1 x'_1 = f_1 f'_1,$$

其中 $x_1 = 10.0\,\text{cm}$，$f_1 = f'_1 = 20.0\,\text{cm}$。由此得 $x'_1 = 40.0\,\text{cm}$，横向放大率

$$V_1 = -\frac{x'_1}{f_1} = -2 \text{（倒立）}.$$

第二次成像

$$x_2 x'_2 = f_2 f'_2,$$

其中 $x_2 = 20.0\,\text{cm}$，$f_2 = f'_2 = -40.0\,\text{cm}$。由此得 $x'_2 = 80.0\,\text{cm}$，横向放大率

$$V_2 = -\frac{x'_2}{f_2} = 2 \text{（正立）}.$$

两次成像的横向放大率为

$$V = V_1 V_2 = -4 \text{（倒立）}.$$ ∎

我们看到，用三种方法得到的结果完全一致。

例题 2　凸透镜 L_1 和 L_2 及其焦点的位置示于图 2-19 中，将傍轴小物 PQ 放在 L_1 的第一焦面上，用作图法求它的像。

解：由 P 发出的光线经 L_1 折射后，成为倾斜的平行光，它平行于通过光心的光线 PO_1，通过 L_2 的光心作平行这光束的辅助光线 $O_2 P'$，它与 $\mathscr{F}'_2$ 的交点即是 P'。

最后，我们在图中仍画出由 P 点发出的整个同心光束的两次转化过程。 ∎

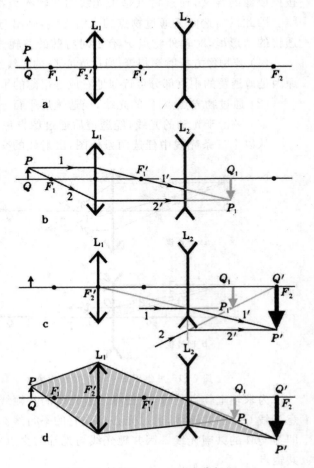

图 2-18 例题 1—— 二次成像问题

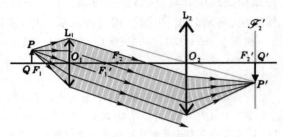

图 2-19 例题 2—— 用作图法求二次成像

---

❶　这里为了使读者把作图过程看清楚，我们把图分成几幅来画。读者自己作图时，可把前三幅合并在一幅内画出。

§4. 理想光具组理论

4.1 理想成像与共线变换

我们在 1.2 节已提到过理想成像的概念。理想成像要求空间每一点都能严格成像,亦即物方的每个同心光束转化为像方的一个同心光束。满足这种理想成像要求的光具组,称为理想光具组。 在实际中几乎不存在理想光具组,个别的例外是平面反射镜,不过它的放大率恒等于 1,实际价值不太大。共轴球面组在傍轴条件下近似地满足理想成像要求,理想光具组的概念正是以此为原型,经抽象概括和理想化而得来的。

可以证明,理想光具组具有下列性质:

(1)物方每个点对应像方一个点(共轭点);

(2)物方每条直线对应像方一条直线(共轭线);

(3)物方每个平面对应像方一个平面(共轭面)。

物方和像方之间的这种点点、线线、面面的一一对应关系,称为共线变换。理想光具组的理论不涉及光具组的具体结构,它是一种几何理论,研究的是共线变换的普遍几何性质,以及满足这种几何变换的光具组的共同规律。今后我们将看到,它对实际光具组的研究具有相当大的指导意义。

如果理想光具组是轴对称的,除上述三点外,它还具有下列一些性质:

(4)光轴上任何一点的共轭点仍在光轴上;

(5)任何垂直于光轴的平面,其共轭面仍与光轴垂直;

(6)在垂直于光轴的同一平面内横向放大率相同;

(7)在垂直于光轴的不同平面内横向放大率一般不等。但是只要有两个这样的平面内横向放大率相等,则横向放大率处处相等。在这种光具组中,平行于光轴的光束的共轭光束仍与光轴平行。这种光具组称为望远系统。❶

理想光具组的性质(1)—(7)证明的梗概如下:共轭点是对应同心光束的交点,其一一对应的性质是显然的[性质(1)]。共轭线是由共轭点组成的,若为直线,则它本身就是相交于其上每点的各同心光束中的一条公共线,其共轭线也必须是直线[性质(2)]。一平面上四个不共线点两两间的连线必有第五个交点,与此交点对应的两条共轭线和五个共轭点必共面[性质(3)]。对于

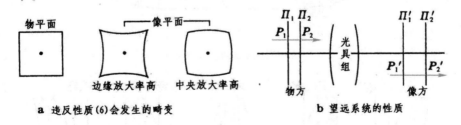

图 2-20 轴对称光具组共线变换的一些性质

轴对称的理想光具组来说,性质(4)是显然的;假若性质(5)不成立,只有两种可能性,一是垂直于光轴的平面的共轭面是曲面,二是倾斜的平面。前者违反性质(3),后者破坏对称性。假若性

❶ 望远系统的典型例子是望远镜,参见 5.6 节。

质(6)不成立,垂直于光轴的共轭面内图形将不保持几何相似性,直线变为曲线(图2-20a),这是违反性质(2)的。为了证明性质(7),令横向放大率相等的共轭面为 Π_1、Π_1' 和 Π_2、Π_2'(图2-20b),在 Π_2、Π_2' 上取一对离轴等远的点 P_1 和 P_2,它们的共轭点 P_1' 和 P_2' 也是离轴等远的。P_1P_2 连线和 $P_1'P_2'$ 连线是一对共轭线,二者都与光轴平行。这两条直线穿过物、像方所有其它与光轴垂直的共轭面,由此可以证明,横向放大率处处相等。

4.2 共轴理想光具组的基点和基面

在 §3 中我们看到,给出一个薄透镜光心 O 的位置和焦距 f、f',从而也就知道了焦点和焦面的位置,则物像关系就完全确定了,无须再问光具组的其它细节,如透镜的折射 n_L,曲率半径 r_1、r_2 等。下面我们将证明,对于任何共轴的光具组,从单个折射面,单个透镜,乃至多个透镜构成的复杂组合,无论其结构简单还是复杂,只要把它看成是理想光具组,物像之间的共轭关系完全由几对特殊的点和面所决定,这就是共轴理想光具组的基点(cardinal point)和基面(cardinal plane)。

(1) 焦点(focus)和焦面(focal plane)

焦点和焦面的定义与前面引入的相同,即与无穷远像平面共轭的,为物方焦面(记作 $\mathscr{F}$),其轴上点是为物方焦点(记作 F);与无穷远物平面共轭的,为像方焦面(记作 $\mathscr{F}'$),其轴上点是为像方焦点(记作 F')。或者说,中心在焦面上的同心光束,其共轭光束是平行光束;中心在焦点上的同心光束,共轭光束与光轴平行。

以上都是对非望远系统而言的,望远系统没有焦点和焦面。

(2) 主点(principal point)和主面(principal plane)

横向放大率等于 1 的一对共轭面,称为主面。属于物方的称为物方主面(记作 $\mathscr{H}$),其轴上点是为物方主点(记作 H);属于像方的称为像方主面(记作 $\mathscr{H}'$),其轴上点是为像方主点(记作 H')。

以透镜为例来说明:图 2-21a 所示,从物方焦点 F 发出的光束经两次折射后变得与光轴平行

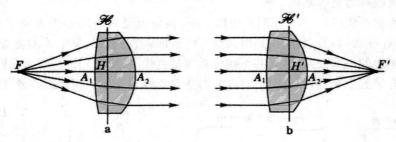

图 2-21 透镜的主点和主面

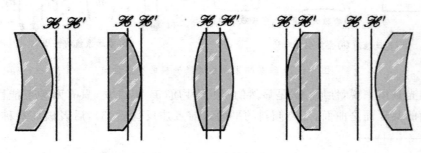

图 2-22 不同曲率透镜的主面

的情形,图 2-21b 则是平行于光轴的光束经两次折射后通过像方焦点 F' 的情形。在两图中分别将每对共轭光线延长,找到它们的交点,这些交点的轨迹一般是对于光轴对称的曲面。如果限于傍轴范围内,这曲面可近似地看成是与光轴垂直的平面,这就是透镜的主面,它们与光轴的交点就是主点。图 2-22 给出不同曲率透镜的主面。可以看出,主面不一定在透镜的两界面之间。当透镜的厚度趋于 0 时,透镜的两顶点 A_1、A_2 和两主点 H、H' 都重合在一起,成为光心,即薄透镜本身所在的平面就是主面,光心就是主点。我们知道,薄透镜的物距 s、像距 s' 和焦距 f' 都是从光心算起的。对于任意共轴理想光具组,它们都从主点算起,即物距 s 是物方主点 H 到轴上物点 Q 的距离,像距 s' 是像方主点 H' 到轴上像点 Q' 的距离。与此相应地,物方焦距 f 是 H 到 F 的距离,像方焦距 f' 是 H' 到 F' 的距离。正负号法则可仿照 §2 中的(Ⅰ)、(Ⅱ)来规定。设入射光从左到右。

(Ⅰ′)在物方,若 Q(或 F)在 H 之左,则 s(或 f)>0,Q(或 F)在 H 之右,则 s(或 f)<0。

(Ⅱ′)在像方,若 Q'(或 F')在 H' 之左,则 s'(或 f')<0,Q'(或 F')在 H' 之右,则 s'(或 f')>0。

4.3 物像关系

给定了主面和焦点求物像关系,既可用作图法,也可用公式计算。

先看作图法。如图 2-23,由轴外物点 P 作平行于光轴的光线,遇物方主面 $\mathscr{H}$ 于 M 点,其共轭光线通过像方主面 $\mathscr{H}'$ 上的等高点 M' 和焦点 F'。再由 P 作通过物方焦点 F 的光线,遇 $\mathscr{H}$ 于 R,其共轭光线通过 $\mathscr{H}'$ 上的等高点 R' 与光轴平行。以上两共轭线在像方的交点即为像点 P'。

根据图 2-23 中的几何关系,不难导出理想光具组的物像距公式和放大率公式。因

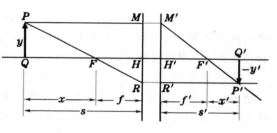

图 2-23 理想光具组的物像关系

$$\triangle PQF \backsim \triangle RHF, \quad \triangle P'Q'F' \backsim \triangle M'H'F',$$

且

$$\overline{PQ} = \overline{M'H'} = y, \quad \overline{HR} = \overline{P'Q'} = -y',$$

$$\overline{QF} = s - f = x, \quad \overline{HF} = f, \quad \overline{Q'F'} = s' - f' = x', \quad \overline{H'F'} = f'. ❶$$

下列比例关系成立: $\quad \dfrac{-y'}{y} = \dfrac{f}{x} = \dfrac{f}{s-f}, \quad$ 又 $\quad \dfrac{-y'}{y} = \dfrac{x'}{f'} = \dfrac{s'-f'}{f'},$

由此不难得到高斯公式

$$\frac{f'}{s'} + \frac{f}{s} = 1, \tag{2.52}$$

牛顿公式

$$x x' = f f', \tag{2.53}$$

和横向放大率公式

$$V = \frac{y'}{y} = -\frac{f}{x} = -\frac{f s'}{f' s}, \tag{2.54}$$

除横向放大率外,有时还引入角放大率的概念。令共轭光线与光轴的夹角为 u、u',❷二者正切之比称为理想光具组的角放大率,记作 W:

---

❶ x 和 x' 的正负号法则与 3.2 节的(Ⅵ)、(Ⅶ)同。

❷   它们的正负号仍按 2.5 节中的(Ⅴ)来规定。

$$W = \frac{\tan u'}{\tan u}. \tag{2.55}$$

为了得到角放大率的计算公式,过轴上共轭点 Q、Q' 作一对共轭线,交主面 $\mathscr{H}$、$\mathscr{H}'$ 于 T、T'(图 2-24)。因

$$\tan u = \frac{\overline{HT}}{\overline{HQ}}, \quad \tan u' = \frac{\overline{H'T'}}{\overline{H'Q'}},$$

$$\overline{HQ} = s, \quad \overline{H'Q'} = s', \quad \overline{HT} = \overline{H'T'},$$

故得

$$W = -\frac{s}{s'}. \tag{2.56}$$

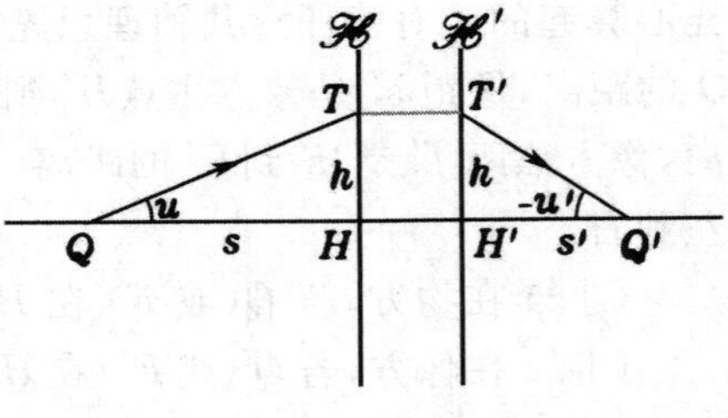

比较(2.54)、(2.56)式可以看出,横向放大率与角放大率成反比:

$$VW = \frac{f}{f'}, \tag{2.57}$$

当 $f = f'$ 时:

$$VW = 1. \tag{2.58}$$

以后我们将在讨论像的光度学问题时看到(2.57)式与(2.58)式的深刻物理内容(见 8.1 节)。

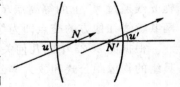

图 2-24 角放大率

对于单个折射球面,$f/f' = n/n'$,把 V 和 W 的定义式代回(2.57)式,即得:

$$yn\tan u = y'n'\tan u'. \tag{2.59}$$

此式称为亥姆霍兹公式(H.von Helmholtz),它是折射球面能使空间所有点以任意宽广光束成像的必要条件。[●]在傍轴区域内 $\tan u \approx u$,上式化为拉格朗日-亥姆霍兹定理(2.34)式。

顺便提起,给出一光具组的焦点和主点,对于物像关系的讨论已足够了。但有时为了讨论共轭光线之间的关系,还引入第三对基点——节点。 节点(nodal point)定义为轴上角放大率等于1的共轭点,属于物方的叫物方节点(记作 N),属于像方的叫像方节点(记作 N')。节点的物理意义是通过它们的任意共轭光线方向不变($u = u'$,见图 2-25)。 由(2.58)式可以看出,当物、像方折射率相等,从而焦距相等时,$V=1$ 的地方也是 $W=1$ 的地方,即这时节点与主点重合。薄透镜的光心既是主点,又是节点。在物、像方折射率不等时,节点与主点不重合,薄透镜的节点落在外边。

图 2-25 节 点

4.4 理想光具组的联合

下面我们的任务是,给定两个光具组 Ⅰ 和 Ⅱ 的基点、基面:F_1、F_1'、H_1、H_1'、$\mathscr{H}_1$、$\mathscr{H}_1'$ 和 F_2、F_2'、H_2、H_2'、$\mathscr{H}_2$、$\mathscr{H}_2'$,求联合起来作为一个光具组时的基点、基面:F、F'、H、H'、$\mathscr{H}$、$\mathscr{H}'$。如图 2-26,作一条平行于光轴的入射线 SM_1,经光具组 Ⅰ 后的共轭光线 $M_1'R_2$ 通过它的像方焦点 F_1'。由 R_2' 射出的既是 $M_1'R_2$ 对光具组 Ⅱ 的共轭光线,又是 SM_1 对联合光具组的共轭光线,所以它与光轴的交点必为联合光具组的像方焦点 F'。 此外,设 SM_1 在联合光具组的物方主面 $\mathscr{H}$ 上的高度为 h,出射线必通过像方主面 $\mathscr{H}'$ 上的等高点,故 SM_1 与 $R_2'F'$ 的

    ● 本节理论是从共线变换导出的纯几何理论,公式中本应不包含光具组的物理参数,如 n、n' 等。它们是普遍的,是任何共轴光具组能够理想成像的必要条件。但亥姆霍兹亥公式(2.59)是个例外,导出它时用到了 $f/f' = n/n'$ 这一折射球面的傍轴公式。不管此式是否在傍轴区域以外成立,因理想光具组要求 f、f' 与 u、u' 无关,故它也是理想成像的必要条件。

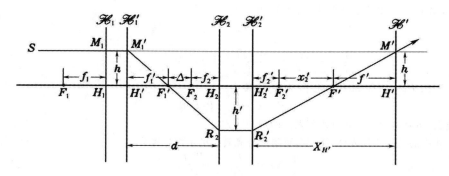

图 2-26 理想光具组的联合

交点 M' 必在 $\mathscr{H}'$ 上,从而求得 $\mathscr{H}'$ 和 H' 的位置。同理,令光线自右向左入射,求得 $\mathscr{H}$ 和 H 的位置(由于它们的位置超出图 2-26 左边较远,图中不再标出)。

两光具组的间隔可用 F_1'、F_2 间的距离 Δ 或 H_1'、H_2 间的距离 d 来表征($d = f_1' + \Delta + f_2$),它们的正负号约定如下:设入射线来自左方,

（Ⅷ）若 F_2 在 F_1' 之左,$\Delta < 0$;F_2 在 F_1' 之右,$\Delta > 0$。

（Ⅸ）若 H_2 在 H_1' 之左,$d < 0$;H_2 在 H_1' 之右,$d > 0$。

联合光具组的主面位置用 H、H_1 间的距离 X_H 和 H'、H_2' 间的距离 $X_{H'}$ 来表征,它们的正负号约定如下:

（Ⅹ）若 H 在 H_1 之左,则 $X_H > 0$;H' 在 H_2' 之右,则 $X_{H'} > 0$;反之则反号。

以上两条分别与以前我们对物方和像方距离的正负号规定一致。现在给出 f、X_H 和 $X_{H'}$ 的普遍表达式:

$$\left\{ \begin{array}{l} f = -\dfrac{f_1 f_2}{\Delta}, \\[2mm] f' = -\dfrac{f_1' f_2'}{\Delta}. \end{array} \right. \tag{2.60}$$

$$\left\{ \begin{array}{l} X_H = f_1 \dfrac{\Delta + f_1' + f_2}{\Delta} = f_1 \dfrac{d}{\Delta}, \\[2mm] X_{H'} = f_2' \dfrac{\Delta + f_1' + f_2}{\Delta} = f_2' \dfrac{d}{\Delta}. \end{array} \right. \tag{2.61}$$

上列各式的推导如下:首先根据图 2-26 中两对相似三角形 $\triangle M_1' H_1' F_1'$ 和 $\triangle R_2 H_2 F_1'$,以及 $\triangle M' H' F'$ 和 $\triangle R_2' H_2' F'$,写出下列比例式:

$$\frac{h}{h'} = \frac{f_1'}{\Delta + f_2}, \qquad \frac{h}{h'} = \frac{-f'}{f_2' + x_2'}.$$

由此解出 f' 来

$$f' = -\frac{f_1'(f_2' + x_2')}{\Delta + f_2}.$$

此外,因 F_1' 和 F' 是光具组 Ⅱ 的共轭点,按牛顿公式,有

$$x_2' = \frac{f_2 f_2'}{\Delta}.$$

将此式代入前式,得

$$f' = -\frac{f' f_2'}{\Delta},$$

从而

$$X_{H'} = f_2' + x_2' - f' = \frac{\Delta + f' + f_2}{\Delta} f_2'.$$

以上两式便是（2.60）式和（2.61）式中的第二式。为了得到第一式,只需利用光的可逆性原理作如下代换:

$$f_1' \rightleftharpoons f_2, \qquad f_2' \rightleftharpoons f_1,$$
$$f \rightleftharpoons f', \qquad X_H \rightleftharpoons X_{H'}.$$

作为例子我们看两个薄透镜 L_1、L_2 的组合(图 2-27)。设透镜以外介质的折射率皆为 1,从而 $f_1' = f_1$, $f_2' = f_2$,

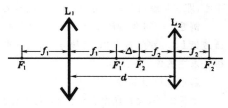

图 2-27 薄透镜的组合

$d = \Delta + f_1 + f_2$，由(2.60)式得联合光具组的焦距为

$$f = f' = -\frac{f_1 f_2}{\Delta},$$

或

$$\frac{1}{f} = -\frac{\Delta}{f_1 f_2} = -\frac{d - f_1 - f_2}{f_1 f_2} = \frac{1}{f_1} + \frac{1}{f_2} - \frac{d}{f_1 f_2}. \tag{2.62}$$

用光焦度 $P = 1/f$、$P_1 = 1/f_1$ 和 $P_2 = 1/f_2$ 来表示，则有

$$P = P_1 + P_2 - P_1 P_2 d. \tag{2.63}$$

对于密接透镜组，$d = 0$，(2.63) 式过渡到以前的(2.50) 式。

把(2.62)式中的前一式代入(2.61) 式，可得联合光具组的主面位置公式：

$$\begin{cases} X_H = -\dfrac{fd}{f_2} = -\dfrac{P_2 d}{P}, \\ X_{H'} = -\dfrac{fd}{f_1} = -\dfrac{P_1 d}{P}. \end{cases} \tag{2.64}$$

例题 3　惠更斯目镜的结构如图 2-28 所示，它由焦距分别为 $3a$ 和 a 的凸透镜 L_1 和 L_2 组成，光心之间的距离为 $2a$. 求它的焦点和主面的位置。

解：（1）作图法

作入射线 1 平行于光轴，经 L_1 折射后通过 L_2。 为了进一步找出经 L_2 折射后的出射线 $1'$，可利用 L_2 的像方焦面 $\mathscr{F}_2'$ 和通过透镜光心的辅助线。 最后通过 1 和 $1'$ 的交点 M' 找到第二主面 $\mathscr{H}'$，$1'$ 与光轴的交点即为第二焦点 F'。精确的作图表明，$\mathscr{H}'$ 在 L_2 之左距离为 a 的地方，F' 在 $\mathscr{H}'$ 之右距离为 $1.5a$ 的地方。

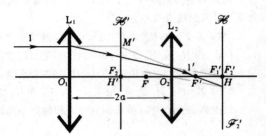

图 2-28 例题 3—— 求惠更斯
目镜的基点、基面

求物方的焦点 F 和主面 $\mathscr{H}$ 可利用光的可逆性原理。平行于光轴的反方向作入射线 $2'$，用类似前法求得先经过 L_2、L_1 两透镜折射后的出射线 2，并由此找到 $\mathscr{H}$ 和 F. 精确的作图表明，$\mathscr{H}$ 在 L_1 之右 $3a$ 的地方，F 在 $\mathscr{H}$ 之左 $1.5a$ 处（图 2-28 中标出了它们的位置，作图过程从略）。

（2）用公式计算

按题中所给，$d = 2a$，$h = 3a$，$f_2 = a$，故

$$\Delta = d - f_1 - f_2 = -2a.$$

代入(2.62)式和(2.64)式，得

$$f = f' = 3a/2, \quad X_H = -3a, \quad X_{H'} = -a.$$

即 H 在 O_1 之右 $3a$ 处，H' 在 O_2 之左 a 处，F 在 H 之左 $1.5a$ 处，F' 在 H' 之右 $1.5a$ 处。结果完全与（1）同。∎

在这个例子中，物像方焦距都是正的，但物方焦点 F 在光具组最前的界面（透镜 L_1）之后，它只能是会聚光的中心，即它是虚焦点。可见，对有一定间隔的透镜组来说，从焦距的正负来判断焦点的虚实，已没有什么意义了。

例题 4　虚物 QP 位于图 2-28 所示的光具组中凸透镜 L_1 之右距离为 $2a$ 的地方，试利用焦点主面作图法求它的像。

解：（1）作图法

如图 2-29，过 P 点作平行于光轴的入射线 1 遇 $\mathscr{H}$ 于 M，其共轭线 $1'$ 过 $\mathscr{H}'$ 上等高点 M' 和像方焦点 F'；再作过 F、P 的入射线 2 遇 $\mathscr{H}$ 于 R，其共轭线 $2'$ 过 $\mathscr{H}'$ 上的等高点 R'，且与光轴平行。 $1'$ 与 $2'$ 的交点即为像点 P'。

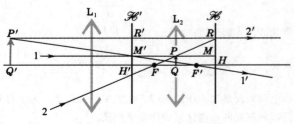

图 2-29 例题 4—— 惠更斯目镜成像

（2）用公式计算

题中给出的物距 $s = a$，上题已求出 $f = f' = 1.5a$，代入高斯公式，得 $s' = -3a$，即像在 H' 之左 $3a$ 处。∎

　　从这个例题可以看出,知道了透镜组的基点、基面,就可一次求出最后的像。因为事前需要如例题 3 那样先计算出联合光具组的基点、基面位置,这种方法似乎不比逐次成像法简单。然而当我们需要计算的不是一对而是一系列共轭点时,用联合光具组的基点、基面一次成像的方法就比逐次成像法简便了。

§5. 光 学 仪 器

5.1 投影仪器

　　电影机、幻灯机、印相放大机以及绘图用的投影仪等,都属于投影仪器。它们的主要部分是一个会聚的投影镜头,使画片成放大的实像于屏幕上(图 2-30)。由于通常镜头到像平面(幕)的距离比焦距 f 大得多,所以画片总在物方焦面附近,物距 $s \approx f$,因而放大率 $V = -s'/s \approx s'/f$,它与像距 s' 成正比。

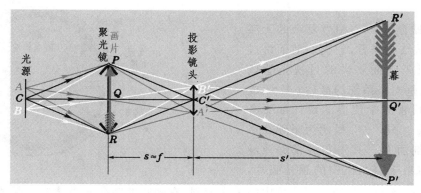

图 2-30 投影仪器

　　为了使经画片后的光线进入投影镜头,投影仪器中需要附有聚光系统。总的来说,聚光系统的安排应有利于幕上得到尽可能强的均匀照明。通常聚光系统有两种类型,其一适用于画片面积较小的情况,这时聚光镜将光源的像成在画片上或它的附近。其二适用于画片面积较大的情况,这时聚光镜将光源的像成在投影镜头上。图 2-30 中只画出第二种情况,对这情形的详细分析,参看 6.1 节。

5.2 照相机

　　摄影仪器的成像系统刚好与投影仪器相反,拍摄对象的距离 s 一般比焦距 f 大得多,因此像平面(感光底片)总在像方焦面附近,像距 $s' \approx f'$(图 2-31)。在小范围内调节镜头与底片间的距离,可使不同距离以外的物体成清晰的实像于底片上。照相机镜头上都附有一个大小可改变的光阑。光

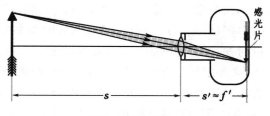

图 2-31 照相机

阑的作用有二:一是影响底片上的照度(参见本章 §8),从而影响曝光时间的选择;二是影响景深。如图 2-32 所示,照相机镜头只能使某一个平面 Π 上的物点成像在底片上,在此平面前后的点成像在底片前后,来自它们的光束在底片上的截面是一圆斑。 如果这些圆斑的线度小于底片能够分辨的最小距离,还可认为它们在底片上的像是清晰的。 对于给定的光阑,只有平面 Π 前后一定范围内的物点,在底片上形成的圆斑才会小于这个限度。 物点的这个可允许的前后

范围，称为景深。当光阑直径缩小时，光
束变窄，离平面 Π 一定距离的物点在底片
上形成的圆斑变小，从而景深加大。除光
阑直径外，影响景深的因素还有焦距和物
距。令 x、x' 分别为物距和像距（从焦点
算起），当物距改变 δx 时，像距改变 $\delta x'$，
$\delta x'/\delta x$ 的数值愈小，愈有利于加大景深。

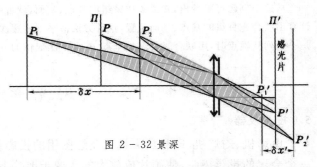

图 2 – 32 景深

由牛顿公式可知，$\delta x'/\delta x = -f^2/x^2$（设物、
像方焦距相等），对给定的焦距 f 来说，x 愈小，则景深愈小。因此在拍摄不太近的物体时，很远
的背景可以很清晰，而在拍摄近物时，稍远的物体就变得模糊了。

5.3 眼 睛

　　人类的眼睛是一个相当复杂的天然
光学仪器。从结构来看，它类似前面讲过
的照相机，对于下面要讲的目视光学仪
器，它可看成是光路系统的最后一个组成
部分。所有目视光学仪器的设计都要考
虑眼睛的特点。图 2-33 所示为眼球在水
平方向上的剖面图。其中布满视觉神经
的视网膜，相当于照相机中的感光底片，

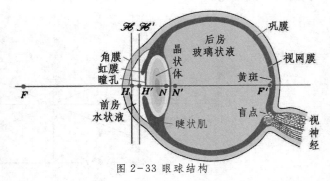

图 2-33 眼球结构

虹膜（或称虹采、采帘）相当于照相机中的可变光阑，它中间的圆孔称为瞳孔。眼球中与照相机
镜头对应的部分结构比较复杂，其主要部分是晶状体（或称眼球），它是一个折射率不均匀的透
镜。包在眼球外面的坚韧的膜，最前面透明的部分称为角膜，其余部分称为巩膜。角膜与晶状体
之间的部分称为前房，其中充满水状液（前房液）。晶状体与视网膜之间眼球的内腔，称为后房，
其中充满玻璃状液。所以，眼睛是一个物、像方介质折射率不相等的例子，因而它的两个焦距是
不等的，主点与节点也不重合。聚焦于无穷远时，物方焦距 $f=17.1\,\mathrm{mm}$，像方焦距 $f'=22.8\,\mathrm{mm}$。

　　在照相机中通过镜头和底片距离的改变来调节聚焦的距离，在眼睛里这是靠改变晶状体
的曲率（焦距）来实现的。❶晶状体的曲率由睫状肌来控制。正常视力的眼睛，当肌肉完全松弛
的时候，无穷远的物体成像在视网膜上。为了观察较近的物体，肌肉压缩晶状体，使它的曲率增
大，焦距缩短。眼睛的这种调节聚焦距离（调焦）的能力有一定的限度，小于一定距离的物体是
无法看清楚的。儿童的这个极限距离在 10 cm 以下，随着年龄的增长，眼睛的调焦能力逐渐衰
退，这极限距离因之而加大。造成老花眼的原因就在于此。

　　眼睛肌肉完全松弛和最紧张时所能清楚看到的点，分别称为它调焦范围的远点和近点。如
前所述，正常眼睛的远点在无穷远（图 2-34a）。近视眼的眼球轴向过长，当肌肉完全松弛时，无
穷远的物体成像在视网膜之前（图 2-34b），它的远点在有限远的位置。远视眼的眼球轴向过短，

---

　　❶　在调焦时眼球的基点位置和焦距变化不大，在整个调焦范围内，眼球焦距的变化幅度是：$f\approx(17.1\sim$
$14.2)\mathrm{mm}$，$f'\approx(22.8\sim18.9)\mathrm{mm}$.

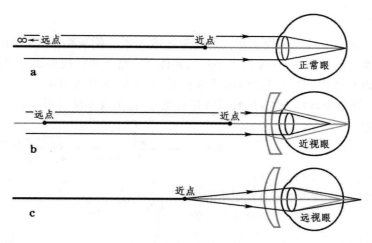

图 2-34 眼睛的缺陷与矫正

无穷远的物体成像在视网膜之后（图 2-34c），它的远点在眼睛之后（虚物点），图 2-34 中光轴上粗黑线的部分代表调焦范围。不难看出，矫正近视眼和远视眼的眼镜应分别是凹透镜和凸透镜。所谓散光，是由于眼球在不同方向截面内的曲率不同引起的它需要用非球面透镜来矫正。

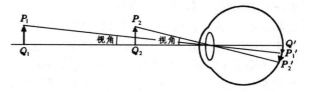

图 2-35 像的大小与视角

物体在视网膜上成像的大小，正比于它对眼睛所张的角度 —— 视角。[●]所以物体越近，它在视网膜上的像也就越大（图 2-35），我们便越容易分辨它的细节。但是物体太近了，即使不超出调焦范围，看久了眼睛也会感到疲倦。只有在适当的距离上眼睛才能比较舒适地工作，这距离称为明视距离。习惯上规定明视距离为 25 cm。

眼睛分辨物体细节的本领与视网膜的结构（主要是其上感光单元的分布）有关，不同部分有很大差别。在视网膜中央靠近光轴的一个很小区域（称为黄斑）里，分辨本领最高。能够分辨的最近两点对眼睛所张视角，称为最小分辨角。在白昼的照明条件下，黄斑区的最小分辨角接近 1′。趋向视网膜边缘，分辨本领急剧下降。所以人的眼睛视场虽然很大（水平方向视场角约 160°，垂直方向约 130°），但其中只有中央视角约为 6°～7° 的一个小范围内才能较清楚地看到物体的细节。然而这对我们并没有什么妨碍，因为眼球是可以随意转动的，它可随时使视场的中心瞄准到所要注视的地方。还要指出，眼睛的分辨本领与照明条件有很大的关系。在夜间照明条件比较差的时候，眼睛的分辨本领大大下降，最小分辨角可达 1° 以上。

瞳孔的大小随着环境亮度的改变而自动调节。在白昼条件下其直径约为 2 mm，在黑暗的环境里，最大可达 8 mm 左右。

[●] 严格说来，视网膜上像的大小 $y' = l \tan w$，式中 w 为视角，l 为像方节点 N'（见 4.3 节）到视网膜的距离。故 y' 的大小，除 w 外，还与 l 有关，而后者在调焦的过程中随物距而变。但是在整个调焦的范围内 l 的变化是不大的（约 25%）。

5.4 放大镜和目镜

最简单的放大镜就是一个焦距 f 很短的会聚透镜。$f \leqslant$ 明视距离 s_0，其作用是放大物体在视网膜上所成的像。如前所述，这像的大小是与物体对眼睛所张的视角成比例的。

如果我们用肉眼观察物体，当物体由远移近时，它所张的视角增大。但是在达到明视距离 s_0 以后继续前移，视角虽继续增大，但眼睛将感到吃力，甚至看不清。可以认为，用肉眼观察，物体的视角最大不超过

$$w = \frac{y}{s_0}, \qquad (2.65)$$

其中 y 为物体的长度(参见图 2-36a)。

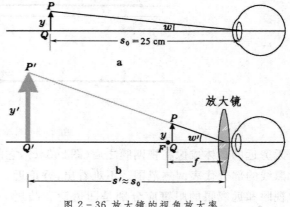

现在我们设想将一个放大镜紧靠在眼睛的前面(见图 2-36b)，并考虑一下，物体应放在怎样的位置上，眼睛才能清楚地看到它的像？若物距太大，实像落在放大镜和眼睛之后；若物距太小，虚像落在明视距离以内，只有当像成在无穷远到明视距离之间时，才和眼睛的调焦范围相适应。与此相应地，物体就应放在焦点 F 以内的一个小范围里，这范围称为焦深。在 $f \ll s_0$ 的条件下，这范围比焦距 f 小得多。根据牛顿公式，这范围是 $0 \geqslant x \geqslant -f^2/(s_0+f) \approx -f^2/s_0$，$|x| < f^2/s_0 \ll f$，也就是说，物体只能放在焦点内侧附近。[1]这时它对光心所张的视角近似等于

图 2-36 放大镜的视角放大率

$$w' = \frac{y}{f}. \qquad (2.66)$$

由图 2-36b 可以看出，由物点 P 发出的通过光心的光线，延长后通过像点 P'，所以物体 QP 与像 $Q'P'$ 对光心所张视角是一样的，亦即(2.66)式中的 w' 也是像对光心所张的视角。由于眼睛与放大镜十分靠近，又可认为 w' 就是像对眼睛所张的视角。

由于放大镜的作用是放大视角，我们引入视角放大率 M 的概念，它定义为像所张的视角 w' 与用肉眼观察时物体在明视距离处所张的视角 w 之比

$$M = \frac{w'}{w}, \qquad (2.67)$$

将(2.65)式和(2.66)式代入后，就得到放大镜视角放大率的公式

$$M = \frac{s_0}{f}. \qquad (2.68)$$

下面要讲的显微镜和望远镜中的目镜，从原理上看就是一个放大镜。不过为了消除像差以及其它一些原因，目镜常采用种种复合透镜的形式，最典型的有惠更斯目镜和拉姆斯登目镜。有关这些目镜的详细情况，读者可参阅本章 7.7 节。

5.5 显微镜

简单的放大镜的放大倍率有限(几倍到几十倍)，欲得到更大的放大倍率要靠显微镜。显微镜的原理光路示于图 2-37。在放大镜[目镜(eyepiece)]前再加一个焦距极短的会聚透镜组[称为

---

❶　作为一个例子，请见习题 2—20。

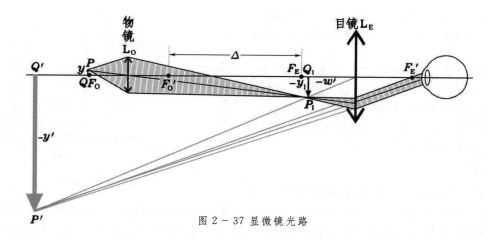

图 2 - 37 显微镜光路

物镜(objective)]。物镜和目镜的间隔比它们各自的焦距大得多。被观察的物体 QP 放在物镜物方焦点 F_0 外侧附近,它经物镜成放大实像 Q_1P_1 于目镜物方焦点 F_E 内侧附近,再经目镜成放大的虚像 $Q'P'$ 于明视距离以外。在实际显微镜中为了减少各种像差,物镜和目镜都是复杂的透镜。我们为了突出其基本原理,在图 2-37 中两者都用一个薄透镜代替。

设 y 为物体 QP 的长度,y_1 为中间像 Q_1P_1 的长度,f_0 和 f_E 分别为物镜 L_0 和目镜 L_E 的焦距,Δ 为物镜像方焦点 F_0' 到目镜物方焦点 F_E 的距离(称为光学筒长)。显微镜的视角放大率为

$$M = \frac{w'}{w}, \tag{2.69}$$

其中 w 为物体 QP 在明视距离处所张视角,即 $w=y/s_0$. w' 为最后的像 $Q'P'$ 所张的视角。现规定由光轴转到光线的方向为顺时针时交角为正,逆时针时交角为负,[❶]故这里的 $w'<0$. 如前所述,w' 和中间像 Q_1P_1 所张的视角一样,故 $-w'=-y_1/f_E$. 所以

$$M = \frac{y_1/f_E}{y/s_0} = \frac{y_1}{y}\frac{s_0}{f_E} = V_0 M_E, \tag{2.70}$$

式中 $M_E=s_0/f_E$ 是目镜的视角放大率,$V_0=y_1/y$ 是物镜的横向放大率。根据(2.48)式,令其中 $x'=\Delta$, $f'=f_0$,得

$$V_0 = -\frac{\Delta}{f_0},$$

代入(2.70)式后,得到显微镜视角放大率的最后表达式

$$M = -\frac{s_0 \Delta}{f_0 f_E}. \tag{2.71}$$

式中负号表示像是倒立的。上式表明,物镜、目镜的焦距愈短,光学筒长愈大,显微镜的放大倍率愈高。

显微镜物镜的结构应满足以下要求:第一,由物点射入物镜光束的立体角(孔径)应较大,它影响像的分辨本领和亮度;第二,物镜必须消除各种像差,主要是球差、彗差和色差。显微镜的放大倍率愈高,对以上两点的要求就越高,从而物镜的结构越复杂(参见图2-38)。有关显微镜的详细情况,还要在以后几节中谈到。高级显微

---

❶ 注意:这里对视角 w 正负的规定,与2.5节中关于角度 u 的规定(Ⅴ)正好相反,这是因为视角是逆着光线看的。对视角的正负如此规定,好处是它直接与像的正倒相对应。

镜里往往有三个到四个倍率不同的物镜,可以互相替换使用。最高倍的显微物镜常常是油浸的,其原理见本章7.4节。

　　实验室中广泛使用一种测量微小距离用的显微镜,它们的目镜中装有标尺或叉丝,物镜的倍率一般都较低。特别是在工作距离较大的场合下使用的显微镜中,物镜的焦距较长,它的作用主要是将物体成像于目镜物方焦面附近,放大的作用基本靠目镜。

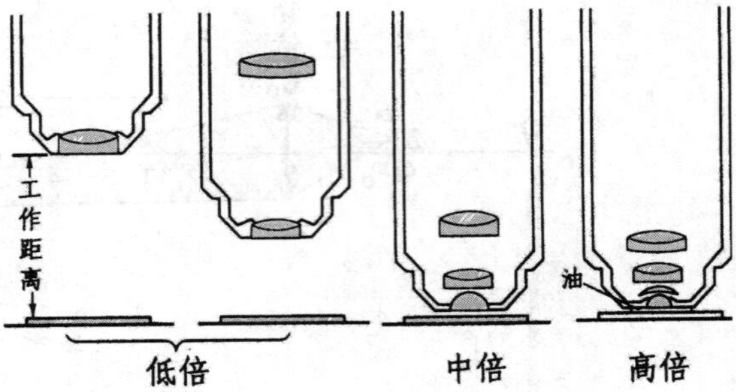

图 2-38 显微物镜

5.6 望远镜

　　望远镜的结构和光路与显微镜有些类似(参见图 2-39),也是先由物镜成中间像,再通过目镜来观察此中间像。与显微镜不同的是,望远镜所要观察的物体在很远的地方(可以看成是无穷远),因此中间像成在物镜的像方焦面上,所以望远镜的物镜焦距较长,而物镜的像方焦点 F_O 和目镜的物方焦点 F_E 几乎重合。❶

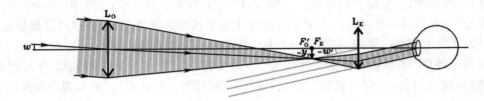

图 2-39 望远镜光路

　　望远镜的视角放大率 M 应定义为最后的虚像对目镜所张视角 w' 与物体在实际位置所张视角 w 之比,

$$M = \frac{w'}{w}. \tag{2.72}$$

由于物距远比望远镜筒长大得多,它对眼睛或目镜所张视角实际上和它对物镜所张视角是一样的。从图 2-39 不难看出, $w = -y_1/f_O$,而 $-w' = -y_1/f_E$ (w 、 w' 的正负号规定同前),代入(2.72)式得到

$$M = -\frac{f_O}{f_E}. \tag{2.73}$$

式中负号的意义同前,表示像是倒立的。上式表明,物镜的焦距愈长,望远镜的放大倍率愈高。

　　当望远镜对无穷远聚焦时,中间像成在物镜的像方焦面上。这样,平面上的每个点和一个方向的入射线对应,所以当望远镜筒平移时,中间像对镜筒没有相对位移,只有当望远镜的光轴转动时,中间像才会相对它移动。因此望远镜可用来测量两平行光束间的夹角。

5.7 棱镜光谱仪

　　在第一章 2.3 节中已介绍过棱镜的折射与色散。棱镜光谱仪便是利用棱镜的色散作用将非单色光按波长分开的装置,其结构的主要部分见图 2-40。棱镜前那部分装置称为准直管(或平行光管),它由一个会聚透镜 L_1 和放在它物方焦面上的狭缝 S 组成,S 与纸面垂直。光源照射狭

----

　　❶　当望远镜中 F_O 和 F_E 严格重合时,由物镜入射的平行光束最后转化为由目镜出射的平行光束。这时望远镜作为一个联合光具组是没有焦点的,即它是一个望远系统。

缝 S, 通过缝中不同点射入准直管的光束经 L_1 折射后变为不同方向的平行光束。非单色的平行光束通过棱镜后,不同波长的光线沿不同方向折射,但同一波长的光束仍维持平行;棱镜后的透镜 L_2 是望远物镜。不同波长的平行光束经 L_2 后会聚到其像方焦面上的不同地方,形成狭缝 S 的一系列不同颜色的像,这便是光谱。若光谱仪中的望远物镜装有目镜,可供眼睛来直接观察光

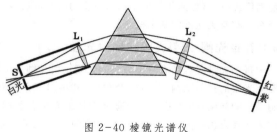

图 2-40 棱镜光谱仪

谱,则称之为分光镜。若光谱仪中在望远物镜的焦平面上放置感光底片,是用来拍摄光谱的,则称之为摄谱仪。若在光谱仪中望远物镜的焦平面上放一狭缝,则可以将某种波长的光分离出来,此种装置称为单色仪。

不同物质发射的光具有自己特有的光谱,它反映了这种物质本身的微观结构,所以光谱是研究物质微观结构的重要手段。此外还可通过光谱来分析物质的化学成分。

色散本领和色分辨本领是标志任何类型分光仪器性能的两个重要指标,下面讨论棱镜的色散本领,而色分辨本领问题留待第四章介绍。

偏向角 δ 对波长 λ 的微商,称为棱镜的角色散本领(用 D 代表),即

$$D = \frac{\mathrm{d}\delta}{\mathrm{d}\lambda}. \tag{2.74}$$

只有通过狭缝 S 中点的光线才在棱镜的主截面内折射,由于不在棱镜主截面内的光线偏折的方向不同,在望远物镜焦平面上 S 的像(即光谱线)是弯的。可以证明,沿产生最小偏向角的方向入射时,光谱线弯曲得最少。所以在光谱仪中棱镜通常是装在接近产生最小偏向角的位置。因此棱镜的角色散本领 D 可通过对第一章 2.3 节中的 (1.23) 式微分得到:

$$D = \frac{\mathrm{d}\delta_{\min}}{\mathrm{d}\lambda} = \frac{\mathrm{d}\delta_{\min}}{\mathrm{d}n}\frac{\mathrm{d}n}{\mathrm{d}\lambda} = \left(\frac{\mathrm{d}n}{\mathrm{d}\delta_{\min}}\right)^{-1}\frac{\mathrm{d}n}{\mathrm{d}\lambda} = \frac{2\sin\frac{\alpha}{2}}{\cos\frac{\alpha + \delta_{\min}}{2}} \cdot \frac{\mathrm{d}n}{\mathrm{d}\lambda},$$

由于

$$\cos\frac{\alpha + \delta_{\min}}{2} = \cos i_1 = \sqrt{1 - \sin^2 i_1} = \sqrt{1 - n^2 \sin^2 i_2} = \sqrt{1 - n^2 \sin^2 \frac{\alpha}{2}},$$

最后得到

$$D = \frac{2\sin\frac{\alpha}{2}}{\sqrt{1 - n^2 \sin^2 \frac{\alpha}{2}}} \cdot \frac{\mathrm{d}n}{\mathrm{d}\lambda} \tag{2.75}$$

其中 $\mathrm{d}n/\mathrm{d}\lambda$ 称为色散率,它是棱镜材料的性质。由于角色散本领 D 正比于色散率,光谱仪中的棱镜常用色散率尽可能大的玻璃(如重火石玻璃)制成。

§ 6. 光 阑

前面我们研究了共轴球面组在傍轴条件下成像的规律和理想光具组的理论,除了平面镜的特例外,理想光具组是不能实现的。只有把光束限制在傍轴区域内,一个实际的共轴光具组才能近似成像。但光具组中对光束起限制作用的可以是透镜的边缘、框架、或特别设置的带孔屏幕,即光阑(diaphram)。光阑有限制光束孔径和限制视场两方面的作用,它影响着像的景深、亮度、分辨本领、像差等一系列实际中备受关注的问题,这些问题有的

前面已提到过(如照相机的景深),更多的将在以后章节中详细讨论(参见本章§7、§8和第四章§4)。这里只介绍一些有关光阑的基本概念。

6.1 孔径光阑 入射光瞳和出射光瞳

每个光具组内都有一定数量的光阑。由光轴上一物点 Q 发出的光束通过光具组时,一般说来,不同的光阑对此光束的孔径限制到不同的程度。其中对光束孔径的限制最多的光阑,即真正决定着通过光具组光束孔径的光阑,称为孔径光阑(aperture stop),有时称为有效光阑。被孔径光阑所限制的光束中的边缘光线与物、像方光轴的夹角 u_0 和 u_0',分别称为入射孔径角和出射孔径角。下面举例说明之。

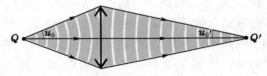

图 2-41 薄透镜的孔径光阑和孔径角

首先我们看最简单的光具组——单个薄透镜(见图2-41),它的边缘(镜框)是光具组中唯一的光阑,因此它便是孔径光阑。但是,在实际光学仪器中往往另外加入一些带圆孔的屏作为光阑,图2-42a、b所示分别为把这种光阑加在透镜前后的情形。它们限制光束的作用比镜框大,所以都是孔径光阑。

在图2-42中我们故意把a中的光阑 DD 和b中的光阑 $D'D'$ 画在对透镜共轭的位置上,这样一来,当入射光

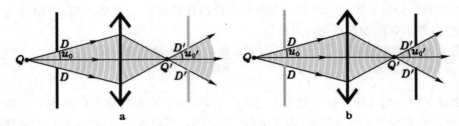

图 2-42 入射光瞳和出射光瞳

线通过 DD 的边缘时,与它共轭的出射光线必定通过 $D'D'$ 的边缘。所以在两种情形里,光束的孔径角是一样的。在情形a里,孔径光阑 DD 在物方,入射孔径角 u_0 可直接由它来确定。可是从像方来看,可以设想 DD 的像 $D'D'$ 是一个虚构的光阑,出射孔径角 u_0' 直接由这虚构的光阑 $D'D'$ 所确定。同样地,在情形b里,孔径光阑 $D'D'$ 在像方,它直接决定了出射孔径角 u_0'. 在物方与 $D'D'$ 共轭的 DD 也可看成是一个虚构的光阑,入射孔径角 u_0 由 DD 直接确定下来。 通过这个例子我们看到,找到孔径光阑在物方和像方的共轭像,并把它们看成是某种虚构的光阑,从而由它们来直接确定入射孔径角和出射孔径角,这种方法在实际中是很有用的。 我们把孔径光阑在物方的共轭称为入射光瞳,在像方的共轭称为出射光瞳。 如果像图2-42a中那样,孔径光阑 DD 就在物方,它便同时又是入射光瞳;如图2-42b那样,孔径光阑 $D'D'$ 就在像方,它便同时又是出射光瞳。

应当指出,在实际光学仪器中,孔径光阑的共轭像往往是虚的,图2-43a和b中所示的两种最简单的照相机镜头便是这样的例子。拿图2-43b的情形来说,这时凡通过孔径光阑 $D'D'$ 边缘的出射光线,在未经透镜折射之

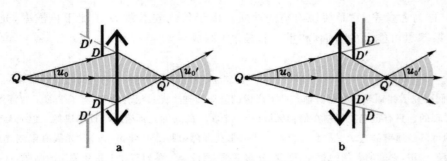

图 2-43 入射光瞳和出射光瞳(虚)

前,不是入射光线本身,而是其延长线必定通过入射光瞳 DD 的边缘。在这里它与图 2-42b 情形的这种差别并无本质意义。当我们说"光线通过某点"的时候,从来就包含了它的延长线通过该点的可能性。

在图 2-42 和图 2-43 的例子中,孔径光阑不是在物方,就是在像方。 而在较复杂的光学仪器中它可以在几个透镜中间。 图 2-44 所示的一种对称的照相机镜头便是这样的例子,其中 $D_0 D_0$ 是孔径光阑,DD 和 $D'D'$ 分别是入射光瞳和出射光瞳。 这里应注意的是,DD 和 $D_0 D_0$ 是相对于 $D_0 D_0$ 之前的透镜 L_1 共轭的,而 $D_0 D_0$ 和

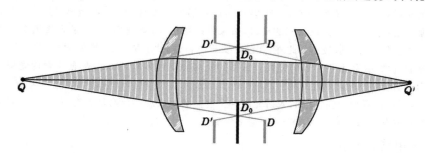

图 2-44 对称照相镜头的孔径光阑、入射光瞳和出射光瞳

$D'D'$ 是对于 $D_0 D_0$ 之后的透镜 L_2 共轭的。这样就可保证通过 DD 边缘的入射光线经 L_1 折射后,一定通过 $D_0 D_0$ 的边缘;再经 L_2 折射后,出射光线一定通过 $D'D'$ 的边缘。

望远镜或由一个复合透镜构成的低倍率显微物镜,孔径光阑就是物镜的镜框,因此它也是入射光瞳。比较复杂的显微物镜,孔径光阑常设置在它的后面,且靠近或者就在它的像方焦面上,因此入射光瞳趋于无穷远。无论望远镜还是显微镜,物镜和孔径光阑到目镜的距离都比目镜的焦距大得多,所以整个仪器的出射光瞳(即孔径光阑)对目镜成的像都近似地在目镜的像方焦面附近。无论对于哪种目镜,这都在最后一个折射面之后不远的地方。

粗略地说,眼睛的入射光瞳就是瞳孔。我们使用显微镜或望远镜的时候,必须把瞳孔尽量放在接近仪器出射光瞳的位置,通常这就是目镜镜筒的终端。其中的道理可由图 2-45 来说明。这是显微镜光路的示意图。根据入射光瞳和出射光瞳的共轭性,穿过入射光瞳的光线,如果不受到光具组中其它光阑的阻碍,都应穿过出射光瞳。由于孔径光阑和光瞳都是相对轴上物点而言的,从轴上 Q 点进入入射光瞳的光束,在光具组中不会受到阻碍。但是要使从轴外物点射进入射光瞳的光束在光具组中完全或大部分不受阻碍,则要求这些物点到光轴的距离在一定范围之内。在图 2-45 中,我们假定 P 点在此范围之内,从它们射进入射光瞳的光束不受阻碍地穿过光具组。虽然从 Q、P、R 射进入射光瞳的光束都由光具组穿出来了,当我们在像方用任意一平面 Π 与各出射光

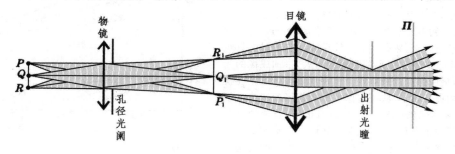

图 2-45 显微镜的出射光瞳

束相截时,一般说来,各光束的截面不重合。如果把瞳孔放在这里,就要求它的直径相当大,才能把出射光束全部接收进去。但实际上瞳孔很小,因此来自轴外物点的光束就不能(或大部分不能)进入瞳孔,从而我们也就看不到它们的像,或看起来很暗。 然而若将上述截面取在仪器出射光瞳的平面内,由于出射光瞳是所有光束必经之路,它们在此平面上的截面基本上重合。这地方是放置瞳孔最有利的位置。

　　根据同样的道理我们可以说明,为什么在投影仪器中光源经聚光镜所成的像最好与投射镜头重合? 要说明这个问题,我们先看光具组中的聚光镜部分。对于光源 ACB,$A'C'B'$ 是它的像(参见图 2-30)。孔径光阑是聚光镜的边缘,入射光瞳和出射光瞳都在它的附近。但应当注意,光具组的孔径光阑和光瞳是对特定的共轭点来说的,对于不同的共轭点,可以有不同的孔径光阑和光瞳。下面我们要找的出射光瞳不是对于光源,而是对于待映的画片而言的。画片在聚光镜的像方,通过其上各点的同心光束对聚光镜来说是出射光束。从图 2-30 不难看出,限制着出射光束孔径的是光源像 $A'C'B'$ 的边缘,所以对于画片来说,$B'A'$ 便是出射光瞳。图 2-30 还表明,$B'A'$ 也是来自画片上各点的同心光束共同的出口,如果将投影镜头(更确切地说,是光具组中投射部分的入射光瞳)放在这里,对它直径的要求最小。此外,在这种安排下,从画片上每一点(譬如 P)射向投影镜头的同心光束中,都包含了来自光源 ACB 上每一点的光线。这样的光束会聚到屏幕上成像时,便不会因光源亮度的不均匀性而造成幕上不均匀的照明。

　　从上面几个例子可以看出,孔径光阑、入射光瞳和出射光瞳的概念不仅对轴上物点有意义,对于轴外物点也是重要的,因为它们是从所有物点发出的光束的必由之路。

6.2 视场光阑 入射窗和出射窗

　　前面讨论的孔径光阑是对轴上共轭点而言的,现在要讨论的视场光阑牵涉到轴外共轭点。

　　入射光瞳中心 O 与出射光瞳中心 O' 对整个光具组是一对共轭点,若入射线通过 O,则出射线必通过 O'。在轴外共轭点 P、P' 之间的共轭光束中通过 O、O' 的那条共轭光线,称为此

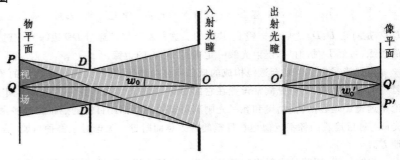

图 2-46 视场和渐晕

光束的主光线。随着 P、P' 到光轴距离的加大,主光线通过光具组时会与某个光阑 DD 的边缘相遇(见图 2-46)。离光轴更远的共轭点的主光线将被此光阑所遮断。这个光阑称为视场光阑(field stop),主光线 PO 和 $O'P'$ 与光轴的交角 w_0、w_0' 分别称为入射视场角和出射视场角。物平面上被 w_0 所限制的范围,称为视场。

　　应当指出,并不是只有视场内的物点才能通过光具组成像,设想某个物点比图 2-46 中的 P 点离轴稍远一点,其主光线虽然被遮,但仍然有一些光线可以从它通过光具组达到像点。不过随着它到光轴距离的增大,参加成像的光束愈来愈窄,从而像点愈来愈暗。这种现象实际上早在视场的边缘以内就开始了,从而在像平面内视场的边缘是逐渐昏暗的。这种现象称为渐晕(vignetting)。要使像平面内视场的边界清晰,可把视场光阑 DD 设在物平面上。投影仪器的视场光阑就是这样安排的(图 2-47a),此时它在像方的共轭 $D'D'$ 恰好落在像平面上。在照相机的情形里,显然我们不便于把视场光阑放在物平面上,这时可把视场光阑 $D'D'$ 放在像平面上,它物方的共轭 DD 落在物

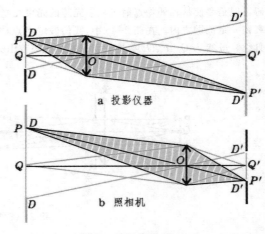

图 2-47 视场光阑

平面上(图 2-47b)。❶

　　显微镜和望远镜的视场光阑既不放在物平面上,也不放在像平面上,而是放在中间像的平面上(图 2-48 中的 $D_0 D_0$),它对于物镜的共轭 DD 在物平面上,对于目镜的共轭 $D'D'$ 在像平面上。

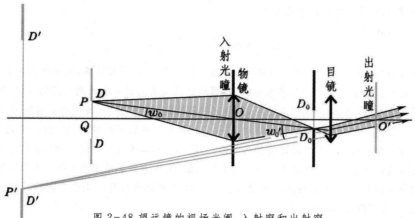

图 2-48 望远镜的视场光阑、入射窗和出射窗

　　视场光阑在物方的共轭称为入射窗,在像方的共轭称为出射窗。例如图 2-48 中的 DD 和 $D'D'$ 分别是入射窗和出射窗,图 2-47a 中的 $D'D'$ 是出射窗,图 2-47b 中的 DD 是入射窗。若视场光阑本身就在物方,则它就同时又是入射窗,如图 2-46 和图 2-47a 中的 DD;若视场光阑本身就在像方,则它就同时又是出射窗,如图 2-47b 中的 $D'D'$.引进入射窗和出射窗的概念,并与入射光瞳和出射光瞳的知识结合起来,便于我们确定入射视场角 w_0 和出射视场角 w'_0。例如在图 2-48 中望远镜的入射光瞳就是物镜的边缘,如果把物镜看成薄透镜的话,入射光瞳的中心 O 就是物镜的光心。由 O 引向入射窗 DD 边缘的直线与光轴的交角就是入射视场角 w_0。如前所述,望远镜出射光瞳的中心 O' 在目镜之后,这里正是观察者瞳孔的位置。所以出射视场角 w'_0 就是像方视场边缘 P' 到视场中心 Q 对观察者瞳孔中心 O' 所张的角度。

§7. 像　差

7.1 像差概述

　　制造各种成像光学仪器的目的是产生一个与原物在几何形状上相似的清晰的像。对于照相机来说,还希望这个像成在一个平面上。归纳起来,我们希望一个共轴光具组有如下性能:

　　(1)物方每点发出的同心光束在像方仍保持为同心光束;

　　(2)垂直于光轴的物平面上各点的像仍在垂直于光轴的一个平面上;

　　(3)在每个像平面内横向放大率是常数,从而保持物、像之间的几何相似性。

　　4.1 节所述的理想成像条件概括了这些要求,然而实际的共轴球面组满足不了这样的要求。任何偏离理想成像的现象,称为像差(aberration)。

　　我们已看到,在傍轴条件下理想成像是能近似实现的。傍轴条件要求成像光束的孔径小和仪器的视场小。这样的限制在实际中往往行不通。例如要使显微镜的像比较亮而细部清晰,就不得不加大成像光束的孔径。又如某些特殊用途的照相机要求有较大的视场。在这些情况下人们不得不突破傍轴条件的限制,从而不可避免地会带来这样或那样的像差。摸清产生各种像差的规律,并设法把它们减小到最低限度,是设计各种成像光学仪器的中心问题。

---

❶　在幻灯机、电影放映机、照相机中的视场光阑通常就是画片或底片周围的矩形边框。

像差可分单色像差和色像差两大类。单色像差有五种：① 球面像差，② 彗形像差，③ 像散，④ 像场弯曲（场曲），⑤ 畸变，其中 ① 和 ② 是大孔径引起的，③、④ 和 ⑤ 是大视场引起的，①、②、③ 破坏了光束的同心性，④ 使像平面弯曲，⑤ 破坏了物像的相似性。以上五种像差彼此有密切联系，往往几种同时存在。除了单色像差外，对于非单色的物，还存在因色散而引起的色像差。

正弦函数的幂级数为

$$\sin\theta = \theta - \frac{\theta^3}{3!} + \frac{\theta^5}{5!} - \cdots .$$

在傍轴条件下所有角度的正弦可只保留一次项 θ。如 §2 中已证明的，照此计算，共轴球面组可以成像，不存在像差。如果我们进一步把下一项 $\theta^3/3!$ 考虑进去，计算从物点发出的每一根光线的横向像差，即该光线经光具组后与理想像平面交点的位置偏离理想点的距离，得到的表达式中共有五项，每项的系数称为赛德尔（L.Seidel）系数。上述五种单色像差是与五个赛德尔系数对应的，若能使五个赛德尔系数中之一为 0，则表示与之对应的单色像差被消除。这种像差来自对傍轴理论最低级的修正，故称为初级像差。又因理论是依据正弦函数幂级数中的 θ^3 项来计算的，这种理论又称三级像差理论。因而可以说，上述五种单色像差是按三级像差理论来分类的。

在较严格的光学仪器设计中，往往还采用光线追迹法，即严格地按照几何光学三定律计算每根光线的折射或反射，求出它们对理想像点的偏离。

所有上面列举的像差，都是按几何光学计算的，统称几何像差。即使把所有几何像差全部消除，由于存在着衍射效应，理想成像条件仍不能满足。这时像的质量就要靠波动光学的理论来分析和评价了。

7.2 球面像差

当孔径较大时，由光轴上一物点发出的光束经球面折射后不再交于一点（图 2-49），这种现象称为球面像差，简称球差。

球差的大小与光线的孔径有关，孔径既可用孔径角 u 来表征，又可用光线射在折射面上的高度 h 来表征。我们这里采用后者（对于平行于光轴的入射光束来说，只能用后者）。为定量地描述球差，我们定义高度为 h 的光线的交点 Q'_h 到傍轴光线的交点 Q'_0 之间的距离 δs_h 为纵向球差，并规定当光线由左向右时，若 Q'_h 在 Q'_0 之左时，$\delta s_h < 0$（负球差）；Q'_h 在 Q'_0 之右时，$\delta s_h > 0$（正球差）。

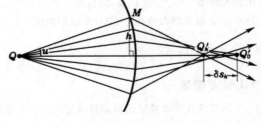

图 2-49 球 差

透镜的纵向球差 δs_h 与透镜的折射率 n_L 和曲率半径 r_1、r_2 都有关系。因透镜焦距 f 也是 n_L、r_1、r_2 三个参量的函数 [见(2.40)式]，故对给定的 n_L，同样焦距的透镜可以有不同的曲率比 r_1/r_2，选择这个比值可使球差的数值达到最小，但不能使之完全消除。以图 2-50 中所示薄透镜为例，它的 $r_1/r_2 = 1.5$，$f = 100\ \text{cm}$，根据计算，选择 $r_1/r_2 = -1/6$，可使 $h = 10\ \text{cm}$ 的入射平行光束产生的球差达到最小（图 2-50a）。按照光的可逆性原理，若把物点放在焦点上，则应把透镜倒过来使用，即选 $r_1/r_2 = -6$（图 2-50b）。这种减小单个透镜球差的方法，称为配曲法。

用配曲法不可能将一个透镜的球差完全消除。理论计算表明，凸透镜的球差是负的，凹透镜的球差是正的。所以把凸、凹两个透镜黏合起来，组成一个复合透镜，可使某个高度 h 上的球差完全抵消（见图 2-51 所

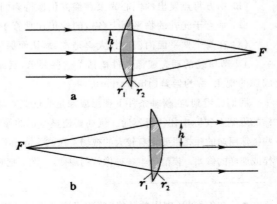

图 2-50 用胶合透镜消球差

示的例子）。在考虑到透镜有一定厚度时,此法不能同时在任何高度上消除球差,但可使剩余的球差减小到比单透镜小得多的程度。

7.3 彗形像差

傍轴物点发出的宽阔光束经光具组后在像平面上不再交于一点,而是形成状如彗星的亮斑。这种像差称为彗形像差,简称彗差。如图 2-52a,由物点发出的主光线 PO 经光具组后与像平面交于 P'（理想交点）。为了描述有彗差时光束的特点,我们在光瞳上作一系列同心圆 1、2、3、4、…（图 2-52b）,计算表明,经过各个圆周的光线在像平面上仍将落在一系列圆周 1′、2′、3′、4′、…上,不过这些圆不再是同心的,半径愈大的圆,其中心离 P' 愈远（图 2-52c）。这样就形成了如彗星般的光斑。

球差和彗差往往混在一起,只有当轴上物点的球差已消除时,才能明显地观察到傍轴物点的彗差。利用配曲法可消除单个透镜的彗差,也可利用胶合透镜来消除彗差。然而消除球差和消除彗差所要求的条件往往不一致,所以两者不容易同时消除。

7.4 正弦条件和齐明点

前已述及,显微镜物镜需要使傍轴小物能以大孔径成像。现在我们根据物像之间各光线的等光程性研究这样一个问题:在轴上已消球差的前提下,傍轴物点以大孔径光束成像的条件是什么？ 如图 2-53,设轴上物点 Q 和傍轴物点 P 分别成像于 Q'、P'. 光线 PS 与光轴平行,从而其共轭线通过像方焦

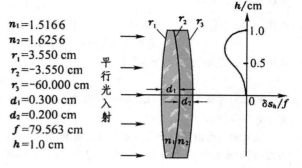

$n_1 = 1.5166$
$n_2 = 1.6256$
$r_1 = 3.550$ cm
$r_2 = -3.550$ cm
$r_3 = -60.000$ cm
$d_1 = 0.300$ cm
$d_2 = 0.200$ cm
$f = 79.563$ cm
$h = 1.0$ cm

图 2-51 用配曲法减小透镜的球差

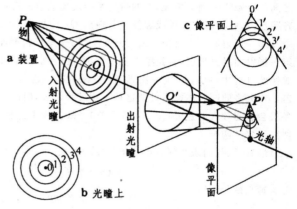

图 2-52 彗差

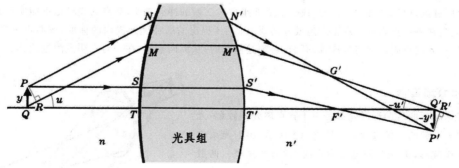

图 2-53 正弦条件

点 F'. 光线 PN 与 QM 平行,它们对光轴的倾角为 u,它们的共轭线 $N'P'$ 和 $M'Q'$ 交某点 G'。 作 $PR \perp QM$,$P'R' \perp M'Q'$,在傍轴条件下

$$(F'Q') \approx (F'P'), \quad (G'R') \approx (G'P'),$$

按照物像间等光程性原理,我们有

$$(QMM'Q') = (QTT'Q'), \quad (PNN'P') = (PSS'P'),$$

以及 ❶

---

❶　参见思考题 2-1(2)。

$$(PSS'F') = (QTT'F'), \quad (PNN'G') = (RMM'G'),$$

由以上各等式可得

$$(QR) = (Q'R').$$

设 $\overline{PQ} = y$，$\overline{P'Q'} = -y$，$\angle MQT = u$，$\angle M'Q'T' = -u'$，由图可见

$$(QR) = n\overline{QR} = ny\sin u, \quad (Q'R') = n'\overline{Q'R'} = n'y'\sin u',$$

式中 n、n' 是物、像方折射率，于是

$$ny\sin u = n'y'\sin u', \tag{2.76}$$

这公式称为阿贝正弦条件（E.Abbe，1879 年），它是在轴上已消球差的前提下，傍轴物点以大孔径的光束成像的充分必要条件。

在光轴上已消除球差且满足阿贝正弦条件的共轭点，称为齐明点。 1.4 节已证明，单个折射球面有一对齐明点，其中实物点 Q 到球心 C 的距离 $\overline{QC} = (n'/n)r$，虚像点 Q' 到球心的距离 $\overline{Q'C} = (n/n')r$，这里 r 为球面半径，$n > n'$。这对齐明点在高倍显微镜中有重要应用，油浸物镜就是照此原理设计而成的。如图 2-54 所示，第一个透镜作成半球形，平面一侧朝着物点 Q_1，二者之间的空隙用一滴油填充，油的折射率与透镜玻璃的折射率相等。把 Q_1 调节在齐明点上，它将以宽光束成虚像于共轭点 Q_2。如果把第二个透镜做成凹凸透镜，令其第一折射面的中心位于 Q_2，并使 Q_2 对于第二折射面也是齐明点，则光束经第一折射面时不折射，再经第二折射面时，更远处成像 Q_3。可以看出，在这种成像的过程中，孔径一次一次地减小，像一次一次地放大，且不产生球差和彗差。用更多的凹凸透镜本可使这种过程继续下去，但由于存在色散，折射次数过多将会引起较大的色差（见下面 7.7 节）。故实际中为利用齐明点而设置的透镜往往不多于两个。

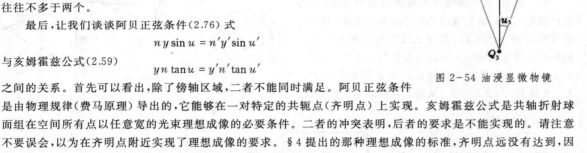

图 2-54 油浸显微物镜

最后，让我们谈谈阿贝正弦条件（2.76）式

$$ny\sin u = n'y'\sin u'$$

与亥姆霍兹公式（2.59）

$$yn\tan u = y'n'\tan u'$$

之间的关系。首先可以看出，除了傍轴区域，二者不能同时满足。阿贝正弦条件是由物理规律（费马原理）导出的，它能够在一对特定的共轭点（齐明点）上实现。亥姆霍兹公式是共轴折射球面组在空间所有点以任意宽的光束理想成像的必要条件。二者的冲突表明，后者的要求是不能实现的。请注意不要误会，以为在齐明点附近实现了理想成像的要求。§4 提出的那种理想成像的标准，齐明点远没有达到，因为从横向来看，齐明点附近能清晰成像的物点必须是傍轴的；从纵向来看，在一对齐明点附近的其它点都不再是齐明点。

7.5 像散和像场弯曲

像散和像场弯曲这两种像差都是由于物点离光轴较远、光束倾斜度较大引起的。像散现象如图 2-55 所示，出射光束的截面一般呈椭圆形，但在两处退化为直线，称为散焦线。两散焦线互相垂直，分别称为子午焦线（meridional focal line）和弧矢焦线（sagittal focal line）。在两散焦线之间某个地方光束的截面呈圆形，称为最小模糊圆（circle of least confusion）。可以认为这里是光束聚焦最清晰的地方，是放置照相底片或屏幕的最佳位置。

对于物平面上所有的点，散焦线和最小模糊圆的轨迹一般是个曲面。这现象示于图 2-56a，称为像场弯曲。图中 Σ_M、Σ_S

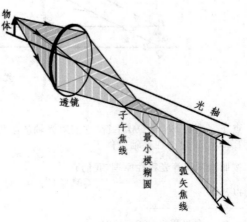

图 2-55 像 散

和 Σ_C 分别代表子午焦线,弧矢焦线和最小模糊圆的轨迹。如果照相机中存在着像场弯曲,感光底片就需要做成同样形状的曲面,这是很不方便的。对于单个透镜,像场弯曲可通过在透镜前适当位置上放一光阑来矫正(图 2-56b)。像散现象则需通过复杂的透镜组来消除。

7.6 畸 变

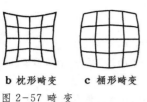

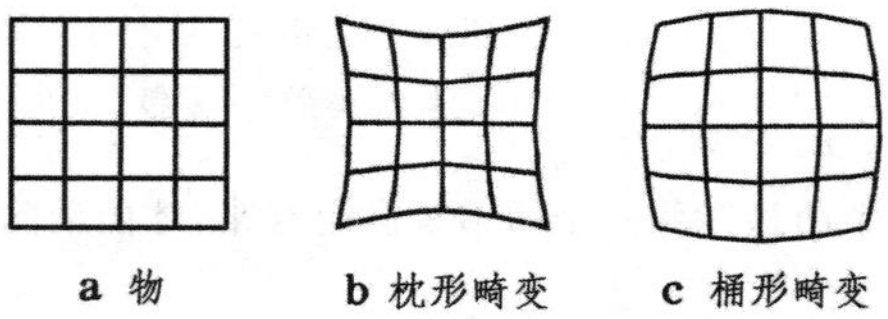

a 物　　**b** 枕形畸变　　**c** 桶形畸变

图 2-57 畸 变

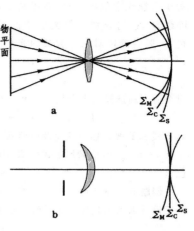

图 2-56 像场弯曲及其矫正

畸变也是由于光束的倾斜度较大引起的。与球差、彗差和像散不同,畸变并不破坏光束的同心性,从而不影响像的清晰度。畸变表现在像平面内图形的各部分与原物不成比例。图 2-57a 是放在物平面内的方格,若远光轴区域的放大率比光轴附近大,在像平面内就会出现如图 2-57b 所示的情景,这现象称为枕形畸变;反之,若远光轴区域的放大率比光轴附近小,在像平面内就会出现如图 2-57c 所示的情景,这现象称为桶形畸变。究竟产生哪种畸变,与孔径光阑的位置有关。例如对凸透镜来说,将光阑放在前面(图 2-58a),就会产生桶形畸变;将光阑放在后面(图 2-58b),则产生枕形畸变。❶有的照相机里采用如图 2-58c 所示的对称镜头,将光阑放在一对相同的透镜中间,可以使两种相反的畸变互相抵消。

7.7 色像差

如图 2-59 所示,由于折射率随颜色(波长)而变,不同颜色的光所成的像,无论位置和大小都可能不同,前者称为位置色差(或轴向色差),后者称为放大率色差(或横向色差)。单个薄透镜的色差是难以消除的,但将一对用不同材料做成的凸、凹透镜黏合起来(见图 2-60),可以对选定的两种波长消除色差。根据磨镜者公式(2.40),两透镜的光焦度可分别写成

$$P_1 = \frac{1}{f_1} = (n_1 - 1)K_1,$$
$$P_2 = \frac{1}{f_2} = (n_2 - 1)K_2,$$

其中

$$K_1 = \frac{1}{r_1} - \frac{1}{r_2}, \qquad K_2 = \frac{1}{r_2} - \frac{1}{r_3},$$

都是与波长无关的常量。两透镜黏合起来的光焦度为

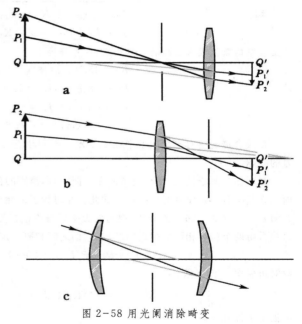

图 2-58 用光阑消除畸变

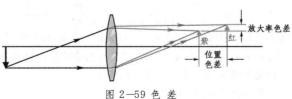

图 2-59 色 差

$$P = P_1 + P_2 = (n_1 - 1)K_1 + (n_2 - 1)K_2,$$

❶ 这与凸透镜的球差是负的有关,参见图 2-58a、b 和思考题 2-16。

对于目视光学仪器,通常在眼睛最敏感的波长 555.0 nm 两侧各选一波长来消除色差,它们分别是氢光谱中的 C 线(656.3 nm,红色)和 F 线(486.1 nm,蓝色)。胶合透镜对两个波长的光焦度分别为

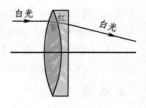

图 2-60 例题 5——
消色差胶合透镜

$$P_C = (n_{1C} - 1)K_1 + (n_{2C} - 1)K_2,$$
$$P_F = (n_{1F} - 1)K_1 + (n_{2F} - 1)K_2,$$

只要适当地选择曲率半径 r_1、r_2、r_3,使 K_1 和 K_2 满足

$$P_F - P_C = (n_{1F} - n_{1C})K_1 + (n_{2F} - n_{2C})K_2 = 0.$$

对 C 线和 F 线的焦距色差即可消除。由于一般折射率随波长而减小,$n_{1F} - n_{1C} > 0$,$n_{2F} - n_{2C} > 0$,故满足上式的 K_1 和 K_2 正负号必相反,亦即只有一个凸透镜和一个凹透镜黏合起来,才能消除色差。

例题 5　用冕牌玻璃和火石玻璃(折射率见下表)来做焦距为 10.0 cm 的消色差胶合透镜,求两透镜焦距。焦距通常以可见光区域中部的钠光谱 D 线为准,$\lambda_D = 589.3$ nm,黄色。

冕牌玻璃	1.157	1.511	1.509
火石玻璃	1.633	1.621	1.616

解:
$$P_D = (n_{1D} - 1)K_1 + (n_{2D} - 1)K_2 = 10.0 \text{D},$$
$$P_F - P_C = (n_{1F} - n_{1C})K_1 + (n_{2F} - n_{2C})K_2 = 0,$$

将上表中的数值代入上列联立方程组,即可解得

$$K_1 = 45.7(\text{冕牌玻璃}), \quad K_2 = 21.5(\text{火石玻璃}),$$

从而
$$P_1 = (n_{1D} - 1)K_1 = 23.4 \text{D},$$
$$P_2 = (n_{2D} - 1)K_2 = -13.4 \text{D},$$
$$f_1 = 4.27 \text{cm}, f_2 = -7.46 \text{cm}. ■$$

在胶合透镜中有三个曲率半径 r_1、r_2、r_3 可供选择,除了保证上述两个焦距之外,还可考虑消除球差和彗差的问题。

对于黏合薄透镜,主面与透镜所在平面重合,焦距的色差消除了,不同颜色光的焦点就自然重合在一起。然而当光具组有一定厚度时情况便不如此。此时为了消除全部色差,不同颜色的像对眼睛所张的视角相同(见图 2-61)。5.4 节的(2.68)式表明,视角放大率只与焦距有关,因而只须消除焦距色差,无须消除位置色差。常见的目镜多由两个材料相同的薄透镜组成,它们之间相隔一定距离 d,在这种情况下目镜的光焦度为❶

$$P = P_1 + P_2 - P_1 P_2 d = (n-1)(K_1 + K_2) - (n-1)^2 K_1 K_2 d.$$

取对折射率 n 的导数:

$$\frac{dP}{dn} = K_1 + K_2 - 2(n-1)K_1 K_2 d,$$

由极值条件 $dP/dn = 0$ 得

$$d = \frac{K_1 + K_2}{2(n-1)K_1 K_2 d} = \frac{P_1 + P_2}{2P_1 P_2} = \frac{f_1 + f_2}{2}. \quad (2.77)$$

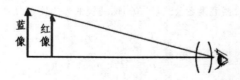

图 2-61 只消除了放大率色差,
但未消除位置色差的目镜,不
同颜色的像看起来是重叠的

因 f_1、f_2 与折射率 n 有关,n 与波长 λ 有关,故只能对于某个特定的波长 λ_0。选择 d 满足上式,用这样的透镜组作目镜,对波长在 λ_0 附近的光来说是消除了视角色差的。

下面介绍两种常用的目镜。

(1)惠更斯目镜

向着视场的透镜(向场镜)L_1 和与眼睛相接的透镜(接目镜)L_2 的焦距和间隔之间的比例为

---

❶　参见(2.63)式。

$$f_1 : f_2 : d = 3 : 1 : 2.$$

整个光具组的基点、基面已在 §4 的例题 3 中计算过,现重画于图 2-62 中。与简单放大镜一样,物 QP 的位置放在物方焦点 F 内侧附近,因 F 在 L_1 之后,这只能是虚物。经 L_1 所成的中间像 Q_1P_1 在两透镜之间,它是实像,同时是下一步的实物。最后的虚像 $Q'P'$ 成在明视距离以外,整个光路如图 2-62 所示。

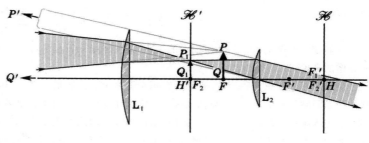

图 2-62 惠更斯目镜

　　(2) 拉姆斯登(J.Ramsden) 目镜

　　向场镜 L_1 和接目镜 L_2 的焦距和间隔之间的比例为

$$f_1 : f_2 : d = 1 : 1 : 1.$$

整个系统的焦点 F、f' 和主面 H、H' 的位置和光路示于图 2-63a,物体 QP 同样应放在焦点 F 内侧附近。

　　由于拉姆斯登目镜的 F 和物体 QP 就在向场镜 L_1 的表面上,在它表面上附着的灰尘、缺陷或伤痕将与物体一起放大,同时出现在目镜的像平面上,使得像场模糊不清。这个缺点是惠更斯目镜所没有的。为了避免这缺点,拉姆斯登目镜常采用以下变通形式:

$$f_1 : f_2 : d = 1 : 1 : 2/3.$$

(见图 2-63b)。这时焦点 F 将在向场镜前

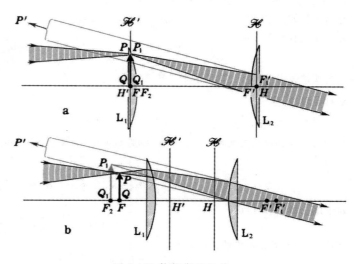

图 2-63 拉姆斯登目镜

面一些,这样物体就可躲开透镜的表面。当然这样做使得条件(2.77)式不严格满足,牺牲了一些消色差的性能。

　　通常为了测量的目的,需要在目镜中装上透明标尺或叉丝。标尺或叉丝必须在物平面或某一中间平面上,以便一起放大,同时出现在目镜的像平面上。这就要求中间像既是实像,又是下一步的实物。在拉姆斯登目镜中标尺或叉丝装在物体 QP 所在平面内。在惠更斯目镜中 QP 是虚物,如果一定要装标尺或叉丝,它只能装在中间像 $Q'P'$ 所在的平面内。但由于这时标尺或叉丝只对接目镜 L_2 成像,它的色差是不能消除的。这一点是拉姆斯登目镜比惠更斯目镜优越的地方。

7.8 小　结

　　上面我们简单地介绍了各种像差的成因、现象和消除途径。完全消除所有的像差是不可能的,也是不必要的。由于各种光学仪器都有特定的用途,各自遇到不同的问题,从而需要重点考虑的只是某几种类型的像差。例如显微物镜的对象是傍轴小物,但要求孔径大,主要问题在于球差和彗差。某些照相机的视场较大,特别是航测或翻拍镜头对物像间的相似性要求较严格,重点在于消除场曲和畸变。目镜的重点是消除视角色差。此外,由于接收器件(眼睛、照相底片等)的分辨本领有一定限度,所以只需将像差减小到接收器件不能分辨的程度就够了。总之在每种光学仪器中我们只需重点地将某些像差消除到一定的程度,这是完全可以做到的,但并不轻而易举。我们只要看看近代精密光学仪器结构的复杂性,就可体会到消除像差之不易。这些问题是应用光学中的专门课题,远远超出了本课程的范围。

§8. 像的亮度、照度和主观亮度

人们往往笼统地谈论光具组成像的亮暗，其实仔细分析起来，这里有两个不同的概念，其一是像的照度，另一是像的亮度。

决定照相底片感光程度的，是投射在每个面之上总光通量的多少，因此这里是像的照度问题。目视光学仪器的像是眼睛视察的对象，而瞳孔只接收一定立体角内的光通量。也就是说，从每个面元发出的总光通量中有多少能进入瞳孔，要看单位立体角内光通量的多少。因此这里是像的亮度问题。投影仪器的问题要复杂一些，这里的问题有两个方面，一是投影仪器在幕上成的像，另一是观众所看到经幕反射的像。前者是照度问题，后者是亮度问题，但二者有联系。若屏幕是理想的漫射体，不管投射到其上的光通量的角分布如何，反射光总是服从朗伯定律的。这时反射光的亮度又与入射光的照度有如下关系：

$$B = \frac{E}{\pi}. \qquad (2.78)$$

这公式请读者可以自己推导出来。❶

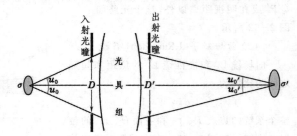

图 2-64 像的亮度和照度

8.1 像的亮度

如图 2-64 所示，设 y、σ、B、u_0，n 分别为傍轴小物的线度、面积、亮度和入射孔径角、物方折射率，y'、σ'、B'、u_0'，n' 为像方的相应量，则射进光瞳的光通量为

$$\Phi = \int B\sigma \cos u \, \mathrm{d}\Omega = \int_0^{u_0} B\sigma \cos u \sin u \, \mathrm{d}u \int_0^{2\pi} \mathrm{d}\varphi,$$

对于朗伯体，上式给出

$$\Phi = \pi B\sigma \sin^2 u_0 \quad \text{或} \quad B = \frac{\Phi}{\pi\sigma \sin^2 u_0}. \qquad (2.79)$$

同理，由出射光瞳射出的光通量为

$$\Phi' = \pi B'\sigma' \sin^2 u_0' \quad \text{或} \quad B' = \frac{\Phi'}{\pi\sigma' \sin^2 u_0'}. \qquad (2.80)$$

(2.80)式除以(2.79)式，得

$$\frac{B'}{B} = \frac{\Phi' \sin^2 u_0 \, \sigma}{\Phi \sin^2 u_0' \, \sigma'}. \qquad (2.81)$$

当光线在光具组内遇到折射面时，总有一部分光通量被反射掉，玻璃内也或多或少有些吸收，所以一般 $\Phi' < \Phi$，通常把二者之比称为光具组的透光系数，用 k 来代表，

$$k = \frac{\Phi'}{\Phi} \leqslant 1. \qquad (2.82)$$

利用正弦条件

$$n y \sin u_0 = n' y' \sin u_0' \qquad (2.83)$$

和

$$\frac{\sigma}{\sigma'} = \frac{y^2}{y'^2}, \qquad (2.84)$$

由(2.81)式得

$$\frac{B'}{B} = k \left(\frac{n'}{n} \right)^2. \qquad (2.85)$$

以上便是像的亮度 B' 与物的亮度 B 间的关系。在 $n = n'$ 的情况下

$$B' = kB \qquad (2.86)$$

若忽略光通量在光具组中的损失，即令 $k \approx 1$，于是得到 $B' \approx B$. 这表明，像的亮度与物像位置和放大率无关，且在 $n = n'$ 的条件下近似等于物的亮度。也就是说，光具组成像时基本上不改变像的亮度。

---

❶ 参见第一章习题 1-25。

也许读者会觉得这个结论有些意外。当像被放大的时候，来自其上单位面积的光通量减少了，为什么它的亮度不变呢？如果我们仔细思考一下，这个结论是不难理解的。因为正弦条件告诉我们：在像被放大的同时，光束的孔径变小了。❶虽然来自单位面积的总光通量减少了，但它集中在较小的孔径内，从单位面积上在单位立体角内发出的光通量仍可维持不变，即亮度不变。

8.2 像的照度

设想在图 2−49 中像平面上放置一幕，则其上像的照度为

$$E = \frac{\Phi'}{\sigma'} = \pi B' \sin^2 u_0' = k \pi B \left(\frac{n'}{n}\right)^2 \sin^2 u_0' = k \pi B \frac{\sin^2 u_0}{V^2}, \tag{2.87}$$

其中 V 是横向放大率，$V^2 = \sigma'/\sigma$.

在傍轴近似下，上式化为

$$E = k \pi B \left(\frac{n'}{n}\right)^2 u_0'^2 = k \pi B \frac{u_0^2}{V^2}. \tag{2.88}$$

以上便是我们要推导的像的照度公式。下面分析两个有实际意义的特殊情况。

（1）像距远大于焦距的情形

投影仪器属于这种情形。这时当像平面的位置在很大范围内改变时，物平面总在物方焦面附近，因此入射孔径角 u_0 近似是个常量。由（2.87）式可以看出，幕上像的照度与横向放大率的平方（或者说像的面积）成反比。在放映电影或幻灯片时，幕远了，像就放大了，但同时变暗了，这是不少读者熟悉的事实。

（2）物距远大于焦距的情形

照相机和眼睛属于这种情形。这时当物体的位置在很大范围改变时，像平面（感光片或视网膜）总在像方焦面附近，因此出射孔径角 u_0' 近似是个常量。由（2.88）式可以看出，这时像的照度是不变的。所以当我们用照相机拍摄远近不同但亮度相同的物体时，底片的感光程度是一样的。因此，我们选择曝光时间时无须考虑物体的距离。❷

为简单起见，我们假定照相机或眼睛的光具组是一个薄透镜，孔径光阑和光瞳就在这透镜附近，于是

$$s' \approx p' \approx f' = \frac{n'}{n} f, \quad D \approx D',$$

$$u_0' \approx \frac{D'}{2p'} = \frac{D'}{2f'} = \frac{n}{n'} \frac{D'}{2f}.$$

式中 D、D' 为入射光瞳和出射光瞳的直径，p' 的意义见图 2−7。因此像的照度为

$$E = \frac{k \pi B}{4} \left(\frac{D}{f}\right)^2. \tag{2.89}$$

D 与 f 之比称为光具组的相对孔径。上式表明，像的照度 E 正比于相对孔径 D/f 的平方。一般照相机上光圈刻度的标记值 1.4、2.8、5.6、8、11、16、… 就是相对孔径的倒数 f/D. 这序列中后一个数近似为前一个的 $\sqrt{2}$ 倍，因此相对孔径按 $1/\sqrt{2}$ 的比值递减，从而照度依次减少一半，所需曝光时间依次增加一倍。

8.3 主观亮度

分布在视网膜上的每个感光单元各自独立地接受光通量的刺激。扩展光源在视网膜上的像的照度愈大，照射在它所覆盖的面积内每个感光单元上的光通量就愈多。所以对于扩展光源，我们规定眼睛的主观亮度 H 就是视网膜上像的照度。

用肉眼直接观察物体获得的主观亮度 H_0，称为天然主观亮度。扩展光源的天然主观亮度为

$$H_0 \equiv E = \left(\frac{n'}{n}\right)^2 \frac{k \pi B}{4} \left(\frac{D_e}{f}\right)^2. \tag{2.90}$$

---

❶ 在傍轴条件下，正弦条件化为 $VW = $ 常数 $\times (n/n')$，即横向放大率 V 与角放大率 W 成反比，参见（2.57）和（2.58）式。

❷ 这结论不适用于拍摄十分近的物体（如翻拍文件）时的情况。

式中 D_e 是瞳孔的直径,f 是眼睛的焦距。(2.90) 式表明,H_e 与物的亮度 B 成正比,与光源的距离无关。

当我们用目视光学仪器观察物体时,(2.90) 式中的 B 应为仪器所成像的亮度 B' 所代替。如前所述,在 $n = n'$ 时,$B' \approx B$. 但这是否说,通过仪器观察物体时的主观亮度总是和天然主观亮度一样呢? 可以证明,望远镜和显微镜出射光瞳的直径 D' 都与视角放大率 M 成反比。对于望远镜 $(D')^2 = (D/M)^2$,[1] 对于显微镜,镜 $(D')^2 \propto (N.A./M)^2$,其中 D 为望远镜入射光瞳的直径,$N.A. = n \sin u_0$ 称为显微镜的数值孔径。[2] 当放大率超过某一数值时(这数值称为正常放大率),出射光瞳变得比眼睛的瞳孔还小。在这种情况下,(2.90) 式中的 D_e 应为仪器出射光瞳的直径 D' 所代替,从而主观亮度变小了。所以,通过望远镜或显微镜观察物体时,如果放大率小于正常放大率,主观亮度与天然主观亮度相等;如果放大率大于正常放大率,主观亮度将小于天然主观亮度。高倍显微镜的放大率一般大于正常放大率,所以它的像的主观亮度小于天然主观亮度。用高倍显微镜观察物体时,我们感到像较暗,便是这个道理。在这种放大率大于正常放大率的情况下,对于给定的放大率,主观亮度与数值孔径的平方成正比。这也是高倍显微镜需要有尽可能大的数值孔径的原因。油浸镜头有助于这一点。

上面讨论的都是扩展光源的主观亮度,如果是点光源,由于其线度非常小,或位置非常远(例如星体),它在视网膜上的像落在个别的感光单元上,所以来自点光源的光通量只刺激视网膜上个别的感光单元,它的主观亮度不取决于像的照度,而取决于进入瞳孔总光通量。当我们用望远镜观察点光源时,如果它的入射光瞳愈大,它就把愈多的光通量集中起来射入观察者的瞳孔(图 2-65),所以望远镜可以使点光源的主观亮度大大增加,利用望远镜观察星体,可以使星体的

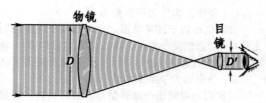

图 2-65 望远镜可增大点光源的主观亮度

主观亮度增大,但不改变作为扩展光源的天空背景的主观亮度。这样一来,星体与天空背景主观亮度的对比加大了,使我们在白昼也能看到星体。

本 章 提 要

1. 成像的概念

(1) 成像:入射同心光束 → 光具组 → 出射同心光束。

(2) 实物点 —— 发散同心光束中心,　实像点 —— 会聚同心光束中心,
　　 虚物点 —— 会聚同心光束中心;　虚像点 —— 发散同心光束中心。

(3) 物、像点一一对应,相互共轭 物方(物空间):由所有物点组成的空间,
　　　　　　　　　　　　　　　像方(像空间):由所有像点组成的空间。

(4) 实光程 —— 实际光线的光程,取正号,
　　 虚光程 —— 光线延长线的光程,取负号。
　　 物像点之间所有光线的光程相等。

2. 共轴球面组傍轴成像

(1) 傍轴条件:

对于轴上物点,$h^2 \ll s^2$,s'^2 和 r^2. 或 u^2,u'^2 和 $\varphi^2 \ll 1$.

(各量含义见图 2-7)

对于轴外物点,y^2,$y'^2 \ll s^2$,s'^2 和 r^2.

(各量含义见图 2-9)

---

❶ 参见习题 2-47。
❷ 参见习题 2-55。

（2）单个折射球面：

焦距公式 $\qquad f = \dfrac{nr}{n'-n}$，$\quad f' = \dfrac{n'r}{n'-n}$．$\quad \dfrac{f}{f'} = \dfrac{n}{n'}$．

物像距公式 $\qquad\qquad\qquad \dfrac{f'}{s'} + \dfrac{f}{s} = 1$．

横向放大率公式 $\qquad\qquad V = \dfrac{y'}{y} = -\dfrac{ns'}{n's}$．

3．薄透镜

（1）焦距公式：（n、n'—— 物像方折射率，n_L—— 透镜折射率）

$$\begin{cases} f = \dfrac{n}{\dfrac{n_L-n}{r_1} + \dfrac{n'-n_L}{r_2}}, \\[3em] f' = \dfrac{n'}{\dfrac{n_L-n}{r_1} + \dfrac{n'-n_L}{r_2}} \end{cases} \qquad \dfrac{f}{f'} = \dfrac{n}{n'}.$$

$n=n'\approx1$ 时 $\qquad f=f' = \dfrac{1}{(n_L-1)\left(\dfrac{1}{r_1} - \dfrac{1}{r_2}\right)}$ —— 磨镜者公式

（2）物像关系公式：

高斯公式 $\quad \dfrac{f'}{s'} + \dfrac{f}{s} = 1$．$\qquad f'=f$ 时 $\quad \dfrac{1}{s'} + \dfrac{1}{s} = \dfrac{1}{f}$．

$\qquad\qquad V = -\dfrac{ns'}{n's} = -\dfrac{fs'}{f's}$．$\qquad f'=f$ 时 $\quad V = -\dfrac{s'}{s}$．

牛顿公式 $\quad xx'=ff'$．（$x=f-s$，$\quad x'=f'-x'$）

$\qquad\qquad V = -\dfrac{f}{x} = -\dfrac{x'}{f'}$，$\qquad f'=f$ 时 $\quad V = -\dfrac{f}{x} = -\dfrac{x'}{f}$

（3）密接透镜组：光焦度 $P=1/f$，$P_1=1/f_1$，$P_2=1/f_2$．$\quad P = P_1 + P_2$．

（4）作图法：利用特殊共轭光线。设物像方折射率相等。

① 通过光心 O 的光线方向不变。

② 通过物方焦点 F 的光线 $\rightarrow$ 平行于光轴。

③ 平行于光轴的光线 $\rightarrow$ 通过物方焦点 F'．

还可利用平行光束的共轭光束交点在焦面上的性质。

4．理想光具组理论

（1）共线变换：物方和像方点点、线线、面面一一对应。

对于轴对称光具组

① 光轴上的共轭点在光轴上，

② 垂直光轴的平面的共轭面与光轴垂直，

③ 在垂直光轴的同一平面内横向放大率相等，

④ 在垂直光轴的不同平面内横向放大率一般不等；

但只要有两处相等，则处处相等（望远系统）。

（2）基点，基面：

① 焦点 F、F' 和焦面 $\mathscr{F}$、$\mathscr{F}'$ —— 轴上无穷远点和垂直光轴面的共轭。

② 主点 H、H' 和主面 $\mathscr{H}$、$\mathscr{H}'$

　　—— 横向放大率 $V=1$ 的共轭点和共轭面。

③ 节点 N、N' —— 角放大率 $W=1$ 的共轭点

(3) 物像关系公式

高斯公式　　　　　$\dfrac{f'}{s'} + \dfrac{f}{s} = 1$,

牛顿公式　　　　　$x\,x' = f f'$,

横向放大率公式　　$V = \dfrac{y'}{y} = -\dfrac{f}{x} = -\dfrac{f s'}{f' s}$,

角放大率　$W = \dfrac{\tan u'}{\tan u}$ 与横向放大率 V 成反比：$VW = f/f'$.

5. 正负号法则（共轴折射光学系统）：具有人为约定性质，以下是本书采用的规定。

设光轴自左向右

序　号	物理量 符号	相　对　位　置		正	负
（Ⅰ） （Ⅰ'）	物距 s 物方焦距 f	轴上物点 Q 物方焦点 F } 在	单折射球面顶点 A 薄透镜光心 O 理想光具组主点 H	之左	之右
（Ⅱ） （Ⅱ'）	像距 s' 像方焦距 f'	轴上像点 Q' 像方焦点 F' } 在	单折射球面顶点 A 薄透镜光心 O 理想光具组主点 H'	之右	之左
（Ⅲ）	曲率半径 r	球心 C 在折射球面顶点 A		之右	之左
（Ⅳ）	物高 y 像高 y'	轴外物点 P 轴外像点 P' } 在光轴		之上	之下
（Ⅴ）	光线倾角 u	从光轴转向光线		逆时针	顺时针
（Ⅵ）	（牛顿）物距 x	轴上物点 Q 在物方焦点 F		之左	之右
（Ⅶ）	（牛顿）像距 x'	轴上像点 Q' 在像方焦点 F'		之左	之右
（Ⅷ）	光具组间隔 Δ	F_2 在 F_1'		之右	之左
（Ⅸ）	光具组间隔 d	H_2 在 H_1'		之右	之左

6. 逐次成像问题中的不变量：

共轴球面组在傍轴条件下的拉格朗日-亥姆霍兹定律：$y n u = y' n' u'$.

理想光具组的亥姆霍兹公式：$y n \tan u = y' n' \tan u'$.

7. 齐明点：折射球面的一对等光程的共轭点 Q、Q'

$$\overline{QC} = \dfrac{n'}{n} r, \quad \overline{Q'C} = \dfrac{n}{n'} r, \quad (C \text{——球心})$$

阿贝正弦条件：傍轴小物以任意宽光束成像的条件为

$$n y \sin u = n' y' \sin u',$$

齐明点满足阿贝正弦条件。

8. 光学仪器

(1) 投影仪器：$s \approx f, s' \gg f$.

(2) 照相机：$s \gg f, s' \approx f$,　　给定焦距 f，x 愈小，景深愈小。

(3) 眼睛：调焦靠肌肉控制晶状体曲率，调焦范围在近点和远点之间。
明视距离 $s_0 = 25$ cm.

(4) 放大镜：物方在焦点附近，视角放大率 $M = \dfrac{w'}{w} = \dfrac{s_0}{f}$,

(5) 显微镜：物镜焦距 f_0、目镜焦距 $f_E \ll$ 光学筒长 Δ,　　$M = \dfrac{s_0 \Delta}{f_0 f_E}$.

(6) 望远镜：物镜焦距 $f_0 \gg$ 目镜焦距 f_E，F_0' 几乎与 F_E 重合，　　$M = \dfrac{f_0}{f_E}$.

（7）棱镜摄谱仪：角色散本领 $D = \dfrac{d\delta}{d\lambda} = \dfrac{2\sin\dfrac{\alpha}{2}}{\sqrt{1 - n^2\sin^2\dfrac{\alpha}{2}}} \cdot \dfrac{dn}{d\lambda}$，$(\delta = \delta_{\min}$ 时$)$

9．光阑 —— 光具组中的带孔屏障。

　（1）孔径光阑 —— 实际限制光束孔径的光阑。

　　　入射光瞳 —— 孔径光阑在物方的共轭。

　　　出射光瞳 —— 孔径光阑在像方的共轭。

　　　　显微镜、望远镜的出射光瞳设置在目镜筒终端观察者瞳孔的位置。

　　　　投影仪聚光镜对于待映画面的出射光瞳设置在投影镜头的入射光瞳处。

　（2）视场光阑 —— 实际限制轴外物点射向入射光瞳中心的光线（主光线）的光阑。

　　　入射窗 —— 视场光阑在物方的共轭。

　　　出射窗 —— 视场光阑在像方的共轭。

　　　　显微镜、望远镜的视场光阑设置在中间像面上。

10．单色像差：初级像差 或 三级像差

　（1）球面像差 —— 轴上物点以大孔径成像时形成的。

　　　减小或消除法：配曲法，胶合透镜。

　（2）彗形像差 —— 傍轴物点以宽光束成像时形成的。

　　　减小或消除法：配曲法，胶合透镜。

　　　　利用齐明点一起消除。

　（3）像散 像场弯曲 —— 物点离光轴较远、光束较倾斜引起的。

　　　减小法：在适当地方放置光阑。

　（4）畸变 —— 光束倾斜度较大引起的。

　　　减小法：在适当地方放置光阑。

11．色像差 —— 色散引起的。

$\begin{cases}$ 位置色差（轴向色差），\\ 放大率色差（横向色差）。 $\end{cases}$

　　　消色差法：凸凹透镜黏合。

　　　对于目镜，只需消除放大率色差。用两个材料相同相隔距离 d 的薄透镜组成目镜，满足下列条件可消除放大率色差：

$$d = \frac{f_1 + f_2}{2} \ (f_1、f_2 —— 两透镜焦距);$$

　　　惠更斯目镜　$f_1 : f_2 : d = 3 : 1 : 2$.

　　　拉姆斯登目镜　$f_1 : f_2 : d = 1 : 1 : 1$ 或 $f_1 : f_2 : d = 1 : 1 : 2/3$.

12．成像的光度学问题

　（1）像的亮度　$\dfrac{B'}{B} = k\left(\dfrac{n'}{n}\right)^2$　（k —— 光具组的透光系数）

　　　$n = n'$ 时　$B' = kB \approx B$，光具组成像时基本上不改变像的亮度。

　（2）像的照度　$E = k\pi B \dfrac{u_0^2}{V^2}$　（u_0 —— 入射孔径角）

　　　投影仪：u_0 基本上不变，$E \propto 1/V^2$.

　　　照相机：$E = \dfrac{k\pi B}{4}\left(\dfrac{D}{f}\right)^2$　（D —— 入射光瞳直径，D/f —— 相对孔径）

（3）主观亮度

对于扩展光源，天然主观亮度 —— 肉眼观察时在视网膜上的照度。

$$H_0 \equiv E = \left(\frac{n'}{n}\right)^2 \frac{k\pi B}{4}\left(\frac{D_e}{f}\right)^2 \quad （D_e —— 瞳孔直径，f —— 眼睛焦距）$$

对于点光源，主观亮度 $\propto$ 进入瞳孔的总光通量。

思 考 题

2-1.（1）如本题图a所示，若光线1、2相交于P点，经过一理想光具组后，它们的共轭线$1'$、$2'$是否一定相交？ 如果有交点，令此交点为P'，两光线在P、P'间的光程是否相等？

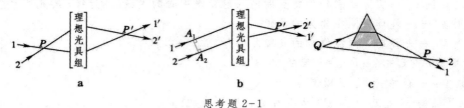

思考题 2-1

（2）如本题图 b 所示，若光线 1、2 平行，经过一理想光具组后，它们的共轭线 $1'$、$2'$ 是否一定相交？ 如果有交点，令此交点为 P'，作 A_1A_2 垂直于 1、2，光程 (A_1P') 和 (A_2P') 是否一定相等？

（3）如本题图 c 所示，从点光源 Q 发出两根光线 1 和 2，光线 1 经棱镜偏折，光线 2 不经过棱镜，两光线相交于 P，在 Q、P 间两光线的光程是否相等？

2-2. 在图2-5a中用通过 M 点与椭球面相切的球面反射镜代替椭球面反射镜，在下列三种情况下光线 QMQ' 的光程是极大值、极小值，还是恒定值？

（1）球面的半径大于椭球在 M 点的曲率半径；

（2）球面的半径等于椭球在 M 点的曲率半径；

（3）球面的半径小于椭球在 M 点的曲率半径。

2-3. 为什么平面镜成像左右互易，而上下不颠倒？

2-4. 将物体放在凸透镜的焦面上，透镜后放一块与光轴垂直的平面反射镜，最后的像成在什么地方？ 其大小和虚实如何？ 上述装置中平面镜的位置对像有什么影响？ 你能否据此设计出一种测凸透镜焦距的简便方法？（此法称为自聚焦法。）

思考题 2-6

2-5. 上题中测焦距的方法能否用于凹透镜？

2-6. 如本题图，一凸透镜将傍轴小物成像于幕上。 保持物和幕不动，（1）将透镜稍微沿横向平移（图a）；（2）将透镜的光轴稍微转动（图b），讨论幕上像的移动。

思考题 2-7

2-7. 在镜筒前端装一凸透镜，后端装一毛玻璃屏，上面刻有十字线，交点 O 在光轴上（见本题图）。 筒长为透镜的焦距 f.用此装置瞄准一个很远的发光点，使成像于屏上 O 点。 讨论在下列情况中像点在屏上的移动：（1）镜作横向平移；（2）镜筒轴线转过角度 θ.

2-8. 用上题的装置对准很远的景物，使之成像于毛玻璃屏上。 若这时把透镜下半部遮住，我们在屏上会看到什么现象？

2-9. 当黏合两薄透镜时，若相接触的表面曲率半径 r_2、r_3 不吻合（见本题图），复合透镜的焦距公式（2.49）应如何修改？

思考题 2-9

2－10．非望远系统中可能有一对以上的主面吗？

2－11．一般说来，理想光具组能保持不与光轴垂直的平面内几何图形的相似性吗？

2－12．为什么调节显微镜时镜筒作整体移动，而不改变筒长，而调节望远镜时则需要调节目镜相对于物镜的距离？

2－13．通常说将望远镜调节到对无穷远聚焦，这是什么意思？　如何利用自聚焦法（参考思考题2-4）调节望远镜，使聚焦于无穷远？

2－14．测距显微镜是利用镜筒的平移来测量微小长度的，能够利用望远镜筒的平移来测量远处物体的长度吗？　为什么？

2－15．为什么用极限法测折射率的装置中（参见第一章习题1-15）需用望远镜观察？　为什么在望远镜视场中出现有明显分界线的半明半暗区？

2－16．用光路图说明，对于有负球差的透镜，孔径光阑在前时产生桶形畸变，在后时产生枕形畸变。有正球差的透镜则正好相反（参考图2-58a、b）。

2－17．在一个大晴天，我们可以用一个放大镜把阳光会聚到焦点上，引起纸片或干木屑的燃烧。这是尽人皆知的事实。相传古代阿基米德曾用长焦距的镜子会聚日光烧毁了停泊在远处的敌舰，多少代以来，这个传说一直吸引着发明家的遐想。你能用科学的论据来辨明这个传说的真伪吗？

2－18．当前世界上拟建的最大望远镜物镜（拼合反光镜）的直径为15m，你能大致估计出它的放大倍率吗？

习　题

2－1．以第一章§2例题2中所用的光线追迹作图法证明图2-6中 Q 和 Q' 是一对共轭点。

2－2．证明(2.4)式。

2－3．根据反射定律推导球面反射镜的物像距公式(2.23)和焦距公式(2.24)。

2－4．物体放在凹球面反射镜前何处，可产生大小与物体相等的倒立实像？

2－5．凹面镜的半径为40cm，物体放在何处成放大两倍的实像？　放在何处成放大两倍的虚像？

2－6．要把球面反射镜前10cm处的灯丝成像于3m处的墙上，镜形应是凸的还是凹的？　半径应有多大？　这时像放大了多少倍？

2－7．按已约定的正负号法则（Ⅰ）、（Ⅱ）、（Ⅲ）、（Ⅳ）、（Ⅴ）等，标示出本题各图中的物距 s、像距 s'、曲率半径 r、光线倾角 u、u' 的绝对值。比较各图中折射率 n、n' 的大小，指明各图中物像的虚实。

2－8．分别根据上题各图推导球面折射成像公式(2.19)。

2－9．若空气中一均匀球形透明体能将平行光束会聚于其背面的顶点上，此透明体的折射率应等于多少？

2－10．如本题图，一平行平面玻璃板的折射率为 n，厚度为 h，点光源 Q 发出的傍轴光束（即接近于正入射的光束）经上表面反射，成像于 Q_1'；而折射线穿过上表面后在下表面反射，再从上表面折射的光束成像于 Q_2'．证明 Q_1' 与 Q_2' 间的

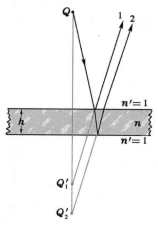

习题 2-10

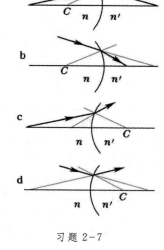

习题 2-7

距离为 $2h/n$.

【提示：把平面看成 $r \to \infty$ 的球面，并利用球面折射公式计算。】

2-11. 如本题图，一会聚光束本来交于 P 点，插入一折射率为 1.50 的平面平行玻璃板后，像点移至 P'. 求玻璃板的厚度 t.

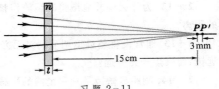

习题 2-11

2-12. 根据费马原理推导傍轴条件下球面反射成像公式 (2.23)。

2-13. 根据费马原理推导傍轴条件下球面折射成像公式 (2.19)。

2-14. 求联立方程式 (2.15) 和 (2.16) 的解，说明它所代表的共轭点就是 1.4 节中给出的齐明点。

2-15. 某透镜用 $n = 1.500$ 的玻璃制成，它在空气中的焦距为 10.0 cm，它在水中的焦距为多少？（水的折射率为 4/3.）

2-16. 一薄透镜折射率为 1.500，光焦度为 500 D. 将它浸入某液体，光焦度变为 -1.00 D. 求此液体的折射率。

2-17. 用一曲率半径为 20 cm 的球面玻璃和一平面玻璃黏合成空气透镜，将其浸于水中（见本题图）。设玻璃壁厚可忽略，水和空气的折射率分别为 4/3 和 1，求此透镜的焦距。 此透镜是会聚的还是发散的？

习题 2-17

2-18. 一凸透镜的焦距为 12 cm，填充下表中的空白，并作出相应的光路图。

物距 s/cm	-24	-12	-6.0	0	6.0	12	24	36
像距 s'/cm								
横向放大率 V								
像的虚实								
像的正倒								

2-19. 一凹透镜的焦距为 12 cm，填充下表中的空白，并作出相应的光路图。

物距 s/cm	-24	-12	-6.0	0	6.0	12	24	36
像距 s'/cm								
横向放大率 V								
像的虚实								
像的正倒								

2-20. 在 5 cm 焦距的凸透镜前放一小物，要想成虚像于 25 cm 到无穷远之间，物应放在什么范围里？

2-21. 一光源与屏间的距离为 1.6 m，用焦距为 30 cm 的凸透镜插在二者之间，透镜应放在什么位置，才能使光源成像于屏上？

2-22. 屏幕放在距物 100 cm 远处，二者之间放一凸透镜。当前后移动透镜时，我们发现透镜有两个位置可以使物成像在屏幕上。 测得这两个位置之间的距离为 20.0 cm，求

（1）这两个位置到屏幕的距离和透镜的焦距；

（2）两个像的横向放大率。

2-23. 如上题，在固定的物与幕之间移动凸透镜。 证明：要使透镜有两个成像位置，物和幕之间的距离必须大于四倍焦距。

2-24. 如本题图，L_1、L_2 分别为凸透镜和凹透镜，前放一小物，移动屏幕到 L_2 后 20 cm 的 S_1 处接收到像。现将凹透镜 L_2 撤去，将屏移前 5 cm 至 S_2 处，重新接收到像。 求凹透镜 L_2 的焦距。

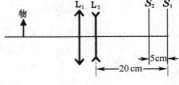

习题 2-24

2-25. 一光学系统由一焦距为 5.0 cm 的会聚透镜 L_1 和一焦距为 10.0 cm 的发散透镜 L_2 组成，L_2 在 L_1 之右 5.0 cm. 在 L_1 之左 10.0 cm 处置一小物，求

经此光学系统后所成的像的位置和横向放大率。用作图法验证计算结果。

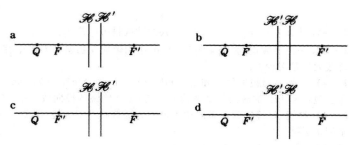

2-26. 用逐次成像法解 4.4 节中的例题 4,并将结果与之比较。

2-27. 用作图法求本题各图中 Q 的像(入射线从左到右)。

2-28. 用作图法求本题图中 PQ 点的像(入射线从左到右)。

习题 2-27

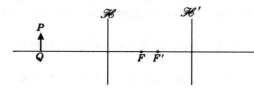

习题 2-28

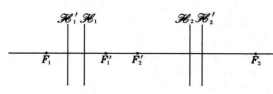

习题 2-29

2-29. 用作图法求本题图中联合光具组的主面和焦点。

2-30. 用作图法求本题图中正方形 $ABCD$ 的像。

2-31. 验算 7.7 节图 2-63a 和 b 中绘出的两种拉姆斯登目镜的主面与焦点。

2-32. 求右表中厚透镜的焦距和主面、焦点的位置,并作图表示。已知玻璃的折射率为 1.500,两界面顶点间的距离为 1.00 cm,透镜放在空气中。

2-33. 求放在空气中玻璃球的焦距和主面、焦点的位置,并作图表示。已知玻璃球的半径为 2.00 cm,折射率为 1.500。

2-34. 上题中玻璃球表面上有一斑点,计算从另一侧观察此斑点像的位置和放大率,并用作图法验证之。

2-35. (1) 用作图法求本题图中光线 1 的共轭线;

(2) 在图上标出光具组节点 N、N' 的位置。

2-36. 已知 $1-1'$ 是一对共轭光线,求光线 2 的共轭线(见本题图)。

2-37. 对一光具组,测得当物距改变 Δx 时,像距改变 $\Delta x'$,同时横向放大率由 V_1 变到 V_2。试证明此光具组的焦距为

$$f = \frac{\Delta x}{\frac{1}{V_1} - \frac{1}{V_2}}, \qquad f' = \frac{\Delta x'}{V_1 - V_2}.$$

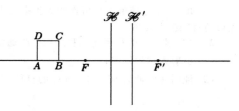

习题 2-30

	形状	r_1/cm	r_2/cm
(1)	双凸	10.0	-10.0
(2)	凸凹	10.0	20.0
(3)	凹凸	-15.0	-20.0

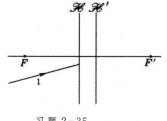

习题 2-35

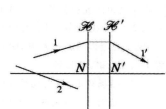

习题 2-36

这里提供了一种测焦距的方法,它与测焦点位置的方法配合起来,可以确定光具组的主面。

2-38. 一架幻灯机的投影镜头的焦距为 7.5 cm,当幕由 8 m 移至 10 m 远时,镜头需移动多少距离?

2-39. 某照相机可拍摄物体的最近距离为 1 m,装上光焦度为 2D 的近拍镜后,能拍摄的最近距离为多少?(假设近拍镜与照相机镜头是密接的。)

2-40. 某人对 2.5 m 以外的物看不清,需多少度的眼镜? 另一人对 1 m 以内的物看不清,需配怎样的

眼镜?

2-41. 计算 $2\times$、$3\times$、$5\times$、$10\times$ 放大镜或目镜的焦深。

2-42. 一架显微镜,物镜焦距为 4mm,中间像成在物镜像方焦点后面 160mm 处,如果目镜是 $20\times$ 的,显微镜的总放大率是多少?

2-43. 一架显微镜的物镜和目镜相距 20.0cm,物镜焦距为 7.0mm,目镜焦距为 5.0mm,把物镜和目镜都看成是薄透镜,求:(1)被观测物到物镜的距离;(2)物镜的横向放大率;(3)显微镜的总放大率;(4)焦深。

2-44. 物镜、目镜皆为会聚镜的望远镜称为开普勒型望远镜(图 2-39),物镜会聚而目镜发散的望远镜,称为伽利略型望远镜。

(1)画出伽利略型望远镜的光路;

(2)一伽利略型望远镜的物镜和目镜相距 12cm,若望远镜的放大率为 $4\times$,则物镜和目镜的焦距各多少?

2-45. 拟制一个 $3\times$ 的望远镜,已有一个焦距为 50cm 的物镜,问,在(1)开普勒型中和(2)伽利略型中,目镜的光焦度及物镜、目镜的距离各多少?

2-46. 一望远镜的物镜直径为 5.0cm,焦距为 20cm,目镜直径为 1.0cm,焦距为 2.0cm,求此望远镜的入射光瞳和出射光瞳的位置和大小。

2-47. 望远镜的孔径光阑和入射光瞳通常就是其物镜的边缘。求出射光瞳的位置,并证明出射光瞳直径 D' 与物镜直径 D_0 之比为

$$D' = \frac{D_0}{|M|},$$

其中 $M = -f_0/f_E$ 是望远镜的视角放大率。

2-48. 将望远镜倒过来可作激光扩束之用。设一望远镜物镜焦距为 30cm,目镜焦距为 1.5cm,它能使激光光束的直径扩大几倍?

2-49. 显微镜的孔径光阑和入射光瞳通常就是其物镜的边缘。求

(1)出射光瞳的位置;

(2)证明在傍轴近似下出射光瞳的直径 D' 与入射孔径角 u_0 的关系是 ❶

$$D' = \frac{2s_0 n u_0}{|M|},$$

式中 $s_0 = 25$cm 是明视距离,M 是显微镜的视角放大率,n 是物方折射率(除油浸物镜外,$n \approx 1$)。

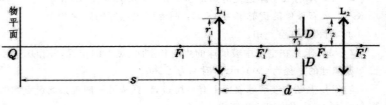

习题 2-50

2-50. 如本题图中 L_1、L_2 是两个会聚透镜,Q 是物点,DD 是光阑,已知焦距 $f_1 = 2a$,$f_2 = a$,图中标示各距离为 $s = 10a$,$l = 4a$,$d = 6a$;此外透镜与光阑半径之比是 $r_1 = r_2 = 3r_3$。求此光具组的孔径光阑、入射光瞳、出射光瞳、入射窗和视场光阑的位置和大小。

2-51. 惠更斯目镜的结构详见 7.7 节图 2-62,如本题图所示,今在两透镜间放一光阑 AA,设透镜 L_1、L_2 和光阑的直径分别为 D_1、D_2 和 D.试证:

(1)向场镜 L_1 成为孔径光阑的条件为 $D_1 < D_2$;

(2)光阑 AA 成为视场光阑的条件是 $D/2 < D_2$;

(3)这时对 F_2' 点计算的出射孔径角 u_0' 由下式确定:

$$\tan u_0' = D_1/2a.$$

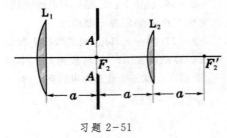

习题 2-51

2-52. 证明在一对齐明点附近不可能有另一对齐明点。

2-53. 试证明,显微镜出射光瞳直径 D' 由下式确定:

---

❶ 严格的公式应把 u_0 换成 $\sin u_0$,参见习题 2-56。

$$D' = \frac{2s_0 \, n \sin u_0}{|M|} = 2s_0 \, \frac{\text{N.A.}}{|M|},$$

即 D' 正比于数值孔径 N.A.$= n \sin u_0$，反比于视角放大率 M.($s_0 = 25\,\text{cm}$ 是明视距离。)

2 - 54 拟用冕牌玻璃 K9($n_D = 1.5163$，$n_F = 1.5220$，$n_C = 1.5139$)和重火石玻璃 F4($n_D = 1.6199$，$n_F = 1.6321$，$n_C = 1.6150$)来做消色差胶合透镜，焦距为 100 mm,若已确定其负透镜的非黏合面为平面,试求其余各面的曲率半径。

2 - 55. 太阳表面的辐射亮度为 $2 \times 10^7\,\text{W}/(\text{m}^2 \cdot \text{sr})$,用相对孔径 $D/f = 1.5$ 的放大镜将阳光聚焦成光斑的最大辐射照度是多少?

2 - 56. 一屏放在离烛 100 cm 处,把一会聚薄透镜放在烛和屏之间,透镜有两个位置可以在屏上得到烛的像,这两个位置相距 20 cm,在屏上烛的两个像的照度相差多少倍?

2 - 57. 望远镜物镜的直径为 75 mm,当放大率为(1)20 倍,(2)25 倍,(3)50 倍时,求望远镜中月亮的像的主观亮度与天然主观亮度之比。眼睛瞳孔的直径为 3.0 mm.

2 - 58. 一天文望远镜的物镜直径等于 18 cm,透光系数为 0.50,已知肉眼可直接观察到六等星。 求

(1)用此望远镜所能看到的最弱星等;

(2)最适宜观察星的放大率(正常放大率);

(3)当放大率为 10 倍时可见到星的等次。 设眼睛瞳孔的直径值可取 3.0 mm.

【注:星等增加一等,其亮度减小 $\sqrt[5]{100} \approx 2.5$ 倍。】

2 - 59. 求数值孔径为 1.5 的显微镜的正常放大率,设瞳孔直径为 3.0 mm.

第三章 干　涉

§1. 波的叠加与干涉

1.1 波的描述

几何光学从光的直线传播、反射、折射等基本实验定律出发,讨论成像等特殊问题,它的方法是几何的,在物理上不必涉及光的本性。但是,要真正理解光,理解光场中可能发生的各种绚丽多彩的现象,必须研究光的波动性。也只有从光的波动理论才能看出几何光学理论的限度。

光波是一种电磁波,它是矢量横波,需用两个矢量场来描述:

$$\begin{cases} \boldsymbol{E}(P,t) = \boldsymbol{E}_0(P)\cos[\omega t - \varphi(P)], \\ \boldsymbol{H}(P,t) = \boldsymbol{H}_0(P)\cos[\omega t - \varphi(P)], \end{cases} \tag{3.1}$$

其中 $\boldsymbol{E}$ 和 $\boldsymbol{H}$ 分别是电场强度和磁场强度矢量, $\boldsymbol{E}_0(P)$ 和 $\boldsymbol{H}_0(P)$ 分别是它们在空间 P 点的振幅, $\varphi(P)$ 是在该点的相位。在一定的条件下(譬如在各向同性介质中满足傍轴条件时),可用标量波来处理:

$$U(P,t) = A(P)\cos[\omega t - \varphi(P)], \tag{3.2}$$

式中 $A(P)$ 是 P 点的振幅。读者在力学中和电磁学中都已知道,简谐振动和简谐波是可以用复数来描述的,办法是用一个复指数函数与余弦(或正弦)函数对应,用复数的叠加来代替简谐量的叠加:

$$U(P,t) = A(P)\cos[\omega t - \varphi(P)] \Leftrightarrow \tilde{U}(P,t) = A(P)\mathrm{e}^{\pm\mathrm{i}[\omega t - \varphi(P)]},$$

式中指数上的正负号可以有两种选择,运算时可采用任何一种,它们实质上完全等效。纯粹由于习惯(也许还有某些计算上的方便),本书选用负号,[1]即

$$U(P,t) = A(P)\cos[\omega t - \varphi(P)]$$

$$\Leftrightarrow \tilde{U}(P,t) = A(P)\mathrm{e}^{-\mathrm{i}[\omega t - \varphi(P)]} = \tilde{U}(P)\mathrm{e}^{-\mathrm{i}\omega t}, \tag{3.3}$$

其中

$$\tilde{U}(P) = A(P)\mathrm{e}^{\mathrm{i}\varphi(P)} \tag{3.4}$$

为复振幅。在单色光场中频率 ω 一样,时间因子 $\mathrm{e}^{-\mathrm{i}\omega t}$ 总是相同的,常可略去不写。光的强度也可用复振幅来表示:

$$I(P) = [A(P)]^2 = \tilde{U}^*(P)\tilde{U}(P) \tag{3.5}$$

这里 $\tilde{U}^*(P)$ 是 $\tilde{U}(P)$ 的复数共轭。

1.2 波的叠加原理

房里点着两盏灯,经验告诉我们,我们看到每盏灯的光并不因另一盏灯是否存在而受到影响。这现象告诉我们,当两列光波在空间交叠时(图 3-1),它的传播互不干扰,亦即每列波如何传播,就像另一列波完全不存在一样,各自独立进行。这就是所谓光的独立传

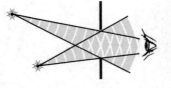

图 3-1 光的独立传播定律

播定律,以上现象不是光波所特有的,而是一般波动的性质,这就是波的独立传播定律。

光的独立传播定律并非总是成立的。举个光不独立传播的例子,如一种变色玻璃,在光照比较暗的时候它们是无色的,但在较强的光照下它们变成褐色的了,其它的光通过玻璃时受到较强

---

❶　按照这种选择,指数上正相位代表落后,负相位代表超前,P 点的初相位为 $-\varphi(P)$.

的吸收（见图 3-2）。这种玻璃可用来做太阳镜。

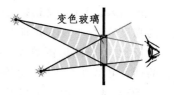

图 3-2 光不独立传播的例子

一列波在空间传播时，在空间每一点引起振动。当两列（或多列）波在同一空间传播时，空间各点都参与每列波在该点引起的振动。如果波的独立传播定律成立，则当两列（或多列）波同时存在时，在它们的交叠区内每点的振动都是各列波单独存在时在该点产生的振动的合成。这就是波的叠加原理。对于标量波，则是标量的叠加：

$$U(P,t) = U_1(P,t) + U_2(P,t), \qquad (3.6)$$

对于同频波可写成复数形式：

$$\widetilde{U}(P) = \widetilde{U}_1(P) + \widetilde{U}_2(P), \qquad (3.7)$$

这里时间因子 $e^{-i\omega t}$ 已略去不写了。

波的叠加原理与独立传播定律一样，适用性是有条件的。这条件一是介质的性质，二是波的强度。光在真空中总是独立传播的，从而服从叠加原理。光在普通的玻璃中，只要不是太强，也是独立传播和服从叠加原理的。但在上述变色玻璃中则不然。即使在普通的玻璃中，当光的强度非常大时，也会出现违背叠加原理的现象。波在其中服从叠加原理的介质，称为"线性介质"，不服从叠加原理的介质，称为"非线性介质"。违反叠加原理的效应，称为"非线性效应"。光的非线性效应种类很多，研究光的非线性效应的学科称为"非线性光学"。因为许多介质的非线性效应只有在很强的光作用下才较明显，所以非线性光学只在激光出现之后才得以蓬勃发展。本书中若不作特殊声明，都假定介质是线性的，即光波服从叠加原理。波的叠加原理将是今后许多章节的理论基础。

1.3 两个点波源的干涉

作为波的干涉的最简单、也是最重要的例子，让我们先研究两个点波源发出的波的干涉。

设在均匀介质中有两个作同频率简谐振动的点波源 Q_1 和 Q_2，它们各自向周围介质发出球面波。按波的叠加原理，空间任一点 P 的复振幅为

$$\widetilde{U}(P) = \widetilde{U}_1(P) + \widetilde{U}_2(P),$$

按（3.5）式波的强度为

$$\begin{aligned}
I(P) &= [A(P)]^2 = \widetilde{U}^*(P)\,\widetilde{U}(P) \\
&= [\widetilde{U}_1^*(P) + \widetilde{U}_2^*(P)][\widetilde{U}_1(P) + \widetilde{U}_2(P)] \\
&= [A_1(P)]^2 + [A_2(P)]^2 + A_1(P)A_2(P)(e^{-i\varphi_1(P)+i\varphi_2(P)} + e^{i\varphi_1(P)-i\varphi_2(P)}),
\end{aligned}$$

即

$$I(P) = I_1(P) + I_2(P) + 2\sqrt{I_1(P)I_2(P)}\cos\delta(P), \qquad (3.8)$$

其中

$$\delta(P) = \varphi_1(P) - \varphi_2(P). \qquad (3.9)$$

式中 $I_1(P) = [A_1(P)]^2$，$I_2(P) = [A_2(P)]^2$ 分别是两列波单独在场点 P 处的强度，$\delta(P)$ 是两列波在 P 点的相位差。（3.8）式告诉我们，两波叠加时，在一般情况下强度不能直接相加：

$$I(P) \neq I_1(P) + I_2(P),$$

差别是 $2\sqrt{I_1(P)I_2(P)}\cos\delta(P)$ 一项，而 $\delta(P)$ 与位置有关，$\cos\delta(P)$ 可正可负。在那些 $\cos\delta(P) > 0$ 的地方，$I(P) > I_1(P) + I_2(P)$；在那些 $\cos\delta(P) < 0$ 的地方，$I(P) < I_1(P) + I_2(P)$，换句话说，波的叠加引起了强度的重新分布。这种因波的叠加引起强度重新分布的现象，称为波的干涉。（3.8）式中的 $2\sqrt{I_1(P)I_2(P)}\cos\delta(P)$ 一项称为干涉项。

如图 3-3 所示，设点波源 Q_1、Q_2 之间的距离为 d，场点 P 到它们的距离分别为 $\overline{Q_1P} = r_1$ 和 $\overline{Q_2P}$

$= r_2$. 振幅 $A_1(P)$ 和 $A_2(P)$ 除了与振源的强度有关外，还分别与距离 r_1 和 r_2 成反比。若两振源等强，且 r_1、$r_2 \gg d$ 的话，可认为它们是相等的：$A_1(P) = A_2(P) = A$，$I_1(P) = I_2(P) = A^2$，(3.8) 式化为

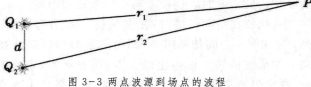

图 3-3 两点波源到场点的波程

$$I(P) = 2A^2[1 + \cos\delta(P)] = 4A^2 \cos^2 \frac{\delta(P)}{2}, \tag{3.10}$$

即强度分布是相位差 $\delta(P)$ 的周期性函数（图 3-4）。

现在考察相位差。沿着波的传播方向相位 $\varphi(P)$ 逐点落后，每前进一个波长 λ，相位落后 2π，在距离为 r 处相位落后 $2\pi r/\lambda$，故

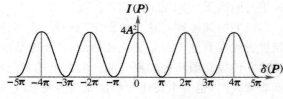

图 3-4 两波叠加时强度与相位的关系

$$\begin{cases} \varphi_1(P) = \varphi_{10} + \dfrac{2\pi r_1}{\lambda}, \\[2mm] \varphi_2(P) = \varphi_{20} + \dfrac{2\pi r_2}{\lambda}, \end{cases}$$

式中 φ_{10} 和 φ_{20} 为两振源的相位。于是

$$\delta(P) = \varphi_1(P) - \varphi_2(P) = \varphi_{10} - \varphi_{20} + \frac{2\pi(r_1 - r_2)}{\lambda}, \tag{3.11}$$

若两振源同相，即 $\varphi_{10} = \varphi_{20}$，则

$$\delta(P) = \frac{2\pi(r_1 - r_2)}{\lambda}, \tag{3.12}$$

即 $\delta(P)$ 正比于波程差 $\Delta L = r_1 - r_2$.

下面来分析强度分布的具体情况。由 (3.12) 式和 (3.10) 式可以看出，波场中强度 $I(P)$ 为极大和极小的条件是

$$\begin{cases} 极大　\Delta L = k\lambda, & \text{(3.13a)} \\[2mm] 极小　\Delta L = \left(k + \dfrac{1}{2}\right)\lambda, & \text{(3.13b)} \end{cases}$$

（$k = 0, \pm 1, \pm 2, \cdots$）。满足以上方程的 P 点轨迹是以 Q_1、Q_2 为焦点的回转双曲面族（见图 3-5）。在此 $I_1 = I_2$ 的情况下，$I(P)$ 的极大值是 $4A^2$，即 I_1 或 I_2 的四倍，$I_1 + I_2$ 的两倍；$I(P)$ 的极小值为 0；强度的平均值为 $2A^2 = I_1 + I_2$. 这体现了强度在空间的重新分布。

两点波源的干涉场可用水波盘来演示（见图 3-6）。从照片可以看出振动加强和减弱（抵消）的情况。

（左图）图 3-5 两球面波的干涉场

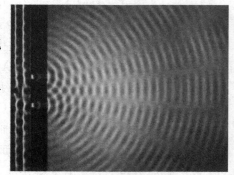

图 3-6 两点波源干涉场的水波盘演示

§2. 杨氏实验　光场的空间相干性

2.1 杨氏双缝干涉实验

用两个点波源作光的干涉实验的典型代表,是杨氏实验(T. Young,1801 年)。在上面用水波盘演示的干涉实验中,两振源是装在同一支架上的振子,杨氏实验的装置如图 3-7a 所示,在普通单色光源(如钠光灯)前面放一个开有小孔 S 的屏,作为单色点光源。在 S 的照明范围内再放一个开有两个小孔 S_1 和 S_2 的屏。按惠更斯原理,S_1 和 S_2 将作为两个次波源向前发射次波(球面波),形成交叠的波场。在较远的地方放置一接收屏,屏上可以观测到一组几乎是平行的直线条纹(图 3-7b)。为了提高干涉条纹的亮度,实际中 S、S_1、S_2 用三个互相平行的狭缝(杨氏双缝干涉),而且可不用屏幕接收,而代之以目镜直接观测。在激光出现以后,人们可以用氦氖激光束直接照明双孔,在屏幕上即可获得一套相当明显的干涉条纹,供许多人同时观看。现在来分析,利用普通光源做杨氏实验

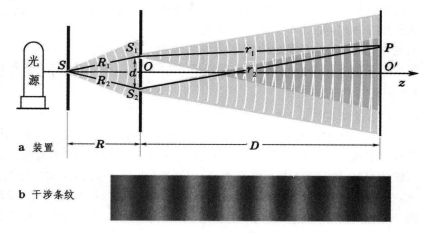

图 3-7 杨氏实验

时,由双孔出射的两束光波之间的相位差。设 $\overline{SS_1} = R_1$,$\overline{SS_2} = R_2$,用 φ_0 代表点波源 S 的初相位,则次波源 S_1、S_2 的初相位分别为

$$\varphi_{10} = \varphi_0 + \frac{2\pi}{\lambda}R_1, \qquad \varphi_{20} = \varphi_0 + \frac{2\pi}{\lambda}R_2,$$

从而

$$\varphi_{10} - \varphi_{20} = \frac{2\pi}{\lambda}(R_1 - R_2). \tag{3.14}$$

由此可见,两次波之间的相位差与 φ_0 无关,即使 φ_0 变了,相位差 $\varphi_{10} - \varphi_{20}$ 也不变。下面(2.4 节)我们将会看到,这一点对保证两光束的"相干"是很重要的。

令双孔间距为 d,幕与双孔屏间的距离为 D,幕上横向观测范围为 X,我们设 $d^2 \ll D^2$,$X^2 \ll D^2$,点源和接收场都符合傍轴条件,[●]设 S_1、S_2 距 S 等远,即 $R_1 = R_2$,从而 $\varphi_{10} = \varphi_{20}$,可取二者皆为 0。如图 3-7,从 S_1、S_2 连线的中点 O 作 z 轴垂直于双孔屏和接收屏,令接收屏上场点 P 的横向距离为 x,OP 与 z 轴的夹角为 θ. 在傍轴条件下可认为 $S_1P \parallel S_2P$,OP 也与它们平行。自 S_1 作 OP 和 S_2P 的垂线交 S_2P 于 N,则 $\overline{S_2N}$ 近似等于光程差:

$$r_2 - r_1 \approx \overline{S_2N} = d\sin\theta \approx \frac{dx}{D}. \tag{3.15}$$

● 杨氏实验装置中的数据可取 $d = (0.1 \sim 1)\text{mm}$,$x = (1 \sim 10)\text{cm}$,$D = (1 \sim 10)\text{m}$.

代入(3.12)式,得相位差

$$\delta(P) = \frac{2\pi(r_1 - r_2)}{\lambda} = -\frac{2\pi d}{\lambda D}x, \qquad (3.16)$$

干涉条纹的形状,即等强度线是一组纵向(即与 3-7a 图面垂直)的平行直线,[1]强度随 $\delta(P)$ 作周期性变化。干涉条纹的间距定义为两条相邻亮纹(强度极大)或两条暗纹(强度极小)之间的距离。因为两条相邻条纹之间的光程差相差 λ,令(3.15)式中 $r_1 - r_2$ 写成光程差 $\Delta L = \lambda$,x 写成条纹间隔 Δx,则有

$$\Delta x = \frac{\lambda D}{d}. \qquad (3.17)$$

若光源中包含 λ_1 和 λ_2 两条谱线,则屏上有两套间距不等的条纹同时存在,它们非相干地叠加在一起,如图 3-8 所示。若光源发出的是白光,则在中央零级的白色亮纹两侧对称地排列着若干条彩色条纹(参看彩图 2)。

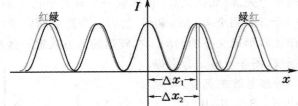

图 3-8 两套不同颜色干涉条纹不相干叠加

2.2 一些其它干涉装置

(1) 菲涅耳双镜和双棱镜

菲涅耳的双镜和双棱镜分别示于图 3-9a 和图 3-10a。前者是一对紧靠在一起夹角 α 很小的平面反射镜 M_1 和 M_2,后者是一个棱角 α 很小的双棱镜 A. 实验装置通常采用狭缝光源,狭缝与双镜的交棱 M 平行,即与画面垂直。从狭缝光源 S 发出的波列经反射或折射后被分割为两光束,在它们的交叠区出现等距的平行干涉条纹,如图 3-9b 和 3-10b 所示,条纹与交棱平行,即与图 3-9a、图 3-10a 的画面垂直。设 S_1 与 S_2 为 S 对双镜或双棱镜所成虚像,幕上的干涉条纹就如同是由虚像光源 S_1 和 S_2 发出的光束产生的一样,因此条纹间隔的计算可利用杨氏装置的结果。

(2) 劳埃德镜

劳埃德(H. Lloyd)镜的装置如图 3-11 所示,MN 是一平面反射镜,从狭缝光源 S(与画面垂直)发出的波列中一部分掠入射到平面镜后反射到幕上,另一部分直接投射到幕上。在幕上两光束交叠区域里将出现如图 3-11b 所示的干涉条纹(条纹与图 3-11a 画面垂直)。设 S' 为 S 对平面镜所成的虚像,屏幕上干涉条纹就如同是实际光源 S 和虚像光源 S' 发出的光束产生的一样,因此条纹间隔的计算也可利用杨氏装置的结果。

既然上述几种干涉装置都可归结为杨氏装置,我们可以用(3.17)式来计算条纹间距:

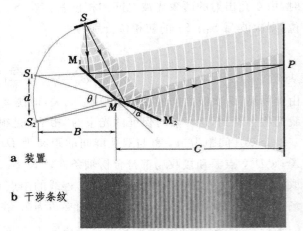

a 装置

b 干涉条纹

图 3-9 菲涅耳双镜

---

❶ 前曾指出,两球面波干涉场中等强度面是双曲面(图 3-5),它们被平面屏截出的轨迹是双曲线。在傍轴条件下,这些双曲线可近似看成是平行的直线。

$$\Delta x = \frac{\lambda D}{d}.$$

对于菲涅耳双镜(图3-9a)S到M的距离为B,M到屏幕的距离为C. 根据平面镜成像的对称性,$\overline{S_1 M}$ $= \overline{S_2 M} = B$,从而(3.17)式中的 $D = B + C$.
再设 $\angle S_1 M S_2 = \theta$,由反射定律可知$\theta = 2\alpha$,故(3.17)式中的
$$d = \theta B = 2\alpha B.$$
代入(3.17)式,得
$$\Delta x = \frac{\lambda(B+C)}{2\alpha B}. \quad (3.18)$$

对于菲涅耳双棱镜(图3-10a),同样有$D=B+C$,但$\theta = 2\delta$,这里$\delta = (n-1)\alpha$(n代表棱镜的折射率,参见第一章习题1-6)是光线经每个棱镜产生的偏向角,于是$d = \theta B = 2(n-1)\alpha B$,则得
$$\Delta x = \frac{\lambda(B+C)}{2(n-1)\alpha B}. \quad (3.19)$$

对于劳埃德镜(图3-11a),设S到镜面MN的垂直距离为a,则$d=2a$,故
$$\Delta x = \frac{\lambda D}{2a}. \quad (3.20)$$

这里D就是S到幕的距离。

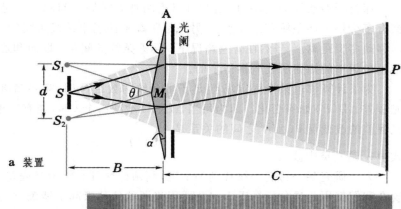

图 3-10 菲涅耳双棱镜

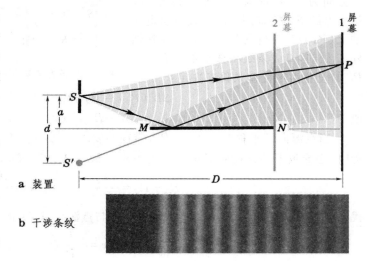

图 3-11 劳埃德镜

以上各公式都表明,干涉条纹的间隔Δx与波长λ成正比。这就是说,不同颜色的光产生的条纹间距不同。当我们采用白光或其它非单色光(如水银灯光)照明时,屏幕上呈现的是许多套不同颜色条纹的非相干叠加。由于各色条纹宽窄不同,除0级外,任何级的亮纹和暗纹都彼此错开。故在白光照明时,除0级亮纹是白色外,其它条纹均带有色彩。

2.3 干涉条纹的移动

在干涉装置中,人们不仅注意干涉条纹的静态分布,而且关心它们的移动和变化,因为光的干涉的许多应用都与条纹的变动有关。造成条纹变动的因素来自三方面:一是光源的移动,二是装置结构的改变,三是光路中介质的变化。

   探讨干涉条纹的变动时,通常可以用两种方式提出问题。一是固定干涉场中一个点 P,观察有多少根干涉条纹移过此点。 另一是跟踪干涉场中某级条纹(譬如 0 级条纹),看它朝什么方向移动多少距离。 当然在普遍情况下,干涉条纹的间距、取向和形状都可能发生变化,其特征已不是简单的描述所能概括得了的。

   为了计算移过某个固定场点 P 干涉条纹的数目 N 时,需要知道交于该点两相干光线之间的光程差 $\Delta L(P)$ 如何变化。因为每当 $\Delta L(P)$ 增减一个 λ 时,便有一根干涉条纹移过 P 点,故 N 与光程差的改变量 $\delta(\Delta L)$ 之间的关系是

$$\delta(\Delta L) = N\lambda. \tag{3.21}$$

式中 λ 是真空中波长。

   为了研究某一特定条纹移动的情况,则须探究具有给定光程差(譬如 $\Delta L = 0$)场点的去向。现在我们就用此法分析杨氏干涉装置因光源的位移引起干涉条纹的变动。

   如图 3-12 所示,我们考虑杨氏实验中点光源的微小位移 δs 引起干涉条纹变动的情况。为了说话方便,我们取如下坐标:轴向为 z,平行于 S_1、S_2 连线方向为 x,垂直画面的方向为 y. 起初当点源 S 位于轴上时,0 级条纹也在轴上(P_0 点)。 当点源沿 x 方向移到轴外 S' 处时,0 级条纹将移至轴外 P_0' 处,P_0' 的位置由零程差条件来决定:

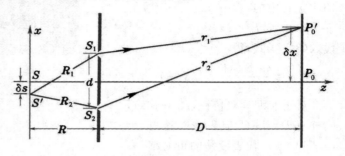

图 3-12 杨氏实验中光源的位移 δs 引起干涉条纹的位移 δx

$$\Delta L(P_0') = R_1 + r_1 - R_2 - r_2 = 0,$$

或

$$R_1 - R_2 = -(r_1 - r_2). \tag{3.22}$$

   当点源向下平移时,$R_1 > R_2$,零程差要求 $r_2 > r_1$,即条纹向上移动。反之当点源向上移动时,必导致干涉条纹向下移动。 令 $\overline{SS'} = \delta s$,$\overline{P_0 P_0'} = \delta x$,计算表明,在傍轴近似下

$$R_1 - R_2 = \frac{d\,\delta s}{R}, \qquad r_2 - r_1 = \frac{d\,\delta x}{D},$$

代入 (3.22) 式,得杨氏实验中条纹位移 δx 与点源位移 δs 的关系:

$$\delta x = -\frac{D}{R}\delta s. \tag{3.23}$$

负号表示干涉条纹的移动与光源移动的方向相反。最后指出,由于干涉条纹的取向沿 y 方向,点光源沿此方向的平移不会引起干涉条纹的变动。

2.4 普通光源发光微观机制的特点

   光是由光源中多个原子、分子等微观客体发射的。微观客体的发光过程是一种量子过程,很难用一个简单的图像描绘清楚。粗略地说,原子或分子每次发射的光波波列都是有限长的,波列的长度与它们所处的环境有关,如果发射光波的原子或分子受到其它原子或分子的作用愈强,发射过程受到的干扰愈大,波列就愈短。不过,即使在非常稀薄的气体中相互作用几乎可以完全忽略的情况下,它们发射的波列持续的时间 τ_0 也不会大于 10^{-8} s,相应的长度小于米的数量级。微观客体的发光过程有二 :自发辐射和受激辐射(参见第七章 3.3 节)。普通光源(即非激光光源)的发射过程以自发辐射为主,这是一种随机过程,每个原子或分子先后发射的同波列,以及不同

原子或分子发射的各个波列，彼此之间在振动方向和相位上没有什么联系。因此，许多断续的波列，持续时间 τ_0 比通常探测仪器的响应时间 Δt 短得多（即 $\tau_0 \ll \Delta t$），振动方向和相位是无规

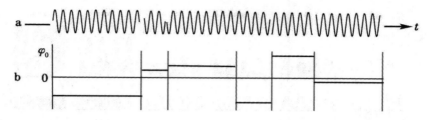

图 3-13　非激光光源中原子发射光波的图像

的。以上就是普通光源发光的基本特征（参见图 3-13）。现在让我们回到上面的 (3.8) 式，着重考察其中的干涉项。对于任意两个普通光源（或同一光源的不同部分）发出的光波，由于相位差 $\delta = \varphi_1 - \varphi_2$ 不固定，$\cos\delta$ 的数值在 ± 1 之间迅速地改变着。人们观察到或仪器记录到的是它的时间平均值 $\overline{\cos\delta}$，在相位变化完全无规的情况下，$\overline{\cos\delta} = 0$，从而 (3.8) 式化为

$$I(P) = I_1(P) + I_2(P),$$

这时我们说，这两个光源是非相干的，它们的强度非相干叠加。要产生相干叠加，必须设法使它们发射的光波之间有稳定的相位差。

按照上述分析，我们是否永远不可能用普通光源来做光的干涉实验了呢？当然不是。前面几小节描述的杨氏双孔等干涉实验都是可以用普通光源来实现的，关键问题是实验中两个"相干光源"都是从同一个光源分割出来的。在 2.1 节中我们已看到，尽管光源的初相位 φ_0 急速变化，极不稳定，但杨氏实验中两个次波源之间的相位差与 φ_0 无关，却是极为稳定的[参见 (3.14) 式]。

2.5　光源宽度对干涉条纹衬比度的影响

干涉条纹的衬比度（contrast）γ 定义为

$$\gamma \equiv \frac{I_{\max} - I_{\min}}{I_{\max} + I_{\min}}, \tag{3.24}$$

其中 $I_{\max}$ 和 $I_{\min}$ 分别为该光场中光强的极大和极小值。当 $I_{\min} = 0$（全暗）时 $\gamma = 1$，当 $I_{\max} = I_{\min}$ 时 $\gamma = 0$，在一般情况下

$$0 \leqslant \gamma \leqslant 1.$$

迄今为止，我们对干涉条纹性质的所有分析都是以点光源为前提的。实际中不存在严格的点光源，任何光源总有一定的宽度。这样的光源可看成由许多不相干的点光源组成，每一点光源都有一套自己的干涉条纹，屏幕上的总强度是各套干涉条纹的非相干叠加。至于叠加后对条纹的衬比度有何影响，不同情况要做具体分析。

在杨氏实验中，若光源沿 x 方向扩展，❶各点源产生的干涉条纹彼此错开，亮纹与暗纹重叠的结果，使条纹的衬比度下降。这就是说，光源在 x 方向上的扩展必须受到限制。若光源沿 y 方向扩展，各点源产生的干涉条纹一样，暗纹与暗纹重叠仍是暗纹，亮纹与亮纹重叠显得更亮了。可见在这种情况下条纹不但不会模糊，反而变得更加清晰可见。所以在杨氏实验中通常不用点源，而采用沿 y 方向扩展的狭缝光源，与之相应的，S_1 和 S_2 也采用平行 y 方向的双缝。根据同

---

❶　x、y 方向的说明见 2.3 节。

样道理,在菲涅耳双镜、双棱镜和劳埃德镜装置里,通常都采用平行于 y 方向的狭缝光源。

现在让我们较为具体地研究一下,光源在 x 方向上宽度 b 大到什么程度,干涉条纹就会变得

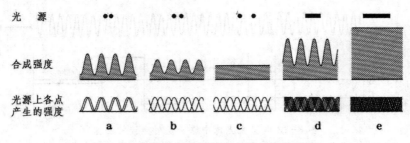

图 3-14 光源宽度对干涉条纹衬比度的影响

不可分辨? (3.23)式表明,条纹错开的距离 δx 是与点源的位移 δs 成正比的。在图 3-14 中 a、b、c 画的是两个相隔一定距离的点源形成的条纹的不相干叠加。图中由 a 到 c 条纹位移 δx 随 δs 逐次增大,合成强度的衬比度逐次下降。在图 3-14c 中 δx 已达到半个条纹的宽度 $\Delta x/2$,从而一套条纹中的亮纹与另一套条纹中的暗纹恰好重合,合成强度成为均匀的了,衬比度下降到 0。实际上扩展光源中并非只有两个点源,而是在两边缘点源之间连续分布着无穷多个点源。图 3-14 中 d、e 所示即为这种情况。在这种点源连续分布的情况下,边缘点产生的条纹错开距离 $\delta x = \Delta x/2$ 时,合成强度仍有一定的衬比度(图 d),只有当 $\delta x = \Delta x$ 时,衬比度才下降到 0(图 e),这时干涉条纹完全消失。与这个 δx 相对应的边缘点源间距 $\delta s = b_0$,可看成是光源宽度的极限。对于杨氏实验,根据(3.17)式和(3.23)式,可得

$$b_0 = \frac{R}{D}\Delta x = \frac{R}{D}\frac{D\lambda}{d} = \frac{R}{d}\lambda. \tag{3.25}$$

例如,对于波长 $\lambda = 0.6\,\mu\text{m}$ 的光, $R = 1\,\text{m}$ 和 $d = 1\,\text{mm}$ 时,光源(即 S 处狭缝)的宽度必须限制在 $b_0 = 0.6\,\text{mm}$ 以内。

我们定量计算一下杨氏装置中不同光源宽度时干涉条纹的衬比度。按(3.10)式和(3.16)式,屏幕上 x 处的强度分布为

$$I(x) \propto 1 + \cos\delta(x) = 1 + \cos\left(\frac{2\pi d}{\lambda D}x\right) = 1 + \cos\left(\frac{2\pi x}{\Delta x}\right).$$

式中 Δx 为条纹间隔。上式适用于光源在中央的情况,若光源的移动 δs 引起条纹运动 δx,则强度分布变为

$$
\begin{aligned}
I(x) &\propto 1 + \cos\delta(x) = 1 + \cos\left[\frac{2\pi d}{\lambda D}(x - \delta x)\right] = 1 + \cos\left[\frac{2\pi d}{\lambda D}\left(x + \frac{D}{R}\delta s\right)\right]\\
&= 1 + \cos\frac{2\pi d x}{\lambda D}\cos\left(\frac{2\pi d}{\lambda R}\delta s\right) - \sin\frac{2\pi d x}{\lambda D}\sin\left(\frac{2\pi d}{\lambda R}\delta s\right)\\
&= 1 + \cos\frac{2\pi x}{\Delta x}\cos\left(\frac{2\pi d}{\lambda R}\delta s\right) - \sin\frac{2\pi x}{\Delta x}\sin\left(\frac{2\pi d}{\lambda R}\delta s\right).
\end{aligned}
$$

若光源的宽度为 b,则屏幕上的总强度等于 δs 从 $-b/2$ 移动到 $b/2$ 所有条纹强度的非相干叠加:

$$
\begin{aligned}
I(x) &= \frac{I_0}{b}\int_{-b/2}^{b/2}\left[1 + \cos\frac{2\pi x}{\Delta x}\cos\left(\frac{2\pi d}{\lambda R}\delta s\right) - \sin\frac{2\pi x}{\Delta x}\sin\left(\frac{2\pi d}{\lambda R}\delta s\right)\right]\mathrm{d}(\delta s)\\
&= I_0\left[1 + \frac{\sin(\pi d b/\lambda R)}{\pi d b/\lambda R}\cos\frac{2\pi x}{\Delta x}\right].
\end{aligned}
$$

由此知

$$I_{\max} = 1 + \left|\frac{\sin u}{u}\right|, \quad I_{\min} = 1 - \left|\frac{\sin u}{u}\right|,$$

式中 $u = \pi d b/\lambda R$。按照衬比度的定义

$$\gamma = \frac{I_{\max} - I_{\min}}{I_{\max} + I_{\min}} = \left| \frac{\sin u}{u} \right|. \qquad (3.26)$$

图 3-15 给出 γ 的曲线。可以看出，第一次为 0 出现在 $u = \pi$ 的地方。由此定出光源宽度为 $b = R\lambda / d$，这正是（3.25）式所给的光源极限宽度 b_0。由此可见，上面确定的光源极限宽度只是 γ 第一次为 0 的宽度。超过此极限时，γ 的数值还有起伏，不过其幅度不大（小于21%），而且越来越小。

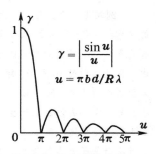

图 3-15 衬比度随光源
宽度变化的曲线

2.6 光场的空间相干性

　　前面我们把波的叠加分成相干的和不相干的两种极端情况，实际上并不能这样截然划分。仍以杨氏干涉装置为例说明这一点（见图 3-16a）。我们知道，普通光源表面上不同的两个独立部分 A、B 是不相干的，双孔 S_1、S_2 各接收来自 A、B 的一列波。仅就 A、B 两点源来说，在后场就有四列次波：（$A \to S_1$）、（$A \to S_2$）、（$B \to S_1$）、（$B \to S_2$），这里有彼此相干的成分，如（$A \to S_1$）和（$A \to S_2$），（$B \to S_1$）和（$B \to S_2$）；也有彼此不相干的成分，如（$A \to S_1$）和（$B \to S_2$），（$B \to S_1$）和（$A \to S_2$）。所以说，作为次波源，S_1 和 S_2 是部分相干的。其相干程度如何，可用它们产生干涉条纹的衬比度 γ 的大小来衡量。

　　上一小节讨论了杨氏实验中光源的极限宽度问题，其数量级由（3.25）式决定：

$$b_0 \approx \frac{R}{d}\lambda.$$

此式的物理意义是给定了 S_1、S_2 的位置，即给定了 R 和 d，光源的宽度 b 达到上式所确定的 b_0 时，由 S_1、S_2 发出的次波产生的干涉条纹衬比度降为 0，即这时可认为 S_1、S_2 完全不相干。

　　现在我们可以从具体的干涉装置中解脱出来倒过来提问题：给定宽度为 b 的面光源，在它照明空间中的波前上多大范围提取出来的两个次波源 S_1、S_2 还是相干的？这便是所谓光场的空间相干性问题。为了回答这个问题，不妨将（3.25）式倒过来写，

$$d \approx \frac{R\lambda}{b} = \frac{\lambda}{\varphi}, \qquad (3.27)$$

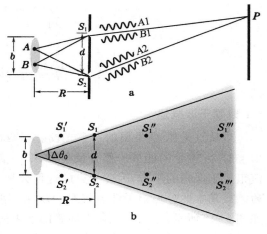

图 3-16 空间相干性问题

式中 $\varphi = b/R$ 是光源宽度对缝 S_1 或 S_2 所张的角度。这式中的 d 给出了光场中相干范围的横向线度。如果面光源在相互垂直的两个方向上都有宽度 b，则在它的照明空间中相干范围的面积（相干面积）的数量级为 d^2。（3.27）式表明，d 正比于距离 R，因此用角度 $\Delta\theta_0 = d/R$ 来表征相干范围更加方便。这 $\Delta\theta_0$ 是 S_1、S_2 对光源中心所张的角度，称为相干范围的孔径角。如图 3-16b 所示，凡在此孔径角以外的两点，如 S_1'、S_2'，都可看作是不相干的；在此孔径角以内的两点，如 S_1''、S_2'' 和 S_1'''、S_2''' 都有一定程度的相干性。由（3.25）式或（3.27）式不难求得：

$$b\,\Delta\theta_0 \approx \lambda. \qquad (3.28)$$

此式表明，相干范围的孔径角 $\Delta\theta_0$ 与光源宽度 b 成反比。

　　综上所述，空间相干性问题源于普通扩展光源的不同部分不相干。在点光源照明的空间里波面上各点是完全相干的，但在面光源照明的空间里只在波前的一定范围内各点才是相干的（部分相干）。应强调，这里所谓"一定范围"是指光场中的横向范围，光场中沿纵向也有相干性问题，那是属于时间相干性问题，时间相干性问题将在本章 5.6 节中讨论。

例题 1　迈克耳孙测星干涉仪（A. A. Michelson，1890 年）的结构如图 3-17 所示，两个离开很远的可移动反射镜 M_1 和 M_2，收集来自一个很远的恒星的光线（可认为是平行光）。然后光经由另两块反射镜 M_3 和 M_4，穿过一块挡光板上的小孔 S_1 和 S_2，进入望远镜的物镜。M_1、M_3、S_1 和 M_2、M_4、S_2 对称布局。透过两小孔的光在物镜焦面上产生通常杨氏实验的条纹。用这样的仪器可以测量星体的角直径，办法是拉开 M_1、M_2 之间的距离 h，看看什么时候干涉条纹消失。参宿四（猎户座 α）是被这个装置测量角直径的第一颗星，它是猎户座左上方的一颗橙色的星.测量是在 1920 年 12 月的一个寒冷的夜晚进行的。当 h 调节到 121in（3073.4 mm），杨氏干涉条纹消失了。这颗星的角直径应为多少？

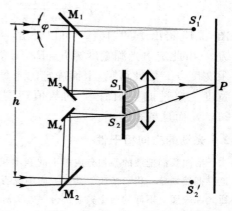

图 3-17 例题 1—— 迈克耳孙测星干涉仪

解：　图中 S_1'、S_2' 分别为 S_1、S_2 经两次反射在 M_1、M_2 中所成的虚像。S_1 和 S_2 处的空间相干程度与 S_1' 和 S_2' 处相同。S_1' 和 S_2' 间的距离近似为 h，干涉条纹消失意味着 h 已达到空间相干范围的极限 d. 取平均波长 $\bar\lambda = 570.0\,\mathrm{nm}$，代入（3.27）式，得星体的角直径为

$$\varphi = \frac{b}{R} \approx \frac{\bar\lambda}{h} = \frac{570.0\,\mathrm{nm}}{121\,\mathrm{in}} = \frac{570.0\,\mathrm{nm}}{3.07\,\mathrm{m}} \approx 2\times10^{-7}\,\mathrm{rad} \approx 0.04''. \quad\blacksquare$$

§3. 薄膜干涉（一）—— 等厚条纹

3.1 薄膜干涉概述

当从点光源 Q 发出的一束光投射到两种透明介质的分界面上时，它携带的能量一部分反射回来，一部分透射过去。能流正比于振幅的平方，因此光束的这种分割方式称做是分振幅的。最基本的分振幅干涉装置是一块由透明介质做的薄膜。如图 3-18 所示，当入射光射在薄膜的上表面时，它被分割为反射和折射两束光，折射光在薄膜的下表面反射后，又经上表面折射，最后回到原来的介质，在这里与上表面的反射光束交叠。在两光束交叠的区域里每个点上都有一对相干光线在那里相交。例如图 3-18 中在薄膜表面上的 A 点和薄膜上面空间里 B 点相交的分别为光线 $4'$、$3''$ 和 $2'$、$1''$，相交于无穷远 C 点

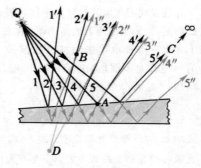

图 3-18 薄膜干涉

的为彼此平行的光线 $5'$、$4''$，光线 $2'$、$2''$ 的延长线交于薄膜下面空间里的 D 点。这里号码相同的代表是从同一入射光线分割出来的光线，带"'"的是上表面反射的光线，带"''"的是下表面反射的光线。 为了让读

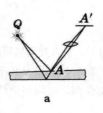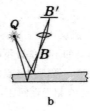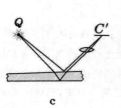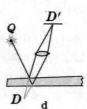

图 3-19 用透镜成像法观察薄膜的干涉条纹

者看得更清楚,我们把交于 A、B、C、D 各点的光线单独画出来,分别示于图 3-19a、b、c、d 中。可以看出,只要由光源 Q 发出的光束足够宽,相干光束的交叠区可以从薄膜表面附近一直延伸到无穷远,此时在广阔的区域里到处都有干涉条纹。

为了观察薄膜产生的干涉条纹,可以像图 3-20 所示那样,用屏幕直接接收。除此之外,通常更多的是利用光具组使干涉条纹成像(用眼睛直接观察亦属于此)。当我们将光具组聚焦于某一物平面时,通过其上任一点的两条光线将在像平面上的共轭点重新相遇(见图 3-19),物像平面上各点光的强度取决于交于该点两相干光线间的光程差 ΔL. 由于物像间的等光程性,参加干涉的两光线在共轭点上重新相遇时光程差是不变的。这样,我们就在光具组的像平面上得到与物平面内相似的干涉图样。用这种方法我们不仅可以观察薄膜前的"实"干涉条纹,还可以观察薄膜后的"虚"干涉条纹(图 3-19d)。

普遍地讨论薄膜装置整个交叠区内任意平面上的干涉图样是一个极为复杂的问题。但实际中意义最大的是厚度不均匀薄膜表面的等厚条纹和厚度均匀薄膜在无穷远产生的等倾条纹。这两类条纹的理论比较单纯,应用比较广泛,它们分别是本节和下节讨论的重点。

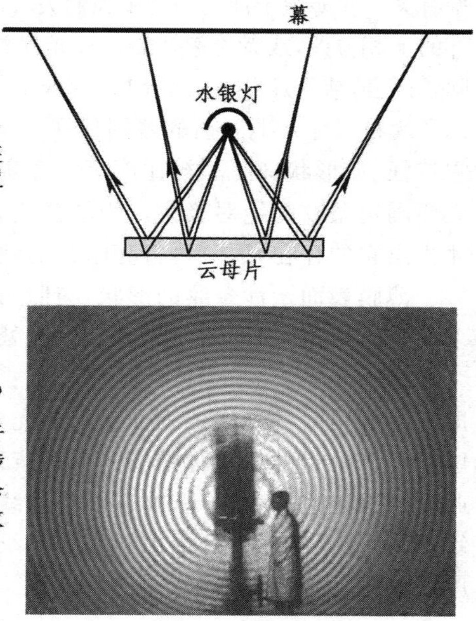

图 3-20 用屏幕接收薄膜的干涉条纹

3.2 薄膜表面的等厚条纹

本小节着重研究薄膜表面的干涉条纹,先计算光程差。如图 3-21,设薄膜折射率为 n,上下两方的折射率为 n_1 和 n_2,场点 P 处膜厚为 h. 从点光源 Q 发出的两条特定的光线交于 P 点,它们的光程差为

$$\Delta L(P) = (QABP) - (QP) = (QA) - (QP) + (ABP),$$

由于膜很薄,A 和 P 两点很近,夹角 $\Delta\theta$ 很小,作为一级近似,可作 AC 垂直于 QP,

$$(QA) - (QP) \approx -(CP) = -n_1 \overline{AP} \sin i_1 = -n\overline{AP}\sin i$$[注]
$$= -n(2h\tan i)\sin i = -2nh\sin^2 i/\cos i,$$

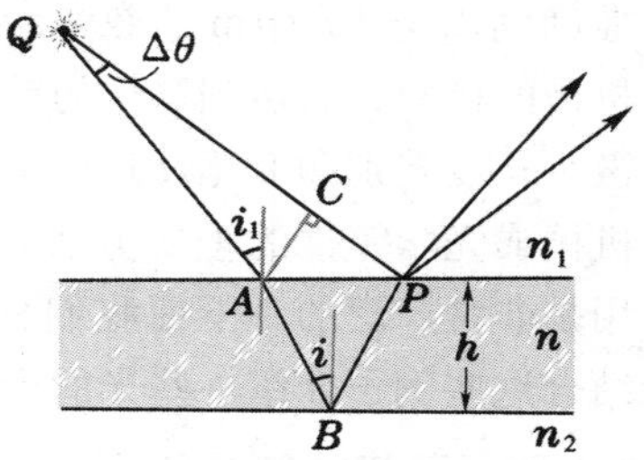

此外 $\quad (ABP) \approx 2(AB) \approx 2nh/\cos i.$

代入上式,即得

图 3-21 薄膜表面干涉
场中光程差的计算

$$\Delta L(P) \approx 2nh\cos i, \tag{3.29}$$

其中 i 是光线在薄膜内的倾角。干涉强度的极大(亮纹)和极小(暗纹)分别位于以下地方:

$$\begin{cases} \Delta L(P) = k\lambda \quad \text{或} \quad h = \dfrac{k\lambda}{2n\cos i}, \quad \text{极大} & (3.30a) \\[2mm] \Delta L(P) = \dfrac{2k+1}{2}\lambda \quad \text{或} \quad h = \dfrac{(2k+1)\lambda}{4n\cos i}, \quad \text{极小} & (3.30b) \end{cases}$$

---

❶ 这里用了折射定律: $n_1\sin i_1 = n\sin i$.

式中 λ 是真空中波长。

在电介质表面反射时可能产生半波损,即相位发生 π 突变。这个问题还比较复杂,我们将在第六章 2.4 节详细讨论,这里只引用对于薄膜干涉所需的结论。有无半波损与反射界面两侧介质的折射率有关。在薄膜干涉的问题中我们关心的是,从上下表面反射的两光束之间是否因半波损而出现额外的 π 相位差,或者说额外的 $\lambda/2$ 光程差,下面我们仅在这种意义下笼统地说有无半波损。仅就这个问题而言,结论是当 $n_1 < n > n_2$ 或 $n_1 > n < n_2$ 时有半波损,当 $n_1 > n > n_2$ 或 $n_1 < n < n_2$ 时无半波损。有无半波损的差别仅在于干涉条纹的级数差半级,即亮暗纹对调,并不影响条纹的其它特征,如形状、间隔、衬比度等。在实际中人们经常关心的只是条纹的相对变动,只有少数场合需要确定条纹的绝对级数。为了公式和叙述的简洁,今后我们一般不去理会半波损.只在必要时才指出它的存在,届时再将亮暗纹的地位调换过来就是了。

薄膜表面干涉条纹的形状,与照明和观察的方式有很大的关系。下面只讨论实际中采用最多的正入射方式,即入射光和反射光处处都与薄膜表面垂直。这时(3.29)式中的 $i = 0$,

$$\Delta L(P) \approx 2nh. \tag{3.30c}$$

即下表面反射的光比上表面反射的光多走的路程就是前者在薄膜内部一次垂直的往返。薄膜上厚度相等各点的轨迹称为它的等厚线。如果薄膜的折射率是均匀的,则 ΔL 只与厚度 h 有关,因此光的强度也取决于 h,亦即沿等厚线的强度相等。薄膜表面上的这种沿等厚线分布的干涉条纹,称为等厚干涉条纹。由于相邻条纹上的光程差 ΔL 相差一个波长,因此相邻等厚条纹对应的厚度差为

$$\Delta h = \frac{\lambda}{2n}, \tag{3.31}$$

即介质内波长 λ/n 的一半。

由于等厚干涉条纹可以将薄膜厚度的分布情况直观地表现出来,它是研究薄膜性质的一种重要手段。科学技术的发展对度量的精确性提出了愈来愈高的要求。精密机械零件的尺寸必须准确到以至 $10^{-1}\,\mu m$ 的数量级,对精密光学仪器零件精密度的要求更高,达 $10^{-2}\,\mu m$ 的数量级。用机械的检验方法达到这样的精密度是十分困难的,但光的干涉条纹可将在波长 λ 的数量级以下的微小长度差别和变化反映出来(可见光波长的数量级平均为 $0.5\,\mu m$),这就为我们提供了检验精密机械或光学零件的重要方法,这类方法在现代科学技术中的应用是非常广泛的。下面我们分析两个等厚干涉条纹的特例,并结合这些例子介绍一些光的干涉在精密度量方面的应用。

3.3 劈形薄膜的等厚条纹

现在我们考虑介于一对不平行的反射平面之间的劈形空气薄膜形成的等厚干涉条纹(见图 3-22a)。不难看出,这种薄膜的等厚线是一组平行于交棱的直线(图中粗线)。图 3-22b 是劈形薄膜等厚干涉条纹的照片。由于相邻干涉条纹上的高度相差 $\lambda/2$,条纹间隔 Δx 与劈的顶角 α 之间的关系为

$$\Delta x = \frac{\lambda}{2\alpha} \quad \text{或} \quad \alpha = \frac{\lambda}{2\Delta x}. \tag{3.32}$$

如果波长 λ 已知,测得 Δx,便可根据上式求得 α 角。利用这种方法测量玻璃板的不平行度,可达 $1''$ 的数量级。

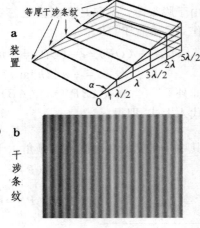

图 3-22 劈形薄膜的等厚条纹

从劈形薄膜可演化出多种多样的测量装置。例如为了测量细丝的直径,我们可以把它夹在两块平面玻璃板的一端,而玻璃板的另一端压紧(见图 3-23)。这样,在两玻璃板间就形成一劈

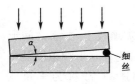

图 3-23 测量细丝
直径的装置

形空气层。通过对其顶角 α 的测量,或者更简单一些,数一下从棱线到细丝间干涉条纹的数目,即可求出细丝的直径。为了精确测量较大的长度,则需将待测物体的长度与标准块规的长度进行比较。图 3-24 所示为测量滚珠直径的装置。将滚珠 K 和标准块规 G 放在平板 Π_2 上,上面盖一块平面玻璃板 Π_1,从 Π_1 和 G 之间劈形空气层

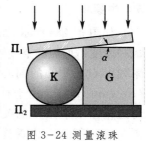

图 3-24 测量滚珠
直径的装置

的等厚条纹求得角 α,由此可算出 K 的直径与 G 的长度之间的差值。

类似的方法还可以用来检验精密机械零件表面的光洁度.图 3-25a 中 D 为待检验零件,Π 为标准平面玻璃板。如果 D 的上表面是严格的平面,劈形空气层的等厚条纹是一组平行的直线.若 D 的表面某处有微小的起伏,在相应的地方干涉条纹便会弯曲(见图 3-25b),根据干涉条纹的形状可以判知零件表面起伏的情况。

在实际的精密检测工作或干涉仪调节技术中,只知道静止干涉条纹的情况还是不够的,常常需要根据条纹变动的情况对装置的情况作出判断,以便指导加工工艺或实验操作。对于劈形薄膜来说,最主要的是判断交棱在哪一边,以及上下表面发生怎样的相对推移。如图 3-22b 那样,只有一组静止的平行直线条纹,我们并不知道劈形空气薄膜哪边薄哪边厚,或者说不知道交棱在哪边。这时我们不妨在左边或右边轻轻按一下平板,看看条纹是变疏还是变密,便可判定 α 角变大了还是变小了,从而得知交棱在左边还是在右边。如果要问,当干涉装置中上下两块平面玻璃板 Π_1 和 Π_2 相对平移时(见图 3-26),劈形空气层的干涉条纹怎样变化? 在回答这个问题时,首先我们看到,由于 α 角未变,因此条纹间隔 Δx 未变,但是条纹将发生平移.条纹平移的问题通常可用追

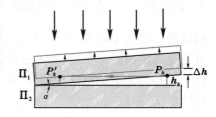

图 3-25 检验机械零
件表面光洁度

图 3-26 等厚条纹的平移

踪某特定级条纹的办法来分析:原来第 k 级条纹($\Delta L = k\lambda$)在厚度为 $h_k = k\lambda/2$ 的地方(P_k 点),设玻璃板 Π_1 和 Π_2 的间距改变 Δh 后,第 k 级条纹将移到这样一个 P'_k 点的位置,在该处 Π_1 和 Π_2 新的间隔也为 h_k。为找到这个 P'_k 点,我们只需过 P_k 作 Π_2 表面的平行线,它与处在新位置的 Π_1 表面的交点即为 P'_k.不难看出,当 Π_1 和 Π_2 的间隔增大时,条纹趋向棱线;反之则背离棱线。 还可看出,当 Π_1 和 Π_2 的间隔每改变 $\lambda/2$ 时,条纹平移的距离恰好等于条纹间隔 Δx,亦即这时每根条纹移到与之相邻条纹原来的位置上。根据这个特点,若波长 λ 已知,我们便可从条纹移动的情况判断 Δh 的大小,反之也可由 Δh 推算 λ.

图 3-27 所示为一种干涉膨胀计。 G 为标准的石英环,C 为待测的柱形样品。由于它的膨胀系数与石英环的不同,当温度改变时,柱体 C

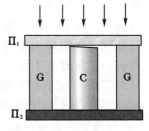

图 3-27 干涉膨胀计

的上表面与石英平板 II_1 之间劈形空气层的厚度就会改变。 我们可以从干涉条纹移动的距离计算出 C 和 G 长度的相对改变量。 若石英环 G 的膨胀系数已知,就可求得 C 的膨胀系数。

3.4 牛顿环

　　如图 3-28a 所示,如果我们把一个曲率半径很大的凸透镜放在一块平面玻璃板上,二者之间形成一厚度不均匀的空气层。设接触点为 O,显然等厚线是以 O 为中心的圆,因此等厚干涉条纹是一系列以 O 为中心的同心圆环。这种干涉条纹是牛顿首先观察到并加以描述的,故称为牛顿环(Newton ring)。由于有半波损,中心 O 点($\Delta L = 0$)为暗点。现在我们推导第 k 级暗纹的半径 r_k 与透镜曲率半径 R 的关系。如

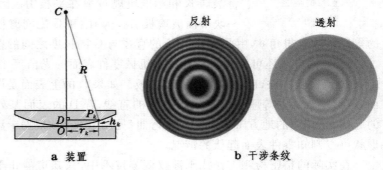

图 3-28 所示,C 为透镜的曲率中心,P_k 为第 k 级暗纹位置,过 P_k 作 CO 的垂线 P_kD,则有

$$\overline{DP_k}^2 = \overline{CP_k}^2 - \overline{CD}^2.$$

此外

$$\overline{OD} = h_k = k\lambda/2, \quad \overline{CD} = R - h_k;$$
$$\overline{CP_k} = R, \quad \overline{DP_k} = r_k.$$

于是

$$r_k^2 = R^2 - (R - h_k)^2 = 2Rh_k - h_k^2,$$

图 3-28 牛顿环

a 装置　　　b 干涉条纹

由于 $R \gg h_k = k\lambda/2$,上式右端第二项可以忽略,最后得到

$$r_k^2 = 2Rh_k = kR\lambda,$$

或

$$r_k = \sqrt{kR\lambda}. \tag{3.33}$$

上式表明,r_k 与 k 的平方根成正比,即

$$r_1 : r_2 : r_3 : \cdots = 1 : \sqrt{2} : \sqrt{3} : \cdots,$$

所以随着级数 k 增大,干涉条纹变密(参看图 3-28b)。 如果 λ 为已知,用测距显微镜测得 r_k,便可求得透镜的曲率半径 R.不过应该注意,由于存在灰尘或其它因素,致使中心 O 处两表面不是严格密接。为了消除这种误差,可测出某一圈的半径 r_k 和由它向外数第 m 圈的半径 r_{k+m},据此可算出 R 来:

$$R = \frac{r_{k+m}^2 - r_k^2}{m\lambda}. \tag{3.34}$$

　　在光学冷加工车间中经常利用牛顿环快速检测工件(透镜)表面曲率是否合格,并做出判断,确定应该如何研磨。作法大致如下:将标准件(玻璃验规)G 覆盖于待测工件 L 之上,两者间形成空气膜,因而出现牛顿环(见图 3-29)。圈数愈多,说明公差愈大。 例如,当人们说某工件表面的公差为一个光圈(牛顿环的俗称)时,就表示它与验规之间的最大差距为 $\lambda/2$. 如果某处光圈偏离圆形,则说明待测表面在该处有不规则起伏。 如果光圈太多,工件不合格,还需进一步研磨。 究竟磨边缘还是磨中央,有经验的工人师傅只要将验规轻轻下压,即可作出判断(参见图 3-29a、b 和思考题 3-12)。

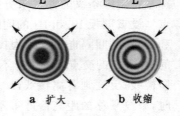

图 3-29 用牛顿环
检测透镜曲率

a 扩大　　b 收缩

3.5 等厚干涉条纹的观测方法及倾角的影响

　　我们具体地讨论一下观察等厚干涉条纹的方法。精密观测时要求入射光和反射光处处与薄膜垂直。 图 3-30

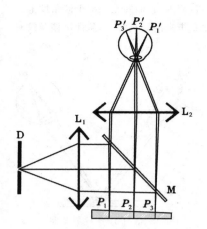

图 3-30 精密观测等厚条纹的装置

所示的光路可以保证这一点,其中 D 为放在凸透镜 L_1 焦点上的小孔光阑,D 与 L_1 组成准直装置. M 是半镀银或不镀银的玻璃板,它与薄膜成 45° 角,将来自 L_1 的水平平行光束部分地反射到竖直方向.竖直的平行光束在薄膜的上下表面反射后部分地透过玻璃板 M. 由于眼睛的瞳孔很小,不能直接把透过 M 的光束全部接收进来,因此需要在 M 之上方置另一凸透镜 L_2 调焦于薄膜表面上.这样一来,在薄膜表面上各点 P_1、P_2、… 相遇的每一对相干光线经 L_2 和眼球折射后,重新在视网膜上的 P_1'、P_2'、… 点相遇,薄膜表面上的等厚干涉条纹便可在视网膜上再现.如果需要对干涉条纹作定量的测量,可用测距显微镜代替这里的 L_2.

上面描述的是精密测量等厚条纹所需的装置.在要求不太高的时候,装置可以简化. 首先,入射光束不一定需要严格平行,光源可以是扩展的,图 3-30 中的准直装置可以不要.其次,观察条纹时可直接用眼睛(见图 3-31a),或者在条纹较密的情况下通过放大镜或显微镜来观察(见图 3-31b).其至半反射板 M 也可以不要,直接用眼睛沿一定的倾角观察薄膜的表面(见图 3-31c),也可以看到干涉条纹.不过除了膜的厚度十分小的情况外,我们按这些方式观察到的干涉条纹不是严格的等厚线,而且条纹的衬比度往往很差,其至看不见.这些都是光线倾斜带来的影响,下面分两点来讨论.

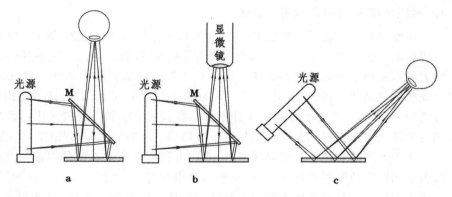

图 3-31 观察等厚干涉条纹的一些简化装置

(1)条纹形状偏离等厚线

以图 3-32a 所示劈形薄膜为例.当我们用眼睛注视它的表面时,膜的厚度 h 和光线的倾角 i 都逐点变化着.取光程差表达式(3.29)的全微分:

$$\delta(\Delta L) = -2nh\sin i\,\delta i + 2n\cos i\,\delta h.$$

$$(3.35)$$

我们知道,干涉条纹是等强度点的轨迹,而强度完全由光程差所决定.亦即同一根干涉条纹上 $\Delta L = $ 常量,或者说 $\delta(\Delta L) = 0$.

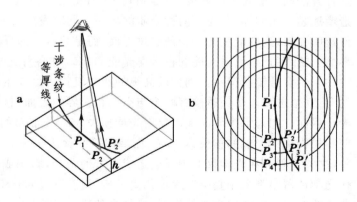

图 3-32 干涉条纹对等厚线的偏离

由(3.35)式可见,因倾角增大引起的光程差的减小必须由厚度的增大来补偿.例如图 3-32a 中等厚线上 P_2 点的倾角比 P_1 点大,因而干涉条纹偏离到更厚的点 P_2' 上去. 这个问题也可用图 3-32b 来分析,其中平行直线是严格的等厚线,同心圆是相对于瞳孔的等倾线,两线族中相邻线条的光程差 ΔL 相差同一常数量(譬如一个波长 λ).等厚线的光程差是由左到右递增的,等倾线的光程差是由里向外递减的。因而图中 P_1、P_2'、P_3'、P_4'、… 各点的 ΔL 相等,它们同在一根干涉条纹上。

(3.35)式还表明,对于相同的倾角变化 δi,h 愈大或 $\sin i$ 愈大,δi 给 ΔL 带来的影响愈大,从而干涉条纹对等厚线的偏离也就愈显著。

（2）衬比度的下降

如图 3-33 所示,来自光源上不同点 Q_1、Q_2 到同一场点 P 的两对相干光线倾角不等,从而光程差也不等。或者说,光源上不同的点在薄膜表面产生的干涉条纹不完全相同。这些图样彼此不相干,叠加起来就会使条纹的衬比度下降。 如(3.35)式中第一项所示,h 愈大,以上现象愈严重。当膜的厚度 h 增大到一定程度时,干涉条纹就完全看不见了。

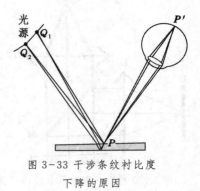

图 3-33 干涉条纹衬比度
下降的原因

薄膜干涉条纹的观察,特别是直接用肉眼去观察,是个十分细致的问题。往往会发生这样的情况,一个人看到了条纹,另一个人却看不到。除了上述衬比度问题之外,还有许多主观和客观的因素会影响我们的观察。由于这些问题过于琐屑,就不在这里一一赘述了,其中有的在 4.3 节中谈到,有的将放在习题中讨论(见习题 3-21)。

3.6 薄膜的颜色 增透膜和高反射膜

前面我们只讨论了单色光的干涉条纹.如果光源是非单色的,则其中不同波长的成分各自在薄膜表面形成一套干涉图样。由于干涉条纹的间隔与波长有关,因而各色的条纹彼此错开,在薄膜表面形成色彩绚丽的干涉图样。这是日常生活里最容易看到的一种光的干涉现象。 在水面上铺展的汽油膜上,肥皂泡上,附着在玻璃窗上的油垢层上,以及许多昆虫(如蜻蜓、蝉、甲虫等)的翅膀上,都可看到这种彩色的干涉图样。在高温下金属表面被氧化而形成的氧化层上,也能看到因干涉现象而出现的色彩。例如从车床切削下来的钢铁碎屑往往呈美丽的蓝色。

由于薄膜的颜色与它的厚度有关,我们可利用它来测量膜的厚度。为此可预先制备一系列敷盖不同厚度透明膜的样板,这些样板上透明膜的厚度用其它方法(譬如用称量重量的方法)事先校准好。以后只需把待测敷盖膜颜色与这系列样板作一比较,就能很快地定出它的厚度。用这种方法确定敷盖膜的厚度,可准确到 10.0 nm 的数量级。以上原理还有一个重要的应用,即制造增透膜。我们知道,光在两种介质的界面上同时发生反射和折射。从能量的角度来看,对于任何透明介质,光的能量并不全部透过界面,而是总有一部分从界面上反射回来。在空气到玻璃的界面上正入射时,反射光能约占入射光能的 5%,在各种光学仪器中,为了矫正像差或其它原因,往往采用多透镜的镜头。例如较高级的照相机物镜由 6 个透镜组成,在潜水艇上用的潜望镜中约有 20 个透镜。每一透镜有两个与空气相交界的表面,这样一来,复杂的光学仪器就可能有几十个界面。如果每个界面上因反射光能损失 5%,光能总的损失就十分可观了。计算表明,上述照相机物镜中光能的损失达 45%,而潜望镜中竟达 90%。如此巨大的反射损失是很可惜的。此外,这些反射光在光学仪器中还会造成有害的杂光,影响成像的清晰度。为了避免反射损失,近代光学仪器中都采用真空镀膜或用离心机"甩胶"(又叫化学镀膜)的方法,在透镜表面敷上一层薄透明胶。它能够减少光的反射,增加光的透射,所以称为增透膜或消反射层。平常我们看到照相机镜头上一层蓝紫色的膜就是增透膜。

增透膜的原理就是薄膜的干涉。薄膜光学是 20 世纪 60 年代初兴起的一门应用光学技术。单膜结构如图 3-34,上方介质一般为空气(折射率为 n_1);下方介质一般是玻璃(折射率为 n_2),它是膜层的基底。令膜层的折射率为 n,$n < n_2$ 的膜称为低膜(记作 L),$n > n_2$ 的膜称为高膜(记作 H)。当膜层的光学厚度 $nh = \lambda/4$,

$3\lambda/4,\cdots$,且为低膜时(即 $n_1 < n < n_2$),上下两束光的有效光程差中无半波损,从而相位差为 π,相干叠加的结果为暗场。理论上可以进一步证明,当低膜折射率满足

$$n = \sqrt{n_1 n_2}$$

时,可以实现完全消反射。例如,$n_1 = 1.00$,$n_2 = 1.52$,则要求 $n = 1.23$。不过,实际上并未找到折射率如此之低而其它性能又好的材料。目前采用的材料为氟化镁(MgF_2),$n = 1.38$,用它制成的单膜强度反射率为 1.2%。

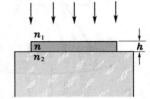

图 3-34 增透膜
和高反射层

由上面的讨论可以看出,增透膜只能使个别波长的反射光达到极小,对于其它波长相近的反射光也有不同程度的减弱。至于控制哪一波长的反射光达到极小,视实际需要而定。对于目视光学仪器或照相机,一般选择可见光的中部波长 $550.0\,\text{nm}$ 来消反射光,这波长呈黄绿色,所以增透膜的反射中呈现出与它互补的蓝紫色。

实际中有时提出相反的需要,即尽量降低透射率,提高反射率,如激光器里的共振腔。这同样可用图 3-34 所示的装置来实现,只是低膜改成同样光学厚度的高膜。因这时 $n_1 < n > n_2$,上下表面反射光之间有半波损,相干叠加的结果是亮场。靠单膜是不能将反射率提高太多的。例如当 $n_1 = 1.00$,$n_2 = 1.52$ 时,取硫化锌(ZnS)制成 $\lambda/4$ 增反膜,它的 $n = 2.40$,强度反射率增至 33.8%。进一步提高反射率,应该采用多层膜,这就是通常所说的多层介质高反射膜,强度反射率可达 99% 以上,它与金属高反射膜相比,有更多的优点。

§4. 薄膜干涉(二)—— 等倾条纹

4.1 无穷远的等倾条纹

下面我们讨论无穷远处的干涉条纹,这样的干涉条纹是薄膜上彼此平行的反射光线产生的。如果用透镜来观察,条纹将出现在它的焦面上(参看图 3-19c)。我们局限于薄膜上下表面平行的情形,这时图 3-19c 中的一对入射线将重合在一起,我们把这光线图放大了重画于图 3-35 中,并据此来计算两反射光在焦面上 P 点相交时的光程差。

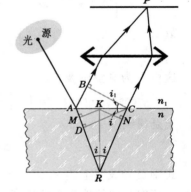

图 3-35 等倾条纹的光程差

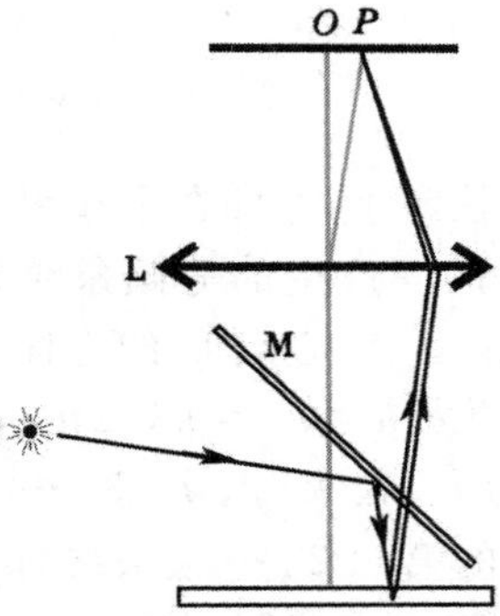

如图 3-35 所示,作两面反射线的垂线 CB,根据物像间的等光程性,光程 $(BP)=(CP)$,于是

$$\Delta L = (ARC)-(AB)。$$

作 CD 垂直于折射线 AR,因

故

$$\overline{AB} = \overline{AC}\sin i_1,\quad \overline{AD} = \overline{AC}\sin i,$$

$$\overline{AB}/\overline{AD} = \sin i_1/\sin i = n/n_1,$$

其中 i_1 和 i 分别为入射角和折射角,n_1 和 n 为两种介质的折射率,即 $n\overline{AD} = n_1\overline{AB}$,亦即 $(AD) = (AB)$。故 $\Delta L = (DRC) = n(\overline{DR + RC})$。作薄膜上下表面的垂线 KR,由 K 分别作 AR 和 RC 的垂线 KM 和 KN,不难

图 3-36 观察等倾条纹
实验装置的平面图

看出,$\overline{MD} = \overline{AM} = \overline{NC}$。因而 $\Delta L = (\overline{MR + RN})$。又 $\overline{MR} = \overline{RN} = \overline{KR}\cos i = h\cos i$($h$ 为膜的厚度),最后得到❶

$$\Delta L = 2nh\cos i. \tag{3.36}$$

---

❶ (3.36) 式形式上与前面的(3.29)式完全一样,但(3.29)式是近似的,而这里的(3.36)式是严格的。

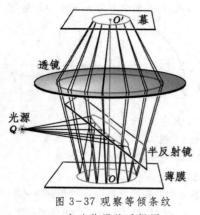

图 3-37 观察等倾条纹
实验装置的透视图

由于膜的厚度 h 是均匀的(我们设 n 也是均匀的),引起 ΔL 变化的唯一因素是倾角 i,ΔL 随 i 的增大而减小。

观察无穷远干涉条纹的装置如图 3-36 所示。其中 Q 是点光源,M 是半反射的玻璃板,L 是望远物镜,其光轴与薄膜表面垂直,屏幕放在 L 的焦面上。为了找到彼此平行的反射线在幕上的交点 P,只需通过 L 的光心作平行于反射线的辅助线(图 3-36 中的灰色线)。由此可看出,P 点到幕中心 O 的距离只决定于倾角。 于是具有相同倾角的反射线排列在一圆锥面上(见图 3-37),它们在幕上交点的轨迹将是以 O 为中心的圆圈。由于在此圆圈上各点相交的相干光线间光程差相等,亦即幕上看到的干涉条纹是以 O 为中心的同心圆圈(见图 3-38)。由于这种干涉条纹是等倾角光线交点的轨迹,故称等倾干涉条纹(也称等倾条纹)。

下面我们分析等倾干涉条纹半径的规律。首先,愈靠近中心点 O 条纹对应的倾角 i 愈小,光程差就愈大,从而条纹的级数就愈高。其次,当倾角不大时可近似认为相邻条纹半径之差 $r_{k+1}-r_k$ 正比于倾角之差 $i_{k+1}-i_k$,后者可计算如下。 按(3.35)式

$$
\begin{cases}
\text{第 } k \text{ 级条纹} \quad \Delta L = k\lambda, \quad \cos i_k = \dfrac{k\lambda}{2nh}, \\[2mm]
\text{第 } k+1 \text{ 级条纹} \quad \Delta L = (k+1)\lambda, \quad \cos i_{k+1} = \dfrac{(k+1)\lambda}{2nh},
\end{cases}
$$

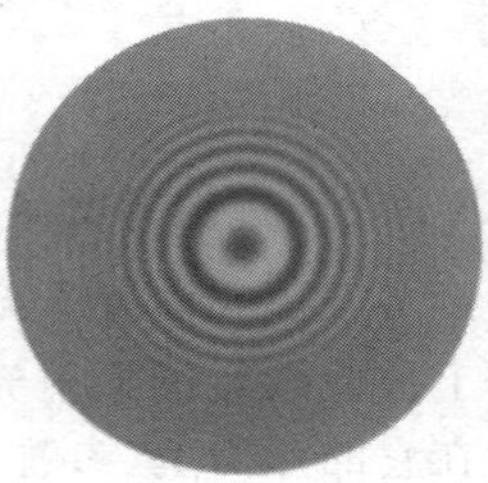

故

$$
\cos i_{k+1} - \cos i_k = \frac{\lambda}{2nh}.
$$

这里 λ 为真空中波长。又

$$
\cos i_{k+1} - \cos i_k \approx \left(\frac{\mathrm{d}\cos i}{\mathrm{d}i}\right)_{i=i_k}(i_{k+1}-i_k) = -\sin i_k(i_{k+1}-i_k),
$$

于是得到

$$
\Delta r = r_{k+1} - r_k \propto i_{k+1} - i_k = \frac{-\lambda}{2nh\sin i_k}, \tag{3.37}
$$

图 3-38 等倾
干涉条纹

式中负号表明上述 $r_{k+1} < r_k$ 的事实。(3.37)式表明,i_k 愈大,$|\Delta r|$ 就愈小,亦即在干涉图样中离中心远的地方条纹较密。 此外,h 愈大,$|\Delta r|$ 也愈小,亦即较厚的膜产生的等倾条纹较密。 最后,我们研究一下,当膜的厚度 h 连续变化时干涉条纹发生的变化。 中心点 O 的光程差 $\Delta L = 2nh$,每当 h 改变 $\lambda/2n$ 时,ΔL 改变 λ,中心斑点的级数改变 1。 设原来 $h = h_k = k\lambda/2n$,这时中心斑点的级数为 k,从中心算起的第 1、2、3、… 根条纹的级数顺次为 $k-1$、$k-2$、$k-3$、…。 当 h 增大到 $h_{k+1} = (k+1)\lambda/2n$ 时,中心斑点的级数变为 $k+1$,从中心算起的第 1、2、… 根条纹的级数顺次变为 k、$k-1$、…。换句话说,原来的中心斑点变成第 1 圈,原来的第 1 圈变成第 2 圈,……同时在中心生出一个新的斑点。 所以当 h 连续增大时,我们看到的是中心强度周期地变化着,由这里不断冒出新的条纹,它们像水波似地发散出去。对于 h 连续减小的情形可作同样的分析。这时我们看到的景象恰好与上面描述的相反,圆形条纹不断向中心会聚,直到缩成一个斑点后在中心消失掉。由于中心强度每改变一个周期(即吐出或吞进一个条纹),就表明 h 改变了 $\lambda/2n$,利用这种方法可以精确地测定 h 的改变量。

4.2 观察等倾条纹时扩展光源的作用

上面一直考虑的是点光源情形。如果换成扩展光源,等倾干涉条纹的衬比度不受影响。为了说明这一点,

我们在扩展光源上任取另一点 Q'（见图3-39）。图中幕上 C_1 和 C_2 是从 Q 点发出的光线形成的同一干涉条纹上的点。从 Q' 点发出的光线中能到达 C_1 或 C_2 的（图中灰色线）在未到透镜 L 之前，必与从 Q 到 C_1 或 C_2 的光线（图中黑色线）平行，因此它们具有相同的倾角和光程差。也就是说，从 Q' 点发出的光线在幕上产生和 Q 点完全一样的干涉图样。所以若将点光源换为扩展光源，等倾干涉条纹的衬比度不受影响。但另一方面，条纹的强度却因之而大大加强，使干涉图样更加明亮。所以在观察等倾条纹时，采用扩展光源是有利无害的。目前，实验室中常用激光光束为点光源，在观察等倾条纹时，人们反而嫌激光光束的方向性太强了，不能使幕上的干涉条纹完满地呈现，为此有意插入一块毛玻璃，以便把激光束转化为扩展光源。

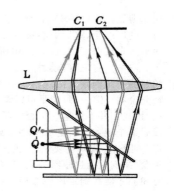

图 3-39 用扩展光源
观察等倾条纹

4.3 薄膜干涉的定域问题

由于薄膜干涉的内容太多，我们把它分成两节来叙述，§3 讨论了薄膜表面的等厚条纹，§4 讨论了无限远的等倾条纹。这里我们再讨论一个共同问题 —— 干涉条纹的定域问题，作为两节中涉及扩展光源问题的小结。

如3.1节所述，当来自点光源的光束射在薄膜上时，在上下表面两束反射光的交叠区内任一点都有干涉条纹（参见图3-18和图3-19）。这种条纹叫非定域条纹。在扩展光源的照明下是否在交叠区的任何地方都能观察到干涉条纹？事实并非如此.由于光源表面各点是不相干的，在干涉场中只有某个曲面上条纹的衬比度 γ 最大，在此曲面前后一定范围内还有可观测的干涉条纹。超出此范围，则因 $\gamma \to 0$ 而使干涉条纹变得无法辨认。这种条纹称为定域条纹，衬比度最大的曲面叫定域中心层，定域中心层前后可看到条纹范围的线度称为定域深度。可以看出，条纹的定域问题，本质上是个空间相干性问题。❶ 定域中心层在什么地方？定域深度的大小由哪些因素决定？这些问题都可用 2.6 节所述的理论来定性地回答。

如图 3-40，考虑来自同一点源 Q，并在某个任意场点 P 交叠的一对反射线。设相应的入射线在 Q 点所夹的角度为 $\Delta\theta$，光源的横向有效宽度为 b，根据(3.28)式，要使 P 的条纹有一定的衬比度，须有

$$b\Delta\theta < \lambda.$$

上式表明，定域中心层由 $\Delta\theta = 0$ 决定，即它是同一入射线的两反射线的交点，在该处衬比度接近于1，并允许光源有任意的宽度 b. 定域深度的大小由相干范围的孔径角 $\Delta\theta_0$ 决定：

$$\Delta\theta_0 \approx \frac{\lambda}{b},$$

孔径角与光源的宽度成反比。

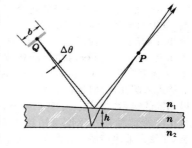

图 3-40 条纹的定域
与空间相干性

现在来具体分析一下各种薄膜的定域中心层在什么地方。对于厚度均匀的薄膜（图3-41a），同一入射线的两反射线彼此平行，亦即它们的交点在无穷远。故无穷远正是均匀薄膜的定域中心层，这就无怪乎在 4.2 节中我们看到，观察无穷远的等倾条纹时扩展光源有利而无害了。对于厚度不均匀的薄膜，随着上下表面交棱的方位不同，同一入射线的两反射线或

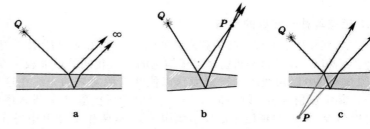

图 3-41 均匀和非均匀薄膜的定域中心层

---

❶ 一些早年的书籍中常把干涉装置分成定域的和非定域的，还说分波前装置是非定域干涉装置，分振幅装置是定域干涉装置，等等。我们认为，这些说法是不妥当的。

交于薄膜之前(3—41b)，或延长线交于薄膜之后(图 3—41c)。 总之，定域中心层并不在薄膜的表面上。但只要薄膜的厚度小，定域中心层不会离薄膜表面很远，只要对光源的有效宽度 b 加以一定的限制，❶便可使薄膜的表面纳入定域深度之内。§3 中所述薄膜表面的等厚条纹便是这样观察到的。

　　§3 中曾说，薄膜表面的干涉条纹可在扩展光源的照明下用肉眼直接观察。有关这个问题还需作些补充说明。第一，眼睛是可以调焦的。当我们看到条纹时，我们并不知道它是否在薄膜表面，还是它的前或后某个地方。若定域中心层离表面太远，为了"捕捉"到条纹，眼睛需要一个"搜索"过程。一旦捕捉到条纹，我们就通过眼睛的调节，力图把它们看清楚，这时我们才能找到定域中心层。由于我们不习惯于把眼睛聚焦在空无一物的空间，为了找到定域中心层以便看到清晰的条纹，可手持一小纸片在薄膜前后移动，来帮助眼睛调节焦距。第二，应当指出，扩展光源在这里也是有利无害的。因为眼睛的瞳孔很小，它只接收来自扩展光源上一部分点源的反射线。例如图 3-42 中，在 P_1 点交叠的反射线中，只有来自光源表面 Q_1、Q_2 之间的点源，才能射入瞳孔(图 3-42a)。所以决定 P_1 点条纹衬比度的是 Q_1、Q_2 间的距离，而不是整个扩展光源的宽度。 同理，决定 P_2 点条纹衬比度的光源有效宽度只是点源 Q_3、Q_4 间的距离(图 3-42b)。所以在肉眼观察的场合下，因为瞳孔的限制，较大的扩展光源并不妨碍干涉条纹的衬比度。恰恰相反，若不是光源足够大，我们同时只能看到薄膜表面上很小一块面积内的干涉条纹。例如若图 3-42a 中光源只限于 Q_1 到 Q_2 的一块，由于没有反射光能够进入瞳孔，我们就看不到 P_2 处的干涉条纹。所以光源的实际大小决定了我们观察的视场。而影响衬比度的光源有效宽度可用接收系统的光瞳来限制，这便是采用扩展光源照明有利无害的道理。

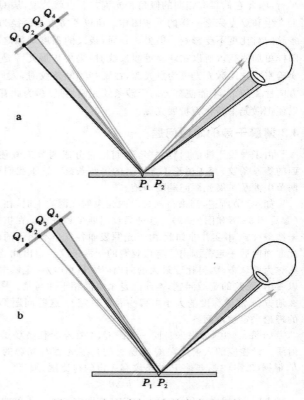

图 3-42 瞳孔对光源有效宽度的限制

§5. 迈克耳孙干涉仪 光场的时间相干性

5.1 迈克耳孙干涉仪的结构

　　迈克耳孙干涉仪的结构和光路如图 3-43 和图 3-44 所示，其中 M_1 和 M_2 是一对精密磨光的平面镜，G_1 和 G_2 是厚薄和折射率都很均匀的一对相同的玻璃板。在 G_1 的背面镀了一层很薄的银膜(图 3-44 中以粗线表示镀银面)，以便从光源射来的光线在这里被分为强度差不多相等的两部分。其中反射部分 1 射到 M_1，经 M_1 反射后再次透过 G_1 进入眼睛；透射部分 2 射到 M_2，经 M_2 反射后再经 G_1 上的半镀银面反射到眼睛。 这两相干光束中各光线的光程不同，它们在视网膜上相遇时产生一定的干涉图样。为了使入射光线具有各种倾角，光源是扩展的。如果光源的面积不够大，可放一磨砂玻璃或凸透镜，以扩大视场。玻璃板 G_2 起补偿光程作用：反射光束 1 通过玻璃板 G_1 前后共三次，而透射光束 2 只通过 G_1 一次；有了 G_2，透射光束将往返通过它两次，从而使

---

❶ 眼睛的瞳孔可以对光源的有效宽度起限制作用，参见下文。

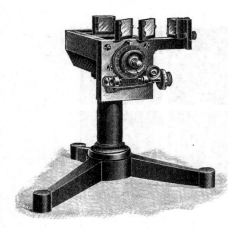

图 3-43 迈克耳孙干涉仪

两光束在玻璃介质中的光程完全相等。如果光源是单色的,补偿与否无关紧要.但下面我们将看到,在使用白光时,就非有补偿板 G_2 不可了。

迈克耳孙最早是为了研究光速问题而精心设计了上述装置的(A. A. Michelson,1881 年),它是一种分振幅的干涉装置,与薄膜干涉相比,迈克耳孙干涉仪的特点是光源、两个反射面、接收器(观察者)四者在空间完全分开,东西南北各据一方,便于在

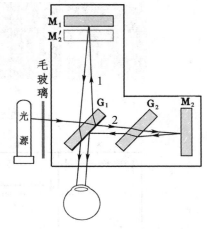

图 3-44 迈克耳孙干涉仪光路图

光路中安插其它器件。利用它既可观察到相当于薄膜干涉的许多现象,如等厚条纹、等倾条纹,以及条纹的各种变动情况,也可方便地进行各种精密检测。它的设计精巧,用途广泛,不少其它干涉仪是由此派生出来的。可以说,迈克耳孙干涉仪是许多近代干涉仪的原型。迈克耳孙因发明干涉仪器和光速的测量而获得 1907 年诺贝尔物理学奖。

5.2 干涉条纹

现在我们来分析迈克耳孙干涉仪产生的各种干涉图样。设 M_2' 是 M_2 对 G_1 上半镀银面所成的虚像(图 3-44)。从观察者看来,就好像两相干光束是从 M_1 和 M_2' 反射而来的,因此看到的干涉图样与 M_1 和 M_2' 间的“空气层”产生的一样。在 M_1 和 M_2 之一或两者的后面有螺旋,用来调节它们的方向。如果我们调节这些螺旋,使 M_1 和 M_2' 十分精确地平行,当观察者的眼睛对无穷远调焦时,就会看到圆形的等倾干涉条纹。如果 M_1 和 M_2' 有微小的夹角,观察者就会在它们表面附近看到劈形“空气层”的等厚条纹。

平面镜 M_1 是安装在承座上的,承座可沿精密的轨道前后移动。承座的移动靠丝杠来控制。当我们转动丝杠时, M_1 前后平移,从而改变了 M_1 和 M_2' 之间的距离,或者说改变了其间“空气层”的厚度,这时我们便会看到干涉图样发生相应的变化。

由此可见,利用迈克耳孙干涉仪可以实现我们在前面分析过的各种薄膜干涉图样。现在我们再结合着迈克耳孙干涉仪将它们系统地回顾一下。

首先看单色光的干涉条纹。图 3-45 是各种条纹的照片,图 3-46 是产生这些条纹时 M_1 和 M_2' 相应的位置。

(1) 等倾条纹

调节 M_1、M_2 的方向,使 M_1 和 M_2' 平行(如图 3-46a—e),我们将在无穷远看到如图 3-45a—e 中所示的等倾条纹。起初把 M_1 放在离 M_2' 较远(几个厘米)的位置,这时条纹较密(见图 a).将 M_1 逐渐向 M_2' 移近,我们将看到各圈条纹不断缩进中心。 当 M_1 靠得和 M_2' 较近时,条纹逐渐变得愈

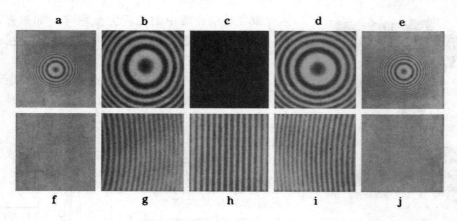

图 3-45 迈克耳孙干涉仪产生的各种干涉条纹

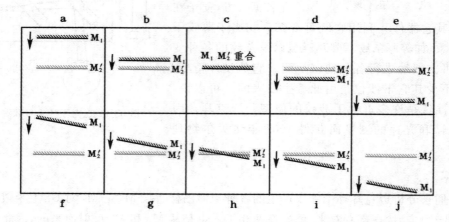

图 3-46 产生图 3-45 中各种条纹时 M_1 和 M_2' 的相应位置

来愈稀疏(见图 b)。直到 M_1 与 M_2' 完全重合时($\Delta L=0$),中心斑点扩大到整个视场(见图 c)。假若我们沿原方向继续推进 M_1,它就穿 M_2' 而过,我们又可看到稀疏的条纹不断由中心冒出来(见图 d).随着 M_1 到 M_2' 的距离不断加大,条纹又重新变密(见图 e)。

(2)等厚条纹

当 M_1 和 M_2' 有微小夹角时(如图 3-46f—j),我们将在它们的表面附近看到如图 3-45f—j 中所示的条纹。 仍和前面一样,我们设想起初 M_1 距 M_2' 较远,由于光源是扩展的,这时条纹的衬比度极小,甚至看不到(见图 f)。当 M_1 与 M_2' 的间隔逐渐缩小时,开始出现愈来愈清晰的条纹。不过最初这些条纹不是严格的等厚线,它们两端朝背离 M_1 和 M_2' 的交线方向弯曲(见图 g),在 M_1 与 M_2' 靠近的过程中,这些条纹不断朝背离交线的方向(向左)平移。当 M_1 和 M_2' 十分靠近,甚至相交的时候,条纹变直了(见图 h)。假若我们沿原方向继续推进 M_1,使它重新远离 M_2',条纹将朝交线的方向平移(不过这时交线已移到视场左侧,条纹仍向左移)。同时,在此过程中随着 M_1 和 M_2' 距离的增大,条纹逐渐朝相反的方向弯曲(见图 i)。当 M_1 和 M_2' 的距离太大时,条纹的衬比逐渐减小,直到看不见(见图 j)。

由于干涉仪中 M_1 和 M_2' 的相对位置是看不见的,这只能从条纹的形状和变化规律反过来推断。因此熟悉以上各种条纹出现和变化的规律是十分重要的。

在迈克耳孙装置的调节技术中,或在干涉精密测长和精密定位工作中,人们需要确定 M_1 和 M_2' 在视场范围内是否相交和交线的位置,以此作为出发点进行下一步的调节。下面就来讨论一下这个问题。在 M_1 与 M_2' 相交的地方,表观光程差 $\Delta L = 0$,由于存在半波损,在交线处应呈现暗纹。但是,在单色光照明时,不是交线的位置上也有暗纹,从而使我们无法辨认哪条暗线是交线的位置。要判断交线的位置,需采用白光照明,而且必须加补偿板 G_2. 因为第 1 路光束在 G_1 中透射两次,由于玻璃的色散效应,白光中各种波长的光程不同,这相当于不同颜色的 M_1 的像在不同位置上(见图 3-47a)。 若无补偿板 G_2,反射像 M_2' 无色散,它与不同波长的 M_1 像交线位置不重叠,从而没有统一的 0 级条纹,干涉场中不出现全黑的暗线。有了补偿板 G_2,反射像 M_2' 也发生色散(见图 3-47b),其结果是各种波长的 M_1、M_2' 交线沿观察者的视线重合起来,实现了"0 级干涉条纹无色散",在该处呈现一条全黑的暗线。❶除此之外其它地方不同波长的暗纹都不重叠,看到的只是明暗不同的彩色条纹,对称地排列在那条全黑的暗纹两侧。

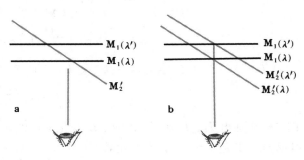

图 3-47 寻找零程差的位置与补偿板的作用

这条暗纹便是干涉两臂间无光程差的位置所在。 精确地标定此位置对于精密测长是十分必要的。

5.3 光源的非单色性对干涉条纹的影响

除了找零光程差位置时动用了一下白光外,本节前面介绍的基本上是单色光照明下干涉条纹的特点。从光谱的角度来看,纯粹的单色光意味着无限窄的单一谱线,实际上这是不存在的。任何谱线都有一定的线宽 $\Delta\lambda$(见图 3-48a)。在光学波段里,通常认为 $\Delta\lambda \sim 1\,\mathrm{nm}$ 量级的谱线单色性较差;$\Delta\lambda \sim 10^{-1}\,\mathrm{nm}$ 量级时单色性较好,$\Delta\lambda \sim 10^{-4}\,\mathrm{nm}$ 量级时单色性极好。此外,用高分辨本领的光谱仪器还经常发现,许多看来单色的谱线实际上由波长十分接近的双线或多重线组成(见图 3-48b)。例如钠黄光是由 $\lambda_1 = 589.0\,\mathrm{nm}$ 和 $\lambda_2 = 589.6\,\mathrm{nm}$ 两条谱线组成;水银光谱中也有一黄色双线,$\lambda_1 = 577.0\,\mathrm{nm}$,$\lambda_2 = 579.1\,\mathrm{nm}$。 当然双线或多重线中每条谱线仍有自己的线宽。下面我们仅就双线结构和单色线宽这两个因素讨论一下非单色性对迈克耳孙干涉仪中干涉条纹衬比度的影响。

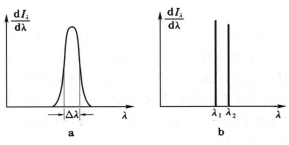

图 3-48 谱线的非单色性

(1) 双线结构使条纹衬比度随 ΔL 作周期性变化

为简单起见,假定迈克耳孙干涉仪中两臂光强相等,两束单色光相干叠加后强度 I 随相位差 δ 的变化为

$$I(\delta) = I_0(1 + \cos\delta),$$

---

❶ 光束 1 和光束 2 分别在分束板 G_1 背面的内侧和外侧各反射一次,相位突变情况相反,存在半波损。如果 G_1 背面镀银,相位的改变非 0 非 π,情况比较复杂,交线位置上并不全黑,往往呈暗紫色。

[参见(3.10)式]。对于视场中心，$\delta = k\Delta L$，这里 $k = 2\pi/\lambda$，代入上式得

$$I(\Delta L) = I_0[1 + \cos(k\Delta L)]. \tag{3.38}$$

若用具有双线光谱的光源（如钠光灯）照明时，每条谱线产生的干涉强度分布为

$$\begin{cases} I_1(\Delta L) = I_{10}[1+\cos(k_1\Delta L)], & k_1 = 2\pi/\lambda_1; \\ I_2(\Delta L) = I_{20}[1+\cos(k_2\Delta L)], & k_2 = 2\pi/\lambda_2. \end{cases}$$

进一步设 $I_{10} = I_{20} = I_0$（两谱线等强），总强度是它们的非相干叠加：

$$I(\Delta L) = I_1(\Delta L) + I_2(\Delta L) = I_0[2 + \cos(k_1\Delta L) + \cos(k_2\Delta L)]$$

$$= 2I_0\left[1 + \cos\left(\frac{\Delta k}{2}\Delta L\right)\cos(k\Delta L)\right], \tag{3.39}$$

其中 $k = (k_1+k_2)/2$，$\Delta k = k_1 - k_2 \ll k$，由此可得衬比度：

$$\gamma = \left|\cos\left(\frac{\Delta k}{2}\Delta L\right)\right|. \tag{3.40}$$

图 3-49 画出 I_1、I_2 和 I、γ 随 ΔL 变化的曲线。可以看出，条纹的衬比度以空间频率 $\Delta k/2\pi = (1/\lambda_1) - (1/\lambda_2) \approx \Delta\lambda/\lambda^2$ 变化着，其中 $\Delta\lambda = \lambda_2 - \lambda_1 \ll \lambda \approx \lambda_1 \approx \lambda_2$.

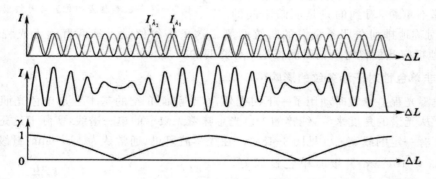

图 3-49 双线结构对条纹衬比度的影响

由图 3-49 可以更清楚地看出衬比度变化的原因。设开始时两臂等光程（全黑条纹）。这时衬比度为 1，条纹清晰。现移动一臂中的镜面以改变光程差 ΔL。由于两谱线波长不同，I_1 和 I_2 的峰与谷逐渐错开，条纹的衬比度下降。直到错过半根条纹，一个的峰与另一个的谷恰好重叠时，衬比度降到 0，条纹不见了，视场完全模糊。 这时两套条纹移过视场中心的根数 N_1、N_2 之间有如下关系：

$$\Delta L = N_1\lambda_1 = N_2\lambda_2 = \left(N_1 - \frac{1}{2}\right)\lambda_2,$$

由此解得

$$N_1 = \frac{\lambda_2}{2(\lambda_2 - \lambda_1)} = \frac{\lambda}{2\Delta\lambda}, \tag{3.41}$$

继续移动镜面，当视场中心再移过这么多根条纹时，两套条纹的峰与峰、谷与谷重新重合，衬比度完全恢复。 如此下去，周而复始。由此可见，衬比度变化的空间周期是 $2N_1\lambda_1$，空间频率为其倒数：

$$\frac{1}{2N_1\lambda_1} = \frac{\lambda_2 - \lambda_1}{\lambda_1\lambda_2} \approx \frac{\Delta\lambda}{\lambda^2}, \tag{3.42}$$

这正是前面的 $\Delta k/2\pi$.

(2) 单色线宽使条纹衬比度随 ΔL 单调下降

谱线的线型 $\mathrm{d}I/\mathrm{d}\lambda$ 要由谱密度 $i(\lambda) = \mathrm{d}I_\lambda/\mathrm{d}\lambda$ 来描述[参见第一章中(1.6)式]，而总光强为

$$I_0 = \int_0^\infty i(\lambda)\,\mathrm{d}\lambda ,$$

为了计算方便，也可用 $k = 2\pi/\lambda$ 作自变量：

$$I_0 = \frac{1}{\pi}\int_0^\infty i(k)\mathrm{d}k . \qquad (3.43)$$

系数 $1/\pi$ 的选择带有人为约定的性质。干涉仪中单一波长的光强随 ΔL 的变化是 $i(k)[1 + \cos(k\,\Delta L)]$，不同波长的光强非相干叠加的结果可以写成积分形式：

$$I(\Delta L) = \frac{1}{\pi}\int_0^\infty i(k)\,[1+\cos(k\,\Delta L)]\mathrm{d}k = I_0 + \frac{1}{\pi}\int_0^\infty i(k)\cos(k\,\Delta L)\mathrm{d}k . \qquad (3.44)$$

上式第一项是常量项，第二项随 ΔL 起伏。积分计算要求知道函数 $i(k)$ 的具体形式，即光谱线型。为了对 $I(\Delta L)$ 的函数作定性的估计，我们采用一个简化模型，即认为 $i(k)$ 在 $k_0 \pm \Delta k/2$ 范围内等于常量 $\pi I_0/\Delta k$，其余地方为 0。常量如此选择，为了保证 $i(k)$ 满足归一条件(3.43)。于是(3.44)式化为

$$I(\Delta L) = I_0\left[1 + \frac{1}{\Delta k}\int_{k_0-\Delta k/2}^{k_0+\Delta k/2}\cos(k\,\Delta L)\mathrm{d}k\right] = I_0\left[1 + \frac{\sin(\Delta k\,\Delta L/2)}{\Delta k\,\Delta L/2}\cos(k_0\Delta L)\right], \qquad (3.45)$$

由此得衬比度

$$\gamma = \left|\frac{\sin(\Delta k\,\Delta L/2)}{\Delta k\,\Delta L/2}\right| , \qquad (3.46)$$

上式表明，当 ΔL 由 0 增到下列最大值时，即

$$\Delta L_{\max} = \frac{2\pi}{\Delta k} = \frac{\lambda^2}{|\Delta\lambda|} , \qquad (3.47)$$

衬比度单调下降到 0。●$\Delta L_{\max}$ 称为最大光程差。超过此限度，干涉条纹已基本上不可见。以氪(^{86}Kr)的橙黄色谱线为例，$\lambda = 605.7\,\mathrm{nm}$，$\Delta\lambda = 4.7\times10^{-4}\,\mathrm{nm}$，由上式算得 $\Delta L_{\max} = 78\,\mathrm{cm}$。$I(\Delta L)$ 和 $\gamma(\Delta L)$ 的曲线见图 3-50。

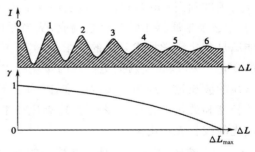

图 3-50 单色线宽对条纹衬比度的影响

5.4 傅里叶变换光谱仪

光谱仪是分析光源中谱分布的仪器，传统的光谱仪(如以前学过的棱镜摄谱仪和下面将要学的法布里－珀罗干涉仪和光栅光谱仪)都是色散型的，它们的共同特点是把不同波长的光在空间上（角度上）分开。5.3 节的讨论启发我们开辟一条新的途径——把时间频谱转化为空间频谱。该节的线索是已知光源的谱分布 $i(k)$，求迈克耳孙干涉仪中光强随 ΔL 的函数关系 $I(\Delta L)$。因 $I(\Delta L)$ 是可测的，故我们可以倒过来提问题：已知 $I(\Delta L)$，是否可以求光谱 $i(k)$？对于简单的情形，如 5.3 节讨论的双线例子，我们曾利用测得的条纹数 N_1 求得波长差 $\lambda_2 - \lambda_1$，这实际上解决的就是上述反演问题。在一般情况下，由 $i(k)$ 求 $I(\Delta L)$ 的公式是(3.43)式：

$$I(\Delta L) - I_0 = \frac{1}{\pi}\int_0^\infty i(k)\cos(k\,\Delta L)\mathrm{d}k ,$$

● 当 $\Delta L > \Delta L_{\max}$ 时，$\gamma(\Delta L)$ 还会稍有回升，这是我们采用的线型不太实际造成的。若采用比较实际的线型，$i(k)$ 不是突然跃变到 0 的话，$I(\Delta L)$ 一直随 ΔL 单调下降到 0。那时没有一个截然的界限 $\Delta L_{\max}$，但其数量级仍由(3.47)式决定。

这在数学上称为傅里叶余弦变换,它的逆变换为

$$i(k) = 2\int_0^\infty \left[I(\Delta L) - I_0\right]\cos(k\,\Delta L)\mathrm{d}(\Delta L).\tag{3.48}$$

用此式可从已知的 $I(\Delta L)$ 求出 $i(k)$ 来。 人们根据这个原理设计出一种新型的光谱仪 —— 傅里叶变换光谱仪。

傅里叶变换光谱仪如图 3-51 所示,它前面就是一台迈克耳孙干涉仪,其中镜面 M_2 以匀速 v 运动,从而 $\Delta L = 2vt$,通过光电接收器将干涉场中光强函数 $i(\Delta L)$ 转化为时间信号 $I(t)$。 也可以再由同步装置,带动记录纸以同样速度沿 x 方向推移,直接画出信号曲线 $I(x)$($x = vt = \Delta L/2$)。傅里叶反演的运算由一套电子计算机系统来处理,最终输出一张 $i(k)$ 的光谱曲线图。

这种在干涉仪基础上发展起来的新型光谱仪,国际上目前已有定型产品。在传统的色散型光谱仪中,衍射效应限制了仪器的分辨本领。而干涉型变换光谱仪入射截面大,分辨本领高。 理论上只要光程差 ΔL 可以无限增大,它的分辨本领可以无限提高。事实上由于镜子可移动的距离总是有限的,因而降低了一些分辨本领。此外这种光谱仪还有测量时间短、受干扰小、信噪比高、结构简单等优点,它的出现标志着精密光学仪器朝简单朴实、但与更复杂的电子数据处理系统相配合的方向发展的新趋势。

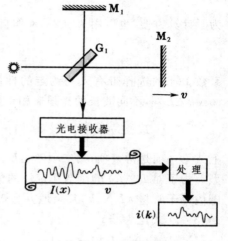

图 3-51 傅里叶变换光谱仪

5.5 精密测长与长度的自然基准

随着科学技术的发展,对度量衡方面的要求愈来愈高。 现代很多精密机械和仪器零件的尺寸必须准确到 μm 数量级。过去国际上长度的标准是以保存在巴黎国际计量局的米原器为依据的。 这个米原器用铂铱合金制成,从当时的科学技术水平看来它是足够稳定的。 然而它已不能满足现代科学技术发展的要求。 实际上已发现米原器上两刻痕间的距离已发生了约 $0.7\,\mu m$ 的变化。 所以建立新的更可靠的长度标准器问题便提到日程上来了。在一定条件下产生的光谱线的波长是较理想的长度标准,因为它不但高度稳定,而且也便于复制。 但是怎样能将实物的长度和波长进行比较呢? 在迈克耳孙干涉仪器上完成的最重要工作便是将标准米的长度通过光的波长表示出来。

前已述及,当迈克耳孙干涉仪中的 M_2' 和 M_1 稍有夹角时,出现的是平行且等距的等厚干涉条纹。 M_1 镜每移动 $\lambda/2$ 的距离,在视场中就有一个条纹移过,因此数出移过条纹的数目 N,即可得知镜子 M_1 移动的距离 l,因为

$$l = N\frac{\lambda}{2},$$

上式表明,要想长度测量得准,必须将 N 记录得准确和 λ 单一稳定。须知,即使厘米量级的长度,N 的数目已上万。现代在干涉测长仪中已采用光电自动计数技术,而且在逻辑电路上专有可逆计数器,以消除扰动引起的误记。 对于光的波长,除保证测量环境恒压措施以外,还采用稳频技术以消除光源内部不稳定性造成的影响。 由于采用光电脉冲计数等措施,目前 N 的数值可以读到一两位小数,因此长度的测量可准确到 $\lambda/20$,它相当于 $10^{-2}\,\mu m$,这种精度已能满足当前大部分精密测量的要求。

前已指出,由于光源非单色性的影响,随着光程差 ΔL 加大,干涉条纹的衬比度下降,这便限制了干涉测长的量程 $l_{\max}$,

$$l_{\max} \leqslant \frac{1}{2}\Delta L_{\max} = \frac{\lambda^2}{2\Delta\lambda}\ .$$

　　普通单色光源的线宽约 $0.001\,\mathrm{nm}$ 的量级,因此用迈克耳孙干涉仪直接测量的长度不过十几厘米。要测量较大的长度,则需采用特殊的实验技术。这项工作是利用若干个居间的长度标准器逐步完成的。 长度标准器的结构如图 3-52 所示,其中 E_1 和 E_2 是一对平面镜,其间距离 l 规定了标准器的长度。每个标准器的长度约为另一个的整数倍。量度时,首先将最短的标准器放在干涉仪器上,将其长度与波长进行比较后,再逐次地按长度顺序将各标准器两两进行比较,最后再将最长的标准器与标准米尺比较。下面我们只简单地介绍一下将第一个长度标准器和波长比较的方法。

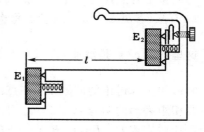

图 3-52 长度标准器

　　如图 3-53 所示,将长度标准器代替干涉仪中的固定平面镜 M_2,并在其旁放置另一平面镜 M. E_1'、E_2' 和 M' 分别是 E_1、E_2 和 M 经 G_1 背面反射所成的虚像。调节 E_1、E_2 和 M 的方向,使 E_1' 和 E_2' 彼此平行,但与 M_1 略有夹角,而 M' 与 M_1 精确平行。利用在白光照射下 M_1 分别与 E_1' 和 E_2' 间形成的等厚条纹来确定 M_1 与它们相交的位置 I、II,利用在单色光照射下 M_1 与 M' 之间的等倾条纹来确定这两位置 I、II 间的距离 l 是单色光半波长 $\lambda/2$ 的多少倍。这倍数的整数部分就是当 M_1 由 I 移动到 II 的过程中在中心消失的条纹数,剩下的零头也可以估计到 1/50 根条纹左右(相当于 $\lambda/100$ 的长度)。

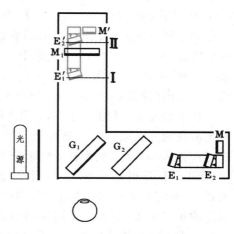

图 3-53 干涉比长仪

　　上述干涉度量工作最初是由迈克耳孙于 1892 年完成的,他所选用的单色光谱线是镉(Cd)红线。经过他本人的测量和后人的改进,国际上曾确认镉红线在如下标准状态的干燥空气中的波长 $\lambda_{Cd} = 643.84696\,\mathrm{nm}$。空气的标准状态是 $15°C$,$760\,\mathrm{mmHg}$ 的压强($g = 980.865\,\mathrm{cm/s^2}$),含 0.3% 容量的 CO_2。但是任何光谱线的波长总有一定的范围,亦即它们不是严格单色的。为了使上述度量工作更精确,要求所选光谱线的线宽尽量小。目前发现镉红线在这方面还不是最理想的。经过一些国家科学工作者的努力,国际计量委员会于 1960 年决定采用原子量为 86 的氪同位素($^{86}\mathrm{Kr}$)的一条橙色光谱在真空中波长 λ_{Kr} 为长度的新标准。 规定

$$1\,\mathrm{m} = 1650763.73\lambda_{Kr}\ .$$

　　长度基准从米原器这种实物基准改为光波这种自然基准,是计量工作上的一大进步。 此后的另一次大进步是先把真空中光速 c 的数值固定,用时间(频率)的自然基准代替长度的自然基准。因为按照相对论的观点,在任何惯性系中 c 都是不变的。由于稳频激光器的进展,使激光频率的复现性远优于氪 86 灯定义米的精度,测得的真空中的光速值的准确度受到了原来米的定义的限制,1983 年 10 月第 17 届国际计量大会通过:

　　　米是光在真空中($1/299792458$)s 的时间间隔内所经路径的长度。

在通过"米"的定义的同时,还规定了复现新的定义米的方法:首先规定真空中的光速值为 $c = 299792458\,\mathrm{m/s}$,这是不再修改的定义值。然后利用平面电磁波在真空中经过时间间隔 Δt

所传播的距离 $l = c\Delta t$ 的关系,从计量时间 Δt 得出长度 l.[1]

5.6 光场的时间相干性

2.6 节中曾指出,空间相干性问题是扩展光源引起的。对于点光源,不存在这个问题,它激发的波面上各点总是相干的。然而这结论并不适用于波线,原因是微观客体每次发光的持续时间 τ_0 有限(参见 2.4 节),或者说每次发射的波列长度 l_0 有限。 τ_0 和 l_0 的关系是

$$l_0 = v\tau_0,$$

这里 $v = c/n$ 是波速,若用光程 $L_0 = nl_0$ 来表示,则有

$$L_0 = c\tau_0. \tag{3.49}$$

时间相干性讨论的问题是:在点源 S 的波场中沿波线相距多远的两点 P_1、P_2 是相干的? 判断的方法是比较光程差 $\Delta L = (SP_1) - (SP_2)$ 与 L_0 的大小。当 $\Delta L > L_0$ 时,P_1、P_2 不可能同属一波列(见图3-54a),它们不可能相干;当 $\Delta L < L_0$ 时,P_1、P_2 有可能属于同一波列(见图 3 - 54b),它们是部分相干的;当 $\Delta L = 0$ 时,P_1、P_2 完全相干。 故 L_0 又称为相干长度,相应的传播时间 $\tau_0 = L_0/c$ 称为相干时

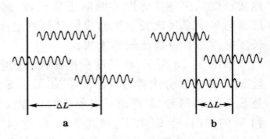

图 3-54 光程差与波列长度的比较

间。光源的时间相干性好坏,是以相干长度或相干时间来衡量的。

相干长度 L_0 显然是与5.3节引入的最大光程差 $\Delta L_{\max}$ 同量级,这可用图3-55所示的迈克耳孙干涉仪的光路来说明。光源先后发出两个波列 a 和 b,长度皆为 L_0.每个波列都被分束板分解为1、2两列波,分别从 M_1、M_2 反射回来相遇。 a 和 b 之间没有固定的相位关系,只有它们之中同一波列分解出来的1、2两路波列有固定的相位关系,因而由不同波列分解出来的波列(如由 a 分解出来第 2 路波列与由 b 分解出来的第1路波列)之间也没有固定的相位关系。当两路光程差 $\Delta L < L_0$ 时(见图3-55a),由同一波列分解出来的1、2两路波列还有可能

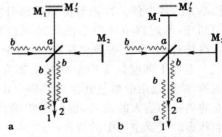

图 3-55 相干长度与最大光程差

重叠,这时能够发生干涉,即干涉条纹应有一定的衬比度。假若两路光程差 $\Delta L > L_0$ (见图 3-55b),由同一波列分解出来的两路波列首尾错开,不再重叠,而相互重叠的是由前后两波列 a、b 分解出来的波列,这时便不能发生干涉了,即衬比度应当为 0。 从这里我们看到,相干长度 L_0 与以前引入的最大光程差 $\Delta L_{\max}$ 应属同一概念,至少它们应是同数量级的。 $\Delta L_{\max}$ 通过(3.46)式与谱线宽度 $\Delta\lambda$ 联系起来,故而相干长度 L_0 与 $\Delta\lambda$ 也应有同样关系。

以上我们通过 $\Delta L_{\max}$ 把 L_0 和 $\Delta\lambda$ 联系在一起,其实它们之间的关系完全可以独立推导。 定态光波可用复振幅来描述:

$$\widetilde{U} = \widetilde{A}\,e^{ikx},$$

这是一列沿 x 方向传播的单色平面波。作为严格的单色波,$\widetilde{A}$ 是与 x 无关的常量,它的波列是无限长的。 现考虑一线宽为 Δk 的谱线,它的复振幅应写为

---

[1]　参见《新概念物理教程·力学》(第二版)第一章2.2节。

$$\widetilde{U} = \frac{1}{\pi} \int_0^\infty \widetilde{a}(k) e^{ikx} dk,$$

这里 $\widetilde{a}(k)$ 描述谱线的线型。为了简单，我们采取与5.3节类似的矩形线型，设当 k 在 $k_0 \pm \Delta k/2$ 区间时，$\widetilde{a}(k) = \pi \widetilde{A}/\Delta k$ (常量)，超出此范围时为 0。 于是

$$\widetilde{U} = \frac{\widetilde{A}}{\Delta k} \int_{k_0 - \Delta k/2}^{k_0 + \Delta k/2} e^{ikx} dk = \widetilde{A} \frac{\sin(\Delta k x/2)}{\Delta k x/2} e^{ik_0 x}, \tag{3.50}$$

上式代表一个波包，它的振幅分布为 $\left| \widetilde{A} \dfrac{\sin(\Delta k x)}{\Delta k x/2} \right|$，在 $x=0$ 处振幅最大(等于 A)；随着 $|x|$ 增大，振幅减小。 在 $|x| = 2\pi/\Delta k = \lambda^2/|\Delta\lambda|$ 的地方振幅等于0(见图3-56)，可以认为这里就是波列的端点.故波列长度 L_0 的量级为

$$L_0 \approx \frac{\lambda^2}{\Delta\lambda}, \tag{3.51}$$

这与(3.47)式给出 ΔL_{max} 的量级相同。❶因频率 ν 与真空波长 λ 的关系为 $\nu = c/\lambda$，故 $\Delta\nu = -c\Delta\lambda/\lambda^2$，于是 $L_0 = c/\Delta\nu$，代入(3.49)式，得

$$\tau_0 \Delta\nu \approx 1. \tag{3.52}$$

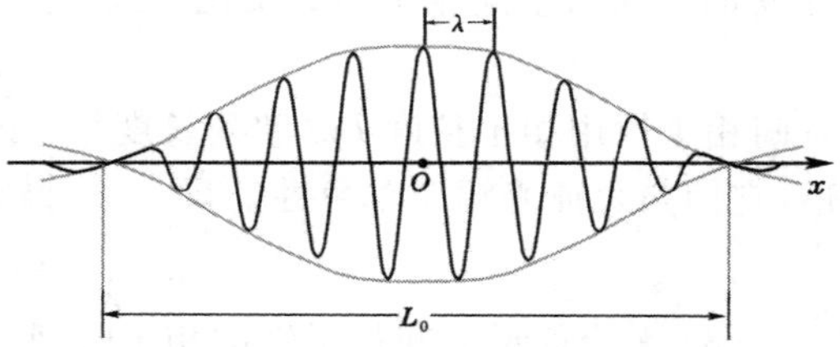

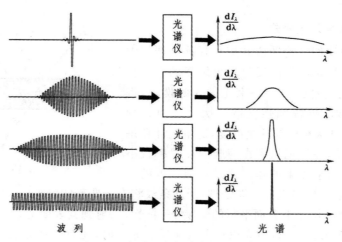

图 3-56 谱线宽度与波列长度的关系

表 3-1 有关单色光的典型数据

单色性	$\Delta\lambda$	$\Delta\nu$	τ_0	l_0
差	1 nm	10^6 MHz	10^{-12} s	1.36 mm
好	10^{-3} nm	10^3 MHz	10^{-9} s	36 cm
很好	10^{-6} nm	1 MHz	10^{-6} s	260 m

(3.51)式和(3.52)式表明，波列的空间长度和持续时间都是与谱线的宽度成反比的。它告诉我们：波列愈短，频带愈宽；极短的脉冲具有极宽的频谱。反之，谱线愈窄，波列就愈长；只有无限窄单色谱线的波列才是无限长的(见表3-1)。由此可见，"波列长度是有限的"和"光是非单色的"两种说法完全等效，它们是光源同一性质的不同表述。"非单色性"是从光谱观测的角度来看的，因为用光谱仪来分析光源时，直接测得的是它的谱线宽度(参看图3-57)；"波列长度有限"是由发光机制的断续性引起的，它在干涉的实验中表现出来。

图 3-57 波列长度与谱宽的反比关系

---

❶ 对不同的线型,公式中可以出现不同的数值因子,但它们的量级皆与 1 差不多。作为量级的比较,我们略去所有数值因子。

5.7 光场的相干性小结

在 2.6 节和本节我们分别讨论了光场的空间相干性和时间相干性,现在让我们总结一下:

(1)空间相干性和时间相干性都着眼于光波场中各点(次波源)是否相干的问题上。从本质上看,空间相干性问题来源于扩展光源不同部分发光的独立性;时间相干性问题来源于光源发光过程在时间上的断续性。从后果上看,空间相干性问题表现在波场的横方向(波前)上,集中于分波前的干涉装置内;时间相干性问题表现在波场的纵方向(波线)上,集中于长光程差的分振幅干涉装置上。当然这并不是绝对的,例如薄膜干涉的定域问题实质上是空间相干性问题。

(2)空间相干性用相干区域的孔径角 $\Delta\theta_0$、线度 d 和相干面积 $S = d^2$ 来描述,它们与光源宽度 b 的关系由空间相干性的反比公式决定,

$$b\Delta\theta_0 \approx \lambda;$$

时间相干性用相干长度 L_0(波列长度)、相干时间 τ_0(波列持续时间)、或最大光程差 ΔL_{max} 来描述,它们与表征光源非单色性的量 —— 谱线宽度 $\Delta\lambda$(或 Δk,$\Delta\nu$)成反比关系,

$$L_0\frac{\Delta\lambda}{\lambda^2} \approx 1 \quad \text{或} \quad \tau_0\Delta\nu \approx 1.$$

(3)无论衡量时间相干性的相干时间,还是衡量空间相干性的相干区域大小,都不是一个截然的界限,也就是并非只要在它们的限度之内就 100% 地产生干涉,一超出它们干涉条纹就完全消失;而是干涉条纹的消失过程是逐渐的,其衬比度由大到小,逐渐下降到 0。这表明,即使稍微超过相干时间或相干区域的限度一些,也还可能有点相干成分;而在相干时间或相干区域的限度以内,也可能有点非相干成分。不过在它们的限度以内相干成分占主导地位,产生的干涉条纹的衬比度较大;超过它们的限度,非相干成分逐渐取代了相干成分而居于主导地位,干涉条纹的衬比度逐渐降到 0。总之在相干时间或相干区域以内,部分相干是更为一般的情况。衬比度 γ 的数值可作为相干程度高低的一种量度。

§6. 多光束干涉 法布里-珀罗干涉仪

6.1 多光束干涉的强度分布公式

在 §3—§5 中我们讨论薄膜和迈克耳孙干涉仪中的分振幅干涉时,都只讨论了两反射光束之间的干涉。其实仔细考虑一下就会发现,当一束光进入薄膜后,将进行多次反射和折射,振幅和强度被一次一次地分割(见图 3-58)。本节将认真分析这个问题,定量地计算每次分割时振幅的比率,并发现只有在薄膜的反射率较小的情况下,只考虑两反射光束的作法才是近似正确的。

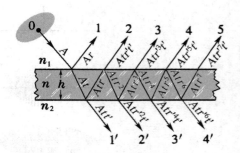

图 3-58 多次反射和折射时振幅的分割

在高反射率的情况下应按多光束干涉处理,干涉条纹将有一些新的特点。

如图 3-58,考虑一块上下表面平行的薄膜,一束光 0 入射到其表面上。入射光在上表面被分割为反射光束 1 和折射光束,折射光束在下表面反射的同时,还有一部分能量透射出去,这就是图中的透射光束 $1'$。当从下面反射回来的光再次透过上表面形成光束 2 的同时,也还有一部分能量反射回去。如此反复地折射和反射,我们将得到一个无穷系列的反射光束 1、2、3、… 和一个无穷系列的透射光束$1'$、$2'$、$3'$、…。 无疑这两系列光束的振幅和强度都是递减的,最后强度

都趋于 0。

　　为了说明光线在反射和折射时振幅和强度的分配比率,我们引入振幅反射率和透射率,以及强度反射率和透射率的概念,前者代表反(透)射光与入射光复振幅之比,后者代表反(透)射光与入射光强度之比。强度反射率是振幅反射率绝对值的平方,但光强透射率与振幅透射率的关系就没有那样简单了。有关这个问题将在第六章 2.2 节中作详细讨论,这里我们讨论强度反射率为主,把光强透射率的问题回避掉。

　　令 r 和 t 分别代表光从膜外到膜内的振幅反射率和透射率,r' 和 t' 分别代表光从膜内到膜外的振幅反射率和透射率。第六章 2.3 节中将证明,在薄膜两侧介质的折射率 n_1 和 n_2 相等的条件下,r、r' 和 t、t' 之间有如下斯托克斯关系:

$$r = -r', \qquad r^2 + tt' = 1, \tag{3.53}$$

式中负号代表相位相反。这样,如果入射光 0 的振幅为 A,则在上表面第一次分割出来的反射光束和透射光束的振幅应分别为 Ar 和 At,在下表面第一次分割出来的反射光束和透射光束的振幅应分别为 Atr' 和 Att'. 如此类推下去,最后我们得到 1、2、3、⋯ 和 1′、2′、3′、⋯ 两系列光束的振幅如下(参见图 3-58):

$$
\begin{cases}
A_1 = Ar, \\
A_2 = Atr't', \\
A_3 = Atr'r'r't' = Atr'^3 t', \\
\cdots\cdots;
\end{cases}
\qquad
\begin{cases}
A_1' = Att', \\
A_2' = Atr'r't' = Atr'^2 t', \\
A_3' = Atr'r'r'r't' = Atr'^4 t', \\
\cdots\cdots
\end{cases}
$$

可见,若 $r \ll 1$ 而 $t \approx t' \approx 1$,则在反射光束系列中 $A_1 \approx A_2 \gg A_3 \gg A_4 \gg \cdots$,在此情况下可只考虑 1、2 两束反射光,而把第 3 束以后的光束忽略。本章前面各节正是这样做的。然而在 r 比较大的情况下,就必须考虑无穷系列,将它们都叠加起来才能得到反射光和透射光经透镜聚焦后的总振幅 A_R 和 A_T.

　　为了计算反射光和透射光的总振幅,我们必须分析各光束间的光程差 ΔL 和相位差 δ. 在膜的上下表面平行的情况下,上述两系列光束中每对相邻光线之间的光程差都相等。不考虑半波损的表观光程差为 ❶

$$\Delta L = 2nh\cos i,$$

式中 h 为膜的厚度,n 为膜的折射率,i 为光线在膜内的倾角。此外,还需考虑半波损问题。在 $n_1 = n_2$ 的条件下,根据 3.2 节中给出的原则可以看出,除了反射光线 1 和 2 之外,任何其它相邻光线间都没有因半波损引起的附加光程差。在没有这一附加光程差的情况下,每条光线的相位比前一条光线落后如下数量:

$$\delta = \frac{2\pi}{\lambda}\Delta L = \frac{4\pi nh\cos i}{\lambda}. \tag{3.54}$$

　　根据以上关于各光束的振幅和相位差的分析,我们可以写出各反射光束和透射光束的复振幅来:

$$
\begin{cases}
\widetilde{U}_1 = -Ar', \\
\widetilde{U}_2 = Atr't'e^{i\delta}, \\
\widetilde{U}_3 = Atr'^3 t'e^{2i\delta}, \\
\cdots\cdots;
\end{cases}
\qquad
\begin{cases}
\widetilde{U}_1' = Att', \\
\widetilde{U}_2' = Atr'^2 t'e^{i\delta}, \\
\widetilde{U}_3' = Atr'^4 t'e^{2i\delta}, \\
\cdots\cdots.
\end{cases}
\tag{3.55}
$$

---

❶ 参见(3.35)式。

在反射光束复振幅的表达式中负号来自半波损.反射光和透射光的总振幅和光强分别为

$$
\begin{cases}
\widetilde{U}_R = \displaystyle\sum_{j=1}^{\infty} \widetilde{U}_j, \\
\widetilde{U}_T = \displaystyle\sum_{j=1}^{\infty} \widetilde{U}_j';
\end{cases}
\quad
\begin{cases}
I_R = \widetilde{U}_R^* \widetilde{U}_R, \\
I_T = \widetilde{U}_T^* \widetilde{U}_T.
\end{cases}
\tag{3.56}
$$

在上下双方折射率 n_1、n_2 相等的条件下,光功率守恒导致光强守恒:[1]

$$ I_R + I_T = I_0, \tag{3.57} $$

式中 $I_0 = A^2$ 为入射光强。因此我们只需在 I_R 和 I_T 中先算出一个来,另一个用减法即可得到。

下面先算 $\widetilde{U}_T$ 和 I_T. 将(3.55)式代入(3.56)式,并注意到 $r = -r'$,得

$$ \widetilde{U}_T = A t t' (1 + r^2 \mathrm{e}^{\mathrm{i}\delta} + r^4 \mathrm{e}^{2\mathrm{i}\delta} + \cdots) $$

这是一个几何级数(等比级数),其首项为 Att',公比为 $r^2 \mathrm{e}^{\mathrm{i}\delta}$,无穷几何级数的公式告诉我们:

$$ 级数和 = \frac{首项}{1 - 公比}, $$

故

$$ \widetilde{U}_T = \frac{A t t'}{1 - r^2 \mathrm{e}^{\mathrm{i}\delta}}, \tag{3.58} $$

再注意到 $r^2 + t t' = 1$,有

$$ I_T = \widetilde{U}_T^* \widetilde{U}_T = \frac{A^2 (t t')^2}{(1 - r^2 \mathrm{e}^{-\mathrm{i}\delta})(1 - r^2 \mathrm{e}^{\mathrm{i}\delta})} = \frac{I_0 (1 - r^2)^2}{1 - 2 r^2 \cos\delta + r^4}, $$

用强度反射率 $R = r^2$ 来表示,透射光强最后可写为

$$ I_T = \frac{I_0}{1 + \dfrac{4 R \sin^2(\delta/2)}{(1 - R)^2}}, \tag{3.59} $$

反射光强为

$$ I_R = I_0 - I_T = \frac{I_0}{1 - \dfrac{(1 - R)^2}{4 R \sin^2(\delta/2)}}, \tag{3.60} $$

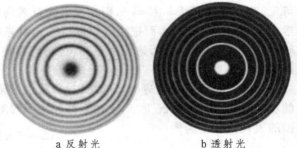

a 反射光　　　　　b 透射光

图 3-59 反射光和透射光的干涉条纹

图3-59是反射光和透射光的等倾干涉条纹。可以看出,反射光强的地方透射光弱,反射光弱的地方透射光强,两者的干涉花样是互补的。图3-60中给出不同 R 值的 $I_T - \delta$ 曲线。 如果纵坐标倒过来从上而下看,就是 $I_R = I_0 - I_T$ 的曲线。

(3.58)式和(3.59)式以及图3-60中的曲线都表明,I_T 和 I_R 虽然都与 R 有关,但极大值和极小值的位置仅由 δ 决定,与 R 无关。 I_T 的极大值在 $\delta = 2k\pi$ 的地方,极小值在 $\delta = (2k+1)\pi$ 的地方;I_R 的极大值和极小值位置刚好对调。

现在来考察 r 对强度分布的影

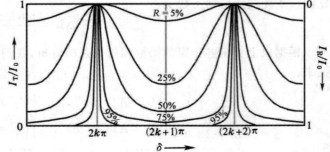

图 3-60 多光束干涉强度分布曲线

● 参见第六章 2.2 节。

响。在普通玻璃和空气的界面上，$R \approx 5\%$，可以认为 $R \ll 1$。在此情况下

$$(1-R)^2 \approx 1,$$

$$[1+4R\sin^2(\delta/2)]^{-1} = 1-4R\sin^2(\delta/2) = 1-2R(1-\cos\delta),$$

因此
$$I_T = I_0[1-2R(1-\cos\delta)],$$

$$I_R = I_0 - I_T = 2RI_0(1-\cos\delta).$$

后式正是我们熟悉的等振幅两光束干涉的强度随相位差变化的形式，它是正弦式的，衬比度等于1。前式表明，透射光的干涉花样中有个很强的均匀背景 $I_0(1-2R)$，它的干涉花样衬比度是很小的（参见图3-60最上面的那条曲线）。

现在考虑 R 较大的情况。图3-60中的曲线表明，随着 R 的增大，透射光强度的极大（或者说是反射光强度的极小）的锐度愈来愈大。这从(3.58)式中也可以看出。当 $R \approx 1$ 时，该式右端分母的第二项中 $\sin^2(\delta/2)$ 的系数 $4R/(1-R)^2 \gg 1$，因此 I_T 对于 δ 的变化很敏感。当 δ 稍偏离 $2k\pi$ 时，I_T 便从极大值急剧下降。R 的增大意味着无穷系列中后面光束的作用愈来愈不可忽略，从而参加到干涉效应里来的光束数目愈来愈多，其后果是使干涉条纹的锐度变大（见图3-59）。这一特征是多光束干涉的普遍规律，我们将在下一章讨论 N 列波的干涉（衍射光栅）时再次看到这一特征。

6.2 法布里－珀罗干涉仪的装置和条纹的半峰宽度

利用上述多光束干涉产生十分细锐条纹的最重要仪器，是法布里－珀罗干涉仪（C. Fabry, A. Perot, 1899年）。法布里－珀罗干涉仪的结构见图3-61和图3-62，其中 G_1、G_2 是两块精密的平面玻璃板（分束板），它们相对的平面平行，上面都薄薄地镀上银

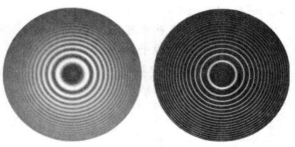

图3-61 法布里－珀罗干涉仪

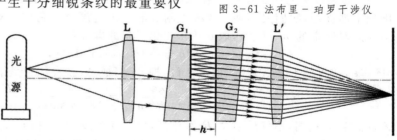

图3-62 法布里－珀罗干涉仪的结构和光路

（图中用粗线表示），以增大反射率。透镜L将入射光变为平行光，透镜L′将平行光会聚到幕上，形成等倾干涉条纹。由于 G_1、G_2 之间空气薄膜表面的反射率较大，光线入射后将在它的两个表面之间反复反射，多次反射的过程中强度递减得很慢，因而从 G_2 透射出来的是一系列强度递减得很慢的光束。它们相干叠加后在幕上形成的等倾干涉条纹如图3-63b所示，其形状与迈克耳孙干涉仪产生的等倾条纹（见图3-63a）相似，也是同心圆，但亮纹要比迈克耳孙干涉仪产生的条纹细锐得多。

a 反射光　　　　b 透射光

图3-63 迈克耳孙干涉仪和法布里－珀罗干涉仪条纹的比较

　　法布里－珀罗干涉仪的原理最早用于分析光谱线的精细结构,近年来又被应用到激光器上,成为它的重要组成部分——共振腔,简称法－珀腔,这两方面的应用都涉及干涉强度的半峰宽度。为了定量地说明反射率 R 对干涉条纹锐度的影响,我们计算一下干涉强度的半峰宽度。由(3.58)式或图 3-60 中的曲线可以看出,强度的极大峰两侧没有零点,因此没有明确的边界可以计算条纹的宽窄。在 $\delta = 2k\pi$ 处 I_T/I_0 的峰值为 1,所谓半峰宽度,就是峰值两侧 I_T/I_0 的值降到一半($I_T/I_0 = 1/2$)的两点间的距离 ε(参见图 3-64)。应注意,这里所说的"距离"ε 是以相位差来衡量的,即当 $\delta = 2k\pi \pm \varepsilon/2$ 时,$I_T/I_0 = 1/2$.这时在(3.59)式中的 $\sin^2(\delta/2) = \sin^2(2k\pi \pm \varepsilon/2)/2 = \sin^2\varepsilon/4 \approx (\varepsilon/4)^2$,将此值代入(3.59)式右端,左端 I_T/I_0 应等于 1/2,即

$$\frac{1}{2} = \frac{1}{1 + \dfrac{4R(\varepsilon/4)^2}{(1-R)^2}},$$

由此解得

$$\varepsilon = \frac{2(1-R)}{\sqrt{R}}. \qquad (3.61)$$

上式表明,随着 R 趋近于 1,半峰宽度 $\varepsilon \to 0$,即干涉强度分布的锐度变得愈来愈大。

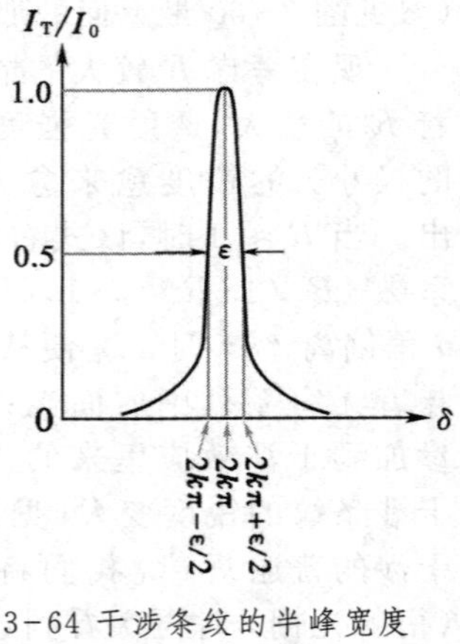

　　(3.61)式是用相位差来表示的强度半峰宽度。按(3.54)式相位差

$$\delta = 4\pi nh\cos i/\lambda,$$

它是多因素的综合。在多光束干涉装置中,折射率 n 和间隔 h 一般是不变的,影响 δ 值变化的因素有二:倾角 i 和波长 λ.

　　(1)如果以单色的扩展光入射,则 λ 固定,但有各种可能的倾角 i.因为只有在特定的方向 i_k 上出现干涉极强,我们关心某一级极大附近的半角宽度 Δi,它比 ε 更直接地反映条纹的细锐程度。为此对固定的 n、h、λ,取 δ 因 i 变化引起的微分:

$$\mathrm{d}\delta = -4\pi nh\sin i\, \mathrm{d}i/\lambda,$$

令 $\mathrm{d}\delta = \varepsilon$,并将(3.61)式代入,取 $i = i_k$,把 $\mathrm{d}i$ 写成 Δi_k,表示它是第 k 级亮纹的角宽度,得

$$|\Delta i_k| = \frac{\lambda\varepsilon}{4\pi nh\sin i_k} = \frac{\lambda}{2\pi nh\sin i_k}\frac{1-R}{\sqrt{R}}, \qquad (3.62)$$

(3.62)式告诉我们,不仅反射率 R 值愈高,可以使条纹愈细锐,即方向性愈强,而且进一步看到,腔长 h 愈大,条纹也愈细锐。❶法布里－珀罗干涉仪制成长腔结构,一般 h 在 1 cm ~ 10 cm 量级,就是这个道理。不妨估算一下 Δi_k 的量级:取 $R \approx 0.90$,$h \approx 5$ cm,$\lambda \approx 0.6\,\mu\text{m}$,$n\sin i_k \approx 1/2$,则 $\Delta i_k \approx 4 \times 10^{-7}\,\text{rad} \approx 0.001'$.

　　(2)如果以非单色平行光入射,则此时 i 固定(它经常是 0 或接近于 0),相位差 δ 主要是波长 λ 的函数。由于多光束干涉,使得在很宽的光谱范围内只有某些特定的波长 λ_k 附近出现极大,$i = 0$ 时这些 λ_k 满足下式:

$$2nh = k\lambda_k. \qquad (3.63)$$

用频率 ν_k 来表示更为方便:

$$\nu_k = \frac{c}{\lambda_k} = \frac{kc}{2nh}, \qquad (3.64)$$

图 3-64 干涉条纹的半峰宽度

---

　　❶　由于法布里－珀罗干涉仪的孔径总是有限的,当入射光束有一定倾角 i 时,若干次折射反射后,光束将超出孔径,亦即实际上不会是无穷多束光的干涉。 h 愈大,这问题愈突出。必要的时候,光强公式(3.60)要作相应的修正。

式中 c 是真空中光速。可见,相邻极强的频率是等间隔的,间隔为

$$\Delta\nu = \nu_{k+1} - \nu_k = \frac{c}{2nh},\qquad(3.65)$$

它与腔长 h 成反比。每条谱线 λ_k 或 ν_k,称为一个纵模。我们关心的是某一级纵模的半峰宽度 $\Delta\lambda_k$,为此对固定的 n、h、i,取 δ 因 λ 变化引起的微分:

$$d\delta = -4\pi nh\cos i\, d\lambda/\lambda^2,$$

令 $d\delta = \varepsilon$,并将(3.61)式代入,把 $d\lambda$ 写成 $\Delta\lambda_k$,表示它是第 k 级纵模的谱线宽度,得

$$\Delta\lambda_k = \frac{\lambda^2\varepsilon}{4\pi nh\cos i} = \frac{\lambda^2}{2\pi nh\cos i}\frac{1-R}{\sqrt{R}} = \frac{\lambda}{\pi k}\frac{1-R}{\sqrt{R}},\qquad(3.66)$$

用频率表示,则有[1]

$$\Delta\nu_k = \frac{c\,\Delta\lambda}{\lambda^2} = \frac{c}{2\pi nh\cos i}\frac{1-R}{\sqrt{R}} = \frac{c}{\pi k\lambda}\frac{1-R}{\sqrt{R}}.\qquad(3.67)$$

上式表明,反射率愈高,或腔愈长,则谱线宽度愈窄。一些典型的数据列于表3-2中。

表 3－2 法－珀腔的单模线宽 $\Delta\lambda_k$

R \ h	10 cm	100 cm
0.90	6×10^{-5} nm	6×10^{-6} nm
0.98	1×10^{-5} nm	1×10^{-6} nm
0.998	1×10^{-6} nm	1×10^{-7} nm

我们把法－珀腔的作用示于图3-65,它从输入的非单色光(见图 a)中选择出一系列纵模谱线 λ_k,用频率来表示,它们是等间隔的,[2] 每条单模的谱线宽度随 R 和 h 的增大而减小,这便是法－珀腔输出的情况(见图 b)。[3] 可见,法－珀腔对输入的非单色光起挑选波长、压缩线宽,从而提高单色性的作用。这一点目前已在激光技术中得到重要的应用(详见第七章5.7节)。

6.3 法布里－珀罗干涉仪在光谱学中的应用

由于法布里－珀罗干涉仪的条纹很细,这首先使我们有可能更精密地测定它们的确切位置,因此用这种干涉仪可以精确地比较各光谱线的波长,以及用波长来度量长度。§5中所述用波长标准来进行

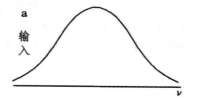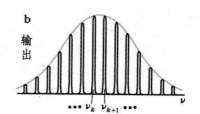

图 3-65 法－珀腔的选频作用

比较工作的更精确结果就是在法布里－珀罗干涉仪上完成的。

然而,法布里－珀罗干涉仪的主要应用还在于光谱线超精细结构的研究方面。由于原子核磁矩的影响,有的光谱线分裂成几条十分接近(相差 10^{-3} nm 数量级)的谱线,这称为光谱线的超精细结构。设想入射光中包含两个十分接近的波长 λ 和

图 3-66 双谱线形成的法布里－珀罗干涉条纹

$\lambda' = \lambda + \Delta\lambda$,它们产生的等倾干涉条纹如图3-66和图3-67所示,具有稍微不同的半径。如果每根

---

[1]　注意:不要把(3.65)式中的纵模间隔 $\Delta\nu$ 和(3.67)式中的单模线宽 $\Delta\nu_k$ 混淆起来。

[2]　见(3.65)式。

[3]　当然这输出的纵模频谱只能再由分光仪器来显示,在法－珀腔里并没有干涉条纹。

干涉条纹的宽度较大,则两个波长的干涉条纹就会重叠在一起使我们无法分辨。法布里－珀罗干涉仪条纹的细锐对提高谱线分辨本领是极为有利的因素。现在我们来计算一下它的色分辨本领。因

$$2nh\cos i_k = k\lambda,$$
$$2nh\cos i'_k = k\lambda' = k(\lambda + \delta\lambda),$$

故两谱线 k 级亮纹间的角距离为

$$\delta i_k = \frac{k}{2nh\sin i_k}\delta\lambda, \tag{3.68}$$

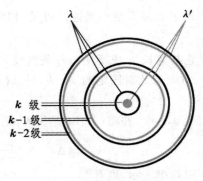

图 3-67 法布里－珀罗
干涉仪的色分辨本领

此式反映了干涉仪的色散本领。

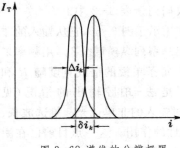

图 3-68 谱线的分辨极限

作为可分辨的极限,要求 δi_k 等于 k 级亮纹本身的角宽度 Δi_k(图 3-68)。比较(3.68)式和(3.62)式,可得分辨的最小波长间隔为

$$\delta\lambda = \frac{\lambda}{\pi k}\frac{1-R}{\sqrt{R}}, \tag{3.69}$$

它刚好等于法－珀腔的单模线宽。习惯上人们把 $\lambda/\delta\lambda$ 叫分光仪器的色分辨本领,由(3.69)式可得

$$\frac{\lambda}{\delta\lambda} = \pi k\frac{\sqrt{R}}{1-R}. \tag{3.70}$$

在法布里－珀罗干涉仪中分束板 G_1、G_2 之间的间隔 h 可很大($\sim 10\,\text{cm}$),从而使干涉条纹的级数 k 很高($\sim 10^6$),这使得仪器的色散本领 $\lambda/\delta\lambda$ 也很大。加以分束板镀银面的反射率很高(例如 98%),这些因素合起来,就使仪器的色分辨本领很大。

　　最后指出,干涉仪的色散扩大了,就同时带来另一问题,即不同级不同波长的条纹就容易重叠,从而使互不重叠的光谱范围(所谓"自由光谱范围")变得很窄,这也是实际使用法布里－珀罗干涉仪时必须考虑的问题。

本 章 提 要

1. 波的叠加与干涉

　　复振幅　　$\widetilde{U}_1(P) = A_1(P)\,e^{i\varphi_2(P)}$　　$\widetilde{U}_2(P) = A(P)_2\,e^{i\varphi_2(P)}$

　　强度　　　$I(P) = [A(P)]^2 = \widetilde{U}^*(P)\,\widetilde{U}(P)$

　　叠加　　　$\widetilde{U}(P) = \widetilde{U}_1(P) + \widetilde{U}_2(P),$

　　干涉　　$I(P) = [A(P)]^2 = [\widetilde{U}_1^*(P) + \widetilde{U}_2^*(P)][\widetilde{U}_1(P) + \widetilde{U}_2(P)]$
$$= [A_1(P)]^2 + [A_2(P)]^2 + 2A_1(P)A_2(P)\cos[\varphi_1(P) - \varphi_2(P)],$$

　　因 $I_1(P) = [A_1(P)]^2$,$I_2(P) = [A_2(P)]^2$,上式表明

$$I(P) \neq I_1(P) + I_2(P),$$

　　即波的叠加引起了强度在空间的重新分布 —— 干涉现象。

2. 产生干涉现象的条件:

　　(1) 参与叠加的各波同频率;

(2) 对于矢量波,只有参与叠加的各波振动的平行分量相干;

(3) 参与叠加的各波之间具有固定的相位差。

3. 干涉装置的分类:

由于原子或分子自发辐射的波列最多延续 10^{-8}s,彼此和先后之间都没有振动方向和相位的固定关系,它们不能产生干涉现象。所以对于非激光光源,采用分割同一波列再使之相遇的办法来产生干涉。按分割波列方式的不同,干涉装置有两大类:

(1) 分波前装置:典型 —— 杨氏双缝;

(2) 分振幅装置:典型 —— 薄膜,迈克耳孙干涉仪。

4. 杨氏双缝实验:

条纹间隔　　$\Delta x = \dfrac{\lambda D}{d}$.　(装置和式中各量的意义见图 3-7)

光源横向移动引起条纹的移动　$\delta x = D\delta s / R$,

光源横向的极限宽度　$b_0 = R\lambda / d$,　　(装置和式中各量见图 3-12)

其它装置:

(1) 菲涅耳双镜 —— $D = B + C$, $d = 2\alpha B$

条纹间隔　　$\Delta x = \dfrac{\lambda (B+C)}{2\alpha B}$　(装置和式中各量的意义见图 3-9)

(2) 菲涅耳双棱镜 —— $D = B + C$, $d = 2(n-1)\alpha B$

条纹间隔　　$\Delta x = \dfrac{\lambda (B+C)}{2(n-1)\alpha B}$　(装置和式中各量见图 3-10)

(3) 劳埃德镜 —— $d = 2a$,

条纹间隔　　$\Delta x = \dfrac{\lambda D}{2a}$　(装置和式中各量见图 3-11)

5. 薄膜干涉:在薄膜上下两个表面反射的光之间的干涉。

条纹的定域问题:点光源在薄膜上产生的干涉条纹分布在薄膜前后的全空间(非定域条纹)。但有一定宽度的光源上各点产生的干涉条纹错开,使条纹的衬比度普遍下降,甚至到 0。只在一定曲面(定域中心层)上条纹的衬比度最大,其附近一定深度内有较高的衬比度(定域条纹)。

定域中心层位于同一光线在薄膜上下表面反射后的交点处。

两种情况的理论比较严格而简单,因而有广泛的应用价值:

(1) 厚度不均匀薄膜在其表面附近形成的等厚干涉条纹;

(2) 厚度均匀薄膜在无穷远形成的等倾干涉条纹。

6. 等厚干涉条纹:条纹强度分布与薄膜的等厚线符合。

光程差　　$\Delta L \approx 2nh\cos i$,　　正入射时$(i=0)$ $\Delta L \approx 2nh$.

必须正入射才能得到真正的等厚条纹,否则倾角会使条纹偏离等厚线。

两种重要的特殊情况:

(1) 劈形薄膜:干涉条纹为平行于棱的直线。

条纹间隔　　$\Delta x = \lambda / 2\alpha$.　($\alpha$ —— 劈的顶角)

条纹的变动:

劈角变化时,条纹间隔发生变化;

膜厚变化时,条纹平移;

厚度太大时条纹因倾角影响而朝背离交棱方向弯曲,衬比度下降。

应用：测细丝直径、滚珠直径、工件表面光洁度、膨胀系数等。

（2）牛顿环：干涉条纹为同心圆。

条纹的半径　　$r_k = \sqrt{kR\lambda} \propto \sqrt{k}$．（$R$ —— 透镜的曲率半径）

应用：在光学冷加工中快速检测工件（透镜）曲率。

在非单色光情形里，可利用薄膜等厚干涉制作增透膜或高反射膜。

7. 等倾干涉条纹：条纹强度分布只决定于相干光的倾角 i，为同心圆。

定域中心层在无穷远，利用扩展光源在无穷远接收。

光程差　　$\Delta L = 2nh\cos i$．

条纹间隔　　$\Delta r = r_{k+1} - r_k \propto i_{k+1} - i_k = \dfrac{-\lambda}{2h\sin i_k}$．（$i_k$ —— k 级条纹的倾角）

条纹随膜厚 h 的变动：

h 增大时条纹向外扩张且变密，新的条纹从中心冒出；

h 减小时条纹向内会聚且变疏，直至缩进中心而消失。

8. 迈克耳孙干涉仪 —— 以薄膜干涉为基础，利用半镀银的分束板将"薄膜"的两个表面（平面镜）在空间上远离，便于插入器件做各种实验和测量。通过对两个平面镜的取向和前后位置的调节，可以产生各种等厚和等倾的干涉条纹。装置中设有补偿板，以抵消分束板的色散效应，以便用白光确定"薄膜"的零光程位置，这在长度的测量中是十分必要的。

干涉条纹衬比度 γ 随光程差 ΔL 的变化：

$\begin{cases} 双谱线 \lambda_1 和 \lambda_2：\gamma 随 \Delta L 作周期性变化， \\ \quad 周期 2N\lambda_1 = \dfrac{\lambda_2}{\lambda_2 - \lambda_1}．（N—\gamma 从最大变到 0 移过条纹根数） \\ 单线谱宽 \Delta k：\gamma 随 \Delta L 单调下降， \\ \quad \gamma \to 0 的最大光程差 \Delta L_{max} = \dfrac{2\pi}{\Delta k} = \dfrac{\lambda^2}{|\Delta\lambda|}． \end{cases}$

应用：

（1）傅里叶变换光谱仪 —— 测定光源的谱分布。

强度 I 随光程差 ΔL 的变化与谱分布 $i(k)$ 的关系（由迈克耳孙干涉仪测定）：

$$I(\Delta L) = I_0 + \frac{1}{\pi}\int_0^\infty i(k)\cos(k\Delta L)dk．$$

傅里叶反演（由计算机完成）

$$i(k) = 2\int_0^\infty [I(\Delta L) - I_0]\cos(k\Delta L)d(\Delta L)．$$

（2）精密测长和长度的自然标准。

9. 光场的相干性：

（1）空间相干性问题：

源于扩展光源不同部分发光的独立性，表现在波场的横方向（波前）上。

相干区域的孔径角 $\Delta\theta_0 \approx \lambda/b$．（$b$ —— 光源宽度）

（2）时间相干性问题：

源于光源发光过程在时间上的断续性，表现在波场的纵方向（波线）上。

相干时间可用波列长度来衡量：$L_0 = \lambda^2/\Delta\lambda$．（$\Delta\lambda$ —— 频带宽度）．

10. 多光束干涉：光在薄膜表面实际上进行无穷多次反射和折射，其实是所有反射线或所有透射线叠加的结果。

透射光强 $I_T = \dfrac{I_0}{1 + \dfrac{4R\sin^2(\delta/2)}{(1-R)^2}}$，　反射光强 $I_R = \dfrac{I_0}{1 + \dfrac{(1-R)^2}{4R\sin^2(\delta/2)}}$，

式中相位差 $\delta = \dfrac{2\pi}{\lambda}\Delta L = \dfrac{4\pi n h \cos i}{\lambda}$，$R$——强度反射率，$h$——膜厚。

透射干涉条纹极大峰的半峰宽度 $\varepsilon = \dfrac{2(1-R)}{\sqrt{R}}$，

$\quad R \to 1$，$\varepsilon \to 0$，条纹锐度很大。

11. 法布里-珀罗干涉装置——一对高反射的玻璃板以间隔 h 平行放置，光束在其间反复反射，输出的将是多光束干涉图样。

影响 δ 的因素有 λ 和 i：

(1) 单色扩展光入射，λ 固定，δ 随倾角 i 改变 ε，得 k 级条纹的角宽度

$$\Delta i_k = \frac{\lambda}{2\pi n h \sin i_k}\frac{1-R}{\sqrt{R}},$$

(2) 非单色平行光入射，$i \approx 0$ 固定，δ 随频率 ν 改变 ε，得

第 k 级条纹（单模）的频率 $\qquad \nu_k = \dfrac{kc}{2nh}$，

单模频率间隔 $\qquad\qquad \Delta \nu_{间隔} = \nu_{k+1} - \nu_k = \dfrac{c}{2nh}$，

应用：

(1) 法布里-珀罗干涉仪——高色分辨本领的光谱仪。

(2) 法布里-珀罗腔——激光器中选择光束方向和频率的共振腔。

思 考 题

3-1. 设想一下，在杨氏双缝实验中(见图 3-7)若 S 沿平行于 S_1、S_2 连线的方向作微小位移，干涉图样发生怎样的变化？ 沿垂直 S_1、S_2 连线的方向位移时情况如何？

3-2. 在杨氏双缝实验中，双缝 S_1、S_2 彼此稍微移近时，干涉条纹有何变化？

3-3. 设想我们用声波或无线电波来模拟杨氏双缝干涉实验，采用的数据如下：

(1) 两声波源间距为 60 cm，到接收场的距离为 10 m，声频率为 1000 Hz，声速为 340 m/s.

(2) 两无线电波源间距为 1 m，到接收场的距离为 10 m，频率为 10 MHz.

这样的装置能得到什么结果？

3-4. 在实验中观察分波前干涉装置的干涉条纹时往往不用屏幕，而是用测微目镜。我们知道，在光束交叠区里前前后后都有干涉条纹，我们用目镜看到的是什么地方的条纹？ 试说明理由。

3-5. 判断以下各种说法是否确切：

(1) 等厚条纹就是薄膜表面的干涉条纹。

(2) 等厚干涉条纹不仅存在于薄膜表面，而且还存在于薄膜前后的空间里。

3-6. 在实际中经常遇到的情况里，产生干涉条纹的薄膜是夹在两片固体介质间的空气层(见本题图)。这里有 Ⅰ、Ⅱ、Ⅲ、Ⅳ 四个反射面，为什么我们只考虑 Ⅱ、Ⅲ 两个面反射的光之间的干涉，而不考虑 Ⅰ、Ⅳ 两个面？

3-7. 按图 3-31c 方式用肉眼直接观察薄膜表面的干涉条纹时，宜采用点光源还是扩展光源？ 有时当我们找不到干涉条纹时，可在一小片纸上刺一针孔，透过针孔注视薄膜表面时，就比较容易看到干涉条纹。这是为什么？

3-8. 窗玻璃也有两个表面，为什么我们从来没看到在其上有干涉条纹？ 你能否估计一下，薄膜厚到什么程度，我们用肉眼就看不到干涉条纹了？

【提示：参看图 3-33 和下面习题 3-21。】

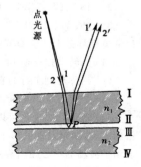

思考题 3-6

3-9. 本题图 a、b 所示是检验滚珠质量的干涉装置。在两块平玻璃板之间放三个滚珠 A、B、C. 在钠黄光的垂直照射下，形成如图上方所示的干涉条纹。根据这样的干涉条纹，你能就 a、b 两情形分别对三个滚珠直径的一致性做出什么结论？ 用什么办法可进一步判断它们之中哪个大哪个小？

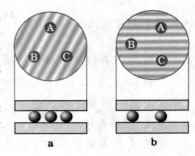

思考题 3-9

3-10. 本题图是检验精密加工工件表面光洁度的干涉装置。下面是待测工件，上面是标准的平玻璃板，在钠黄光的垂直照射下看到如图上方所示的干涉花样。根据这样的干涉花样，你能对工件表面的光洁度做出怎样的结论？

3-11. 本题图是检验透镜曲率的干涉装置。在钠黄光的垂直照射下显示出图上方的干涉花样，你能否判断透镜的下表面与标准模具之间气隙的厚度最多不超过多少？

3-12. 试解释图 3-29 所示现象，即下压验规时，若光圈扩大，则表示透镜曲率太大（见图 a），反之表示曲率过小（见图 b）。

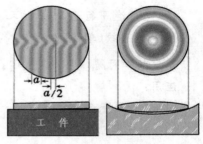

思考题 3-10　　　思考题 3-11

3-13. 说明水面浮的汽油层呈现彩色的原因。 从不同的倾斜方向观察时颜色会变吗？ 为什么？

3-14. 在日常生活中你还能列举出哪些薄膜干涉现象？

3-15. 试做下列两个观察性实验：

(1) 吹肥皂泡。起初当肥皂泡很小时不显示颜色；随着肥皂泡的胀大，开始出现彩色，而且彩色愈来愈鲜艳，颜色不断地变化；最后光泽变暗，彩色消失，此时肥皂泡即将破裂。试解释以上现象。

(2) 用一根细铁丝折成小方框，浸入肥皂水后取出，这时在方框上蒙了一层肥皂膜。现将方框平面竖直放置，观察其上肥皂膜色彩变化的情况。解释你所观察到的现象。

3-16. 从以下几个方面比较等厚条纹和等倾条纹：

(1) 两者对光源的要求和照明方式有何不同？ 能否用扩展光源观察等厚条纹？ 用平行光观察等倾条纹将会怎样？

(2) 两者的接收（观测）方式有何不同？ 如果用一小片黑纸遮去薄膜表面某一部位，这将分别给等厚条纹和等倾条纹带来什么影响？

3-17. 在傍轴条件下等倾条纹的半径与干涉条纹级数有什么样的依赖关系？ 牛顿环的情况怎样？ 两者有区别吗？ 你怎样把二者区分开来？

3-18. 如果薄膜上、下表面稍有夹角，我们能观察到等倾条纹吗？ 这时干涉条纹在哪里？

3-19. 如 5.1 节所述，迈克耳孙干涉仪中反射镜 M_1 和 M_2 的像 M_2' 组成一等效的空气层（见图 3-44）。下面讨论迈克耳孙干涉仪调节中的几个问题：

(1) 当转动摇把使 M_1 平移时，我们如何判断等效的空气层在增厚还是减薄？

(2) 当你看到平行的直线干涉条纹时，怎样判断等效空气层哪边厚哪边薄？

(3) 如何有意识地调节镜面倾角，使 M_1、M_2' 完全平行？

(4) 根据什么现象可以比较准确地判断 M_1、M_2' 是否严格平行？ 有经验的人是这样做的：前后左右移动自己的眼睛，如果发现圆形干涉条纹的中心有变动（条纹的吞吐），则表明 M_1、M_2' 尚未达到严格的平行。 只有调节到干涉场的中心相当稳定，只随眼睛一起平移而不发生条纹的变化时，才算比较满意。试解释这是为什么？

3-20. 判断下列说法是否正确：

(1) 在面光源照明的光场中，各点（次波源）都是完全不相干的。

(2) 在点光源照明的光场中，各点（次波源）都是完全相干的。

（3）在理想的单色点光源激发的光场中,各点(次波源)都是完全相干的。

（4）以纵向的相干长度为轴,横向的相干面积为底作一柱体。有人称它的体积为相干体积。在相干体积内任意两点(次波源)都有较高程度的相干性。

3-21. 试分别回答:在高反射率和低反射率的情况下,观察透射和反射条纹哪个有利?为什么?

3-22. 为什么法布里-珀罗干涉仪是高分辨本领、小量程的分光仪器?其分辨谱线的精度由什么因素决定?其自由光谱范围受什么因素制约?

习　　题

3-1. 在杨氏双缝实验中,缝距为 0.1 mm,缝与屏幕的距离为 3 m,对下列三条典型谱线求出干涉条纹的间距:

　　　　　　　　　F 蓝线(486.1 nm)，　D 黄线(589.3 nm)，　C 红线(656.3 nm)。

3-2. 在杨氏双缝实验中,缝距为 0.45 mm,缝与幕的距离 1.2 m,测得 10 个亮纹之间的间距为 1.5 cm,问光源的波长是多少。

3-3. 一微波检测器安装在湖滨高出水面 5.0 m 处.当一颗发射 21 cm 波长单色微波的射电星体徐徐自地平线升起时,检测器指出一系列信号强度的极大和极小。当第一个极大出现时,射电星体相对地平线的仰角 θ 为多少?

3-4. 本题图所示装置是昆克(G.Quincke)用来测声波波长的。管口 T 置于单一声调的声源之前,声波分 A、B 两股传播到出口 O,其中一股 B 的长度像乐队中的长号那样,可以拉出拉进。当 A、B 两股等长时,声音近似保持原有的强度。当 B 逐渐拉开到 $d = 16.0$ cm 时,在管口 O 处的声音第一次消失,求此声波的波长。

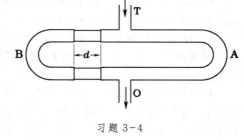

习题 3-4

3-5. 设菲涅耳双镜的夹角为 20′,缝光源离双镜交线 10 cm,接收屏幕与光源经双镜所成的两个虚像连线平行,幕与两镜交线的距离为 210 cm,光波长为 600.0 nm,问:

（1）干涉条纹的间距为多少?

（2）在幕上最多能看到几根干涉条纹?

（3）如果光源到两镜交线的距离增大一倍,干涉条纹有什么变化?

（4）如果光源与两镜交线的距离保持不变,而在横向有所移动,干涉条纹有什么变化?

（5）如果要在幕上出现有一定衬比度的干涉条纹,允许缝光源的最大宽度为多少?

3-6. 一点光源置于薄透镜的焦点,薄透镜后放一个双棱镜(见本题图)。设双棱镜的顶角为 3′30″,折射率为 1.5,屏幕与棱镜相距 5.0 m,光波长为 500.0 nm。求幕上条纹的间距。幕上能出现几根干涉条纹?

习题 3-6

3-7. 设劳埃德镜的镜长有 5.0 cm,幕与镜边缘的距离为 3.0 m,缝光源离镜面高度为 0.5 mm,水平距离 2.0 cm,光波长为 589.3 nm。求幕上条纹的间距。幕上能出现几根干涉条纹?

3-8. 本题图为梅斯林(L. Meslin)干涉装置,将透镜对剖后再沿光轴方向将两半 L_1、L_2 错开一定距离。光点 S 位于光轴上,S_1'、S_2' 是它的像。

（1）在图上标出相干光束的交叠区;

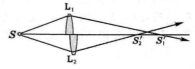

习题 3-8

(2) 在交叠区中放一屏幕垂直于光轴,幕上干涉条纹的形状是怎样的?

(3) 设透镜焦距为 30 cm,S 与 L_1 的距离为 60 cm,L_1 与 L_2 的距离为 2.0 cm,光波长为 500.0 nm。两像间的中点距离透镜 L_2 有多远? 在此放一屏幕,在其上接收到的亮纹间距为多少?

3 − 9. 本题图所示为一种利用干涉现象测定气体折射率的原理性结构,在 S_1 孔后面放置一长度为 l 的透明容器,当待测气体注入容器而将空气排出的过程中幕上的干涉条纹就会移动。 由移过条纹的根数即可推知气体的折射率。

(1) 设待测气体的折射率大于空气折射率,干涉条纹如何移动?

(2) 设 $l = 2.0$ cm,条纹移过 20 根,光波长为 589.3 nm,空气折射率为 1.000276,求待测气体(氯气)的折射率。

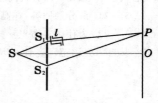

习题 3−9

3 − 10. 瑞利(Rayleigh)干涉仪的结构和使用原理如下(参见本题图):以钠光灯作为光源置于透镜 L_1 的前焦点,在透镜 L_2 的后焦面上观测干涉条纹的变动。 在两个透镜之间安置一对完全相同的玻璃管 T_1 和 T_2。实验开始时,T_2 管充以空气,T_1 管抽成真空,此时开始观测干涉条纹。 然后逐渐使空气进入 T_1 管,直到它与 T_2 管的气压相同为止。 记下这一过程中条纹移动的数目。 设光波长为 589.3 nm,管长 20 m,条纹移动 98 根,求空气的折射率。

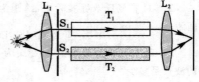

习题 3−10

3 − 11. 用钠光灯做杨氏双缝干涉实验,光源宽度被限制为 2 mm,带双缝的屏离缝光源 2.5 m,为了在幕上获得可见的干涉条纹,双缝间隔不能大于多少?

3 − 12. 一个直径为 1 cm 的发光面元,如果用干涉孔径角量度的话,其空间相干性是多少弧度? 如果用相干面积量度,问 1 m 远的相干面积为多大? 10 m 远的相干面积为多大?

3 − 13. 把直径为 D 的细丝夹在两块平玻璃砖的一边,形成劈尖形空气层(见本题图下方)。在钠黄光($\lambda = 589.3$ nm)的垂直照射下形成如图上方所示的干涉条纹,试问 D 为多少?

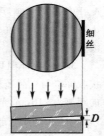

3 − 14. 块规是机加工里用的一种长度标准,它是一钢质长方体,它的两个端面经过磨平抛光,达到相互平行。 本题图中 G_1、G_2 是同规号的两个块规,G_1 的长度是标准的,G_2 是要校准的。 校准的方法如下:把 G_1 和 G_2 放在钢质平台面上,使面和面严密接触,G_1、G_2 上面用一块透明平板 T 压住。 如果 G_1 和 G_2 的高度(即长度)不等,微有差别,则在 T 和 G_1、G_2 之间分别形成尖劈形空气层,它们在单色光照射下产生等厚干涉条纹。

(1) 设入射光的波长是 589.3 nm,G_1 和 G_2 相隔 5 cm(即图中的 l),T 和 G_1、G_2 间干涉条纹的间距都是 0.5 mm,试求块规 G_2 和 G_1 的高度之差。 怎样判断它们谁长谁短?

(2) 如果 T 和 G_1 间干涉条纹的间隔是 0.5 mm,而 T 和 G_2 间的是 0.3 mm,则说明什么问题?

习题 3−13

3 − 15. 在图 3-27 所示的干涉膨胀计中,样品与石英环的高度约为 1 cm。当温度升高 $100\,^{\circ}\mathrm{C}$ 时,视场中的干涉条纹移过 20 根,求样品的线膨胀系数。 设光波长为 589.3 nm,石英的线膨胀系数为 $0.35 \times 10^{-6}/^{\circ}\mathrm{C}$。

习题 3−14

3 − 16. 本题图 a 所示为一种测 PN 结的结深 x_j 的方法。在 N 型半导体基质硅片表面经杂质扩散而形成 P 型半导体区。 P 区与 N 区的交界面叫 PN 结,PN 结距表面的深度(即 P 区的厚度)x_j 称为结深。在半导体工艺上需要测定结深,测量的方法是先通过磨角、染色,使 P 区和 N 区的分界线清楚地显示出来,然后盖上半反射膜,在它与硅片之间形成尖劈形空气薄膜。用单色光垂直照射时,可以观察到空气薄膜的等厚干涉条纹。 数出 P 区空气薄膜的条纹数目 Δk 即可求出结深

$$x_j = \Delta k \frac{\lambda}{2}.$$

由于光在金属或半导体表面反射时相位变化比较复
杂,用本方法测量结深 x_j 没有考虑此相位突变,因此
测量结果不太精确。更精确的测量方法见图 b,半反
射膜不是像在图 a 中那样紧贴在 P 区的上面,而是一
侧稍微往上翘一点,观察到的干涉条纹如图 b 下方所
示。试说明

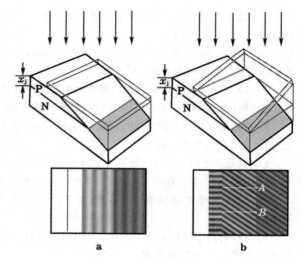

习题 3-16

(1) 干涉条纹为什么会是这样的?

(2) 若用 $\lambda = 550.0\,\text{nm}$ 的光测得斜干涉条纹的间
隔为 0.20 mm,交界面上两点 AB 间的距离为 1.1 mm,
结深 x_j 为多少?

(3) 此法比图 a 所示的方法精确在哪里?

3-17. 测得牛顿环某环和其外第 10 环的半径分
别为 0.70 mm 和 1.7 mm,求透镜的曲率半径。设光波
长为 $0.63\,\mu\text{m}$。

3-18. 肥皂膜的反射光呈现绿色,这时膜的法线
和视线的夹角约为 35°,试估算膜的最小厚度。设肥皂水的折射率为 1.33,绿光波长为 500.0 nm。

3-19. 在玻璃表面上涂一层折射率为 1.30 的透明薄膜,设玻璃折射率为 1.5。

(1) 对于波长为 500.0 nm 的入射光来说,膜厚应为多少才能使反射光干涉相消? 这时强度反射率为多少?

(2) 对波长为 400.0 nm 的紫光和 700.0 nm 的红光来说,第(1)问所得的厚度在两束反射相干光之间产生多
大的相位差? (不考虑色散。)

3-20. 砷化镓发光管制成半球形,以增加位于球心的发光区对外输出功率,减少反射损耗(见本题图)。已
知砷化镓发射光波长为 930.0 nm,折射率为 3.4。为了进一步提高输出光功率,常在球形表面涂敷一层增透膜。

(1) 不加增透膜时,球面的强度反射率有多大?

(2) 增透膜的折射率和厚度应取多大?

(3) 如果用氟化镁(折射率为 1.38)能否增透? 强度反射率有多大?

(4) 如果用硫化锌(折射率为 2.35)能否增透? 强度反射率有多大?

已知在正入射的情况下振幅反射率 r 与两介质折射率的关系为

习题 3-20

$$r = \frac{n_2 - n_1}{n_2 + n_1}.$$

3-21. 如图 3-33 用肉眼直接观察薄膜表面的干涉条纹。设瞳孔直径为 3 mm,与观察点 P 相距 30 cm,视线
与表面法线夹角 30°,薄膜折射率为 1.5。

(1) 分别计算膜厚 2 cm 及 $20\,\mu\text{m}$ 两种情况下,点源 Q_1、Q_2 在观察点 P 产生的光程差改变量 $\delta(\Delta L)$。

(2) 如果为了保证条纹有一定的衬比度,要求上述光程差改变量的数量级不能超过多少? 以此来估计一下
对膜厚 h 的限制。

3-22. 证明迈克耳孙干涉仪中圆形等倾条纹的半径与整数的平方根成正比。

3-23. 用钠光(589.3 nm)观察迈克耳孙干涉条纹,先看到干涉场中有 12 个亮环,且中心是亮的,移动平面镜
M_1 后,看到中心吞(吐)了 10 环,而此时干涉场中还剩有 5 个亮环。试求:

(1) M_1 移动的距离;

(2) 开始时中心亮斑的干涉级;

(3) M_1 移动后,从中心向外数第 5 个亮环的干涉级。

3-24. 在迈克耳孙干涉仪中,反射镜移动 0.33 mm,测得条纹变动 192 次,求光的波长。

3-25. 钠光灯发射的黄线包含两条相近的谱线,平均波长为 589.3 nm. 在钠光下调节迈克耳孙干涉仪,人们

发现干涉场的衬比度随镜面移动而周期性地变化。实测的结果由条纹最清晰到最模糊,视场中吞(吐)490 圈条纹,求钠双线的两个波长。

3-26. 在一次迈克耳孙干涉仪实验中,所用的最短标准具长度为 0.39 mm,如用镉灯(643.847 nm)作光源,实验时所测得的条纹变动数目应是多少?

3-27. 用迈克耳孙干涉仪进行精密测长,光源为 632.8 nm 的氦氖光,其谱线宽度为 10^{-4} nm,整机接收(光电转换)灵敏度可达 1/10 个条纹,求这台仪器测长精度为多少? 一次测长量程为多少?

3-28. 迈克耳孙干涉仪中的一臂(反射镜)以速度 v 匀速推移,用透镜接收干涉条纹,将它会聚到光电元件上,把光强变化转换为电信号。

(1) 若测得电信号的时间频率为 ν,求入射光的波长 λ.

(2) 若入射光波长在 0.6 μm 左右,要使电信号频率控制在 50 Hz,反射镜平移的速度应为多少?

(3) 按以上速度移动反射镜,钠黄光产生电信号的拍频为多少? (钠黄光双线波长为 589.0 nm 和589.6 nm。)

3-29. 有两个波长 λ_1 和 λ_2,在 600.0 nm 附近相差 0.0001 nm,要用法布里-珀罗干涉仪把它们分辨开来,间隔 h 需要多大? 设反射率 $R = 0.95$。

3-30. 如果法布里-珀罗干涉仪两反射面之间的距离为 1.0 cm,用绿光(500.0 nm)做实验,干涉图样的中心正好是一亮斑。求第 10 个亮环的角直径。

3-31. 设法-珀腔长 5 cm,用扩展光源做实验,光波波长为 0.6 μm。问:

(1) 中心干涉级数为多少?

(2) 在倾角为 1° 附近干涉环的半角宽度为多少? 设反射率 $R = 0.98$。

(3) 如果用这个法-珀腔分辨谱线,其色分辨本领有多高? 可分辨的最小波长间隔有多少?

(4) 如果用这个法-珀腔对白光进行选频,透射最强的谱线有几条? 每条谱线宽度为多少?

(5) 由于热胀冷缩,引起腔长的改变量为 10^{-5}(相对值),求谱线的漂移量(相对值)为多少?

3-32. 利用多光束干涉可以制成一种干涉滤光片。如本题图,在很平的玻璃片上镀一层银,在银面上加一层透明膜,例如冰晶石($3NaF \cdot AlF_3$),其上再镀一层银。设银面的反射率 $R = 0.96$,于是两个银面之间就形成一个膜层,产生多光束干涉。透明膜的折射率为 1.55,膜厚 $h = 4 \times 10^{-5}$ cm,平行光正入射。问:

(1) 在可见光范围内,透射最强的谱线有几条?

(2) 每条谱线宽度为多少?

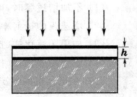

习题 3-32

第四章 衍 射

§1. 光的衍射现象和惠更斯—菲涅耳原理

1.1 光的衍射现象

在日常生活的经验中，人们对水波和声波的衍射是比较熟悉的。在房间里，人们即使不能直接看见窗外的发声的物体，却能听到从窗外传来的喧闹声。在一堵高墙两侧的人，也都能听到对方说的话。这些现象表明，声波能绕过障碍物传播。粗略地说，当波遇到障碍物时，它将偏离直线传播。这种现象叫波的衍射。图4-1是一套从水波盘上拍摄下来的照片，其中a、b、c分别是水波遇到较窄和较宽的挡板，以及圆柱时发生衍射的景象。从图中可以看出，障碍物（或其上的开口）线度愈小，衍射现象愈明显。

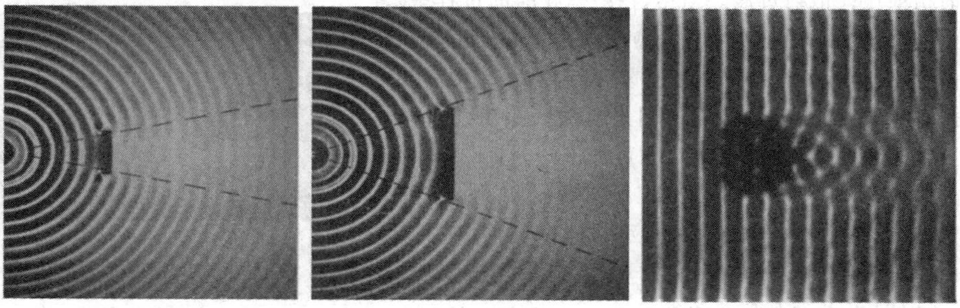

在日常生活中光的衍射现象不易为人们所察觉，与此相反，光的直线传播行为给人们的印象却很深。这是由于光的波长很短，以及普通光源是不相干的面光源。以上两方面的原因使得在通常的条件下的光的衍射现象很不显著。只要我们注意到这些，在实验室的条件下采用高亮度的相干光（激光）或普通的强点光源（如炭弧灯），并保证光源与屏幕的距离足够大，是可以将光的衍射现象演示出来的。图4-2就是这样拍摄下来的各种光的衍射图样。仔细观察一下这些照

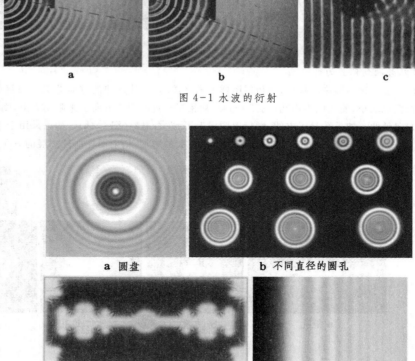

图 4-1 水波的衍射

a 圆盘　　　　　b 不同直径的圆孔

c 刮脸刀片　　　　d 直边

图 4-2 光的衍射图样

片，我们发现，对于足够小的障碍物（如图 a 中的圆盘），几何阴影的中部居然出现亮斑；而小孔衍射环的中心既可能是亮的，又可能是暗的（见图 b）。

　　此外我们还能看到,衍射不仅使物体的几何阴影失去了清晰的轮廓,而且在边缘附近还出现一系列明暗相间的条纹。这些现象表明,在几何阴影区和几何照明区光强 I 都受到了衍射效应的影响而发生重新分布。衍射不简单是偏离直线传播的问题,看来它与某种复杂的干涉效应有联系。

　　这里我们再介绍几组光波衍射的演示实验,以便使读者对衍射现象的特点得到某些带有规律性的认识。

　　(1) 单缝的衍射

　　用一束激光照射在一个宽度可调的水平单狭缝上,在数米外放置接收屏幕。如果狭缝较宽,对入射光束未多加限制,幕上出现一个亮斑,它是入射光束沿直线投射的结果。可以说,这时衍射效应极不明显。图 4-3 中从 a 到 d 对应缝宽从大变小时的衍射图样照片。收缩缝宽,使之对光束上下施加愈来愈大的限制时,幕上的光斑将向上下两侧铺展,同时出现一系列亮暗相间的结构(从图 a 到 b),其中中央亮斑强度最大,两侧递减。可以说,此时衍射现象相当明显。随着狭缝进一步变窄,中央亮斑沿竖直方向扩展,两侧亮斑向外疏散(图 c)。最后当狭缝很窄时,中央亮斑已延伸为一条竖直细带(图 d),在整个视场内不再察觉到光强的周期性起伏。可以说,这时衍射已向散射过渡。当然,在狭缝收缩的过程中,幕上光强总的来说是变得愈来愈暗淡了。光的衍射效应是否明显,除了光孔的线度 ρ 外,还与观察的距离和方式、光源的强度等多方面的因素有关。用激光来演示上列现象时,ρ 的数量级大体可如下划分:

$\rho \approx 10^3\lambda$ 以上,衍射效应不明显,

$\rho \approx 10^3\lambda \sim 10\lambda$,衍射效应明显,

$\rho \approx \lambda$,向散射过渡。

　　(2) 从矩孔到圆孔的衍射

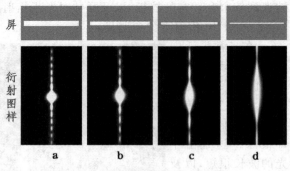

屏

衍
射
图
样

　　　　a　　　　b　　　　c　　　　d

图 4-3 不同宽度的单缝衍射图样

　　如果转动上述实验中的狭缝,则衍射图样也随之转动,而其延伸的方向总保持与缝的走向正交。如果我们把缝的长度也缩小,使之成为矩孔(见图 4-4a),从相互垂直的两个方向上来限制光束,则衍射图样也沿相互正交的两个方向延伸。如果孔是正方的,则衍射图样上下、左右对称(图 4-4b)。如果采用十二边形孔,衍射图样将沿12 个方向扩展(图 4-4c)。可以想到,随着多边形边数的增加,衍射图样向外扩展的方向也增加。圆形相当于多

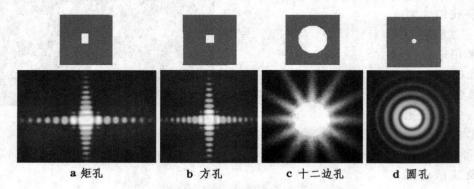

　　a 矩孔　　　　　b 方孔　　　　　c 十二边孔　　　　　d 圆孔

图 4-4 从矩孔到圆孔的衍射图样

边形边数趋于无穷的极限,圆孔的衍射图样过渡到一系列同心环(图 4-4d)。

　　将以上各个实验归纳起来,可以看出衍射现象具有如下鲜明的特点:第一,光束在衍射屏上的什么方位受到限制,则接收屏幕上的衍射图样就沿该方向扩展;第二,光孔线度愈小,对光束的限制愈厉害,则衍射图样愈加扩展,即衍射效应愈强。以后我们将证明,光孔的线度与衍射图样的扩展之间存在着反比关系。对上述特点的理论解释,将在今后的章节里陆续阐明。

1.2 惠更斯—菲涅耳原理

惠更斯–菲涅耳原理是研究衍射现象的理论基础。

我们知道,波动具有两个基本性质,一方面它是扰动的传播,一点的扰动能够引起其它点的扰动,各点的扰动相互之间是有联系的;另一方面,它具有时空周期性,能够相干叠加。惠更斯原理中的"次波"概念反映了上述前一基本性质,这是该原理中成功的地方。但当时对波动的认识还很肤浅,惠更斯把光看成像空气中的声波那样的纵波,他们不知道光速有多大,他所谓的"扰动",是爆发式的非周期性无规脉冲,故而波的后一性质(时空周期性)在原理中没有得到反映。缺少这一点,对各次波应如何叠加的问题,就不可能给出令人满意的回答。

由于牛顿的极高威望,以及牛顿的追随者极力推崇的微粒说的强大影响,光的波动理论长期停滞不前,几乎过了 100 年才复兴起来。19 世纪初,杨氏用波的叠加原理解释了薄膜的颜色,首先提出"干涉"一词用以概括波与波的相互作用;为了验证自己的理论,他做了一个双缝干涉实验,即人所共知的著名的杨氏实验;杨氏对出现于影界附近的衍射条纹给出了正确的解释,他把衍射看成是直接通过缝的光和边界波之间的干涉。可惜,当时杨氏的这些富有价值的光学研究未被重视,只是到了 1818 年,在巴黎科学院举行的以解释衍射现象为内容的有奖竞赛会上,年轻的菲涅耳出人意料地取得了优胜以后,才开始了光的波动说的兴旺时期。菲涅耳吸取了惠更斯提出的次波概念,用"次波相干叠加"的思想将所有衍射情况引到统一的原理中来,这就是一般教科书中所说的惠更斯–菲涅耳原理(A.J.Fresnel,1818 年)。现在就来介绍这个原理的具体内容。

如图 4–5,S 为点波源,Σ 为从 S 发出的球面波在某时刻到达的波面,P 为波场中的某个点。如果要问波在 P 点引起的振动如何? 则惠更斯–菲涅耳原理告诉我们,你应该把 Σ 面分割成无穷多个小面元 $d\Sigma$,把每个 $d\Sigma$ 看成发射次波的波源,从所有面元发射的次波将在 P 点相遇。一般说来,由各面元 $d\Sigma$ 到 P 点的光程是不同的,从而在 P 点引起的振动相位不同。 P 点的总振动就是这些次波在这里相干叠加的结果。以上就是惠更斯–菲涅耳原理的基本思想。

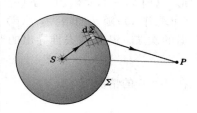

图 4–5 惠更斯–菲涅耳原理

实际上惠更斯–菲涅耳原理还可以理解得更广一些,即上述 Σ 面不一定是从 S 发出光波的波面,它可以是将源点 S 和场点 P 隔开的任何曲面(波前)。不过这样一来就必须考虑到,由于 S 到 Σ 面上各面元 $d\Sigma$ 的光程一般不相同,从而这些次波源各有各的相位。

用简短的文字概括起来,惠更斯–菲涅耳原理可表述如下:波前 Σ 上每个面元 $d\Sigma$ 都可以看成是新的振动中心,它们发出次波。在空间某一点 P 的振动是所有这些次波在该点的相干叠加。

既然是相干叠加,就可利用复振幅的概念。设 $d\tilde{U}(P)$ 是由波前 Σ 上的面元 $d\Sigma$ 发出的次波在场点 P 产生的复振幅,则在 P 点的总扰动应为❶

$$\tilde{U}(P) = \oiint\limits_{(\Sigma)} d\tilde{U}(P). \tag{4.1}$$

这可以说是惠更斯–菲涅耳原理的数学表达式。不过要用它来计算,还需进一步具体化。假设

---

❶　惠更斯–菲涅耳原理是标量波的原理。对于光波,当参与相干叠加的振动矢量近于平行时,可作标量处理。实际中,傍轴的自然光满足这样的条件。

$$d\widetilde{U}(P) \propto d\Sigma \qquad (4.2)$$

$$\propto \widetilde{U}_0(Q) \qquad (4.3)$$

$$\propto \frac{e^{ikr}}{r} \qquad (4.4)$$

$$\propto F(\theta_0, \theta), \qquad (4.5)$$

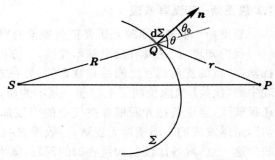

图 4-6 关于菲涅耳衍射公式中各量的说明

(4.2) 式中 $d\Sigma$ 是面元的面积,(4.3) 式中 $\widetilde{U}_0(Q)$ 是面元(次波源)上 Q 点的复振幅,取其等于从波源自由传播到 Q 时的复振幅。(4.4) 式中 r 是面元 $d\Sigma$ 到场点 P 的距离,$k=2\pi/\lambda$,这比例式说明次波源发射的是球面波。(4.5) 式中的 θ_0 和 θ 分别是源点 S 和场点 P 相对次波面元 $d\Sigma$ 的方位角(见图 4-6),$F(\theta_0, \theta)$ 是 θ_0 和 θ 的某个函数,称为倾斜因子,它表明由面元发射的次波不是各向同性的。根据以上各条假设,(4.1) 式可写成

$$\widetilde{U}(P) = K\oiint_{(\Sigma)} \widetilde{U}_0(Q) F(\theta_0, \theta) \frac{e^{ikr}}{r} d\Sigma. \qquad (4.6)$$

式中 K 是个比例常数。(4.6) 式称为菲涅耳衍射积分公式。最初菲涅耳作上列各假设时只凭朴素的直觉,60 余年后基尔霍夫(G.Kirchhoff,1882 年)建立了一个严格的数学理论,证明菲涅耳的设想基本上正确,只是他给出的倾斜因子不对。菲涅耳只考虑了 Σ 是以点波源 S 为中心的球面情形,这时 $\theta_0=0$,倾斜因子 $F(\theta_0, \theta)$ 只是 θ 的函数,现记作 $f(\theta)$。菲涅耳设想:$\theta=0$ 时 $f(\theta)$ 最大(可取作 1);随 θ 的增大,$f(\theta)$ 减小;到 $\theta \geqslant \pi/2$ 时,$f(\theta) \equiv 0$。最后这一点的意思是说不存在后退的次波。基尔霍夫推导出的严格公式表明,倾斜因子应取

$$F(\theta_0, \theta) = \frac{1}{2}(\cos\theta_0 + \cos\theta), \qquad (4.7)$$

在 $\theta_0 = 0$ 的情况下

$$f(\theta) = \frac{1}{2}(1 + \cos\theta), \qquad (4.8)$$

当 $\theta = \pi/2$ 时,$f(\theta)=1/2$ 而不是 0。只有当 θ 大到 π 时,$f(\theta)$ 才减到 0。这结果与菲涅耳的直觉是不同的。不过以后我们将看到,倾斜因子的具体形式对计算结果的影响并不大。基尔霍夫还导出了比例常数 K 的表达式为

$$K = \frac{-i}{\lambda} = \frac{e^{-i\pi/2}}{\lambda}, \qquad (4.9)$$

式中 λ 是波长。(4.9) 式中的因子 $-i = \exp(-i\pi/2)$ 表明,我们必须假设等效次波源 $K\widetilde{U}_0(Q)$ 的相位并非波前上该点扰动 $\widetilde{U}_0(Q)$ 的相位,而是比它超前 $\pi/2$。❶ 这一点不是只凭直觉所能想象得出来的,不过以后我们将看到,为了保证菲涅耳衍射公式(4.6)在波的自由传播情形下不给出矛盾的结果,这一相位差是必要的(参看 2.3 节例题 2),它实质上是相干叠加的必然结果。

显然惠更斯-菲涅耳原理的提出不是为了解决光的自由传播问题,而是为了求有障碍物时衍射场的分布。这时我们自然应把波前 Σ 取在衍射屏的位置上(见图 4-7),于是波前 Σ 分为两部分:光孔部分 Σ_0

---

❶ 按照第三章 1.1 节的约定,指数上的正相位代表落后,负相位代表超前。

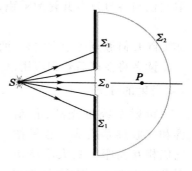

图 4-7 关于基尔霍夫边界
条件的说明

和光屏部分Σ_1. 通常假设Σ_0上的复振幅$\widetilde{U}_0(Q)$（可称为瞳函数）取自由传播时光场的值，[1] 而Σ_1上的$\widetilde{U}_0(Q)$取为 0。为了使Σ成为闭合曲面，应该说还有第三部分Σ_2，它可取为半径为无穷大的半球面。有人作了严格的数学证明，在Σ_2上的积分值为 0，今后不再考虑它。以上做法，称为基尔霍夫边界条件。

基尔霍夫边界条件直觉地看起来也是比较自然的，但它并不严格。光是电磁波，严格的理论应是高频电磁场的矢量波理论，对于组成光屏的物质是导体或电介质的不同情形，电磁场的边界条件是有区别的。但是理论表明，严格的边界条件与基尔霍夫边界条件给出的场分布有显著不同的地方，局限于光屏或光孔边缘附近距离为λ量级的范围。对于光波，由于波长λ往往比光屏或光孔的线度小得多，使用基尔霍夫边界条件计算，产生的误差不大。但是对于无线电波，影响就大了。所以在研究无线电波的衍射问题时，需要采用较严格的电磁理论。

综合以上所述，菲涅耳衍射积分公式(4.6)化为

$$\widetilde{U}(P) = \frac{-\mathrm{i}}{2\lambda} \iint\limits_{(\Sigma_0)} (\cos\theta_0 + \cos\theta)\,\widetilde{U}_0(Q)\,\frac{\mathrm{e}^{\mathrm{i}kr}}{r}\mathrm{d}\Sigma. \tag{4.10}$$

注意，这里的积分范围已按照基尔霍夫边界条件改为透光部分Σ_0，(4.10)式称为菲涅耳—基尔霍夫衍射公式。在光孔和接收范围满足傍轴条件的情况下，$\theta \approx \theta_0 \approx 0$，$r \approx r_0$（场点到光孔中心的距离），上式简化为

$$\widetilde{U}(P) = \frac{-\mathrm{i}}{\lambda r_0} \iint\limits_{(\Sigma_0)} \widetilde{U}_0(Q)\mathrm{e}^{\mathrm{i}kr}\mathrm{d}\Sigma. \tag{4.11}$$

1.3 巴比涅原理

从菲涅耳—基尔霍夫衍射公式(4.10)可顺便导出一个很有用的原理。考虑图 4-8 中的一对衍射屏 a、b，其一的透光部分正是另一的遮光部分，反之亦然，即两屏是互补的。因$\Sigma_0 = \Sigma_a + \Sigma_b$，我们有

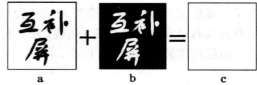

图 4-8 巴比涅原理

$$\iint\limits_{(\Sigma_a)} \mathrm{d}\Sigma + \iint\limits_{(\Sigma_b)} \mathrm{d}\Sigma = \iint\limits_{(\Sigma_0)} \mathrm{d}\Sigma,$$

上式左端第一项给出 a 屏的衍射场$\widetilde{U}_a(P)$，第二项给出 b 屏的衍射场$\widetilde{U}_b(P)$，而右端是自由波场$\widetilde{U}_0(P)$，于是

$$\widetilde{U}_a(P) + \widetilde{U}_b(P) = \widetilde{U}_0(P). \tag{4.12}$$

它表明，互补屏造成的衍射场中复振幅之和等于自由波场的复振幅。这个结论称为巴比涅原理(A.Babinet，1837 年)。由于自由波场是容易计算的，因此利用巴比涅原理可以较方便地由一种衍射屏的衍射图样求出其互补屏的衍射图样来。

巴比涅原理对下列一类衍射装置特别有意义，即衍射屏由点光源照明，其后装有成像光学系统，在光源的几何像平面上接收衍射图样。这时所谓自由光场，就是服从几何光学规律传播的光场，它在像平面上除像点外$\widetilde{U}_0(P)$皆等于 0，从而除几何像点外，处处有

$$\widetilde{U}_a(P) = -\widetilde{U}_b(P),$$

---

❶ 这里讨论的衍射光孔是简单的窗口，以后我们还会遇到较复杂的情况，在窗口上附有透过率或光程不均匀的图像画面。那时$\widetilde{U}_0(Q)$应取经过画面改变后的波前函数。

取它们与各自复数共轭的乘积,则得

$$I_a(P) = I_b(P).$$

亦即除几何像点的地方之外,两个互补屏分别在像平面产生的衍射图样完全一样!

读者将在以后看到应用巴比涅原理的例子。

1.4 衍射的分类

衍射系统由光源、衍射屏和接收屏幕组成。通常按它们相互间距离的大小将衍射分为两类:一类是光源和接收屏幕(或两者之一)距离衍射屏有限远(见图 4-9a),这类衍射叫菲涅耳衍射(A.J.

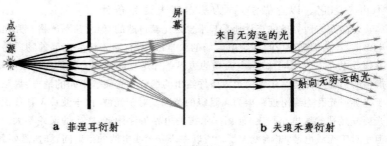

图 4-9 衍射的分类

Fresnel,1818 年);另一类是光源和接收屏幕都距离衍射屏无穷远(见图 4-9b),这类衍射叫夫琅禾费衍射(J.Fraunhofer,1821-1822 年)。前面图 4-2 中的几张照片是菲涅耳衍射的图样,图 4-3 和 4-4 则是夫琅禾费衍射图样。两种衍射的区分是从理论计算上考虑的。可以看出,菲涅耳衍射是普遍的,夫琅禾费衍射本是它的一个特例。不过由于夫琅禾费衍射的计算简单得多,人们把它单独归成一类进行研究。近年来发展起来的傅里叶变换光学,赋予夫琅禾费衍射以新的重要意义。显然,在实验室中实现图 4-9b 所示的那种夫琅禾费装置的原型是有困难的,但我们可以近似地或利用成像光学系统(透镜)使之实现。实际中夫琅禾费衍射的装置可以有许多变形。这个问题留待第五章 3.1 节讨论。

§2. 菲涅耳圆孔衍射和圆屏衍射

2.1 实验现象

如图 4-10,在点光源(或激光束)的照明空间中插入带圆孔的衍射屏,在较远的接收屏幕上就可看到清晰的衍射图样。对于可见光,实验装置的数据一般可取:

圆孔半径 ρ 为 mm 的量级;

光源到圆孔的距离 R 为 m 的量级;

接收屏幕到圆孔的距离 $b \approx 3\,\text{m} \sim 5\,\text{m}$。

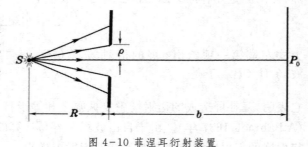

图 4-10 菲涅耳衍射装置

衍射图样是以轴上场点 P_0 为中心的一套亮暗相间的同心圆环,中心点可能是亮的,也可能是暗的。如果我们用可调的光阑做实验,在孔径变化的过程中,可以发现衍射图样的中心亮暗交替变化。我们还可在保持孔径 ρ 不变的情况下移动屏幕,在此过程中也可观察到衍射图样中心的亮暗交替变化。不过中心强度随 ρ 的变化是很敏感的,而随 b 的变化则是相当迟缓的。

如果用圆屏(或滚珠、玻璃上的墨点之类)代替上述实验中的圆孔,我们观察到的衍射图样也是同心圆环。与圆孔情形显著不同的是,无论改变半径 ρ 还是距离 b,衍射图样的中心总是一个亮点。 1818 年巴黎科学院曾举行一次规模很大的科学竞赛,当时参加竞赛评比委员会的有多位著名学者,如毕奥、拉普拉斯、泊松等是光的微粒说的积极拥护者,竞赛题目的表达方式带有明显的有利于微粒说的倾向性。然而,菲涅耳阐述的次波相干叠加的新观点具有极大的说服力,使反对派也马上接受了。会后泊松又仔细地审核菲涅耳理论,并用于圆盘衍射,导致了圆盘中心轴线上应有亮斑这样一个当时看来似乎不可思议甚至离奇的结论。菲涅耳原理面临着新的考验。过后不久,在实验中果真发现了这一惊人现象。这一发现对光的波动理论和惠更斯-菲涅耳原理是十分有力的支持。

2.2 半波带法

半波带法是处理次波相干叠加的一种简化方法。菲涅耳的衍射公式本要求对波前作无限分割,半波带法则用较粗糙的分割来代替,从而使(4.6)式或(4.10)式中的积分化为有限项求和。此法虽不够精细,但可较方便地得出衍射图样的某些定性特征,故为人们所喜用。

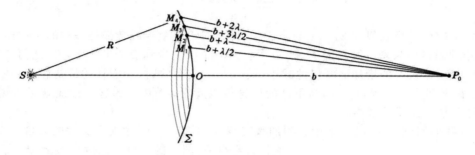

图 4-11 半波带法

如图 4-11,取波前 Σ 为以点源为中心的球面(等相面),设其半径为 R,其顶点 O 与场点 P_0 的距离为 b,以 P_0 为中心,分别以 $b+\lambda/2$、$b+\lambda$、$b+3\lambda/2$、$b+2\lambda$、$\cdots$ 为半径作球面,将波前 Σ 分割为一系列环形带。由于这些环形带的边缘点 M_1、M_2、M_3、M_4、$\cdots$ 到 P_0 的光程逐次相差半个波长,故称之为半波带。用 $\Delta\widetilde{U}_1(P_0)$、$\Delta\widetilde{U}_2(P_0)$、$\Delta\widetilde{U}_3(P_0)$、$\cdots$ 代表各半波带发出的次波在 P_0 点产生的复振幅,由于相邻半波带贡献的复振幅中相位差 π,即

$$\Delta\widetilde{U}_1(P_0)=A_1(P_0)\mathrm{e}^{\mathrm{i}\varphi_1},$$
$$\Delta\widetilde{U}_2(P_0)=A_2(P_0)\mathrm{e}^{\mathrm{i}(\varphi_1+\pi)},$$
$$\Delta\widetilde{U}_3(P_0)=A_3(P_0)\mathrm{e}^{\mathrm{i}(\varphi_1+2\pi)},$$
$$\cdots\cdots\cdots\cdots\cdots\cdots\cdots$$

故 P_0 点的合成复振幅为

$$A(P_0)=\left|\widetilde{U}(P_0)\right|=\left|\sum_{k=1}^{n}\Delta\widetilde{U}_k(P_0)\right|=A_1(P_0)-A_2(P_0)+A_3(P_0)-\cdots+(-1)^{n+1}A_n(P_0).$$

$$(4.13)$$

下面我们来比较 A_1、A_2、A_3、$\cdots$ 各振幅的大小。惠更斯-菲涅耳原理告诉我们,

$$A_k\propto f(\theta_k)\frac{\Delta\Sigma_k}{r_k},\qquad\qquad(4.14)$$

其中 $\Delta\Sigma_k$ 是第 k 个半波带的面积,r_k 是它到场点 P_0 的距离,$f(\theta_k)$ 是其倾斜因子。为了计算 $\Delta\Sigma_k/r_k$,我们先考虑图 4-12 所示的球冠,其面积为

$$\Sigma=2\pi R^2(1-\cos\alpha),$$

而

$$\cos\alpha=\frac{R^2+(R+b)^2-r^2}{2R(R+b)},$$

式中的各字母所代表的几何量见图 4-12 自明。分
别取以上两式的微分：

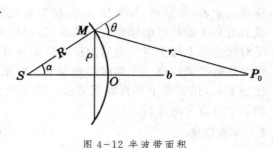

图 4-12 半波带面积

$$d\Sigma = 2\pi R^2 \sin\alpha\, d\alpha,$$

$$\sin\alpha\, d\alpha = \frac{r\, dr}{R(R+b)},$$

将第二式代入第一式，得

$$\frac{d\Sigma}{r} = \frac{2\pi R\, dr}{R+b}. \tag{4.15}$$

因 $\lambda \ll r_k$，可把上式中的微分 dr 看成相邻半波带间
r 的差值 $\lambda/2$，$d\Sigma$ 看作半波带的面积 $\Delta\Sigma_k$，于是得

$$\frac{\Delta\Sigma_k}{r_k} = \frac{\pi R\lambda}{R+b}. \tag{4.16}$$

可见，作为 λ 的最低级近似，$\Delta\Sigma_k/r_k$ 与 k 无关，即它对于每个半波带都是一样的。这样一来，影响 A_k 大小的因素中只剩下倾斜因子 $f(\theta_k)$ 了。从一个半波带到下个半波带，θ_k 之值变化甚微，从而 $f(\theta_k)$ 和 A_k 随 k 的增加而缓慢地减小，最后当 $\theta_k \to \pi/2$ 时（菲涅耳的最初假设）或当 $\theta_k \to \pi$ 时（基尔霍夫理论），$f(\theta_k) \to 0$，从下面的讨论可以看出，$f(\theta_k)$ 的这一性质就足以说明问题了，其具体函数形式无关紧要。

现在让我们回到 (4.13) 式，式中各项加减交替，可用图 4-13 中上下交替的矢量来表示。为了能让人看得清，图中的矢量故意画得彼此错开。由图可见，合成振幅为

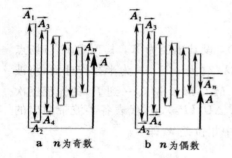

图 4-13 半波带法中的振动矢量图

a n 为奇数　　**b** n 为偶数

$$A(P_0) = \frac{1}{2}\left[A_1 + (-1)^{n+1}A_n\right] \tag{4.17}$$

先看自由传播情形，这时整个波前裸露，最后一个半波带上 $f(\theta_k) \to 0$，从而 $A_k \to 0$，于是

$$A(P_0) = \frac{1}{2}A_1(P_0). \tag{4.18}$$

亦即，自由传播时整个波前在 P_0 产生的振幅是第一个半波带的效果之半。

再看圆孔衍射。设想在波前上放一带圆孔的屏。当孔的大小刚好等于第一个半波带时，$A(P_0) = A_1(P_0)$，即中心是亮点。若孔中包含前两个半波带时，$A(P_0) = A_1(P_0) - A_2(P_0) \approx 0$，中心是暗点。一般说来，当圆孔中包含奇数个半波带时，中心是亮点；包含偶数个半波带时，中心是暗点。这就解释了衍射图样中心强度随孔径 ρ 的增大亮暗交替变化的现象。中心强度随距离 b 变化的现象也是不难解释的，这个问题留给读者自己考虑。

最后我们看圆屏衍射。设圆屏遮住前 k 个半波带，则

$$A(P_0) = A_{k+1}(P_0) - A_{k+2}(P_0) + \cdots + (-1)^{n+1}A_n(P_0) = \frac{1}{2}A_{k+1}(P_0).$$

可见，无论 k 是奇是偶，中心总是亮的。

这样，我们便用半波带法解释了圆孔、圆屏衍射的一些主要特征。

2.3 矢量图解法

如果圆孔内包含的不是整个半波带，再用半波带法来讨论就有困难了。这时需要把每个半波带进一步划分得更细。例如对于第一个半波带，我们可以作中心在 P_0，半径分别为 $b+\lambda/2m$、

$b+\lambda/m$、$b+3\lambda/2m$、$b+2\lambda/m$、$\cdots$ 的球面将它分割为 m 个更窄的环带（图 4-14），相邻小环带在 P_0 贡献的振动相位差为 π/m. 振动的合成可用图 4-15a 中的矢量图来表示，其中通过 O 点的水平线表示波前顶点 O 贡献的振动，取为零相位，小矢量 $\Delta\vec{A}_1$、$\Delta\vec{A}_2$、$\Delta\vec{A}_3$、$\cdots$ 分别代表各个小环带的贡献，若暂不考虑倾斜因子的影响，它们长度相等。将它们首尾相接，方向逐个转过 π/m

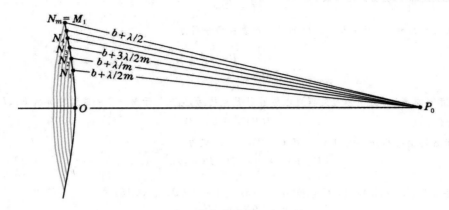

图 4-14 半波带的进一步分割

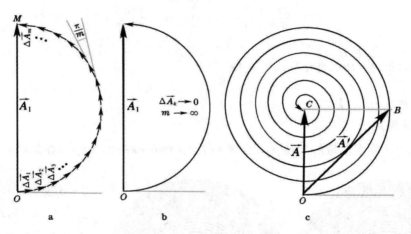

图 4-15 振动矢量图

角度。到了 $\Delta\vec{A}_m$ 刚好转过角度 π，达到第一个半波带的边缘点 M. 由 O 到 M 引合成矢量 $\vec{A}_1$，其长度就是整个第一个半波带贡献的振幅量 A_1. 取 $\Delta\vec{A}_k\to 0$、$m\to\infty$ 的极限，图 4-15a 中由小矢量组成的半个正多边形过渡到图 4-15b 中的半圆。

上面我们对第一个半波带作了细致的处理，其余的半波带可如法炮制，于是在振动矢量图上增添一个又一个的半圆。不过至此我们忽略了倾斜因子 $f(\theta)$ 的影响。若考虑到它，半径将逐渐收缩，形成如图 4-15c 所示的螺线。在自由传播情形里，这螺线要一直旋绕到半径趋于 0 为止，最后到达圆心 C. 由 O 到 C 引合成矢量 $\vec{A}$，其长度即为整个波前在 P_0 点产生的振幅。比较图 4-15 中 a、c 两图即可看出，$A=A_1/2$，这便是 2.2 节中用半波带法得到的结果。

例题 1 求圆孔包含 $1/2$ 个半波带时轴上的衍射强度。

解: 这时边缘与中心光程差为 $\lambda/4$，相位差为 $\pi/2$，图 4-15c 的振动曲线应取 OB 一段，振幅 $A'=\overline{OB}=\sqrt{2}A$，光强 $I'=2A^2$，即光强为自由传播时的两倍。 ∎

利用振动曲线图 4-15c 可以较方便地求出任何半径的圆孔和圆屏在轴上产生的振幅和光强。至于轴外场点,则不能作简易的分析了,需要利用菲涅耳积分公式作复杂的计算。

例题 2   以自由传播为特例,验证惠更斯-菲涅耳原理,并导出衍射积分公式(4.6)中的比例系数。

$$K = -i/\lambda.$$

解: 设从波源 S 发出的球面波为

$$\widetilde{U} = \frac{a}{r}\mathrm{e}^{\mathrm{i}kr},$$

它自由传播到 $r = R$ 和 $r = R + b$ 处的 Q 和 P 点时复振幅分别为

$$\widetilde{U}(Q) = \frac{a}{R}\mathrm{e}^{\mathrm{i}kR}, \tag{a}$$

和

$$\widetilde{U}(P) = \frac{a}{R+b}\mathrm{e}^{\mathrm{i}k(R+b)}. \tag{b}$$

如前所述,若用惠更斯-菲涅耳原理处理自由传播到 P 点的场,它应等于第一个半波带的贡献 $\widetilde{U}_1(P)$ 之半,即

$$\widetilde{U}(P) = \frac{1}{2}\widetilde{U}_1(P), \tag{c}$$

下面我们用菲涅耳衍射积分公式(4.6)计算 $\widetilde{U}_1(P)$. (4.6) 式为

$$\widetilde{U}_1(P) = K\iint\limits_{(第一个半波带)}\widetilde{U}_0(Q)F(\theta_0,\theta)\frac{\mathrm{e}^{\mathrm{i}kr}}{r}\mathrm{d}\Sigma. \tag{d}$$

对于第一个半波带, $F(\theta,\theta_0)\approx 1$, $\widetilde{U}_0(Q)$ 即上面(a)式中的 $\widetilde{U}(Q)$,按(4.15) 式,

$$\frac{\mathrm{d}\Sigma}{r} = \frac{2\pi R}{R+b}\mathrm{d}r,$$

故

$$\widetilde{U}_1(P) = \frac{2\pi RK}{R+b}\int_b^{b+\lambda/2}\widetilde{U}_0(Q)\mathrm{e}^{\mathrm{i}kr}\mathrm{d}r = \frac{2\pi aK}{R+b}\mathrm{e}^{\mathrm{i}kR}\int_b^{b+\lambda/2}\mathrm{e}^{\mathrm{i}kr}\mathrm{d}r$$

$$= \frac{2\pi aK}{\mathrm{i}k(R+b)}\mathrm{e}^{\mathrm{i}k(R+b)}\left(\mathrm{e}^{\mathrm{i}k\lambda/2}-1\right) = -\frac{4\pi aK}{\mathrm{i}k(R+b)}\mathrm{e}^{\mathrm{i}k(R+b)} = -\frac{2\lambda aK}{\mathrm{i}(R+b)}\mathrm{e}^{\mathrm{i}k(R+b)}. \tag{e}$$

将(e)式代入(c)式,并同(b)式进行比较,即可得到

$$-\frac{\lambda K}{\mathrm{i}} = 1 \quad 或 \quad K = -\frac{\mathrm{i}}{\lambda}.$$

这正是 1.2 节的(4.9)式。∎

2.4 菲涅耳波带片

现在我们计算半波带的半径 ρ_k. 令图 4-12 中 $r = b + k\lambda/2$, $\rho = \rho_k$,在忽略 λ^2 项的情况下,可以导出

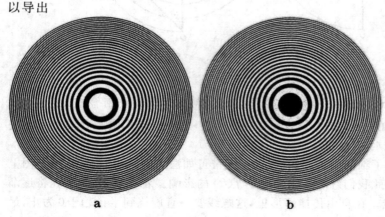

$$\rho_k = \sqrt{\frac{Rb}{R+b}k\lambda} = \sqrt{k}\,\rho_1$$

$$(k=1,2,\cdots), \tag{4.19}$$

其中 ρ_1 是第一个半波带的半径:

$$\rho_1 = \sqrt{\frac{Rb\lambda}{R+b}}. \tag{4.20}$$

如果用平行光照明圆孔,则

$$R\to\infty, \quad \rho_1 = \sqrt{b\lambda}.$$

我们可做一块如图 4-16a 或 b 所示的透明板,在其上按照(4.19)式给出的比例画出各半波带,并将偶数或奇数的半

a   **b**

图 4-16 菲涅耳波带片

波带涂黑,这就构成一块波带片,称为菲涅耳波带片,它可使轴上一定距离的场点光强增加很多倍。请看下面的例子。

例题 3   一块波带片的孔径内有 20 个半波带,其中第 1、3、5、…、19 等 10 个奇数带露出,第 2、4、6、…、

20 等 10 个偶数带被挡住,轴上场点的强度比自由传播时大多少倍?

    解: 波带片在轴上场点产生的振幅为

$$A' = A_1 + A_3 + \cdots + A_{19} \approx 10A_1 = 20A,$$

$$I' = (A')^2 = 400A^2,$$

其中 $A = A_1/2$ 是自由传播时的振幅。本题中的波带片使光强增大 400 倍。∎

    从这个例题可以看出,菲涅耳波带片的作用有如透镜,它可以使入射光会聚起来,产生极大的光强。波带片与透镜的相似性在(4.19)式中已反映出来了,因为它可以改写成如下形式:

$$\frac{1}{R} + \frac{1}{b} = \frac{k\lambda}{\rho_k^2},$$

令 $f = \rho_k^2/k\lambda = \rho_1^2/\lambda,$ (4.21)

上式化为 $\frac{1}{R} + \frac{1}{b} = \frac{1}{f}.$ (4.22)

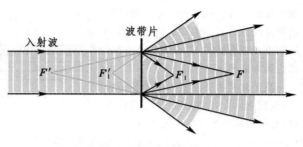

图 4-17 波带片衍射场的分解

此式与透镜成像公式的形式完全相同,R 相当于物距,b 相当于像距,f 是焦距。(4.21)式是波带片的焦距公式,它给出平行光入射($R \to \infty$)时轴上产生亮点(焦点)的位置。

(4.21)式表明,波带片焦距 f 与 k 无关,完全可用 ρ_1 表示;此外,f 与 λ 成反比。❶

    应当注意,波带片与透镜有个重要区别,即一个波带片有许多焦点,上面给出的是它的主焦点,除此之外,还有一系列次焦点,它们的距离分别是 $f/3$、$f/5$、$f/7$、$\cdots$。为什么当平行光照明时在轴上这些位置处也会出现亮点? 这问题请读者自己去思考。 上述焦点都是实焦点,每块波带片除有几个实焦点外,在对称的位置上(即 $-f$、$-f/3$、$-f/5$、$-f/7$、$\cdots$)还存在一系列虚焦点(参见本节末尾小字和思考题 4-16)。菲涅耳波带片有多个虚、实焦点这一事实告诉我们,它所产生的衍射场虽很复杂,但它包含有一系列会聚的和发散的球面波成分,当然还有按几何光学规律直进的平面波成分(见图 4-17)。

    最后再通过一个数字的例子给读者以数量级的概念。

    例题 4 照明光的波长为 $0.5\,\mu\text{m}$,$R = 1\text{m}$,$b = 4\text{m}$,求前 4 个和第 100 个半波带的半径。

    解: 利用(4.20)式算得

$$\rho_1 = 0.63\,\text{mm}, \quad \rho_2 = \sqrt{2}\,\rho_1 = 0.89\,\text{mm},$$

$$\rho_3 = \sqrt{3}\,\rho_1 = 1.09\,\text{mm}, \quad \rho_4 = \sqrt{4}\,\rho_1 = 1.26\,\text{mm},$$

$$\rho_{100} = 10\,\rho_1 = 6.3\,\text{mm}.\ \blacksquare$$

    这个例子告诉我们,半波带的宽度是很小的,随着级别 k 的增大,尤其如此。要在 6.3mm 的半径内容纳 100 个半波带,可以想见,最外面的一些半波带是非常细密的。所以制作菲涅耳波带片是件很细致的工作,不过在目前的条件下并不困难。我们可以先在白纸上精密地绘制,然后用照相机进行两次拍摄和缩小,就可得到一张平面的菲涅耳波带片。

    波带片与透镜相比,具有面积大、轻便、可折叠等优点,特别适宜用于远程光通信、光测距和宇航技术中。

    古老的菲涅耳波带片一度曾为人们所淡忘。现代变换光学的兴起重新唤起了人们对它的兴

---

❶   这正好与玻璃透镜的焦距色差相反,两者配合使用,有利于消除色差。

趣。现在可以说,利用衍射规律有意地改变波前,以造成人们所需的衍射场,在经典光学中菲涅耳波带片是一篇杰作,它属于振幅型的黑白光学波带片。现代的波带片的品种已经相当繁多:有振幅型的,也有相位型的,有黑白的,也有正弦的;除光学外,还有声波和微波的波带片,等等。波带片的应用愈来愈广泛,设计和制备各种特殊用途的波带片,正在发展成为一种专门技术。 广义地说,在第五章中将介绍的光学空间滤波器和全息底片,也是一种波带片。

　　　　菲涅耳波带片的虚焦点　菲涅耳波带片在与每个实焦点对称的位置 F' 处有一个虚焦点。 这就是说,若如图 4-18 所示,以平行光入射。 用一透镜接收来自波带片的衍射光,我们将在 F' 的物像共轭点 P 处得到光强为极大的亮点(这透镜可以就是眼睛的晶状体, 这就是说,我们可以用眼睛直接观察到在 F' 处有个亮点)。现在就来证明上述结论。

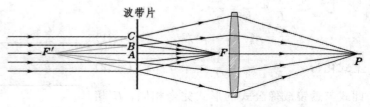

　　波带片所在平面是入射光的等相面,我们所以会在实焦点 F 处获得亮点,是因为从各透光的半波带 A、B、C、… 到 F 的衍射线的光程相差 λ 的整数倍。即

图 4-18 菲涅耳波带片的虚焦点

$$(BF) = (AF) + \lambda, \quad (CF) = (AF) + 2\lambda, \quad \cdots$$

现在要证明的是由 A、B、C、… 经透镜到 P 的光程也相差 λ 的整数倍。由于对透镜来说 F' 和 P 是一对共轭点,其间存在等光程性:

$$(F'AP) = (F'BP) = (F'CP) = \cdots;$$

又因 F、F' 的对称性,有

$$(F'B) = (F'A) + \lambda, \quad (F'C) = (F'A) + 2\lambda, \quad \cdots$$

以上两组式子相减,即得

$$(BP) = (AP) - \lambda, \quad (CP) = (AP) - 2\lambda, \quad \cdots$$

§3. 夫琅禾费单缝衍射和矩孔衍射

　　在上节中我们只求得菲涅耳圆孔、圆屏衍射中轴上强度的定量结果,对轴外强度分布,由于计算上的复杂性,本书从略。这对于我们充分认识衍射现象的特征不能不是限制。夫琅禾费衍射的计算简单得多,本节将对单缝、矩孔等夫琅禾费衍射场分布函数进行较全面的计算,并从中进一步概括出衍射现象的一些重要特征。

3.1 实验装置和实验现象

　　如 1.4 节所述,夫琅禾费衍射是平行光的衍射,在实验中它可借助两个透镜来实现。 如图4-19,位于物方焦面上的点源经透镜 L_1 化为一束平行光,照在衍射屏上。衍射屏开口处的波前向各方向发出次波(衍射光线)。 方向彼此相同的衍射线经透镜 L_2 会聚到其像方焦面的同一点上。

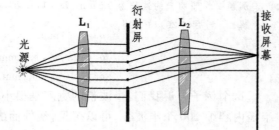

图 4-19 实现夫琅禾费衍射的实验装置

　　为了对比,在图 4-20 给出一系列不同情况下的夫琅禾费矩孔衍射图样,其中单缝是拉长了的矩孔,可看作是矩孔的一个特例。

　　图 4-20a、b、c 中光源都是点光源,❶即入射在衍射孔上的都是单一方向的平行光。如果不

---

❶ 图 4-20d 是线光源情形,我们这里暂且不讨论它,留待 3.4 节讨论。

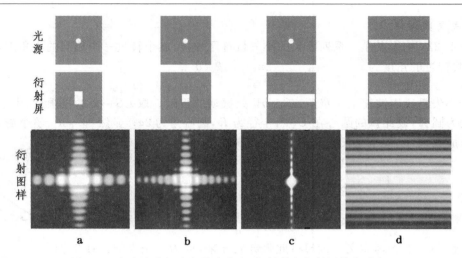

图 4-20　夫琅禾费矩孔衍射中光源、衍射屏和衍射图样的对应

发生衍射,在接收屏幕上我们看到的只是中央有个亮点(几何像点)。从 a、b、c 的衍射图样可以看出,一般说来衍射是朝上下左右多个方向进行的,但是当开口在水平方向拉得很长时(单缝),衍射图样基本上只在上下这个一维的方向上铺展(见图 c)。按照严格的理论体系,本应先计算矩孔的二维衍射,然后作为特例,过渡到单缝衍射。然而考虑到教学上由简到繁的原则,我们先计算单缝的衍射,在这里衍射基本上是一维的这个特点暂作为实验事实承认下来,待后面讨论过矩孔衍射之后,再给予理论上的说明。

3.2 单缝衍射的强度公式

　　考虑点光源照明时单缝的夫琅禾费衍射。取坐标系如图 4-21a,z 轴沿光轴,y 轴沿狭缝的走向,x 轴与之垂直。如前所述,衍射只在 xz 面内进行,计算光程时,我们只需作 xz 平面图,如图 4-21b。按惠更斯-菲涅耳原理,我们把缝内的波前 AB 分割为许多等宽的窄条 ΔS,它们是振幅相等的次波源,朝多个方向发出次波。由于接收屏幕位于透镜 L_2 的像方焦面上,角度 θ 相同的衍射线会聚于幕上同一点 P_θ,设入射光与光轴平行,则在波面 AB 上无相位差。为求单缝上下边缘 A、B 到 P_θ 的衍射线间的光程差,只需自 A 引这组衍射线的垂线。它与自 B 发出的衍射线相遇于 N,$\Delta L = \overline{BN}$ 即为所求的光程差。(为什么?)设缝宽为 a,则

$$\Delta L = a \sin\theta. \qquad (4.23)$$

波前上介于 A、B 各点发出衍射线的光程可据此按比例推算。振动的合成可用矢量图解和复数积分两种方法计算。

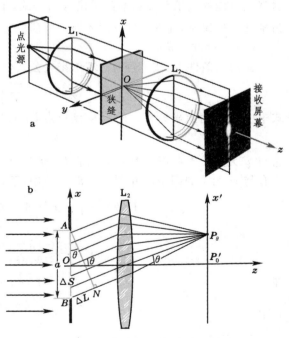

图 4-21　夫琅禾费单缝衍射(点光源情形)

（1）矢量图解法

如图 4-22，由 A 点作一系列等长的小矢量首尾相接，逐个转过一个相同的小角度，最后到达 B 点，总共转过的角度为

$$\delta = \frac{2\pi}{\lambda}\Delta L = \frac{2\pi a}{\lambda}\sin\theta, \qquad (4.24)$$

这里每个小矢量代表波前上一窄条 ΔS 对 P_θ 处振动的贡献。取 $\Delta S \to 0$ 的极限后，由小矢量连成的折线化为圆弧，设此弧的圆心在 C 点，半径为 R，圆心角为 2α. 显然 $2\alpha = \delta$. 整个缝宽在 P_θ 处产生的合成振幅 A_θ 等于弦长 $\overline{AB}$. 由图 4-22 不难看出：

$$A_\theta = \overline{AB} = 2R\sin\alpha,$$

而

$$R = \frac{\overset{\frown}{AB}}{2\alpha},$$

故

$$A_\theta = \overline{AB} = \overset{\frown}{AB}\,\frac{\sin\alpha}{\alpha}.$$

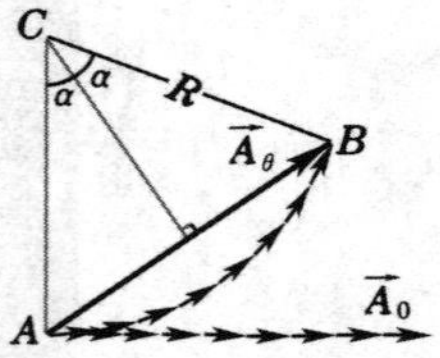

现在看弧长 $\overset{\frown}{AB}$ 的物理意义。设想将此弧舒展开来，成为一条直线。在傍轴条件下忽略倾斜因子 $f(\theta)$ 的影响，此直线的长度就代表 $\theta = 0$ 时（即在幕中心 P_0 点）的振幅 A_0. 于是我们得到

$$A_\theta = A_0\,\frac{\sin\alpha}{\alpha}, \qquad (4.25)$$

其中

$$\alpha = \frac{\delta}{2} = \frac{\pi a}{\lambda}\sin\theta. \qquad (4.26)$$

取（4.25）式的平方得

$$I_\theta = I_0\left(\frac{\sin\alpha}{\alpha}\right)^2, \qquad (4.27)$$

这就是单缝的夫琅禾费衍射的强度分布公式，衍射场中相对强度 I_θ/I_0 等于 $\left(\frac{\sin\alpha}{\alpha}\right)^2$. 这因子称为单缝衍射因子，在 3.4 节我们还要专门研究它的特点。

（2）复数积分法

在傍轴条件下，按菲涅耳-基尔霍夫公式（4.11），

$$\tilde{U}(\theta) = \frac{-i}{\lambda f}\iint \tilde{U}_0 e^{ikr}dx\,dy, \qquad (4.28)$$

式中 r 是波前上坐标为 x 的点 Q 到场点 P_θ 的光程，由图 4-23 可知光程差为

$$\Delta r = r - r_0 = -x\sin\theta,$$

它与 y 无关。❶ 在正入射的情况下 $\tilde{U}_0$ 是与 x、y 都无关的常量。将（4.28）式先对 y 积分，并把所有与 x 无关的因子归并到一个常量 C 中，于是得到

$$\tilde{U}(\theta) = C\int_{-a/2}^{a/2} e^{ik\Delta r}dx = C\int_{-a/2}^{a/2}\exp(-ikx\sin\theta)dx$$

$$= C\,\frac{\exp(-ikx\sin\theta)}{-ik\sin\theta}\Big|_{x=-a/2}^{x=a/2} = 2C\,\frac{\sin\left(\frac{ka\sin\theta}{2}\right)}{k\sin\theta},$$

即

$$\tilde{U}(\theta) = aC\,\frac{\sin\alpha}{\alpha}, \qquad (4.29)$$

其中

$$\alpha = \frac{ka\sin\theta}{2} = \frac{\pi a\sin\theta}{\lambda},$$

图 4-22 单缝衍射的矢量图解

❶　由于透镜对波面的变换，球面次波在场点的振幅表达式中的分母不能直接选为 r_0（波前中心到场点的路径长度，见图 4-23）。不论衍射屏是否置于前焦面，只要是在后焦面接收衍射场，应将 r_0 改为 $|s(1-f/s')| = |f|$，这里 s、s' 为物、像距，满足物像高斯公式。

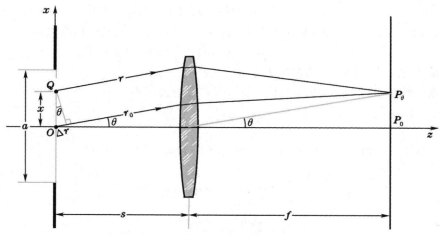

图 4-23 单缝夫琅禾费衍射光程差 Δr 的计算

它与(4.26)式的定义同。在(4.29)式取 $\theta = 0$,于是

$$\alpha = 0, \quad \sin\alpha/\alpha = 1, \quad \widetilde{U}(\theta) \to \widetilde{U}(0) = aC,$$

故(4.29)式可写为

$$\widetilde{U}(\theta) = \widetilde{U}(0)\frac{\sin\alpha}{\alpha},$$

取绝对值的平方,即得

$$I_\theta = I_0\left(\frac{\sin\alpha}{\alpha}\right)^2,$$

其中 $I_0 = \widetilde{U}^*(0)\widetilde{U}(0)$ 是衍射场中心强度。这正是上面用矢量图解法得到的结果。

3.3 矩孔衍射的强度公式

如图 4-24a 所示,设矩孔沿 x、y 方向的边长分别为 a、b,衍射线的方向用它的两个方向角的余角 θ_1、θ_2 来表示(今后我们称之为二维的衍射角),衍射线在焦面上会聚点 P 的坐标 $(x'、y')$ 与 $(\theta_1、\theta_2)$ 有一定的对应关系。

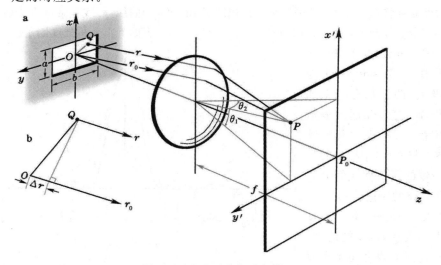

图 4-24 夫琅禾费矩孔衍射

在波前上取一点 Q,其坐标为 $(x、y)$,O 代表波前上的原点。现计算二者到场点 P 的光程差。

把 $\overrightarrow{OQ}$ 看作一个矢量,它的分量为 $(x,y,0)$,衍射线方向的单位矢量 $\hat{r}$ 的分量为 $(\cos\alpha、\cos\beta、\cos\gamma)$。光程差 Δr 等于 $\overrightarrow{OQ}$ 在 $\hat{r}$ 上投影长度的负值(见图 4-24 b),即二矢量标积的负值,故

$$\Delta r = r - r_0 = -(x\cos\alpha + y\cos\beta) = -(x\sin\theta_1 + y\sin\theta_2). \tag{4.30}$$

最后一步利用了 θ_1、θ_2 与 α、β 的余角关系。

类似前面一维情形的计算,由菲涅耳-基尔霍夫衍射公式得

$$\widetilde{U}(\theta_1,\theta_2) = C\int_{-a/2}^{a/2}\mathrm{d}x\int_{-b/2}^{b/2}\mathrm{d}y\,e^{ik\Delta r}$$

$$= C\int_{-a/2}^{a/2}\exp(-ikx\sin\theta_1)\mathrm{d}x\int_{-b/2}^{b/2}\exp(-iky\sin\theta_2)\mathrm{d}y = abC\,\frac{\sin\alpha}{\alpha}\frac{\sin\beta}{\beta}, \tag{4.31}$$

其中 $C \propto -ie^{-ikr_0}/\lambda f$ 是个常量,而

$$\begin{cases} \alpha = \dfrac{ka\sin\theta_1}{2} = \dfrac{\pi a\sin\theta_1}{\lambda}, \\[2mm] \beta = \dfrac{kb\sin\theta_2}{2} = \dfrac{\pi b\sin\theta_2}{\lambda}. \end{cases} \tag{4.32}$$

在(4.31)式中取 $\theta_1 = \theta_2 = 0$,于是

$$\alpha = \beta = 0, \quad \sin\alpha/\alpha = \sin\beta/\beta = 1, \quad \widetilde{U}(\theta_1,\theta_2) = \widetilde{U}(0,0) = abC,$$

故(4.31)式可写为

$$\widetilde{U}(P) = \widetilde{U}(0,0)\,\frac{\sin\alpha}{\alpha}\frac{\sin\beta}{\beta}.$$

取绝对值平方,得

$$I(P) = I_0\left(\frac{\sin\alpha}{\alpha}\right)^2\left(\frac{\sin\beta}{\beta}\right)^2, \tag{4.33}$$

其中

$$I_0 = \widetilde{U}^*(0,0)\widetilde{U}(0,0) = a^2b^2|C|^2 \propto \left(\frac{ab}{\lambda}\right)^2 \tag{4.34}$$

是衍射场的中心强度。(4.33)式表明,矩孔衍射的相对强度 $I(P)/I_0$ 是两个单缝衍射因子的乘积。

3.4 单缝衍射因子的特点

从上两节的计算看出,单缝和矩孔的衍射强度分布都与单缝衍射因子有关,现在我们专门来研究这个函数的性质和特点。图 4-25 中灰线是振幅因子 $\sin\alpha/\alpha$ 的曲线,黑线是强度因子 $(\sin\alpha/\alpha)^2$ 的曲线,其中 $\alpha = (\pi a/\lambda)\sin\theta$,曲线是以 $\sin\theta$ 为横坐标画出的。下面着重分析强度因子。

由图 4-25 可见,在单缝衍射的强度因子中 $\alpha = 0$、$\sin\theta = 0$ 的地方有个主极大,两侧都有一系列次极大和极小,它们分别代表衍射图样中主极大、次极大和暗纹的位置。这与图 4-20 中给出的衍射图样是一致的。下面我们分几个方面作些具体的讨论。

(1)主极大——零级衍射斑

主极大出现在 $\alpha = 0$ 的地方,$\alpha = 0$ 相当于各衍射线之间无光程

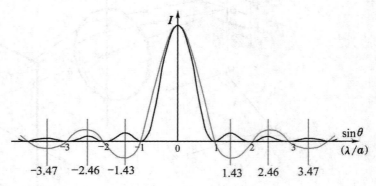

图 4-25 单缝衍射因子

差;根据费马原理,这就是几何光学像点的位置。在这里我们看到了"物像等光程性"的物理意义。几何光学中着重从保持光束的同心性方面研究成像问题,从波动光学的角度看,光线会聚于

一点未必产生很大的光强,这里还需看各光线的相位关系。正是等光程性保证了到达像点各光线有相同的相位,从而产生最大的强度。费马原理中所谓的"实际光线"就是零级衍射线,而零级衍射斑的中心就是几何光学的像点。这是具有普遍意义的结论。利用它我们可较容易地找到零级衍射斑的位置。例如在图4-21a所示的装置中如果点光源的位置发生上下或左右的移动,几何光学的知识告诉我们:它在接收屏幕上的像点朝相反的方向移动,移动的距离也不难算出来。根据上述结论我们可以判断,屏上的零级衍射斑将作同样的移动。

(2)次极大 —— 高级衍射斑

次极大出现在

$$\frac{\mathrm{d}}{\mathrm{d}\alpha}\left(\frac{\sin\alpha}{\alpha}\right)=0$$

的位置上,它们是超越方程 $\alpha=\tan\alpha$ 的根,其数值为

$$\alpha=\pm1.43\pi,\ \pm2.46\pi,\ \pm3.47\pi,\ \cdots. \tag{4.35}$$

对应的 $\sin\theta$ 为

$$\sin\theta=\pm1.43\frac{\lambda}{a},\ \pm2.46\frac{\lambda}{a},\ \pm3.47\frac{\lambda}{a},\ \cdots, \tag{4.36}$$

各次极大的强度为[1]

$$I_1\approx4.7\%I_0,\quad I_2\approx1.7\%I_0,\quad I_3\approx0.8\%I_0,\quad\cdots \tag{4.37}$$

可见高级衍射斑的强度比零级小得多。这里尚未考虑倾斜因子的作用,考虑到它,高级衍射斑的强度还要进一步减小。故经衍射后,绝大部分光能集中在零级衍射斑内。

(3)暗斑位置

由单缝衍射因子的函数形式立即看出,它在 $\alpha\neq0$ 而 $\sin\alpha=0$ 的地方等于0,这就是说暗纹出现在下列地方:

$$\alpha=\pm\pi,\ \pm2\pi,\ \pm3\pi,\ \cdots. \tag{4.38}$$

$$\sin\theta=\pm\frac{\lambda}{a},\ \pm\frac{2\lambda}{a},\ \pm\frac{3\lambda}{a},\ \cdots. \tag{4.39}$$

(4)亮斑的角宽度

我们规定,以相邻暗纹的角距离作为其间亮斑的角宽度。在傍轴条件下,(4.39)式可写为 $\theta\approx\pm k\lambda/a\ (k=1,2,\cdots)$,由此可以看出,零级亮斑在 $\theta=\pm\lambda/a$ 之间,它的半角宽为

$$\Delta\theta=\frac{\lambda}{a},\quad\text{或写成}\quad a\,\Delta\theta=\lambda \tag{4.40}$$

$\Delta\theta$ 等于其它亮斑的角宽度,亦即零级亮斑的角宽度比其余的大一倍。这特点在衍射图样4-20中也反映出来了。

如前所述,零级亮斑集中了绝大部分光能,它的半角宽度 $\Delta\theta$ 的大小可作为衍射效应强弱的标志。[2](4.40)式告诉我们,对于给定的波长,$\Delta\theta$ 与缝宽成反比,即在波前上对光束限制愈大,衍射场愈弥散,衍射斑铺开得愈宽;反之,当缝宽很大,光束几乎自由传播时,$\Delta\theta\to0$,这表明衍射场基本上集中在沿直线传播的原方向上,在透镜焦面上衍射斑收缩为几何光学像点。(4.40)式还告诉我们,在保持缝宽不变的条件下,$\Delta\theta$ 与 λ 成正比,波长愈长,衍射效应愈显著;波长愈短,衍射效应愈可忽略。所以说,几何光学是短波($\lambda\to0$)的极限。

---

[1] 次极大的位置和强度可用近似式表示(见思考题4-18):
$$\alpha\approx\pm(k+1/2)\pi,\quad I_k=[(k+1/2)]^{-2}I_0,\quad(k=1,2,3,\cdots)$$

[2] 再次强调指出,位于透镜后焦面上的一个点,对应于物空间衍射线的一个方向。所以 $\Delta\theta$ 既是接收屏幕上衍射斑大小的量度,也是衍射场中波线取向弥散程度的量度。

矩孔衍射是两个单缝因子$(\sin\alpha/\alpha)^2$、$(\sin\beta/\beta)^2$的乘积,其积等于 0 的地方强度就为 0。从而衍射亮斑如图 4-20 所示,排列在矩形格子中。当衍射孔的两边不等时$(a \neq b)$,上述因子在 x、y 两个方向上给出不同的半角宽度:

$$\begin{cases} \Delta\theta_1 = \dfrac{\lambda}{a}, \\ \Delta\theta_2 = \dfrac{\lambda}{b}; \end{cases} \quad \begin{cases} a\,\Delta\theta_1 = \lambda, \\ b\,\Delta\theta_2 = \lambda; \end{cases} \tag{4.41}$$

$\Delta\theta_1$、$\Delta\theta_2$ 分别与 a、b 成反比,这就是说,在波前上光束在哪个方向上受到的限制较大,则衍射斑就在该方向上铺展得较宽。比较一下图 4-20a、b、c 即可看到这一点。当衍射矩孔的某个边(譬如 b)很大时($b \to \infty$),矩孔过渡到单缝。这时 $\Delta\theta_2 \to 0$,即衍射图样在缝长的方向上缩得无限窄,光强几乎只分布在与缝垂直的一条线上。这就解释了图 4-20c 中所示的现象,同时为我们在 3.2 节中计算单缝衍射时作一维处理提供了理论依据。

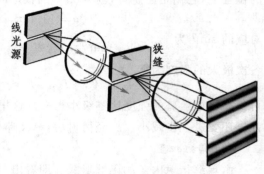

最后我们解释一下图 4-20d 中所示的线光源单缝衍射实验。实验装置如图 4-26 所示,线光源取向与单缝平行。在没有激光的条件下人们经常采用这样的装置。线光源可看成是一系列不相干点光源的集合。我们可以设想图 4-21a 所示装置中的点源沿 y 方向移动,则接收屏幕上的衍射图样将沿相反的方向平移。把点光源在各个位置上形成的衍射图样不相干地叠加在一起,我们就得到图 4-20d 或图 4-26 中幕上的直线衍射条纹。

图 4-26 夫琅禾费单缝衍射(线光源情形)

例题 5   波长为 $0.6\,\mu\mathrm{m}$ 的一束平行光照射在宽度为 $20\,\mu\mathrm{m}$ 的单缝上,透镜焦距为 20 cm,求零级夫琅禾费衍射斑的半角宽度和线宽。

解: 半角宽度 $\Delta\theta = \lambda/a = 0.03\,\mathrm{rad}$,屏幕上零级斑线度

$$\Delta l = 2f\Delta\theta = 1.2\,\mathrm{cm}.$$

研究一下夫琅禾费单缝衍射的振幅分布函数在几何光学极限下的行为是有意义的。按(4.29)式

$$\tilde{U}(P_\theta) = aC\frac{\sin\alpha}{\alpha},$$

其中 $\alpha = \dfrac{\pi a}{\lambda}\sin\theta$,在傍轴条件下可写成 $\alpha = \dfrac{\pi a}{\lambda}\theta$,而 $C \propto \dfrac{a}{\lambda}$,故

$$\tilde{U}(P_\theta) \propto \frac{a}{\lambda}\frac{\sin\dfrac{\pi a}{\lambda}\theta}{\dfrac{\pi a}{\lambda}\theta} = \frac{1}{\pi}\frac{\sin\dfrac{\pi a}{\lambda}\theta}{\theta} = \frac{1}{\pi}\frac{\sin p\theta}{\theta},$$

其中 $p = \pi a/\lambda$. 下面我们把此函数记作 $\delta(\theta,p)$,即

$$\delta(\theta,p) \equiv \frac{1}{\pi}\frac{\sin p\theta}{\theta}. \tag{4.42}$$

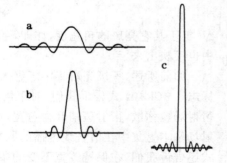

图 4-27 单缝衍射因子与 δ 函数

$\delta(\theta,p)$ 这个函数有个性质,即它对 θ 的定积分与 p 无关,恒等于 1:

$$\int_{-\infty}^{\infty}\delta(\theta,p)\mathrm{d}\theta = \frac{1}{\pi}\int_{-\infty}^{\infty}\frac{\sin p\theta}{\theta}\mathrm{d}\theta = 1. \tag{4.43}$$

如前所述,所谓几何光学极限,就是 $\lambda/a \to 0$,或 $p \to \infty$,图 4-27a、b、c 依次给出 $\delta(\theta,p)$ 随 p 增大的演变情形。当 $p \to \infty$ 时,$\delta(\theta,p)$ 在 $\theta = 0$ 处趋于 ∞,但曲线下的总面积不变,从而尖峰的宽度要趋于 0,在 $\theta \neq 0$ 的地方其数

值全都趋于 0。这正好反映了几何光学的形象。$\delta(\theta, p)$ 在此情形下的极限，称为 δ 函数，**❶**即

$$\delta(\theta) = \lim_{p \to \infty} \delta(\theta, p) = \frac{1}{\pi} \lim_{p \to \infty} \frac{\sin p\theta}{\theta}. \tag{4.44}$$

δ 函数的基本性质之一是

$$\int_{-\infty}^{\infty} \delta(\theta) \mathrm{d}\theta = 1; \tag{4.45}$$

基本性质之二是对于任何在 $\theta = 0$ 处连续的函数 $f(\theta)$ 有

$$\int_{-\infty}^{\infty} \delta(\theta) f(\theta) \mathrm{d}\theta = f(0). \tag{4.46}$$

"δ 函数"不是数学中普通意义下的"函数"，它可视为一种广义的函数。目前 δ 函数在物理学中已得到广泛的应用，在本书以后的章节中我们还要用到它。

3.5 几何光学的限度

前已指出，几何光学是 $\Delta\theta = \lambda/a \to 0$ 时的极限，不过那时只讨论了光从窗口直接透射的问题（图 4-28a）。这时 $\lambda/a \to 0$ 意味着光束沿原方向前进，它给出了光的直线传播定律成立的条件。反射定律和折射定律成立的条件也可用类似的方法得出。如图 4-28 b，在透明介质表面设置一矩形窗口，这窗口也可以就是介质界面的边界。取界面为波前，其上每个面元都是次波源，不过与图 a 情形不同的是，每个次波中心向前后两种介质发出速度不同的两列球面次波，其一是反射次波，另一是折射次波。所以反射波场和透射波场都是平行光斜射的矩孔衍射场。根据费马原理可知，两侧零级极强方向就是几何光学反射光和折射光的方向。按照衍射理论，围绕着每个零级极强方向都有一衍射发散角 $\Delta\theta = \lambda/a$，**❷**其大小规定着几何光学反射定律和折射定律的限度。

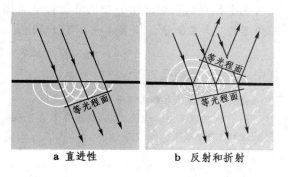

a 直进性　　**b 反射和折射**

图 4-28 几何光学的限度

§4. 光学仪器的像分辨本领

4.1 夫琅禾费圆孔衍射

在光学成像系统中，光瞳多呈圆形，讨论夫琅禾费圆孔衍射问题，对分析成像的质量是必不可少的。计算的出发点仍是菲涅耳-基尔霍夫衍射公式，但由于用到的数学知识较多，这里只给出结果。在正入射时，圆孔的夫琅禾费衍射复振幅分布为

$$\widetilde{U}(\theta) \propto \frac{2\mathrm{J}_1(x)}{x}, \tag{4.47}$$

其中

$$x = \frac{2\pi a}{\lambda} \sin\theta, \tag{4.48}$$

a 是圆孔的半径，θ 是衍射角，$\mathrm{J}_1(x)$ 是一阶贝塞耳函数（一种特殊函数），数值可查有关数学用表。强度分布公式为

$$I(\theta) = I_0 \left[\frac{2\mathrm{J}_1(x)}{x} \right]^2. \tag{4.49}$$

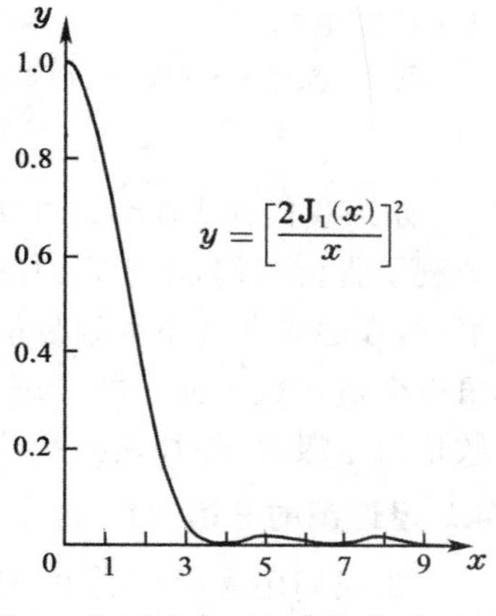

$$y = \left[\frac{2\mathrm{J}_1(x)}{x} \right]^2$$

图 4-29 圆孔夫琅禾费衍射因子

式中 I_0 是中心强度。$[2\mathrm{J}_1(x)/x]^2$ 的曲线见图 4-29。我们特别关心的是这函数的极大值和极

---

❶　δ 函数最先是狄拉克（P.A.M.Dirac）在量子力学中引入的。

❷　λ 为相应介质中的波长。

小值(零点),它们的数值列于表4-1。

表 4－1 夫琅禾费圆孔衍射强度分布函数的极大值和零点

x	0	1.220π	1.635π	2.233π	2.679π	3.238π
$[2J_1(x)/x]^2$	1	0	0.0175	0	0.0042	0

定性看圆孔的夫琅禾费衍射因子与单缝的相似,但在具体数值上有些小差别。圆孔夫琅禾费衍射图样的照片见图4-30。从轴对称性可以想见,它由中心亮斑和外围一些同心亮环组成。

图4-30 圆孔夫琅禾费
衍射图样与艾里斑

与单缝和矩孔情形类似,圆孔衍射场中的绝大部分能量也集中在零级衍射斑内。圆孔的零级衍射斑称为艾里斑(G.B.Airy,1835年),其中心是几何光学像点。衍射光角分布的弥散程度可用艾里斑的大小,即第一暗环的角半径 $\Delta\theta$ 来衡量。从表4-1可以看出,

$$\Delta\theta=0.61\frac{\lambda}{a} \quad 或 \quad \Delta\theta=1.22\frac{\lambda}{D}, \tag{4.50}$$

其中 $D=2a$ 是圆孔直径。

例题6 估算人眼瞳孔艾里斑的大小。

解: 人的瞳孔基本上是圆孔,其直径 D 在 $2\text{mm}\sim8\text{mm}$ 之间调节。取波长 $\lambda=0.55\mu\text{m}$, $D=2\text{mm}$,估算艾里斑(最大)的角半径为

$$\Delta\theta\approx1.22\frac{\lambda}{D}=3.4\times10^{-4}\text{rad}\approx1'.$$

人眼基本上是球形,新生婴儿眼球的直径约为 16mm,成年人眼球直径约为 24mm。我们取 $f\approx20\text{mm}$ 估算视网膜上艾里斑的直径为

$$d=2f\Delta\theta\approx14\mu\text{m}.$$

在 1mm^2 的视网膜面元中,可以布满五六千个艾里斑。∎

例题7 氦氖激光器沿管轴发射定向光束,其出射窗口的直径(即内部毛细管的直径)约为 1mm,求激光束的衍射发散角。

解: 氦氖激光的波长为 632.8nm,由于光束被出射窗限制,它必然会有一定的衍射发散角。用(4.50)式来估计:

$$\Delta\theta\approx1.22\frac{\lambda}{D}=7.7\times10^{-4}\text{rad}\approx2.7'.\quad∎$$

如果我们在 10km 以外接收的话,这束定向光束的光斑可达 7.7m,这是多么大的截面啊!这个例子告诉我们,由于衍射效应,截面有限而又绝对平行的光束是不可能存在的。由于光波波长很短,在通常条件下衍射发散角很小,不过在光通信或光测距这类远程装置里,即使很小的发散角也会造成很大面积的光斑。在估算整机的接收灵敏度时,需要考虑到这一点。在估算衍射发散角的量级时,往往用矩孔公式(4.41)就可以了,不必过细计较光孔的具体形状。

4.2 望远镜的分辨本领

当我们用光学仪器去观察一个较复杂的物体,如一对双星、一张显微切片时,画面可以看成是许多不同颜色、不同亮度、不同位置的物点组成的。由于每个物点成的像实际上都是一个有一定大小的衍射斑,靠得太近的像斑就彼此重叠起来,使画面的细节变得模糊不清。所以对于高放大率精密光学仪器来说,衍射效应是提高分辨本领的一个严重障碍。

我们举一个最简单的例子。用望远镜观察太空中的一对双星,它们的像是两个圆形衍射斑。如果这两个物点的像之间的角距离 $\delta\theta$ 大于衍射斑的角半径 $\Delta\theta=1.22\lambda/D$ 时,很明显,我们能够看出是两个圆斑(图4-31 a),从而也就知道有两颗星。但是当两个像之间的角距离 $\delta\theta$ 比

$\Delta\theta = 1.22\lambda/D$ 小（图 4-31 c），两个圆斑几乎重叠在一起。由于两个物点的光是非相干的，强度直接叠加，这时我们就看不出是两个圆斑，因而也就无从知道是两颗星。为了给光学仪器规定一个最小分辨角的标准，通常采用所谓瑞利判据。这判据规定，当一个圆斑像的中心刚好落在另一圆斑像的边缘（即一级暗纹）上时，就算两个像刚刚能够被分辨（见图 4-31 b）。计算表明，满足

瑞利判据时，两圆斑重叠区的鞍点光强约为每个圆斑中心光强的 73.5%，一般人的眼睛是刚刚能够分辨这种光强差别的。对于望远镜来说，这两像斑中心的角距离 $\delta\theta_{\min}$ 等于每个像斑的半角宽度 $\Delta\theta = 1.22\lambda/D$，即

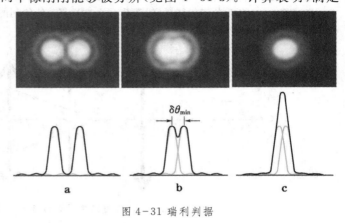

$$\delta\theta_{\min} = 1.22\frac{\lambda}{D}. \qquad (4.51)$$

这就是望远镜的最小分辨角公式，其中 D 是物镜的直径。由此可见，为了提高望远镜的分辨本领，即减小其最小分辨角，必须加大物镜的直径。

图 4-31 瑞利判据

例题 8　计算物镜直径 $D = 5.0\,\mathrm{cm}$ 和 50 cm 的望远镜对可见光平均波长 $\lambda = 550.0\,\mathrm{nm}$ 的最小分辨角。

解： $$\delta\theta_{\min} = 1.22\frac{\lambda}{D},$$

$D = 5.0\,\mathrm{cm}$ 时　$\delta\theta_{\min} = 1.22 \times \dfrac{0.55 \times 10^{-4}}{5.0} = 1.3 \times 10^{-5}\,(\mathrm{rad})$；

$D = 50\,\mathrm{cm}$ 时　$\delta\theta_{\min} = 1.22 \times \dfrac{0.55 \times 10^{-4}}{50} = 1.3 \times 10^{-6}\,(\mathrm{rad})$. ∎

也许有人会想，既然光学仪器可以放大视角，从而使人能够分辨物体的细节，是否可以增大仪器的放大率来提高它的分辨本领呢？这是不行的，衍射效应给光学仪器分辨本领的限制，是不能用提高放大率的办法来克服的。因为增大了放大率之后，虽然放大了像点之间的距离，但每个像的衍射斑也同样被放大了（见图 4-32），光学仪器原来所不能分辨的东西，放得再大，仍不能为我们的眼睛或照相底片所分辨。当然，另一方面如果光学仪器的放大率不足，也可能使仪器原来已经分辨了的东西由于成像太小，使眼睛或照相底片不能分辨。这时仪器的分辨本领未被充分利用，我们还可以提高它的放大率。所以设计一个光学仪器时应使它的放大率和分辨本领相适应。对于助视光学仪器，最好如此选择其放大率，使等于仪器最小分辨角 $\delta\theta_{\min}$ 的角度放大到人眼所能分辨的最小角度（约 $1'$）。

例题 9　上题中的两个望远镜的放大率各以多少为宜？

解： 我们眼睛的最小分辨角为 $\delta\theta_{\mathrm{e}} = 1' = 2.9 \times 10^{-4}\,(\mathrm{rad})$，$D = 5.0\,\mathrm{cm}$ 的望远镜的最小分辨角 $\delta\theta_{\min} = 1.3 \times 10^{-5}\,\mathrm{rad}$，它的视角放大率应选择为

$$M = \frac{\delta\theta_{\mathrm{e}}}{\delta\theta_{\min}} = \frac{2.9 \times 10^{-4}}{1.3 \times 10^{-5}} = 22.3\,(\text{倍})；$$

$D = 50\,\mathrm{cm}$ 的望远镜 $\delta\theta_{\min} = 1.3 \times 10^{-6}\,\mathrm{rad}$，视角放大率应选择为

$$M = \frac{\delta\theta_{\mathrm{e}}}{\delta\theta_{\min}} = \frac{2.9 \times 10^{-4}}{1.3 \times 10^{-6}} = 223\,(\text{倍})。$$

实际上为了让眼睛看得舒服些，放大率还可再提高一点。∎

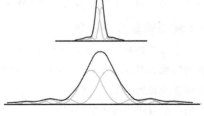

图 4-32 提高放大率不能解决分辨率不足的问题

通常我们看到的物镜直径较大的望远镜倍率也较高，或者说要制造倍率高的望远镜必须同时增大物镜直径，就是这个道理。

4.3 球面波照明条件下像面接收的夫琅禾费衍射

望远镜接收的是平行光,故在上节里讨论它的分辨本领时可以用夫琅禾费衍射理论。显微镜接收的是发散角很大的同心光束(球面波),研究显微镜的分辨本领时我们还可用夫琅禾费衍射理论吗?回答是肯定的。初看起来这有些意外,待我们证明了下面一条定理后,就不觉得奇怪了。

考虑图 4-33 所示的衍射装置(暂不看 Q 点左边用灰线绘制的部分),由点光源 Q 发出的同心光束经过 L 成

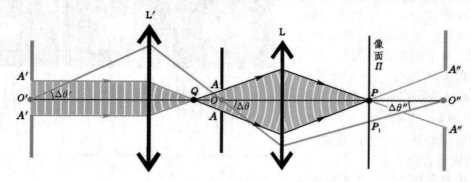

图 4-33 球面波照明像面接收的夫琅禾费衍射

像于 P. 在像面 Π 上放置接收屏幕。 AA 是这光具组的孔径光阑,光束被它限制,从而发生衍射。考虑到衍射效应,幕上出现的将不是一个像点 P,而是一定的衍射图样。现在证明,无论孔径光阑 AA 位于何处,像面 Π 上接收到的总是光瞳的夫琅禾费衍射图样。

为了证明上述结论,❶设想 Q 点之左还有一个透镜 L′,置 Q 位于它的像方焦点上。由 Q 向右发出的球面波可看成是 L′ 之左一束平行光会聚后的延伸。 A′A′ 是 L′ 和 L 组成的联合光具组的入射光瞳,它限制了入射的平行光束的孔径。不难看出,对于联合光具组来说 Π 是像方焦面,故平行光经 A′A′ 衍射后在其上呈现的应是夫琅禾费衍射图样,从而 4.1 节推导的公式对它都适用。对于圆孔,幕上是艾里斑和周围的同心环条纹。

设 A″A″ 是光具组的出射光瞳,其直径为 D″,由其中心 O″ 引一条光线到艾里斑的边缘点 P₁,此线与光轴成夹角 Δθ″,Δθ″ 就是艾里斑对 O″ 所张的角半径,按(4.51)式,

$$\Delta\theta'' = 1.22\frac{\lambda}{n''D''},$$ (4.52)

式中 n″ 是像方的折射率,λ 是真空波长。设 AA 和 A′A′ 的直径分别为 D 和 D′,它们所在空间的折射率分别为 n 和 n′,中心分别为 O 和 O′,光线 O′P₁ 通过 O 和 O′ 的共轭光线与光轴所成倾角分别为 Δθ 和 Δθ′,由于艾里斑的角半径 Δθ、Δθ′、Δθ″ 等都很小,故可利用傍轴条件下的拉格朗日-亥姆霍兹定理(第二章2.5节)。由(4.52)式我们有

$$nD\Delta\theta = n'D'\Delta\theta' = n''D''\Delta\theta'' = 1.22\lambda.$$ (4.53)

以上就是球面波照明像面接收的夫琅禾费衍射系统中衍射角与孔径成反比关系的几种表达方式。

4.4 显微镜的分辨本领

显微镜的特点是物镜焦距短,被观测的小物放在物镜焦点附近的齐明点上,中间像面离镜头较远。根据显微镜的性能,它的分辨本领不用最小分辨角而用最小分辨距离来衡量。

如图 4-34,物点 Q 发射的球面波经入射光瞳的衍射,在中间像面形成夫琅禾费衍射斑(艾里斑)。显

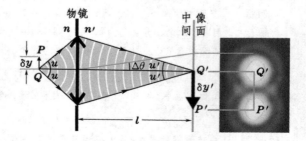

图 4-34 显微镜的分辨本领

❶ 在第五章 3.1 节我们还要给出另一种证明。

微镜中物镜的边缘是孔径光阑,从而它又是物镜的出射光瞳。根据(4.52)式或(4.53)式,艾里斑的角半径为

$$\Delta\theta = 1.22\frac{\lambda}{n'D}, \tag{4.54}$$

式中 n' 是像方折射率,D 为物镜(对于中间像也是出射光瞳)直径。设物镜到中间像面的距离为 l,在中间像面上艾里斑的半径为 $l\Delta\theta$,λ 为真空波长。

再考虑轴外物点 P,根据瑞利判据,当 P 点的像点 P'(实际上是衍射斑中心)正好落在 Q 点产生的艾里斑边缘时,即 $\overline{Q'P'} = \delta y' = l\Delta\theta$ 时,Q、P 两点刚刚可以分辨。换句话说,满足以上条件的距离 $\overline{QP} = \delta y$ 就是我们要求的显微镜最小分辨距离 $\delta y_{\min}$。

由于显微物镜工作在齐明点,在这对共轭点上满足阿贝正弦条件(见第二章8.4节):

$$n\sin u\delta y = n'\sin u'\delta y',$$

这里 u 通常较大,而 u' 较小,可认为

$$\sin u' \approx u' = \frac{D/2}{l},$$

故

$$\delta y_{\min} = \frac{n'u'\delta y'}{n\sin u} = \frac{n'u'l\Delta\theta}{n\sin u} = \frac{n'u'}{n\sin u}\times l\times\frac{1.22\lambda}{n'D},$$

即

$$\delta y_{\min} = \frac{0.61\lambda}{n\sin u}. \tag{4.55}$$

其中 $n\sin u$ 称为数值孔径,用 N.A.(numerical aperture) 表示。

(4.55)式表明,要提高显微镜的分辨本领,即设法使 $\delta y_{\min}$ 尽量小,提高数值孔径是个可行的措施。所以高倍率的显微镜是油浸式的,使用时在载物片与物镜之间滴上一滴油,以增大物方折射率 n。不过,这样也只能把数值孔径增大到1.5左右。所以光学显微镜的分辨本领有个最高限度,即 $\delta y_{\min} \geqslant (0.61/1.5)\lambda \approx 0.4\lambda$,其量级为半个波长。在可见光波段 $\delta y_{\min} \geqslant 0.2\,\mu m$;与此相应地,光学显微镜的放大率也有个最高限度,约为数百倍,比这数值再放宽一些,也不过1000倍左右。光学显微镜的放大倍数不能再高,这不是技术上的问题,而是考虑到衍射效应以后所采取的一种合理的设计。因为放大率再高,除造价更高外,并不会使我们看清比 μm 更小的物体细节。要得到有效放大率很高的显微镜,唯一的途径是缩短波长 λ。近代电子显微镜利用电子束的波动性来成像,在几万伏的加速电压下电子束的波长可达 10^{-2} Å 的数量级。但电子显微镜的孔径角较小(不到10°),最小分辨距离 $\delta y_{\min}$ 可达几 Å,放大率可达几万倍乃至几百万倍。

例题10 某光学显微镜的数值孔径 N.A.=1.5,试估算它的有效放大率。

解: 显微镜是助视光学仪器,应该针对人眼的光学性能来设计。人眼的最小分辨角为

$$\delta\theta_e \approx 1' = \frac{3\,mm}{10\,m} = \frac{0.075\,mm}{25\,cm},$$

这就是说,一般人眼能分辨10m远处相隔3mm的两条刻线,或者说,在明视距离处相隔0.075mm的两条刻线。另外,λ 应取人眼最敏感的 $0.55\,\mu m$。合理的设计方案应是把 $\delta y_e = 0.61\lambda/\text{N.A.} = 0.4\times0.55\,\mu m$ 放大到明视距离的 $\delta y_e = 0.075\,mm$,这样才充分利用了镜头的分辨本领。故这台显微镜的有效放大率至少应为

$$V_{\min} = \frac{\delta y_e}{\delta y_{\min}} \approx 340 \text{ 倍}。$$

当然,实际放大率还可以设计得比这数值稍高一些,譬如500倍,以便使眼睛看得更舒服一些。∎

在结束本节之前,我们指出,成像仪器的分辨本领虽然可以作为仪器性能的一个主要指标,但它不足以全面评价仪器的成像质量。这里至少存在两个问题:一是除了分辨两点或两条线外,还应着眼于整个像面上光强分布是否准确地反映物面上光强分布问题。二是仪器的几何像差与光瞳的衍射效应实际上是混杂在一起的,因此单纯由衍射效应算出的分辨本领理论值与该仪器的实际成像质量之间就可能有很大的出入。总之,对一种仪器的成像质量如何作出全面客观的评价,是个十分复杂和仔细的问题。

§5. 多缝夫琅禾费衍射和光栅

广义地说,具有周期性的空间结构或光学性能(如透射率、折射率)的衍射屏,统称光栅。例如在一块不透明的障板上刻划出一系列等宽又等间隔的平行狭缝(见图4-35a),就是一种简单的一维多缝光栅。在一张透明胶片上因曝光而记录的一组等宽又等间隔的平行干涉条纹,便是

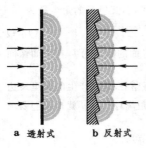

a 透射式　　b 反射式

图 4-35 光栅

一块一维的正弦光栅。又例如在一块很平的铝面上刻上一系列等间隔的平行槽纹(见图4-35b),就是一种反射光栅。晶体由于内部原子排列具有空间周期性而成为天然的三维光栅。光栅的种类很多,有透射光栅和反射光栅,有平面光栅和凹面光栅,有黑白光栅和正弦光栅,有一维光栅,二维光栅和三维光栅,等等。我们曾记得,参与相干叠加的单元越多,则叠加后光场的方向性越强,单色性越好。由一系列衍射单元重复排列而成的光栅正是利用了这一点,光栅的衍射场鲜明地表现出"多光束干涉"的基本特征。所以利用光栅衍射可以分析光谱,也可以分析结构,正弦光栅的衍射在现代光学中具有新的意义。

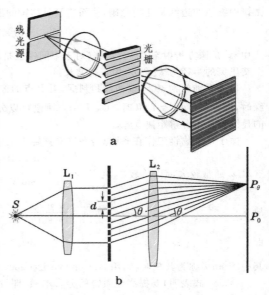

图 4-36 多缝夫琅禾费衍射的实验装置

5.1 实验装置和衍射图样

实验装置如图4-36所示,S为点光源或与纸面垂直的狭缝光源,它位于透镜L_1的焦面上,幕放在物镜L_2的焦面上。这个装置与图4-26所示的单缝衍射装置唯一不同的地方,是衍射屏上一系列等宽等间隔的平行狭缝代替了单缝。设这里每条缝的宽度仍为a,缝间不透明部分的宽度为b,则相邻狭缝上对应点(例如上边缘和上边缘,下边缘和下边缘或中点和中点)之间的距离为$d=a+b$.

图4-37给出了不同数目的狭缝在幕上形成衍射花样的照片,它们是用缝光

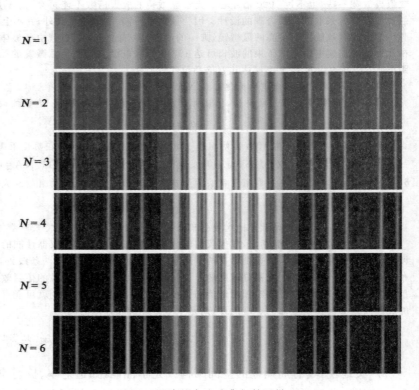

$N=1$

$N=2$

$N=3$

$N=4$

$N=5$

$N=6$

图 4-37 多缝夫琅禾费衍射图样

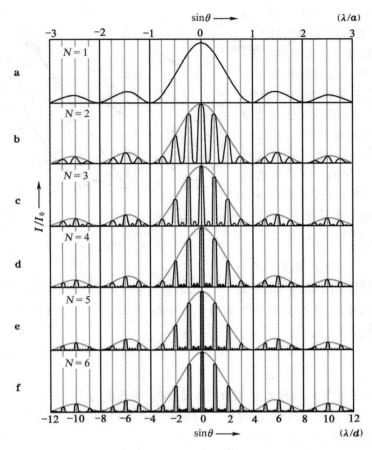

图 4-38 多缝夫琅禾费衍射强度曲线

源照明的。图4-38给出相应的相对强度分布曲线。这里所谓"相对",是指强度 I 与中央最大强度 I_0 之比。最上面是我们已熟悉的单缝情形,以下顺次分别是缝数 $N=2$、3、4、5、6 的情形。从这里我们看到强度分布有如下一些主要特征:① 与单缝衍射图样相比,多缝的衍射图样中出现了一系列新的强度极大和极小,其中那些较强的亮线称为主极大,较弱的亮线称为次极大;② 主极大的位置与缝数 N 无关,但它们的宽度随 N 减小;③ 相邻主极大间有 $N-1$ 条暗纹和 $N-2$ 个次极大;④ 强度分布中都保留了单缝衍射的痕迹,那就是曲线的包络(外部轮廓)与单缝衍射强度曲线的形状一样。

5.2 N 缝衍射的振幅分布和强度分布

现在我们采用矢量法计算 N 缝夫琅禾费衍射的振幅分布和强度分布。

我们先设想,在图 4-36 的装置中把衍射屏上的各缝除某一条之外都遮住。这时接收屏幕上呈现的是单缝衍射图样,其振幅分布和强度分布分别为

$$a_\theta = a_0 \frac{\sin\alpha}{\alpha}, \quad I_\theta = a_\theta^2 = a_0^2 \left(\frac{\sin\alpha}{\alpha}\right)^2, \tag{4.56}$$

其中

$$\alpha = \frac{\pi a}{\lambda}\sin\theta. \tag{4.57}$$

以上是我们在 §3 中已知的结果. 可以证明,在单缝上下平移时,幕上衍射图样不动(思考题 4-24). 因此,若我们让图 4-36 的装置中 N 条缝轮流开放,幕上获得的衍射图样将是完全一样的. 假如 N 条缝彼此不相干,当它们同时开放时,幕上的强度分布形式仍与单缝一样,只是按比例地处处增大了 N 倍. 然而 N 条缝实际上是相干的,且它们之间有相位差,因此幕上实际的衍射图样将与单缝大不相同. 这在图 4-37 的照片里已可明显看出,由于多缝之间的干涉,幕上的强度发生了重新分布.

如图 4-36b,考虑沿某一任意方向 θ 的各衍射线,它们有的来自同一狭缝中不同部分,有的

来自不同的狭缝,经物镜 L_2 的聚焦都会合在幕上同一点 P_θ. P_θ 点的振动是所有这些衍射线相干叠加的结果。在计算时我们可以先把来自每条狭缝的次波叠加起来,得到 N 个合成振动,然后再把这 N 个合成振动叠加起来,即得到 P_θ 点的总振动。因为来自每条狭缝的衍射线的合成振幅 a_θ 早已计算过了,剩下的问题只是这 N 个合成振动的叠加。计算来自 N 缝合成振动的叠加,需要计算它们之间的相位差,而合成振动间的相位差同 N 缝对应点发出的衍射线间的相位差是一样的。按照以前在 §3 中采用的作光束垂线的办法不难看出,对应点衍射线间的光程差 ΔL 和相位差 δ 分别为(参见图 4-39a)

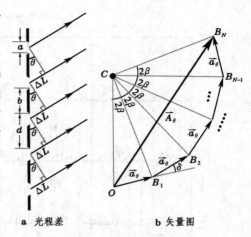

a 光程差   **b 矢量图**

图 4-39 缝间干涉因子的计算

$$\Delta L = d\sin\theta, \quad \delta = \frac{2\pi d}{\lambda}\sin\theta.$$

幕上总振幅 A_θ 可用矢量图 4-39b 来计算。 图中 $\overrightarrow{OB_1}$、$\overrightarrow{B_1 B_2}$、$\cdots$、$\overrightarrow{B_{N-1}B_N}$ 各矢量的长度都是单缝的合成振幅 a_θ,它们的方向逐个相差 δ 角,所以折线 $OB_1 B_2 \cdots B_N$ 是等边多边形的一部分。 令 C 代表这个多边形的中心,即 $\overline{OC} = \overline{B_1 C} = \overline{B_2 C} = \cdots = \overline{B_N C}.$ 由于等腰三角形 OCB_1 的顶角 $\delta = 2\beta$,故 $2\overline{OC}\sin\beta = \overline{OB_1} = a_\theta$,于是

$$\overline{OC} = \frac{a_\theta}{2\sin\beta},$$

又由于等腰三角形 OCB_N 的顶角 $N\delta = 2N\beta$,故代表总振动的矢量 $\overrightarrow{OB_N}$ 的长度为

$$\overline{OB_N} = 2\,\overline{OC}\sin N\beta,$$

这就是 N 缝的总振幅 A_θ,将以上两式结合起来,即得

$$A_\theta = a_\theta\,\frac{\sin N\beta}{\sin\beta}. \tag{4.58}$$

取上式的平方,即可得 N 缝的强度分布公式

$$I_\theta = a_\theta^2\left(\frac{\sin N\beta}{\sin\beta}\right)^2. \tag{4.59}$$

把 a_θ 的表达式(4.56)代入上面二式,最后得到

$$A_\theta = a_0\,\frac{\sin\alpha}{\alpha}\,\frac{\sin N\beta}{\sin\beta}, \tag{4.60}$$

$$I_\theta = a_0^2\left(\frac{\sin\alpha}{\alpha}\right)^2\left(\frac{\sin N\beta}{\sin\beta}\right)^2, \tag{4.61}$$

其中

$$\alpha = \frac{\pi a}{\lambda}\sin\theta, \quad \beta = \frac{\pi d}{\lambda}\sin\theta. \tag{4.62}$$

(4.60)式和(4.61)式便是 N 缝衍射的振幅分布和强度分布公式,各式都有两个随 θ 变化的因子: $\sin\alpha/\alpha$ 或 $(\sin\alpha/\alpha)^2$ 来源于单缝衍射,所以叫单缝衍射因子; $\sin N\beta/\sin\beta$ 或 $(\sin N\beta/\sin\beta)^2$ 来源于缝间的干涉,所以叫缝间干涉因子。下面我们分别研究两个因子的特点和作用。

5.3 缝间干涉因子的特点

图 4-40 给出几条不同缝数缝间干涉因子的曲线,为了便于比较,纵坐标缩小了 N^2 倍,即它

代表因子$(\sin N\beta / N \sin\beta)^2$. 它们有以下一些特点：

（1）主极大峰值的大小、位置和数目

当$\beta = k\pi (k = 0, \pm 1, \pm 2, \cdots)$时，$\sin N\beta = 0$, $\sin\beta = 0$, 但它们的比值 $\sin N\beta / \sin\beta = N$, 这些地方是缝间干涉因子的主极大。$\beta = k\pi$ 意味着衍射角 θ 满足下列条件：

$$\sin\theta = k\frac{\lambda}{d}. \qquad (4.63)$$

这就是说，凡是在衍射角满足(4.63)式的方向上出现一个主极大，它的强度是单缝在该方向强度的 N^2 倍。(4.63)式还表明，主极大的位置与缝数 N 无关。

此外由于衍射角的绝对值 $|\theta|$ 不可能大于 $90°$，$|\sin\theta|$ 不可能大于 1，这就对主极大的数目有了限制。(4.63)式表明，主极大的最大级别 $|k| < d/\lambda$，例如当 $\lambda = 0.4d$ 时，只可能有 $k = 0$、± 1、± 2 级的主极大，而没有别的更高级主极大；如果 $\lambda \geqslant d$，则除 0 级外别无其它主极大。

（2）零点的位置、主极大的半角宽度和次极大的数目

当 $N\beta$ 等于 π 的整数倍但 β 不是 π 的整数倍时，$\sin N\beta = 0$, $\sin\beta \neq 0$, 这里是缝间干涉因子的零点。用公式来表示，零点在下列位置：

$$\beta = \left(k + \frac{m}{N}\right)\pi$$

即

$$\sin\theta = \left(k + \frac{m}{N}\right)\frac{\lambda}{d}, \qquad (4.64)$$

其中 $k = 0, \pm 1, \pm 2, \cdots$; $m = 1, \cdots, N-1$. 所以每两个主极大之间有 $N-1$ 条暗线(零点)，相邻暗线间有一个次极大，故共有 $N-2$ 个次极大。

图 4-40 表明，主极大亮线的宽度随 N 减小. 这一点在光栅光谱中具有重要的实际意义。如何来规定主极大的宽度呢？可以认为每个主极大的宽度是以它两侧的暗线为界的，它的中心到邻近的暗线之间的角距离就是它的半角宽度 $\Delta\theta$. 对于那些偏离幕中央不远的主极大，θ 较小，$\sin\theta \approx \theta$，$k$ 级主极大的角位置近似为 $\theta_k \approx k\lambda/d$，而相邻暗线的位置近似为 $\theta_k + \Delta\theta \approx (k + 1/N)\lambda/d$，于是半角宽度为

$$\Delta\theta = \frac{\lambda}{Nd}. \qquad (4.65)$$

如果主极大的位置较偏，则不能认为 $\sin\theta \approx \theta$，可以证明，普遍的半角宽度公式应为[1]

$$\Delta\theta = \frac{\lambda}{Nd\cos\theta_k}. \qquad (4.66)$$

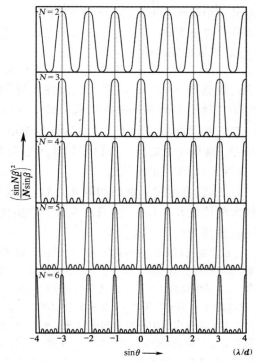

图 4-40 缝间干涉因子曲线

---

[1]　在 $\sin\theta$ 不能用 θ 来近似代替时，我们应该写

$$\sin\theta_k = k\frac{\lambda}{d}, \quad \sin(\theta_k + \Delta\theta) = \left(k + \frac{1}{N}\right)\frac{\lambda}{d},$$

而 $\Delta\theta$ 总是很小的，

$$\sin(\theta_k + \Delta\theta) - \sin\theta_k \approx \left(\frac{\mathrm{d}\sin\theta}{\mathrm{d}\theta}\right)_{\theta = \theta_k}\Delta\theta = \cos\theta_k\Delta\theta,$$

这样就得到(4.66)式。

（4.65）式或（4.66）式表明，主极大的半角宽度 $\Delta\theta$ 与 Nd 成反比，Nd 愈大，$\Delta\theta$ 愈小，这意味着主极大的锐度愈大，反映在幕上，就是主极大亮纹愈细。

以上我们分析了 N 缝干涉因子的全部主要特征，§6 中我们将把这些结果用于光栅上。由于光栅的缝数 N 总是很大的，近代光栅每 mm 内可以有上千条刻痕，总缝数 N 达 10^5 的数量级，在这种情况下次极大是很弱的，它们完全观察不到。所以上述各条结论中最重要的只是两条，即主极大的位置和半角宽度，它们分别由（4.63）式和（4.66）式决定。

5.4 单缝衍射因子的作用

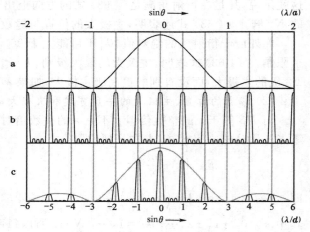

图 4-41 单缝衍射因子的作用

上面我们只分析了缝间干涉因子的特征，实际的强度分布还要乘上单缝衍射因子。在图4-40中所示的缝间干涉因子上乘以图 4-38a 所示的单缝衍射因子，就得到图4-38b、c、d、e、f 中所示的强度分布。从这里可以看出，乘上单缝衍射因子后得到的实际强度分布中各级主极大的大小不同，特别是刚好遇到单缝衍射因子零点的那几级主极大消失了，这现象称为缺级。

为了具体起见，我们看一个简单的特例。设缝数 $N=5$，而 $d=3a$．这时的单缝衍射因子和缝间干涉因子的曲线示于图 4-41a 和

b，它们乘积的曲线示于图 4-41c。单缝衍射因子在 $\sin\theta=\lambda/a$ 的地方是零点，而 λ/a 刚好等于 $3\lambda/d$，这里正是缝间干涉因子第 3 级主极大的位置，两因子乘起来以后使这一级消失了。同理，-3 级、±6 级等也是缺级。

总之，在给定了缝的间隔 d 之后，主极大的位置就定下来了。这时单缝衍射因子并不改变主极大的位置和半角宽度，只改变各级主极大的强度。或者说，单缝衍射因子的作用仅在于影响强度在各级主极大间的分配。

在这里我们顺便提一下"干涉"和"衍射"两词的区别和联系。首先，从根本上讲，它们都是波的相干叠加的结果，没有原则上的区别。二者主要的区别来自人们的习惯。当某个仪器将光波分割为有限几束或彼此离散的无限多束，而其中每束又可近似地按几何光学的规律来描写时，人们通常把它们的相干叠加叫"干涉"，这样的仪器叫"干涉装置"。理论运算时，干涉的矢量图解是个折线，复振幅的叠加是个级数。"衍射"一词则指连续分布在波前上的无限多个次波中心发出的次波的相干叠加，这些次波线并不服从几何光学的定律.理论运算时，衍射的矢量图解是光滑曲线，复振幅的叠加需用积分。然而，实际装置中干涉效应和衍射效应往往同时存在，混杂在一起，这时干涉条纹的分布要受到单元衍射因子的调制。上述光栅是个例子，从第三章§2中的图3-9、3-10、3-11可以看出，那里介绍的各种分波前干涉仪器的干涉花样也都受到单缝衍射因子的调制。

5.5 黑白光栅和正弦光栅

现在我们考虑普遍些的情形，设衍射屏具有一维的周期性结构，即在该处的波前 Σ 上光瞳函数 $\tilde{U}_0(x)$ 是沿 x 方向的周期性函数。利用菲涅耳衍射积分公式计算一下复振幅分布 $\tilde{U}(\theta)$，设空间周期为 d，我们把 Σ 分割为宽度为 d 的 N 个窄条 Σ_1、Σ_2、$\cdots$、Σ_N（见图4-42），以各窄条作为衍射单元。考虑某个给定方向 θ 的衍射线，它们会聚于透镜焦面上的 P_θ 点。由各单元的中心引一条到 P_θ 的衍射线，用 L_1、L_2、$\cdots$、L_N 代表它们的光程。不难看出

$$L_2 = L_1 + \Delta L, \quad L_3 = L_1 + 2\Delta L, \cdots,$$
$$L_N = L_1 + (N-1)\Delta L,$$

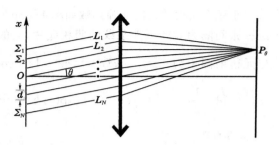

图 4-42 一维周期性结构的衍射

其中 $\Delta L = d\sin\theta$. 按照菲涅耳衍射公式，P_θ 点的总复振幅为

$$\widetilde{U}(\theta) = C\int_{(\Sigma)} \widetilde{U}_0(x)e^{ikr}dx$$
$$= \sum_{j=1}^{N} C\int_{(\Sigma_j)} \widetilde{U}_0(x_j)e^{ikr_j}dx_j, \quad (4.67)$$

其中 $r_j = L_j - x_j\sin\theta$，而 x_j 是从各单元的中心算起的，故

$$\int_{(\Sigma_j)} \widetilde{U}_0(x_j)e^{ikr_j}dx_j = e^{ikL_j}\int_{(\Sigma_j)} \widetilde{U}_0(x_j)\exp(-ikx_j\sin\theta)dx_j$$
$$= e^{ikL_j}\int_{-d/2}^{d/2} \widetilde{U}_0(x)\exp(-ikx\sin\theta)dx, \quad (4.68)$$

由于 $\widetilde{U}_0(x)$ 的周期性，上面的积分对各单元都是一样的，故可将 x_j 的下标 j 略去，代入 (4.67) 式后还可作为公共因子从求和号中提出来。于是

$$\widetilde{U}(\theta) = C\left(\sum_{j=1}^{N} e^{ikL_j}\right)\int_{-d/2}^{d/2} \widetilde{U}_0(x)\exp(-ikx\sin\theta)dx = \widetilde{N}(\theta)\widetilde{u}(\theta), \quad (4.69)$$

其中
$$\widetilde{u}(\theta) = C\int_{-d/2}^{d/2} \widetilde{U}_0(x)\exp(-ikx\sin\theta)dx \quad (4.70)$$

称为单元衍射因子，而

$$\widetilde{N}(\theta) = \sum_{j=i}^{N} e^{ikL_j} = e^{ikL_1}\left[1 + e^{ik\Delta L} + e^{2ik\Delta L} + \cdots + e^{(N-1)ik\Delta L}\right] \quad (4.71)$$

称为 N 元干涉因子。

仍用 (4.62) 式引入的符号 $\beta = \pi d\sin\theta/\lambda$，则 $k\Delta L = 2\beta$，按等比级数公式，[1] 得

$$\widetilde{N}(\theta) = e^{ikL_1}\left[1 + e^{2i\beta} + e^{4i\beta} + \cdots + e^{2(N-1)i\beta}\right] = e^{ikL_1}\frac{1 - e^{2Ni\beta}}{1 - e^{2i\beta}} = e^{ikL_1}e^{(N-1)i\beta}\frac{e^{-Ni\beta} - e^{Ni\beta}}{e^{-i\beta} - e^{i\beta}},$$

令相位 $\varphi(\theta) = kL_1 + (N-1)\beta = kL_0(\theta)$，这里 $L_0(\theta) = L_1 + (N-1)\beta/k$ 是光栅中心 O 到场点 P_θ 的光程。于是 $\widetilde{N}(\theta)$ 最后写为

$$\widetilde{N}(\theta) = e^{i\varphi(\theta)}N(\theta), \quad 而 \quad N(\theta) = \frac{\sin N\beta}{\sin\beta}. \quad (4.72)$$

上式的 $N(\theta)$ 就是我们前面得到的缝间干涉因子。从这里的推导看出，这个因子的形式是很普遍的，它只依赖于 N 单元的空间周期排列，与个别单元内部的性质毫无关系。这就是说，它不仅与单缝的缝宽 a 无关，与每个单元是否简单地为一条缝也无关。

普遍地说，衍射单元的性质要用波前上的瞳函数 $\widetilde{U}_0(x)$ 来表征。对于一条宽度为 a 的缝来说，瞳函数的形式如图 4-43a 所示，在 $-a/2 < x < a/2$ 范围内 (透光部分) $\widetilde{U}_0(x)$ 是个常量，在此范围外 (遮光部分) $\widetilde{U}_0(x) = 0$. 亦即此时 $\widetilde{U}_0(x)$ 是一矩形阶跃函数。对于这种瞳函数，单元衍射因子为

$$\widetilde{u}(\theta) \propto \int_{-a/2}^{a/2} \exp(-ikx\sin\theta)dx = \frac{1}{ik\sin\theta}\left[\exp(ika\sin\theta/2) - \exp(-ika\sin\theta/2)\right] \propto \frac{\sin\alpha}{\alpha}. \quad (4.73)$$

其中 $\alpha = ka\sin\theta/2 = \pi a\sin\theta/\lambda$，这便是前面得到的单缝衍射因子。

---

[1] 等比级数公式为

$$n \text{ 项级数和} = 首项 \times \frac{1-(公比)^n}{1-公比}。$$

正弦型衍射单元的光瞳函数如图 4-43b 所示，它正比于 $[1+\cos(2\pi x/d)]$. 可以设想，这时衍射屏是一张间隔为 d 的干涉条纹的照相底片，它的透光率具有上述函数形式。对于这种"正弦光栅"，

单元衍射因子为
$$\tilde{u}(\theta)\propto\int_{-d/2}^{d/2}\left(1+\cos\frac{2\pi x}{d}\right)\exp(-\mathrm{i}\,kx\sin\theta)\mathrm{d}x$$

$$\int_{-d/2}^{d/2}\left(1+\frac{1}{2}\mathrm{e}^{\mathrm{i}2\pi x/d}+\frac{1}{2}\mathrm{e}^{-\mathrm{i}2\pi x/d}\right)\exp(-\mathrm{i}\,kx\sin\theta)\mathrm{d}x\propto\frac{\sin\beta}{\beta}+\frac{1}{2}\frac{\sin(\beta-\pi)}{\beta-\pi}+\frac{1}{2}\frac{\sin(\beta+\pi)}{\beta+\pi}. \qquad (4.74)$$

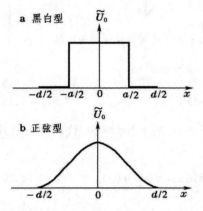

图 4-43 衍射单元的光瞳函数

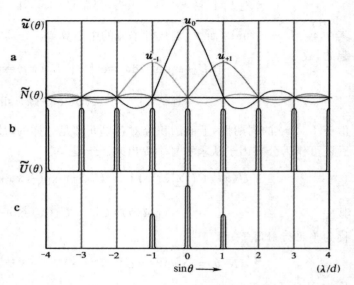

图 4-44 正旋光栅的振幅分布

其中 $\beta=kd\sin\theta/2=\pi d\sin\theta/\lambda$. 可以看出，它由三项组成，每项的函数形式与单缝衍射因子一样，只是缝宽和中心位置不同，三项的中心分别位于其中 $\beta=0$、$\pm\pi$ 处，这正是 $\tilde{N}(\theta)$ 的 0 级和 ±1 级的主极大所在处（见图 4-44a、b）。除此之外，所有 $\tilde{N}(\theta)$ 的其它主极大都与 $\tilde{u}(\theta)$ 的零点重合。所以 $\tilde{N}(\theta)$ 和 $\tilde{U}(\theta)$ 相乘的结果，只剩下 0、±1 三级主极大，±1 级主极大的振幅为 0 级主极大之半，强度为其 1/4（见图 4-44c）。

§6. 光栅光谱仪

6.1 光栅的分光原理

上节的 (4.63) 式
$$\sin\theta=k\frac{\lambda}{d}\quad \text{或}\quad d\sin\theta=k\lambda$$
称为光栅公式。它表明，不同波长的同级主极大出现在不同方位。长波的衍射角大，短波的衍射角小。如果入射光里包含几种不同波长 λ、λ'、… 的光，则除 0 级外各级主极大位置都不同（图 4-45a），因此用缝光源照明时，我们看到的衍射图样中有几套不同颜色的亮线，它们各自对应一个波长（图 4-45b）。这些主极大亮线就是谱线，各种波长的同级谱线集合起来构成光源的一套光谱。如果光源发出

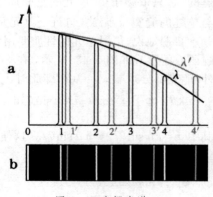

图 4-45 光栅光谱

的是具有连续谱的白光,则光栅光谱中除 0 级仍近似为一条白色亮线外,其它级各色主极大亮线都排列成连续的光谱带。

可以看出,光栅光谱与棱镜光谱有个重要区别,就是光栅光谱一般有许多级,每级是一套光谱,而棱镜光谱只有一套。

6.2 光栅的色散本领和色分辨本领

近代光谱仪中的光栅是一种十分精密的分光元件。同一切分光元件一样,光栅性能的主要标志有二:一是色散本领,二是色分辨本领。两者都是要说明最终能够被仪器(包括接收器)所分辨的最小波长间隔 $\delta\lambda$ 有多少。

(1) 色散本领

实际中很关心的问题之一,是对于一定波长差 $\delta\lambda$ 的两条谱线,其角间隔 $\delta\theta$ 或在幕上的距离 δl 有多大,这就是仪器的色散本领问题。角色散本领定义为

$$D_\theta = \frac{\delta\theta}{\delta\lambda}, \tag{4.75}$$

线色散本领定义为

$$D_l = \frac{\delta l}{\delta\lambda}. \tag{4.76}$$

设光栅后面聚焦物镜的焦距为 f,则 $\delta l = f\delta\theta$,所以线色散本领与角色散本领之间的关系是

$$D_l = f D_\theta. \tag{4.77}$$

现在来计算光栅的色散本领。仍从光栅公式出发,取它两端的微分,得

$$\cos\theta_k \delta\theta = k\frac{\delta\lambda}{d},$$

于是得光栅的角色散本领

$$D_\theta = \frac{k}{d\cos\theta_k} \tag{4.78}$$

和线色散本领

$$D_l = \frac{fk}{d\cos\theta_k}. \tag{4.79}$$

上面结果表明,光栅的角色散本领与光栅常量 d 成反比,与级数 k 成正比。此外,线色散本领还与焦距 f 成正比。但色散本领与光栅中衍射单元的总数 N 无关。为了增大角色散本领,近代光栅的缝是很密的,每毫米数百条到上千条,即 $d \approx 10^{-2} \sim 10^{-3}$ mm,这时对于 1 级光谱($k=1$)来说 $D_\theta \approx 1'/\text{nm} \sim 10'/\text{nm}$。为了增大线色散本领,光栅的焦距 f 常达数米,这样其线色散本领 D_l 可达 $(1\sim10)$ mm/nm 以上。对于级别更高的光谱,色散本领还可进一步加大。❶

例题 11　钠黄光包括 $\lambda = 589.00$ nm 和 $\lambda' = 589.59$ nm 两条谱线。使用 15 cm、每毫米内有 1200 条缝的光栅,1 级光谱中两条谱线的位置、间隔和半角宽度各多少?

解:　光栅的缝间距离(光栅常量)为

$$d = \frac{1}{1200}\text{mm} = \frac{1}{12\,000}\text{cm},$$

根据光栅公式,一级谱线的衍射角为

$$\theta = \arcsin\frac{\lambda}{d} = \arcsin(0.706\,8) = 44°58.5'.$$

光栅的角色散本领为

$$D_\theta = \frac{1}{d\cos\theta} = 1.7\times10^{-3}\,\text{rad/nm} = 5.7'/\text{nm},$$

所以波长差 $\delta\lambda = 0.59$ nm 的钠双线的角间隔为

$$\delta\theta = D_\theta\delta\lambda = 5.7'\times0.59 = 3.4'.$$

---

❶　在实用中人们习惯于用"nm/mm"来表示光栅色散的能力,这相当于线色散本领的倒数。

又因光栅总宽度 $Nd = 15\,\text{cm}$，所以双线中每条谱线的半角宽度为

$$\Delta \theta = \frac{\lambda}{Nd \cos \theta} = \frac{0.589 \times 10^{-5}\,\text{cm}}{15\,\text{cm} \times \cos 44°58.5'} = 5.55 \times 10^{-6}\,\text{rad} = 0.019°. \blacksquare$$

（2）色分辨本领

色散本领只反映谱线（主极大）中心分离的程度，它不能说明两条谱线是否重叠。所以只有色散本领大还是不够的，要分辨波长很接近的谱线，仍需每条谱线都很细。如图 4-46 所示，在 a、b、c 三种情形里的色散本领都一样，即波长分别为 λ 和 $\lambda' = \lambda + \delta \lambda$ 的两条谱线的角间隔 $\delta \theta$ 一样，但每条谱线的半角宽度 $\Delta \theta$ 不同。在图 a 中 $\Delta \theta > \delta \theta$，两条谱线的合成强度如粗黑线所示，看起来和一条粗谱线无异，因此无法分辨它们本来有两条谱线。在图 c 中 $\Delta \theta < \delta \theta$，合成强度在中间有个很明显的极小。我们可以分辨出这是两条谱线。和 4.2 节中讨论光学仪器的像分辨本领时一样，通常规定 $\Delta \theta = \delta \theta$（如图 4-46b 所示）是两谱线刚好能分辨的极限，这便是所谓"瑞利判据"。

对于每个光栅，谱线的半角宽度 $\Delta \theta$ 是一定的，它由（4.66）式决定，即

$$\Delta \theta = \frac{\lambda}{Nd \cos \theta}.$$

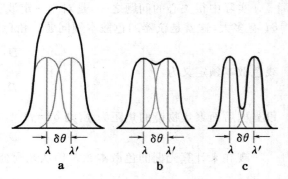

图 4-46 瑞利判据

根据瑞利判据，这也就是能够分辨的两条谱线的色散角 $\delta \theta$，由此可以推断出能够分辨的最小波长差

$$\delta \lambda = \frac{\delta \theta}{D_\theta} = \frac{\Delta \theta}{D_\theta} = \frac{d \cos \theta}{k} \frac{\lambda}{Nd \cos \theta} = \frac{\lambda}{kN}.$$

$\delta \lambda$ 愈小，说明仪器的色分辨本领愈大。通常一个分光仪器的色分辨本领定义为

$$R \equiv \frac{\lambda}{\delta \lambda}. \tag{4.80}$$

由此求得光栅的色分辨本领公式

$$R = kN. \tag{4.81}$$

上式表明，光栅的色分辨本领正比于衍射单元总数 N 和光谱的级别 k，与光栅常量 d 无关。

例题 12　一个 15 cm 宽的光栅，每 mm 内有 1200 个衍射单元，在可见光波段的中部（$\lambda \approx 550\,\text{nm}$）此光栅能分辨的最小波长差为多少？

解：　$d = (1/1200)\,\text{mm}$，$N = 15\,\text{cm} \times 1200/\text{mm} = 18 \times 10^4$．由（4.81）式得一级光谱的色分辨本领为

$$R = 18 \times 10^4.$$

所以，在 $\lambda \approx 550\,\text{nm}$ 附近能分辨的最小波长间隔为

$$\delta \lambda = \frac{\lambda}{R} = 0.003\,\text{nm}. \blacksquare$$

例题 13　用以上例题中的光栅作为分光元件，组成一台光栅光谱仪。如果用照相底片摄谱，由于乳胶颗粒密度的影响，感光底片的空间分辨本领为 200 条 /mm，为了充分利用光栅的色分辨本领，这台光谱仪器的焦距至少要有多长？

解：　据题意应当要求光栅的线色散本领能将波长差 $\delta \lambda = 0.003\,\text{nm}$ 的两条谱线分开到 $(1/200)\,\text{mm}$ 的线距离，即

$$D_l = \frac{1}{200 \times 0.003}\,\text{mm/nm} = 1.6\,\text{mm/nm}.$$

仪器的焦距应为

$$f = D_l d \cos \theta_k / k = D_l \sqrt{d^2 - (d \sin \theta_k)^2} / k = D_l \sqrt{d^2 - (k\lambda)^2} / k = 1.0\,\text{m}. \blacksquare$$

以上几个例题告诉我们，角色散本领、线色散本领以及色分辨本领三者是光谱仪器三个独立的性能指标，各有各的作用，彼此不能替代，而应当互相匹配得当。这对光谱仪的设计者来说是必须综合考虑的基本问题，对于使用者来说，懂得这一点也是很有好处的。

6.3 量程和自由光谱范围

由于衍射角最大不超过 $90°$，根据光栅公式，最大待测波长 λ_{max} 不能超过光栅常量 d，即

$$\lambda_{max} < d.$$

因此，工作于不同波段的光栅光谱仪要选用光栅常量适当的光栅备件。

光栅光谱仪中可能发生邻级光谱重叠的现象。例如 $800.0\,nm$ 的一级谱线与 $400.0\,nm$ 的二级谱线正好重合。显然在实际测量时应避免发生这种情况，在红外或紫外波段无法用肉眼判断颜色时，这个问题就尤为突出了。因此，光栅光谱仪工作波段的上限（长波）λ_{max} 与下限（短波）λ_{min} 受到自由光谱范围（即不重叠的光谱范围）的限制。对一级光谱来说，要求

$$\lambda_{min} > \lambda_{max}/2.$$

6.4 闪耀光栅

前面讲的透射光栅有很大缺点，就是衍射图样中无色散的 0 级主极大总占有总光能的很大一部分，其余的光能也分散在各级光谱中，以致每级光谱的强度都比较小。造成这种状况的原因是单元衍射因子与单元间干涉因子主极大重叠。实际中使用光栅时只利用它的某一级光谱，我们需要设法把光能集中到这一级光谱上来。用闪耀光栅可以解决这个问题。

目前闪耀光栅多是平面反射光栅。以磨光了的金属板或镀上金属膜的玻璃板为坯子，用劈形钻石刀头在上面刻划出一系列锯齿状槽面（见图 $4-47$）。槽面与光栅（宏观）平面之间的夹角，或者说它们的法线 $\boldsymbol{n}$ 和 $\boldsymbol{N}$ 之间的夹角 θ_b，称为闪耀角。闪耀角的大小可由刻制时刀口的形状来控制。下面我们来分析，这种平面反射光栅的单槽衍射 0 级是怎样与槽间干涉 0 级错开，从而把光能转移并集中到所需的一级光谱上的。

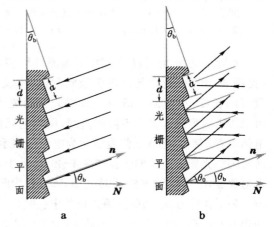

图 $4-47$ 闪耀光栅

可供选择的照明方式有两种，分别示于图$4-47$的a和b中。第一种照明方式（图a）是平行光束沿槽面法线 $\boldsymbol{n}$ 方向入射，单槽衍射的 0 级是几何光学的反射方向，即沿原方向返回。对于槽间干涉来说，相邻槽面之间在这方向有光程差 $\Delta L = 2d\sin\theta_b$。满足下式的 λ_{1b} 称为 1 级闪耀波长：

$$2d\sin\theta_b = \lambda_{1b},$$

光栅的单槽衍射 0 级主极大正好落在 λ_{1b} 光波的 1 级谱线上（图$4-48$）。又因闪耀光栅中的 $a \approx d$，λ_{1b} 光谱的其它级（包括 0 级）都几乎落在单槽衍射的暗线位置形成缺级（见图$4-48c$）。这样一来，$80\% \sim 90\%$ 的光能集中到 λ_{1b} 光的 1 级谱线上，使其强度大大增加。显然，λ_{1b} 光的闪耀方向不可能严格地又是其它波长的闪耀方向，不过由于单槽衍射 0 级主峰有一定宽度，它可容纳 λ_{1b}

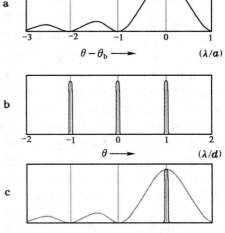

图 $4-48$ 单槽衍射（图 a）的 0 级与槽间干涉（图 b）的 1 级重合，将光强集中到 1 级光谱中去（图 c）

附近一定波段内其它波长的 1 级谱线，使它们也有较大的强度，同时这些波长的其它级谱线也都很弱。此外，用同样的办法我们可以把光强集中到 2 级闪耀波长 λ_{2b} 附近的 2 级光谱中去。λ_{2b} 满足

$$2d\sin\theta_b = 2\lambda_{2b},$$

总之，我们可以通过闪耀角 θ_b 的设计，使光栅适用于某一特定波段的某级光谱上。

第二种照明方式（图 b）是平行光束沿光栅平面法线 N 入射，经槽面反射的几何光线与入射方向有 $2\theta_b$ 的夹角。这时相邻槽面间的光程差将为 $\Delta L = d\sin 2\theta_b$。有关这种照明方式衍射图样的分析与第一种类似，只是需采用斜入射的公式（见习题 4-23）。这里我们不仔细交代了，留给感兴趣的读者自己处理。

例题 14　分析红外波段 $10\,\mu m$ 附近的 1 级光谱，决定选用闪耀为 $30°$ 的光栅，光栅的刻槽密度应为多少？

解：　令 $\lambda_{1b} = 10\,\mu m$，　　　　$\dfrac{1}{d} = \dfrac{2\sin\theta_b}{\lambda_{1b}} = 100$ 条 /mm.

实际的光栅光谱仪装置并不像原理性装置图 4-36 所示那样用透镜聚焦，而是用凹面反射镜（见图 4-49）。这样既可避免吸收和色差，又可缩短装置的长度，在像面上既可一次曝光获得光谱图，也可采用出射狭缝来提取不同的谱线，用光电元件（如光电倍增管）接收，把光谱强度转化为电信号指示出来。通常闪耀光栅光谱仪的装置如图 4-49 所示，其中 S_1 为入射狭缝，S_2 为出射狭缝，G 是光栅，M_1、M_2 为凹面反射镜。为了操作方便，实际光栅光谱仪中狭缝 S_1、S_2、光源和光电元件都固定不动，而光栅平面的方位是可调节的。通过光栅平面的转动，把不同波长的谱线调节到出射狭缝 S_2 上去。这样做就必须采用上述第一种照

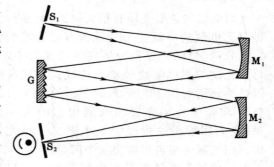

图 4-49 反射式光栅光谱仪的装置

明方式，以便光栅上的几何反射线方向变动不大，不太影响单槽衍射的 0 级位置。闪耀光栅也可作为独立的分光元件使用，这时因光栅宏观平面的法线 N 比较容易辨认，可使用第二种照明方式。

与棱镜光谱仪一样，光栅光谱仪既可用于分析光谱，也可以当作一台单色仪使用，即把它的出射狭缝当作具有一定波长的单色光源。

光栅与棱镜相比，容易获得较大的色散，而且色散也比较均匀。但由于透射光栅的光谱强度比棱镜弱得多，过去在需要考虑光谱的强度问题时，还是得用棱镜。近几十年来，情况发生了变化，由于制造光栅技术上的进步，出现了制造方便、成本低廉、质量很好的平面反射式的闪耀光栅。铝在近红外区域和可见区域的反射系数都比较大，而且几乎是常数；更重要的是它在紫外区域的反射系数比金和银都大，此外它还比较软，便于刻划。而制造透红外线或紫外线的棱镜有各种困难，如石英在红外区域色散太小，食盐怕潮等，由于以上种种原因，克服了光谱强度弱的缺点的铝制平面反射闪耀光栅，已在目前制造的各种分光仪器中，逐渐取代了棱镜的地位。更令人注目的是近十几年来随着全息技术的发展，相位型的透射式全息闪耀光栅已有商品问世，其前景也是不可低估的。下面仅就传统的刻线光栅谈谈制作问题。

目前广泛应用的平面反射光栅，是在玻璃坯上镀一层铝膜，然后用金刚石在铝膜上刻划出很密的平行刻槽而成。当前我国大量生产的平面反射光栅每毫米刻槽 600 条或 1200 条，最密的达 1800 条。刻划一块精密光栅的要求是很高的，不但要保持每条刻痕都很直，而且还要求刻痕的间隔 d 十分均匀，深度和剖面形状很一致，它们的精确度都是以光波的几分之一或几十分之一来衡量的。因而光栅刻划机的元件，如钻石刀头、丝杠、齿轮、导轨和轴承等都要非常精密。而且在刻划过程中还要防止震动和温度变化，刻划的动作要慢，每分钟刻 6 线，刻一块 90 000 条线的光栅，昼夜不停，需一星期。由于机件的误差，在光栅光谱中就会出现一些多余的亮线，以假乱真。这种不代表真实谱线的亮线叫鬼线。好的光栅要求鬼线的强度应小于真实谱线强度的百分之几或千分之几，这对机件允许的误差要求是很高的。所以，刻划一块精密的光栅是件很繁重的工作，不过一旦刻好一块母

光栅,就可以用它作为模型进行复制,复制光栅的成本就大大降低了。

6.5 棱镜光谱仪的色散本领和色分辨本领

在第二章 5.7 节讨论过棱镜光谱仪的色散本领问题,这里复习一下,并补充它的色分辨本领。

第二章(2.75)式给出的角色散本领公式为

$$D_\theta = \frac{2\sin(\alpha/2)}{\sqrt{1 - n^2 \sin^2(\alpha/2)}} \frac{dn}{d\lambda},$$

它又可写为

$$D_\theta = \frac{b}{a}\frac{dn}{d\lambda}, \tag{4.82}$$

式中 b 是棱镜底边长度,a 是光束的宽度(见图 4-50),(4.82)式不难从第一章最小偏向角公式(1.23)得到,请读者自己将它推导出来。式中色散率 $dn/d\lambda$ 的数值可以查表。各种光学玻璃和石英在可见光波段从长到短,$-dn/d\lambda$ 值大致在 $(0.3\sim1.3)\times10^{-4}/nm$ 范围。

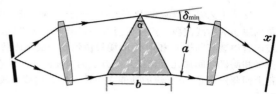

图 4-50 棱镜光谱仪的色散本领与分辨本领

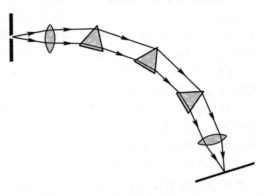

棱镜对光束的限制作用相当于矩孔,它产生矩孔衍射,色分辨本领问题由此引起。我们只关心沿图 4-50 纸面 x 方向的衍射,由 3.4 节知道,宽度为 a 的光束的衍射半角宽度为 $\Delta\theta = \lambda/a$。另一方面因

图 4-51 将多个小棱镜联合起来以增大底边的有效长度

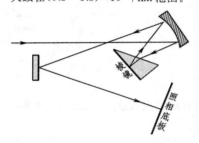

图 4-52 一台典型的棱镜摄谱仪光路结构

波长差 $\delta\lambda$ 引起谱线的角位置为 $\delta\theta = D_\theta\delta\lambda$。按照瑞利判据,令 $\Delta\theta = \delta\theta$,导出棱镜的色分辨本领为

$$R \equiv \frac{\lambda}{\delta\lambda} = b\frac{dn}{d\lambda}. \tag{4.83}$$

其中 $\delta\lambda$ 是棱镜在光波长 λ 附近可能分辨的最小波长差。

(4.82)式、(4.83)式告诉我们,棱镜顶角 α 愈大,或 b/a 愈大,则色散本领愈大;棱镜的底边边长 b 愈长,则色分辨本领愈大。总之,大棱镜的分光性能好。为了避免制作大块均匀光学玻璃的困难,可采用多个小棱镜联合工作,以增大底边的有效长度(图 4-51)。我们也可以在棱镜的一个侧面镀上反射膜,使入射光束在棱镜内往返两次,以提高色散本领(图 4-52)。

§7. 三维光栅 ——X 射线在晶体上的衍射

前面讨论的光栅都是一维的,即衍射屏的结构只在空间的一个方向上有周期性。除一维光栅外,还可以有二维光栅、三维光栅。固体的晶格在三维空间里有周期性的结构,它对于波长较短的 X 射线来说,是一个理想的三维光栅。这方面的研究工作早已发展成为一门比较成熟的技术 ——X 射线结构分析。下面先对晶体点阵和 X 射线分别作些简单的介绍,然后讨论 X 射线在晶体上的衍射规律。

7.1 晶体点阵　X 射线

(1) 晶体点阵

晶体的特点是外部具有规则的几何形状,内部原子具有周期性的排列,两者互为表里。例如,大家熟悉的食盐(NaCl),其晶粒的宏观外形总具有直角棱边,其微观结构则是由钠离子(Na$^+$)与氯离子(Cl$^-$)彼此相间整齐排列而成的立方点阵(图 4 - 53)。

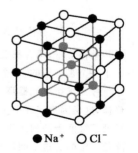

● Na$^+$　○ Cl$^-$

图 4-53 氯化钠晶体

在三维空间里无论沿哪个方向看,离子的排列都有严格的周期性。这种结构,晶体学上叫晶格,或晶体的空间点阵。晶体中相邻格点的间隔 a_0 叫晶格常量,它通常具有 10^{-8} cm,即 Å 的数量级。例如经测定,NaCl 晶体中相邻的 Na^+、Cl^- 离子间隔 $a_0 = 5.627$Å.

(2) X 射线

X 射线又称伦琴射线(W.K.Röntgen,1895 年),是一种电磁波。在电磁波谱的整个序列中,10Å ~ 10^{-2} Å 的波长范围属于 X 射线波段。产生 X 射线的机器——X 光机,其核心部件是 X 射线管,结构见示意图 4 - 54。在抽真空的玻璃管中装有阴极 K 和阳极 A,阴极由钨丝制成螺旋状,并由低压电源加热。阳极靶由钼、钨或铜等金属制成。在阳极和阴极之间加几万伏或几十万伏的直流高压。阴极发射的热电子流被高电压加速,以很大的速度轰击在阳极靶上而骤然停止,电子流的动能立即转变为 X 射线波段的电磁辐射能从管壁或窗口穿出。这样,我们便得到了 X 射线。

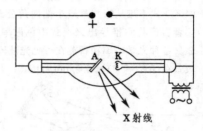

与可见光或紫外线相比,X 射线的特点是波长短,穿透力强,它很容易穿过由氢、氧、碳、氮等较轻元素组成的肌肉组织,但不易穿透骨骼。医学上用 X 射线检查人体生理结构上的病变,就是 X 射线最早的应用之一。随着加速电压的增高,获得的 X 射线波长更短,穿透力更强,它可以穿过一定厚度的金属材料或部件,由此发展起来一个新技术领域,这就是 X 射线探伤学。

图 4-54 X 射线管

我们这里将讨论的只是 X 射线在晶体上的衍射问题。一般 X 光机发出的 X 射线波长都在 Å 的数量级或更短。要使这样短的电磁波产生明显的衍射效应,用普通机械刻痕的光栅是不行的,原因就是其光栅常量 $d \gg \lambda$. 前面看到,晶体内部的原子间隔 $a_0 \approx \lambda$,它们能使 X 射线发生明显的衍射效应,是理想的 X 射线衍射光栅。

7.2 X 射线在晶体上的衍射 —— 布拉格条件

现在来分析 X 射线进入晶体以后所产生的衍射效果。如图 4-55,处在格点上的原子或离子,其内部的电子在外来电磁场的作用下做受迫振动,成为一个新的波源,向各个方向发射电磁波。也就是说,在 X 射线照射下,晶体中的每个格点成为一个散射中心。这些散射中心在空间周期性地排列着,它们发射的电磁波频率与外来 X 射线的频率相同,而且这些散射波是彼此相干的,将在空间发生干涉。这同多缝光栅问题很相似,在那里,是入射光被大量周期性排列的单缝所衍射,同时发生缝间干涉。与单缝相当的,在这里是晶格的格点,两者都是衍射单元;与光栅常量 d 相当的,在这里是晶格常量,两者都反映的是衍射屏的空间周期。区别主要在于一个是一维的,一个是三维的。

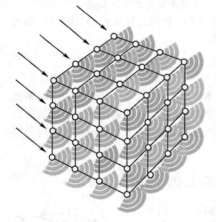

图 4-55 晶体对 X 光的衍射

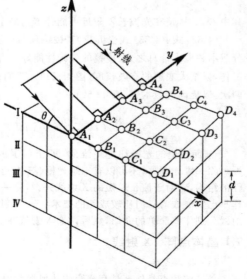

图 4-56 晶体点阵由晶面组成

像一维衍射光栅那样计算单缝衍射因子的工作,目前可省略掉,这是因为实际中关心的是主极大的位置。像一维光栅那样处理缝间干涉的工作,在目前要复杂一些,这是因为晶体点阵是三维的。这个问题可分解为两步来处理:第一步,是处理一个晶面中各个格点之间的干涉 —— 点间干涉;第二步,再处理不同晶面之间的干涉 —— 面间干涉。

（1），点间干涉

如图4-56，整个晶体点阵可以看成是由一族相互平行的晶面Ⅰ、Ⅱ、Ⅲ、Ⅳ、…组成。设这些晶面平行于xy面，入射的X射线垂直于y轴（因此平行于zx面），并与晶面族成θ角（称为掠射角）。现考虑某一晶面上各个格点A_1、A_2、A_3、A_4、…，B_1、B_2、B_3、B_4、…，C_1、C_2、C_3、C_4、…，D_1、D_2、D_3、D_4、…发出的散射波（或者说衍射波）的相干叠加。这些格点构成一个二维的点阵，对它来说，入射线是倾斜的。我们首先讨论这个二维点阵衍射的0级主极大方向，即所有的衍射线之间没有光程差的方向。这个问题又可以分解为两步来考虑：首先找出沿y方向排列的格点发出的衍射线之间零程差的条件，然后再讨论沿x方向排列的格点发出的衍射线之间零程差的条件，同时满足这两个条件的衍射方向就是二维点阵衍射的0级主极大方向。

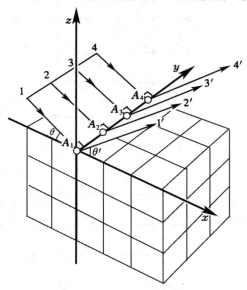

图4-57 晶面内沿 y 方向排列的格点上衍射波的零程差条件

如图4-57，A_1、A_2、A_3、A_4、…是一组沿y方向排列的格点。因入射线1、2、3、4、…与y轴垂直，它们到达格点时彼此之间没有光程差。由图不难看出，任何一组相互平行的衍射线，只要仍保持与y轴垂直，它们之间就没有光程差。换句话说，由A_1、A_2、A_3、A_4、…发出的衍射线的零程差条件是它们与入射线一样位于与zx面平行的平面（即入射面）内。图中所示的1′、2′、3′、4′、…就是这样一组可能的衍射线。

现在来研究沿x方向排列的格点（譬如A_1、B_1、C_1、D_1、…）发出的衍射线之间的零程差条件。考虑到上述沿y方向的零程差条件，这里只讨论平行于zx面的衍射线。如图4-58所示，a、b、c、d、…为一组平行的入射线，它们的掠射角为θ，a'、b'、c'、d'、…为一组平行的衍射线，它们与x轴的夹角为θ'。由A_1和D_1分别作入射线和衍射线的垂线A_1M和D_1N，则d、a两条入射线之间的光程差为

$$\Delta L = \overline{MD_1} = \overline{A_1D_1}\cos\theta,$$

而a'、d'两条衍射线之间的光程差为

$$\Delta L' = \overline{A_1N} = \overline{A_1D_1}\cos\theta'.$$

由此可见，零程差的条件是$\theta' = \theta$。

总之，同时考虑二维点阵中两个方向的零程差条件，衍射线应在zx面（入射面）内，且衍射角等于入射的掠射角。换句话说，二维点阵的0级主极大方向，就是以晶面为镜面的反射线方向。

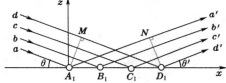

图4-58 晶面内沿 x 方向排列的格点上衍射波的零程差条件

与一维光栅一样，在$\lambda < d$的条件下，二维点阵是有更高级主极大的。然而下面我们将看到，在讨论面间干涉时只考虑在反射方向上的0级主极大就够了。❶

（2）面间干涉

上面已确定，每个晶面衍射的主极大沿反射方向，我们还要考虑不同晶面上的反射线之间的干涉。图4-59中的1′、2′、3′、4′、…分别是晶面Ⅰ、Ⅱ、Ⅲ、Ⅳ、…的反射线。这平行的线束叠加起来是加强还是削弱，取决于相邻反射线之间的光程差。考虑晶面Ⅰ、Ⅱ上对应点P_1、P_2的反射线1′和2′。由P_1分别作入射线和反射线

❶除反射线外，沿原入射延长线方向的透射线显然也是等光程的，因此沿此方向也有一个0级主极大，它在与照相底片的交点O处产生一个亮斑（见右图）。这亮斑的位置是反映入射线方向的，在实际中是确定其它亮斑位置的一个参考基点。不过由于它的方向与晶体的取向无关，在下面讨论中不必考虑。

的垂线 P_1M 和 P_1N,则光线 $1-1'$ 和 $2-2'$ 之间的光程差为

$$\Delta L = \overline{MP_2} + \overline{P_2N} = 2d\sin\theta,$$

式中 d 为晶面间隔,θ 为掠射角。要使各晶面的反射线叠加起来产生主极大,光程差 ΔL 必须是 λ 的整数倍,即面间干涉的主极大条件为

$$2d\sin\theta = k\lambda, \tag{4.84}$$

式中 k 为正整数,这就是通常说的晶体衍射的布拉格条件(W. L.Bragg,1913 年,布拉格父子因使用 X 射线研究晶体结构而获得 1915 年的诺贝尔物理学奖)。应当指出,对布拉格条件的理解要与一维光栅的主极大条件(即光栅公式 $d\sin\theta = k\lambda$ 有所不同。这里有两个重要区别:

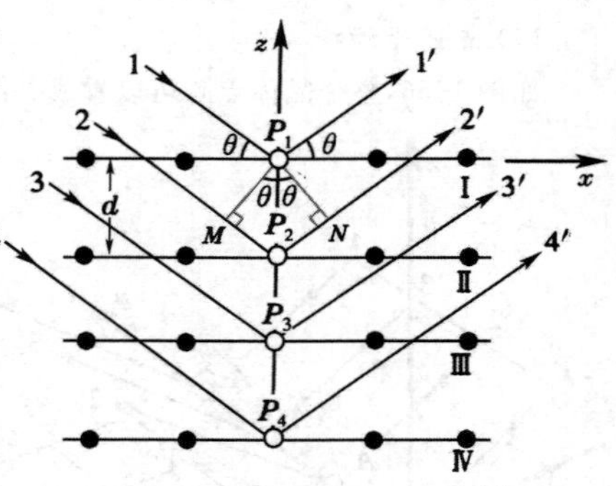

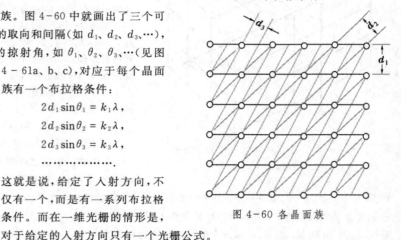

图 4-59 布拉格条件

① 在一块晶体内部有许多晶面族。图 4-60 中就画出了三个可能的晶面族。不同的晶面族有不同的取向和间隔(如 d_1、d_2、d_3、$\cdots$),对于给定的入射方向来说有不同的掠射角,如 θ_1、θ_2、θ_3、$\cdots$(见图 4-61a、b、c),对应于每个晶面族有一个布拉格条件:

$$2d_1\sin\theta_1 = k_1\lambda,$$
$$2d_2\sin\theta_2 = k_2\lambda,$$
$$2d_3\sin\theta_3 = k_3\lambda,$$
$$\cdots\cdots\cdots\cdots\cdots$$

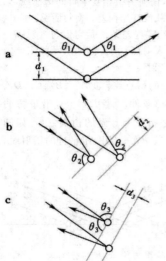

图 4-61 对每一晶面族有一布拉格条件

这就是说,给定了入射方向,不仅有一个,而是有一系列布拉格条件。而在一维光栅的情形是,对于给定的入射方向只有一个光栅公式。

图 4-60 各晶面族

上面我们对每个给定的晶面内发生的点间干涉只取了 0 级反射主极大。可以证明,如果取高级主极大,所得的面间干涉主极大条件,恰好相当于另一取向的晶面族的布拉格条件。亦即,对某一晶面族取面内点间干涉的各级主极大,与对各个可能的晶面族只取 0 级反射主极大,两种方法是等效的。后一方法使问题大为简化。

② 在一维光栅公式中 θ 是衍射角,对于一定的波长 λ,总有一些衍射角满足光栅公式。在三维晶体光栅的情形里,θ 是掠射角.当入射方向和晶体取向给定之后,所有晶面族的布拉格条件中 d 和 θ 都已限定,对于随便的一个波长 λ 来说,它也许会刚巧满足一个或几个晶面族的布拉格条件,但一般说来,很可能一个也不满足。如果它满足某一晶面族的布拉格条件,在相应的反射方向上将出现主极大;不满足,就没有主极大。总之,在入射方向、晶体取向和入射波长三者都给定了之后,一般情形下很可能根本就没有主极大。

7.3 劳厄相和德拜相

鉴于晶体(三维)衍射出现主极大的条件要求相当苛刻,要获得一张 X 射线的衍射图就不应该同时限定入射方向、晶体取向和光的波长。这可以有两种做法。

(1)劳厄法(M.von Laue,1912 年): 用连续谱的 X 射线照在单晶体上,这时给定了晶体的取向但不给定波长,每个晶面族的布拉格条件都可从入射光中选出满足它的波长来,从而在所有晶面族的反射方向上都出现主

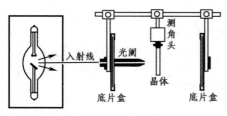

图 4-62 拍摄劳厄相的装置

图 4-63 NaCl 单晶
的劳厄相

极大。如果像图 4-62 所示那样用照相底片来接收衍射线,则在每个主极大方向上出现一个亮斑,即所谓劳厄斑。这样的一张图样称为劳厄相(图 4-63)。用劳厄相可以确定晶轴的方向。劳厄因这方面的工作荣获 1914 年的诺贝尔物理学奖。

(2)粉末法: 用单色的射线照在多晶粉末上,这时给定了波长但不限定晶体取向,大量取向无规的晶粒为射线提供了满足布拉格条件的充分可能性。用这种方法在照片上得到的叫德拜相(图 4-64)。用德拜相可以确定晶格常量。

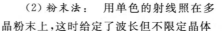

图 4-64 晶体粉末的德拜相

利用 X 射线的劳厄相或德拜相可以作晶体的结构分析。反之,在晶体结构已知的情况下,利用这类照片可以确定 X 射线的光谱,这对研究原子的内层结构是很重要的。

本 章 提 要

1. 衍射现象:当波受到障碍物限制时,偏离直线传播规律。

波在哪个方向受限制愈多,偏离就愈多。

在阴影边缘附近有明暗相间条纹。

衍射分类 $\begin{cases} \text{菲涅耳衍射 —— 光源和屏幕不都在无穷远;} \\ \text{夫琅禾费衍射 —— 光源和屏幕都在无穷远。} \end{cases}$

2. 惠更斯-菲涅耳原理:波前 Σ 上每个面元 $\mathrm{d}\Sigma$ 都可以看成是新的振动中心,它们发出次波。在空间某一点 P 的振动是所有这些次波在该点的相干叠加。

基尔霍夫边界条件:$\Sigma(闭合)=\Sigma_0(开口)+\Sigma_1(遮挡)+\Sigma_2(无穷远)$

瞳函数 $\tilde{U}_0(Q) \begin{cases} = \text{自由传播场},(在 \Sigma_0 上) \\ = 0, \qquad (在 \Sigma_1 上) \\ \to 0. \qquad (在 \Sigma_2 上积分) \end{cases}$

菲涅耳-基尔霍夫积分:

$$\tilde{U}(P)=\frac{-\mathrm{i}}{\lambda}\oiint_{(\Sigma_0)}\tilde{U}_0(Q)\frac{1}{2}(\cos\theta_0+\cos\theta)\frac{\mathrm{e}^{\mathrm{i}kr}}{r}\mathrm{d}\Sigma.$$

(式中符号的意义见图 4-6。)

3. 巴比涅原理:在互补屏 a、b 上,除几何像点外,

$$\tilde{U}_a(P)=-\tilde{U}_b(P), \quad I_a(P)=I_b(P).$$

4. 菲涅耳圆孔和圆屏衍射:

半波带法 —— 以点光源 S 到衍射屏的距离 R 为半径作球面波前 Σ,以轴上场点 P_0 为中心、以 $r_k=b+k$ 作 $\lambda/2(k=0,1,2,\cdots)$ 为半径作一系列球面在 Σ 上割出半波带 $\Delta\Sigma_k$,相邻半波带到 P_0 的光程差 $\lambda/2$,扰动相减。(见图 4-11 和图 4-12)

$\Delta\Sigma_k/r_k$ 与 k 无关,扰动振幅只随倾斜因子极缓慢地递减。

圆屏衍射引起的合成振幅为第一半波带效果之半,轴上点总是亮的。

圆孔衍射引起的合成振幅 $\begin{cases} \text{偶数带时为 0,} \\ \text{奇数带时为裸露的最外一半波带效果之半。} \end{cases}$ 轴上点亮、暗交替。

矢量图解法 —— 无穷细地分割波前,可讨论任意非整数个裸露波带情况。

菲涅耳波带片 —— 遮住所有奇数或偶数半波带,可像透镜那样聚焦成像。

$$\frac{1}{R} + \frac{1}{b} = \frac{1}{f},$$

但菲涅耳波带片有焦距为 $\pm f$、$\pm f/3$、$\pm f/5$、$\pm f/7$、$\cdots$ 的一系列虚实焦点。

5. 夫琅禾费衍射:

(1) 单缝

振幅 $A_\theta = A_0 \dfrac{\sin\alpha}{\alpha}$,

强度 $I_\theta = I_0 \left(\dfrac{\sin\alpha}{\alpha}\right)^2$, 其中 $\alpha = \dfrac{\delta}{2} = \dfrac{\pi a}{\lambda}\sin\theta$ $\begin{cases} a \text{——缝宽,} \\ \theta \text{——衍射角。} \end{cases}$

主极大半角宽 $\Delta\theta = \dfrac{\lambda}{a}$ 反比于 a. $\lambda \to 0$ 时 $\Delta\theta \to 0$,几何光学极限。

(2) 矩孔($a \times b$) 衍射:两方向的单缝衍射因子相乘。

$$I = I_0 \left(\frac{\sin\alpha}{\alpha}\right)^2 \left(\frac{\sin\beta}{\beta}\right)^2, \quad \begin{cases} \alpha = \dfrac{ka\sin\theta_1}{2} = \dfrac{\pi a\sin\theta_1}{\lambda}, \\ \beta = \dfrac{kb\sin\theta_2}{2} = \dfrac{\pi b\sin\theta_2}{\lambda}. \end{cases}$$

主极大半角宽 $\quad \Delta\theta_1 = \dfrac{\lambda}{a}$ 反比于 a , $\quad \Delta\theta_2 = \dfrac{\lambda}{b}$ 反比于 b.

6. 目视光学仪器的像分辨本领

以夫琅禾费圆孔衍射为理论基础,强度分布为贝塞耳函数:

$$I(\theta) = I_0 \left[\frac{2\mathrm{J}_1(x)}{x}\right]^2, \quad \text{其中 } x = \frac{2\pi a}{\lambda}\sin\theta.$$

主极大(艾里斑)角半径 $\quad \Delta\theta = 0.61\dfrac{\lambda}{a} = 1.22\dfrac{\lambda}{D}$, $\quad (D = 2a$ —— 圆孔直径)

瑞利判据 —— 当两圆斑像中心的角距离刚好是艾里斑角半径时,就算两像刚刚能够被分辨(此时鞍点强度为中心强度的 73.5%)。

(1) 望远镜 —— 最小分辨角 $\delta\theta_{\min} = 1.22\dfrac{\lambda}{D}$.

(2) 显微镜 —— 虽不能直接引用夫琅禾费衍射的结果,但注意到在球面波照明、像面接收的条件下,中间像也是夫琅禾费衍射图样。再利用阿贝正弦条件,可得最小分辨距离 $\delta y_{\min} = \dfrac{0.61\lambda}{\text{N.A.}}$,其中 N.A.$= n\sin u$ 为显微物镜的数值孔径。

7. 多缝的夫琅禾费衍射

黑白光栅 —— N 缝平行均匀排列,空间周期 $d = a$(单缝宽度)$ + b$(缝间遮光宽度)。

$$I_\theta = I_0 \underset{\text{单缝衍射因子}}{\left(\frac{\sin\alpha}{\alpha}\right)^2} \underset{\text{缝间干涉因子}}{\left(\frac{\sin N\beta}{\sin\beta}\right)^2}, \quad \begin{cases} \alpha = \dfrac{\pi a}{\lambda}\sin\theta, \\ \beta = \dfrac{\pi d}{\lambda}\sin\theta. \end{cases}$$

主极大的强度

缝间干涉因子 —— 有一系列同样的主极大,两相邻主极大之间有 $N-1$ 条暗线和 $N-2$ 个次极大。次极大的强度远小于主极大。

主极大的位置 $\sin\theta = k\dfrac{\lambda}{d}$ $\quad (k$ —— 干涉级别)

主极大的半角宽度 $\Delta\theta = \dfrac{\lambda}{Nd}$.

单缝衍射因子——缝间干涉因子的包络,前者的零点与后者的某级主极大相遇则该级告缺。

(正弦只有 0 级和 ±1 级主极大,其余均缺级。)

8.光栅光谱仪——均匀多缝的夫琅禾费衍射。

非单色光入射,主极大错开。形成光谱。

(1)角色散本领 $\quad D_\theta = \dfrac{\delta\theta}{\delta\lambda} = \dfrac{k}{d\cos\theta_k} \begin{cases} \propto k, k \text{为级数,} \\ \propto 1/d. \end{cases}$

$\left(\text{棱镜的角色散本领 } D_\theta = \dfrac{b}{a}\dfrac{\mathrm{d}n}{\mathrm{d}\lambda}, \quad \begin{array}{l} a \text{——光束宽度,} \\ b \text{——棱镜底长。} \end{array}\right)$

(2)色分辨本领 R——按瑞利判据,角色散 $\delta\theta$=谱线半角宽度 $\Delta\theta$

$$R = \frac{\lambda}{\delta\lambda} = kN. \quad \left(\text{棱镜的色分辨本领 } R \equiv \frac{\lambda}{\delta\lambda} = b\frac{\mathrm{d}n}{\mathrm{d}\lambda}.\right)$$

闪耀光栅——锯齿状槽面平面反射光栅,对于特定的波长(闪耀波长)将单槽衍射因子的主极大从无色散的零级转移到 1 级。

闪耀角 θ 与 1 级闪耀波长 λ_{1b} 的关系: $\quad 2d\sin\theta_b = \lambda_{1b}$,

9.X 射线晶体衍射(三维光栅) 对应于每一晶面族有一布拉格条件:

$$2d_1\sin\theta_1 = k_1\lambda,$$
$$2d_2\sin\theta_2 = k_2\lambda,$$
$$2d_3\sin\theta_3 = k_3\lambda,$$
$$\cdots\cdots\cdots\cdots$$

劳厄相 德拜相

思 考 题

4－1."衍射"一词,旧译"绕射",你觉得这名词有什么不确切的地方?

4－2.隔着山可以听到中波段的电台广播,而电视广播却很容易被山甚至高大的建筑物挡住,这是什么缘故?

4－3.你在日常生活中曾看到过某些属于光衍射的现象吗? 试举例说明之。

4－4.观察并讨论下列日常生活中遇到的光的衍射现象:

(1)在晚间对着远处的白炽灯泡张开一块手帕,或隔着窗帘看远处的白炽灯,将看到的现象记录下来。

(2)通过眼前张开的手帕注视远处的高压水银灯,将看到的现象记录下来。与白炽灯的情形相比有何不同?

(3)用肉眼观察远处的灯,有时会看到它周围有光芒辐射,这种现象是怎样产生的? 有人说这是瞳孔的衍射现象,因为一般人的瞳孔不是理想的圆孔,而是多边形。你满意这种解释吗? 有什么办法可以验证或否定这种看法?

(4)当你瞪大或眯小眼睛时,灯泡周围的辐射状的光芒有什么变化? 晃动或摇摆你的脑袋时,这些光芒有什么变化? 这些现象是有助于肯定还是否定(3)中提出的解释?

(5)当你注视月亮或日光灯时,你能看到这些辐射状的光芒吗? 对你的观察结果作些解释。

(6)将手指并拢贴在眼前,通过指缝看一灯泡发的光,记录并解释你观察到的现象。

4－5.当一束截面很大的平行光束遇到一个小小的墨点时,有人认为它无关大局,其影响可以忽略,后场基本上还是一束平行光,这个看法对吗? 你能设想一种场合,这小小墨点造成的后果是不可忽视的吗?

4－6．关于两个互补屏在同一场点的衍射强度之间的关系,有人说一个强度是亮(暗)的,则另一个强度是暗(亮)的。这样理解衍射巴比涅定理,对吗?

4－7．试估算菲涅耳圆孔衍射实验中第 10^4 个半波带处的倾斜因子 $f(\theta)=(1+\cos\theta)/2$ 的数量级,如果将 $f(\theta)$ 近似取为 1,误差为多少? (所需的参考数据见 2.1 节。)

4－8．为什么做菲涅耳衍射实验时,光源和接收屏幕要放得那样远? 为什么放近了不易看到衍射图样?

4－9．我们说,整个波前产生的振幅相当于第一个半波带效果之半,它是否等于半个第一半波带的效果?

4－10．严格说来,只有对波前进行无限分割,面元 $d\Sigma$ 贡献的复振幅 $dU(P)$ 才与它的面积成正比。 为什么对于并非无穷小的半波带也能使用上述结论? 能否对波前的分割比半波波带法更粗糙一点,譬如使用“全波带”(即相邻边缘的光程相差 λ 的环形带)的概念?

4－11．设 S 为点光源,D 为孔径固定的衍射屏,P_0 为接收屏幕(见图 4-10).讨论下列情况下圆孔中包含半波带数目的增减:

(1) S、D 位置不变,移动 P_0;

(2) D、P_0 位置不变,移动 S;

(3) S、P_0 位置不变,移动 D.

4－12．你能够用半波带法说明轴上场点的强度随圆屏半径 ρ 的增大而连续单调下降吗? 怎样利用振动矢量图 4-15c 来说明这一点? 能否用巴比涅原理来说明,为什么圆孔衍射图样中心强度作亮暗交替的变化,而圆屏衍射图样的中心强度却作单调变化?

4－13．在菲涅耳圆孔衍射实验中,从近到远移动接收屏幕,中心强度始终作亮暗交替的变化吗? 接收屏幕在哪些位置上中心强度达到极大?

4－14．对于一个圆孔的衍射,是否能引入焦点和焦距的概念? 是否有类似于透镜的物像公式?

4－15．菲涅耳波带片的“物点”和“像点”之间是否有等光程性?

4－16．论证菲涅耳波带片除了具有主焦点外,还存在一系列次焦点。次焦点与主焦点光强之比是多少? 有人认为是 $1/9$、$1/25$,…,你认为对吗? 如果说次焦点的光强确实比主焦点弱,主要是什么因素造成的?

4－17．振幅型的黑白波带片有个缺点,即它使入射光通量损失一半。有什么办法使照射波带片的光通量全部进入衍射场,从而造成更强的主焦点?

4－18．试用半波带法说明夫琅禾费单缝衍射因子的一些特征,如暗纹和次极大出现的位置。你能用半波带法说明各次极大的强度比例吗? 能说明次极大和主极大强度之比吗?

4－19．在夫琅禾费单缝衍射中,为保证在衍射场中至少出现强度的一级极小,单缝的宽度不能小于多少? 为什么用 X 射线而不用可见光衍射作晶体结构分析?

4－20．试讨论,当图 4-21 所示的装置里点光源在垂直光轴的平面里上下左右移动时,衍射图样有何变化?

4－21．若在单缝夫琅禾费衍射装置中线光源取向并不严格平行于单缝,这对衍射图样有什么影响? 如果线光源本身太宽,对衍射图样有什么影响? 设想一下,若在图 4－26 所示的装置中把线光源转 90° 使之与单缝垂直,你在幕上看到的是什么图样?

4－22．在白光照明下夫琅禾费衍射的零级斑中心是什么颜色? 零级斑外围呈什么颜色?

4－23．若将图 4-21a 所示装置中的单缝换为方孔、三角孔或六角形孔,幕上 0 级衍射斑中心位置将在什么地方?

4－24．讨论夫琅禾费衍射装置有如下变动时,衍射图样的变化,(参看图 4-21):

(1) 增大透镜 L_2 的焦距;

(2) 增大透镜 L_2 的口径;

(3) 将衍射屏沿光轴 z 方向前后平移;

(4) 衍射屏作垂直于光轴的移动(不超出入射光束照明范围);

(5) 衍射屏绕光轴 z 旋转。

在以上哪些情形里零级衍射斑的中心发生移动。

4－25．菲涅耳圆孔衍射图样的中心点可能是亮的,也可能是暗的,而夫琅禾费圆孔衍射图样的中心总是亮的。这是为什么?

4 – 26. 讨论下列日常生活中的衍射现象：

（1）假如人眼的可见光波段不是 $0.55\,\mu m$ 左右，而是移到毫米波段，而人眼的瞳孔仍保持 4 mm 左右的孔径，那么，人们所看到的外部世界将是一幅什么景象？

（2）人体的线度是米的数量级，这数值恰与人耳的可听声波波长相近。假想人耳的可听声波波移至毫米量级，外部世界给予我们的听觉形象将是什么状况？

4 – 27. 蝙蝠在飞行时是利用超声波来探测前面的障碍物的，它们为什么不用对人类来说是可闻的声波？

4 – 28. 为什么 $d\sin\theta = k\lambda$ 是缝间干涉因子的主极大条件，而 $a\sin\theta = k\lambda$ 却是单缝衍射的暗纹条件？

4 – 29. 设缝宽 a 与缝间距离 d 之比 $a/d = m/n$（不可简约的分数），讨论缺级情况。$a/d = 1$ 的情况应怎样理解？

4 – 30. 多缝衍射屏有缝宽 a、缝距 d、缝数 N 等三个结构参数，试分别讨论每一个参数的变化是如何影响主极大的位置、主极大的半角宽度和主极大的强度的。

4 – 31. N 缝衍射装置中入射光能流比单缝大 N 倍，而主极大却大 N^2 倍，这违反能量守恒定律吗？

4 – 32. 画出下列三种情况的夫琅禾费衍射强度曲线，并比较它们的特点：

（1）宽度为 a 的单缝；

（2）宽度为 $2a$ 的单缝；

（3）宽度为 a、间距 $d = 2a$ 的双缝。

4 – 33. 在第三章图 3-9b、图 3-10b、图3-11b 所示的菲涅耳双镜、双棱镜和劳埃德镜的干涉条纹的照片中可以看到各级条纹强度不等，它们按一定的规律起伏。试解释这类现象。

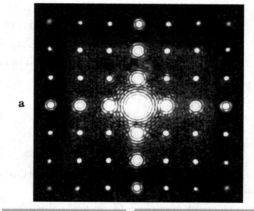

4 – 34. 衍射屏上有大量缝宽 a 相同、但间距 d 作无规分布的缝，它的夫琅禾费衍射图样该是什么样的？

4 – 35. 圆孔的夫琅禾费衍射强度分布函数由（4.49）式给出。当衍射屏上有很大数目（N 个）孔径相同但位置无规分布的圆孔时，衍射强度分布的函数表达式为何？

4 – 36. 在玻璃板上撒上大量无规分布的不透明球形颗粒。设颗粒半径相同，求衍射强度分布的函数表达式，由此启发，你能想到一种测定颗粒半径和密度的方法吗？

4 – 37. 在太阳或月亮的周围有时出现彩色晕圈，你能解释这种现象吗？

4 – 38. 本题图 a 所示为一夫琅禾费衍射图样，你能判断产生这图样的衍射屏是图 b 还是图 c 吗？

4 – 39. 正入射时单缝衍射 0 级与缝间干涉 0 级重合，斜入射能将两个 0 级分离吗？

4 – 40. 在光谱仪中为什么人们爱用反射镜（平面，凹面），而不大喜欢用透镜？

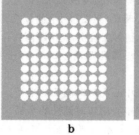

思考题 4-38

4 – 41. 为了提高光栅的色散本领和分辨本领，既要求光栅刻线很窄（即 d 小），又要求刻线总数很多（即 N 大）。怎样理解 N 增大并不能提高光栅的色散本领？ 怎样理解 d 减小时虽然扩大两条谱线的角间隔，却不能提高分辨本领？

4 – 42. 现有一台光栅光谱仪备有同样大小的三块光栅：1200 条 /mm，1600 条 /mm，90 条 /mm。 试问：

（1）当光谱范围在可见光部分，应选用哪块光栅？ 为什么？

（2）当光谱范围在红外 $3\,\mu m \sim 10\,\mu m$ 波段，应选用哪块光栅，为什么？

4 – 43. （1）试由 $R = Nk$ 导出光栅分辨本领公式的另一形式：

$$R = D\sin\theta/\lambda,$$

其中 $D = Nd$. $D\sin\theta$ 的物理意义是什么？

(2) 现代光栅的最大宽度 $D \sim 25\,\mathrm{cm}$，在波长 $0.5\,\mu\mathrm{m}$ 附近其极限分辨本领及相应的可分辨的最小波长 $\delta\lambda$ 各多少？

(3) 有人认为光栅光谱仪的分辨本领受照明光束的时间相干性限制，你觉得这看法有道理吗？

4-44. 导出光栅色散本领公式的另一形式
$$D_\theta = \tan\theta/\lambda.$$

4-45. 导出棱镜光谱仪色散本领的公式(4.82)。

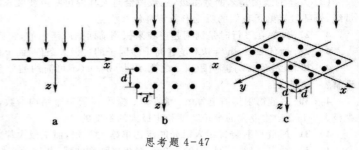

思考题 4-47

4-46. 色散型光谱仪加上出射狭缝，就成为一台单色仪。由光栅光谱仪做成的单色仪，其输出光束的单色性好坏由什么因素决定？怎样才算充分利用了光栅元件的分辨本领？增大光栅的宽度 $D = Nd$，能改善输出光束的单色性吗？

4-47. 分别就本题图 a、b 两种光栅模型分析 xz 平面内夫琅禾费衍射主极大条件，并回答下列问题：

(1) 设入射波长连续分布，光栅 a、b 对产生极大的波长有无限制？

(2) 设入射波长满足 $d = 10\lambda$，光栅 a 中衍射极大共有几级？哪些能在光栅 b 中保留下来？

(3) 设光栅 b 中入射波长连续，试求主极大衍射角 θ 从 $90°$ 往下的任意三个值。

(4) 如果衍射单元是在 xy 平面内的点阵(图 c)，试分析衍射线平行于 xz 平面的夫琅禾费衍射的主极大条件，这种情形与上述 a 或 b 中的哪一种相似？

习　题

4-1. 在菲涅耳圆孔衍射实验中，圆孔半径 $2.0\,\mathrm{mm}$，光源离圆孔 $2.0\,\mathrm{m}$，波长 $0.5\,\mu\mathrm{m}$，当接收屏幕由很远的地方向圆孔靠近时，求

(1) 前三次出现中心亮斑(强度极大)的位置；

(2) 前三次出现中心暗斑(强度极小)的位置。

4-2. 在菲涅耳圆孔衍射实验中，光源距离圆孔 $1.5\,\mathrm{m}$，波长 $0.63\,\mu\mathrm{m}$，接收屏幕与圆孔距离 $6.0\,\mathrm{m}$，圆孔半径从 $0.5\,\mathrm{mm}$ 开始逐渐扩大，求

(1) 最先的两次出现中心亮斑时圆孔的半径；

(2) 最先的两次出现中心暗斑时圆孔的半径。

4-3. 用直刀口将点光源的波前遮住一半(直边衍射)，几何阴影边缘点上的光强比自由传播时小多少倍？

4-4. 求圆孔中露出 1.5 个半波带时衍射场中心强度与自由传播时强度之比。

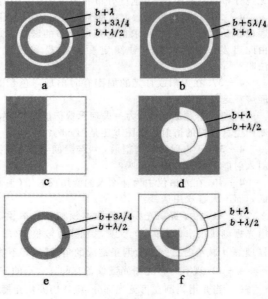

习题 4-5

4-5. 用平行光照明衍射屏，屏对波前作如本题图所示的下几种方式的遮挡，求轴上场点的光强与自由传播时之比(图中标出的是该处到场点的光程，其中 b 是中心到场点的光程)。

4-6. 若一个菲涅耳波带片只将前五个偶数半波带遮挡，其余地方都开放，求衍射场中心强度与自由传播时之比。

4-7. 若一个菲涅耳波带片将前 50 个奇数半波带遮挡,其余地方都开放,求衍射场中心强度与自由传播时之比。

4-8. 菲涅耳波带片第一个半波带的半径 $\rho_1 = 5.0\,\text{mm}$,

(1) 用波长 $\lambda = 1.06\,\mu\text{m}$ 的单色平行光照明,求主焦距;

(2) 若要求主焦距为 25 cm,需将此波带片缩小多少倍?

4-9. 如何制作一张满足以下要求的波带片:

(1) 它在 400.0 nm 紫光照明下的主焦距为 80 cm;

(2) 主焦点光强是自由传播时的 10^3 倍左右。

4-10. 一菲涅耳波带片对 900.0 nm 的红外光主焦距为 30 cm,改用 632.8 nm 的氦氖激光照明,主焦距变为多少?

4-11. 如本题图,平行光以 θ_0 角斜入射在宽度为 a 的单缝上,试证明:

(1) 夫琅禾费衍射的强度公式基本不变(忽略倾斜因子),即

$$I_\theta = I_0 \left(\frac{\sin\alpha}{\alpha} \right)^2,$$

式中 I_0 为零级中心强度,只不过 α 的定义与正入射不同: $\alpha = \dfrac{a\pi}{\lambda}(\sin\theta - \sin\theta_0)$;

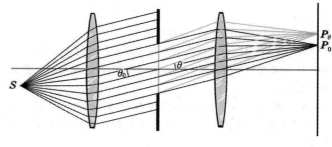

(2) 零级中心的位置在几何光学像点处;

(3) 零级斑半角宽度为 $\Delta\theta = \dfrac{\lambda}{a\cos\theta_0}$.

习题 4-11

(4) 如果考虑到单缝两侧并非同一介质,情况将怎样?

4-12. 估算下列情形光束在介质界面上反射和折射时反射光束和折射光束的衍射发散角。设界面的线度为 1 cm,光波波长为 $0.6\,\mu\text{m}$,折射率为 1.5,

(1) 平行光正入射;

(2) 入射角为 75°;

(3) 入射角为 89°(掠入射)。

4-13. 试用巴比涅原理证明:互补的衍射屏产生的夫琅禾费衍射图样相同。

4-14. 衍射细丝测径仪就是把单缝夫琅禾费衍射装置中的单缝用细丝代替。今测得零级衍射斑的宽度(两个一级暗纹间的距离)为 1 cm,求细丝的直径。已知光波波长 $0.63\,\mu\text{m}$,透镜焦距 50 cm.

4-15. 一对双星的角间隔为 0.05″,

(1) 需要多大口径的望远镜才能分辨它们?

(2) 此望远镜的角放大率应设计为多少才比较合理?

4-16. 一台天文望远镜的口径为 2.16 m,由这一数据你能进一步获得关于它在光学性能方面的哪些知识?

4-17. 一台显微镜,已知其 N.A.=1.32,物镜焦距 $f_0 = 1.91\,\text{mm}$,目镜焦距 $f_E = 50\,\text{mm}$,求

(1) 最小分辨距离;

(2) 有效放大率;

(3) 光学筒长。

4-18. 用一架照相机在离地面 200 km 的高空拍摄地面上的物体,如果要求它能分辨地面上相距 1 m 的两点,照相机的镜头至少要多大? 设镜头的几何像差已很好地消除,感光波长为 400.0 nm.

4-19. 已知地月距离约为 3.8×10^5 km,用口径为 1 m 的天文望远镜能分辨月球表面两点的最小距离是多少?

4-20. 已知日地距离约为 1.5×10^8 km,要求分辨太阳表面相距 20 km 的两点,望远镜的口径至少需有多大?

4－21. 用坐标纸绘制 $N=2$、$d=3a$ 的夫琅禾费衍射强度分布曲线，横坐标取 $\sin\theta$，至少画到第 7 级主极大，并计算第 0 级和第 1 级主极大与单缝主极大之比。

4－22. 用坐标纸绘制 $N=6$、$d=1.5a$ 的夫琅禾费衍射强度分布曲线，横坐标取 $\sin\theta$，至少画到第 4 级主极大，并计算第 4 级主极大与单缝主极大之比。

4－23. 导出斜入射时夫琅禾费多缝衍射强度分布公式：

$$I_\theta = I_0 \left(\frac{\sin\alpha'}{\alpha'}\right)^2 \left(\frac{\sin N\beta'}{\sin\beta'}\right)^2,$$

其中

$$\alpha' = \frac{\pi a}{\lambda}(\sin\theta - \sin\theta_0),$$

$$\beta' = \frac{\pi d}{\lambda}(\sin\theta - \sin\theta_0).$$

θ_0 为入射线与光轴的夹角（见本题图）。

4－24. 导出斜入射时夫琅禾费多缝衍射主极大位置公式，第 k 级主极大的半角宽度公式及缺级情况，并注意与正入射情况作比较。

4－25. 有三条平行狭缝，宽度都是 a，缝距分别为 d 和 $2d$（见本题图）。证明正入射时其夫琅禾费衍射强度分布公式为

$$I_\theta = I_0 \left(\frac{\sin\alpha}{\alpha}\right)^2 \left[3 + 2\left(\cos 2\beta + \cos 4\beta + \cos 6\beta\right)\right],$$

其中 $\alpha = \pi a \sin\theta/\lambda$，　$\beta = \pi d \sin\theta/\lambda$.

4－26. 导出正入射时不等宽双缝的夫琅禾费衍射强度分布公式，缝宽分别为 a 和 $2a$，缝距 $d=3a$。（见本题图）

4－27. 有 $2N$ 条平行狭缝，缝宽相同都是 a，缝间不透明部分的宽度作周期性变化：a、$3a$、a、$3a$、…（见本题图）。求下列各种情形中的衍射强度分布：

（1）遮住偶数缝；

（2）遮住奇数缝；

（3）全开放。

4－28. 波长为 650.0 nm 的红光谱线，经观测发现它是双线，如果在 9×10^5 条刻线光栅的第 3 级光谱中刚好能分辨此双线，求其波长差。

4－29. 若要 50 条/mm 的光栅在第 2 级光谱中能分辨钠双线 λ_1（589.0 nm）和 λ_2（589.6 nm），光栅宽度应选多少？

4－30. 波长为 500 nm 的绿光正入射在光栅常量为 2.5×10^{-4} cm，宽度为 3 cm 的光栅上，聚光镜的焦距为 50 cm，

（1）求第 1 级光谱的线色散；

（2）求第 1 级光谱中能分辨的最小波长差；

（3）该光栅最多能看到第几级光谱？

4－31. 一束白光正入射在 600 条/mm 的光栅上，第 1 级可见光谱末端与第 2 级光谱始端之间的角间隔为多少？

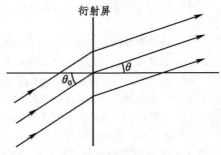

习题 4－23

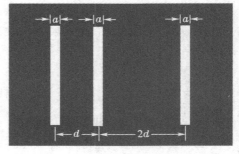

习题 4－25

习题 4—26

习题 4－27

4 – 32. 国产 31WⅠ 型 1 米平面光栅摄谱仪的技术数据如右表所示,试根据这些数据来计算一下:

(1) 该摄谱仪能分辨的谱线间隔的最小值为多少?

(2) 该摄谱仪的角色散本领为多少[以($'$)/mm 为单位];

(3) 光栅的闪耀角为多大? 闪耀方向与光栅平面的法线方向成多大角度?

物镜焦距 ·················	1050 mm
光栅刻划面积 ·········	60 mm×40 mm
闪耀波长 ··········	365.0 nm(1 级)
刻线 ·················	1200 条/mm
色散 ·················	0.8 nm/mm
理论分辨率 ············	72 000(1 级)

4 – 33. 底边长度为 6 cm 的棱镜,在光波长为 0.6 μm 附近能分辨的最小波长间隔为多少? (以棱镜材料的色散率 $dn/d\lambda$ 值为 0.4×10^{-5}/nm 来估算)

4 – 34. 根据以下数据比较光栅、棱镜、法-珀干涉仪三者的分光性能:(1)分辨本领;(2)色散本领;(3)自由光谱范围。

光栅宽度 $D = 5$ cm;刻线密度 $1/d = 600$ 条/mm;棱镜底边 $b = 5$ cm;顶角 $\alpha = 60°$;折射率 $n = 1.51$;色散率 $dn/d\lambda = 0.6 \times 10^{-4}$/nm;法-珀腔长 $h = 5$ cm;反射率 $R = 0.99$。

第五章 变换光学与全息照相

§1. 衍射系统产生的波前变换

1.1 从惠更斯—菲涅耳原理看衍射现象

对于"衍射"问题,我们曾有过几种不同深度的认识。最初我们说,当光在传播过程中遇到障碍物时偏离直线传播,或更广泛一些,偏离几何光学的传播规律,这种现象称为衍射。在把惠更斯–菲涅耳原理运用到圆孔、圆屏、单缝、多缝等衍射问题后,我们意识到,衍射的发生,是由于光在传播过程中波面受到某种限制,亦即自由波面发生破损。现在我们要说,当光在传播过程中,由于种种原因而改变了波前的复振幅分布(包括振幅分布或相位分布),后场不再是自由传播时的光波场,这便是衍射。用较数学化的语言来表达,就是无源空间的边值定解问题。现在我们对此作些解释。

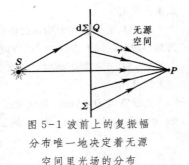

图 5-1 波前上的复振幅分布唯一地决定着无源空间里光场的分布

我们在上一章已经熟悉,惠更斯–菲涅耳原理的中心思想是波前上次波的相干叠加。运用惠更斯–菲涅耳原理时的通常作法是用一个闭合曲面 Σ(波前)把源点 S 和场点 P 隔开(图5-1),将波前上每个面元 $\mathrm{d}\Sigma$ 看成是次波中心,由此发出的次波在场点相干叠加,决定着场点的振动。这个思想集中地凝聚在菲涅耳–基尔霍夫衍射积分公式(4.10)中:

$$\tilde{U}(P) = \frac{-\mathrm{i}}{2\lambda} \oiint\limits_{(\Sigma)} (\cos\theta_0 + \cos\theta)\, \tilde{U}_0(Q) \frac{e^{\mathrm{i}kr}}{r} \mathrm{d}\Sigma.$$

式中 Q 代表波前 Σ 上的任意点,$\tilde{U}_0(Q)$ 是波前上的复振幅分布函数,简称波前函数(有时索性简称波前)。上式充分说明,被波前 Σ 隔开的那部分无源的场空间里,任一点 P 的振动 $\tilde{U}(P)$ 由波前上 $\tilde{U}_0(Q)$ 的分布唯一地确定。这就是无源空间的边值定解问题。以上所述意味着,如果在 Σ 上有障碍物(衍射屏)存在,使得其上波前函数 $\tilde{U}_0(Q)$ 发生了与自由传播相比有所不同的改变,即 Σ 上的边值条件有了改变,则无源空间内的光场就会产生重新分布。这就是衍射的实质。

1.2 衍射系统的屏函数 振幅变换函数与相位变换函数

按照上面对衍射的认识,凡能使波前上复振幅发生改变的物体,统称衍射屏。衍射屏可以是反射物,也可以是透射物。拿透射式衍射屏来说,上一章讲的圆孔、矩孔、圆屏、单缝及多缝,都是在衍射屏的一部分面积内透射率为1,其余的地方透射率为0,而正弦光栅则有不同的灰度级,透射率是渐变的。其实透镜也可看作是一个衍射屏,在它的边缘以内虽然透射率都近似为1,但各处玻璃的厚度不同,从而光程差不同,令波前函数产生不同的相位差。我们可以说,前者为振幅型的衍射屏,后者为相位型的衍射屏。

以衍射屏为界,整个衍射系统被分成前后两部分,前场为照明空间,充满照明光波场;后场为衍射空间,充满衍射光波场。 一般说来,照明光波比较简单,它常是球面波或平面波,这两种典型波的等相面和等幅面是重合的,在其波场中没有因强度起伏而出现的亮暗图样。 衍射波则比较复杂,它不是单纯的球面波或平面波,这种复杂的波的等相面和等幅面一般不重合,属于非均匀波,波场中常有因强度起伏而形成的衍射图样。在一个衍射系统中,我们特别要考虑三个波前上的场分布。如图 5-2,进入衍射屏 $\Sigma(x,y)$ 之前是照明光波前产生的入射波前 $\tilde{U}_入(x,y)$,入射波前经衍射屏改造之后变为出射波前 $\tilde{U}_出(x,y)$,它在后场中产生衍射场。如果在衍射场中再置一接收屏场 $\Pi(x',y')$，则在其上的波前函数为 $\widetilde{U}(x',y')$.

把波前 $\widetilde{U}_{\scriptsize\text{入}}(x,y)$ 转化为波前 $\widetilde{U}_{\scriptsize\text{出}}(x,y)$ 是衍射屏的作用，由衍射屏的性质决定。从波前 $\widetilde{U}_{\scriptsize\text{出}}(x,y)$ 导出波前 $\widetilde{U}(x',y')$ 是光的传播问题，要靠菲涅耳-基尔霍夫积分公式来计算。两步合起来成为衍射。可以说，衍射就是波前变换。

衍射屏的作用可集中地用如下一个函数来表征：

$$\widetilde{T}(x,y) \equiv \frac{\widetilde{U}_{\scriptsize\text{出}}(x,y)}{\widetilde{U}_{\scriptsize\text{入}}(x,y)}, \tag{5.1}$$

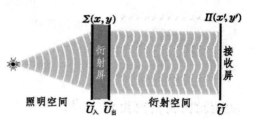

它称为衍射屏的屏函数。屏函数一般也是复数，它包括模 $T(x,y)=|\widetilde{T}(x,y)|$（振幅变换函数）和辐角 $\Phi(x,y)$ $=\arg\{\widetilde{T}(x,y)\}$（相位变换函数）两部分，$\Phi(x,y)$ 等于常量的衍射屏为纯振幅型的，$T(x,y)$ 等于常量的衍射屏为纯相位型的。一般说来，二者都不是常量。任何形

图 5-2　衍射系统中的几个波前

状的孔或遮光屏都是最简单的振幅型透射衍射屏，它们的屏函数具有如下形式：

$$\widetilde{T}(x,y) = \begin{cases} 1, & \text{透光部分}, \\ 0, & \text{遮光部分}. \end{cases}$$

透镜是最常见的相位型衍射屏，我们将在 1.5 节中介绍。

1.3 平面波与球面波的波前函数

按照第三章(3.4)式，波场中一点 P 的复振幅为

$$\widetilde{U}(P) = A(P)e^{i\varphi(P)},$$

其中 $\varphi(P)$ 是 P 点振动的相位。

取平面 Π 垂直于 z 轴，下面我们求平面波和球面波这两个重要的特例在 Π 上的波前函数 $\widetilde{U}(x,y)$.

（1）平面波

如图 5-3 所示，设平面波的波矢为 k，$k=2\pi/\lambda$. 对于空间任意点 O，波场中 P 点的相位落后为

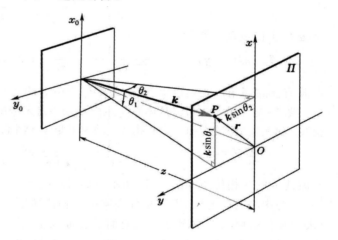

图 5-3　平面波的波前

$$\Delta\varphi = \varphi(P) - \varphi(O) = \boldsymbol{k}\cdot\boldsymbol{r}. \tag{5.2}$$

式中 $\boldsymbol{r}=\overrightarrow{OP}$. 现取 O 点为 Π 上 xy 坐标的原点，P 点的坐标为 (x,y)，则

$$\boldsymbol{k}\cdot\boldsymbol{r} = k_x x + k_y y = k(x\cos\alpha + y\cos\beta) = k(x\sin\theta_1 + y\sin\theta_2). \tag{5.3}$$

式中 $\cos\alpha$ 和 $\cos\beta$ 是波矢 $\boldsymbol{k}$ 的前两个方向余弦，θ_1 和 θ_2 分别是 α 和 β 的余角（意义与第四章图4-24同）。从而

$$\varphi(P) = k(x\sin\theta_1 + y\sin\theta_2) + \varphi(O),$$

对于平面波，振幅 $A(P)=$ 常量 A，于是

$$\widetilde{U}(x,y) = \widetilde{U}(O)\exp[ik(x\sin\theta_1 + y\sin\theta_2)], \tag{5.4}$$

式中

$$\widetilde{U}(O) = Ae^{i\varphi(O)}$$

为 O 点的复振幅。我们看到，平面波前函数指数上的相因子对 x、y 来说总是线性的。

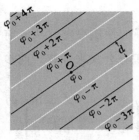

图 5-4 平面波波前
上的等相位线

图 5-4 平面波波前上的等相位线,它们是一组等间隔的平行线,它们的法线沿 ($k\sin\theta_1$, $k\sin\theta_2$) 方向,相位差为 2π,空间周期为

$$d = \lambda / (2\sqrt{\sin^2\theta_1 + \sin^2\theta_2}).$$

(2) 球面波

球面波的振幅与到振源的距离 r 成反比,相位

$$\varphi(r) = kr + \varphi_0,$$

其中 $k = 2\pi/\lambda$,φ_0

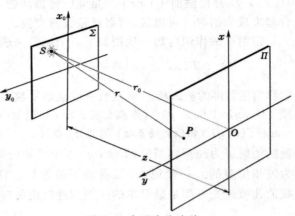

图 5-5 球面波的波前

为振源的相位,它可取为 0。 故

$$\widetilde{U}(r) = \frac{A}{r} e^{ikr}. \tag{5.5}$$

如图 5-5 所示,设振源 S 在 Π 平面之前距离 z 处的平面 Σ 上,设其横向坐标为 (x_0, y_0)。Π 上横向坐标为 (x, y),在场点 P 处

$$r = \sqrt{(x-x_0)^2 + (y-y_0)^2 + z^2}.$$

于是 Π 上的波前函数为

$$\widetilde{U}(x, y) = \frac{A}{\sqrt{(x-x_0)^2 + (y-y_0)^2 + z^2}} \exp[ik\sqrt{(x-x_0)^2 + (y-y_0)^2 + z^2}]. \tag{5.6}$$

在波前上的等相位线是以 $x = x_0$,$y = y_0$ 为中心的同心圆(见图 5-6a)。

图 5-6a 中的等相位线从中心向外相位递增(表示相位落后),即外圈是走在前面的波面与 Π 平面的交线。这是发散波的特征。若将指数上的因子变号,整个波前函数 $\widetilde{U}(x, y)$ 变成它的复共轭 $\widetilde{U}^*(x, y)$:

$$\widetilde{U}^*(x, y) = \frac{A}{\sqrt{(x-x_0)^2 + (y-y_0)^2 + z^2}} \exp[-ik\sqrt{(x-x_0)^2 + (y-y_0)^2 + z^2}]. \tag{5.7}$$

其波前上的等相位线如图 5-6b 所示,也是以 $x = x_0$、$y = y_0$ 为中心的同心圆,不过从外圈向中心相位递增(表示相位落后),即内圈是走在前面的波面与 Π 平面的交线。这是会聚波的特征,此波也是从左到右传播的,会聚中心在 S 对 Π 平面的镜像对称 S^* 处。

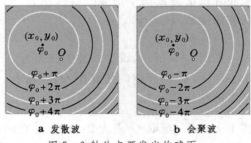

a 发散波   b 会聚波
图 5-6 轴外点源发出的球面
波波前上的等相位线

若点波源在轴上,$x_0 = y_0 = 0$,(5.7) 式化为

$$\widetilde{U}^*(x, y) = \frac{A}{\sqrt{x^2 + y^2 + z^2}} \exp[-ik\sqrt{x^2 + y^2 + z^2}]. \tag{5.8}$$

其波前上的等相位线如图 5-7 所示,也是以原点 $x = 0$、$y = 0$ 为中心的同心圆。

1.4 傍轴条件和远场条件

把上面得到的球面波波前函数表达式运用到衍射问题上,我们可以取一些近似。在通常的衍射装置中,点光源或者衍射屏上的次波源离轴线的横向距离 $\rho_0 = \sqrt{x_0^2 + y_0^2}$ 和接收屏上场点 P 的

横向距离 $\rho = \sqrt{x^2 + y^2}$ 都远比各屏之间的纵向距离 z 小得多,故波前函数内的 r 可作幂级数展开:

$$r = \sqrt{(x-x_0)^2 + (y-y_0)^2 + z^2} = z\left[1 + \frac{(x-x_0)^2 + (y-y_0)^2}{2z^2}\right]$$

$$= z\left(1 + \frac{x^2+y^2}{2z^2} + \frac{x_0^2+y_0^2}{2z^2} - \frac{xx_0+yy_0}{z^2} + \cdots\right) = r_0 + \frac{x^2+y^2}{2z} - \frac{xx_0+yy_0}{z} + \cdots, \quad (5.9)$$

式中 r_0 为波前中心 O 到振源 S 之间的距离:

$$r_0 \approx z + \frac{x_0^2+y_0^2}{2z}. \quad (5.10)$$

若点波源在轴上,$x_0 = y_0 = 0$,(5.9) 式化为

$$r = z + \frac{x^2+y^2}{2z}. \quad (5.11)$$

这里有两种苛刻程度不同的近似条件:

(1) 傍轴条件 $\quad \dfrac{\rho_0^2}{z^2}, \dfrac{\rho^2}{z^2} \ll 1. \quad (5.12)$

在波前函数(5.5)式中振幅和相位中都含有 r. 振幅 A/r 是 r 的缓变函数,在傍轴条件下(5.9)式里的

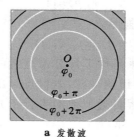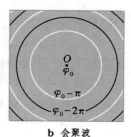

a 发散波　　　　　　**b 会聚波**

图 5-7 轴上点源发出的球面波
波前上的等相位线

二次项都可忽略,可认为 $A/r \approx A/z$,它在波前上是个常量。然而波前函数的相位因子是急剧震荡的函数,只有引起相位 $\varphi = kr$ 的变化远小于 2π 时,(5.9)式里的二次项才可忽略,这仅在傍轴条件下是做不到的。需要有更苛刻的远场条件。所以仅在傍轴条件下球面波前函数可写为

$$\widetilde{U}(x,y) \approx \frac{A\,e^{ikr_0}}{z} \exp\left(ik\frac{x^2+y^2}{2z}\right) \exp\left(-ik\frac{xx_0+yy_0}{z}\right); \quad (5.13)$$

与之共轭的会聚球面波前函数则为

$$\widetilde{U}^*(x,y) \approx \frac{A\,e^{-ikr_0}}{z} \exp\left(-ik\frac{x^2+y^2}{2z}\right) \exp\left(ik\frac{xx_0+yy_0}{z}\right). \quad (5.14)$$

对于轴上点源,则有

$$\widetilde{U}(x,y) \approx \frac{A\,e^{ikz}}{z} \exp\left(ik\frac{x^2+y^2}{2z}\right), \quad (5.15)$$

$$\widetilde{U}^*(x,y) \approx \frac{A\,e^{-ikz}}{z} \exp\left(-ik\frac{x^2+y^2}{2z}\right). \quad (5.16)$$

(2) 远场条件

源点 $\quad \dfrac{k\rho_0^2}{z} \ll 2\pi, \quad$ 或 $\quad \dfrac{\rho_0^2}{z} \ll \lambda; \quad (5.17)$

场点 $\quad \dfrac{k\rho^2}{z} \ll 2\pi, \quad$ 或 $\quad \dfrac{\rho^2}{z} \ll \lambda. \quad (5.18)$

远场条件是很苛刻的,在通常的衍射装置中(5.17)、(5.18)这两个条件不大可能满足,尤其场点很难满足远场条件。若只有源点满足远场条件,则 $r_0 \approx z + \dfrac{x_0^2+y_0^2}{2z}$ 式中 x_0、y_0 的平方项可以忽略,于是 $r_0 \approx z$,(5.13)式和(5.14)式化为

$$\widetilde{U}(x,y) \approx \frac{A\,e^{ikz}}{z} \exp\left(ik\frac{x^2+y^2}{2z}\right) \exp\left(-ik\frac{xx_0+yy_0}{z}\right); \quad (5.19)$$

$$\widetilde{U}^*(x,y) \approx \frac{A\,e^{-ikz}}{z} \exp\left(-ik\frac{x^2+y^2}{2z}\right) \exp\left(ik\frac{xx_0+yy_0}{z}\right). \quad (5.20)$$

1.5 透镜的相位变换函数

如图 5-8a,在透镜前后各取一个平面 $\Sigma_入$ 和 $\Sigma_出$,设在它们上面的入射波前函数和透射波前函数分别为

$$\begin{cases} \widetilde{U}_入(x,y) = A_入(x,y)\exp[i\varphi_入(x,y)], \\ \widetilde{U}_出(x,y) = A_出(x,y)\exp[i\varphi_出(x,y)]. \end{cases}$$

现在我们把透镜看作一个相位型的透射屏,计算它的屏函数

$$\widetilde{T}_{\mathrm{L}}(x,y)=K\exp[\mathrm{i}\varphi_{\mathrm{L}}(x,y)],$$

通常玻璃有很高的透射率,

$$K=A_{\text{出}}(x,y)/A_{\text{入}}(x,y)\approx1。$$

严格求透镜的相位变换函数

$$\varphi_{\mathrm{L}}(x,y)=\varphi_{\text{出}}(x,y)-\varphi_{\text{入}}(x,y)$$

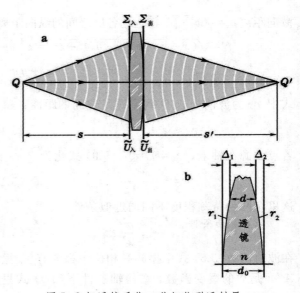

是困难的,下面在傍轴条件下计算薄透镜的相位变换函数。由于透镜很薄,入射点与出射点的坐标相近,光程可近似地沿平行于光轴方向计算。如图 5-8b,有

$$\varphi_{\mathrm{L}}(x,y)=k\left[\Delta_1(x,y)+\Delta_2(x,y)+nd(x,y)\right]$$
$$=k\left[nd_0-(n-1)(\Delta_1+\Delta_2)\right],\quad(5.21)$$

其中　　　　　$d_0=d+\Delta_1+\Delta_2=$ 透镜中心厚度

是个与 x、y 无关的常量,该项不影响波前上

图 5-8 把透镜看作一种相位型透射屏

相位的相对分布,常可略去不写。(5.19) 式中重要的是第二项,在傍轴条件下其中的 Δ_1 和 Δ_2 可写为

$$\Delta_1(x,y)=r_1-\sqrt{r_1^2-(x^2+y^2)}\approx\frac{x^2+y^2}{2r_1},$$
$$\Delta_2(x,y)=(-r_2)-\sqrt{(-r_2)^2-(x^2+y^2)}\approx-\frac{x^2+y^2}{2r_2},$$

式中 r_1、r_2 分别是透镜前后两表面的曲率半径。❶代入(5.18)式,略去常量项 knd_0 不写,得

$$\varphi_{\mathrm{L}}(x,y)=-k\frac{n-1}{2}\left(\frac{1}{r_1}-\frac{1}{r_2}\right)(x^2+y^2)=-k\frac{x^2+y^2}{2F},\quad(5.22)$$

式中　　　　　　　　　　$F=\dfrac{1}{(n-1)\left(\dfrac{1}{r_1}-\dfrac{1}{r_2}\right)}。\quad(5.23)$

于是透镜的屏函数(相位变换函数)为

$$\widetilde{T}_{\mathrm{L}}(x,y)=\exp\left(-\mathrm{i}k\frac{x^2+y^2}{2F}\right)。\quad(5.24)$$

我们看到,(5.23) 式中给出的 F 正是以前用几何光学理论导出的透镜焦距[参见第二章 3.1 节磨镜者公式(2.40)]。试以平行于光轴的平行光入射,则[取(5.4) 式中 $\theta_1=\theta_2=0$]

$$\widetilde{U}_{\text{入}}(x,y)=\widetilde{U}(O)=\text{常量}。$$

以及

$$\widetilde{U}_{\text{出}}(x,y)=\widetilde{U}_{\text{入}}(x,y)\widetilde{T}_{\mathrm{L}}(x,y)=\widetilde{U}(O)\exp\left(-\mathrm{i}k\frac{x^2+y^2}{2F}\right)。$$

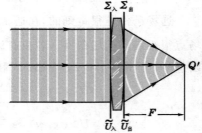

据(5.16)式可以看出,上式代表一列会聚到透镜后轴上距离为 F 处的球面波(图5-9)。F 果然具有透镜焦距的含义! 再以振源位于透镜前轴上距离为 s 处的发散球面波入射,按(5.15)式

图 5-9 透镜的焦距与成像公式

---

❶　r_1、r_2 的正负号按第二章 2.2 节约定(Ⅲ),此处对于双凸透镜 $r_1>0$,$r_2<0$。

$$\widetilde{U}_{入}(x, y) = \frac{A\,e^{ikz}}{z} \exp\left(i\,k\,\frac{x^2+y^2}{2\,s}\right),$$

于是
$$\widetilde{U}_{出}(x, y) = \widetilde{U}_{入}(x, y)\,\widetilde{T}_L(x, y) = \frac{A\,e^{ikz}}{z} \exp\left(-i\,k\,\frac{x^2+y^2}{2\,F}\right)\exp\left(i\,k\,\frac{x^2+y^2}{2\,s}\right)$$
$$= \frac{A\,e^{ikz}}{z} \exp\left[-i\,k\,\frac{x^2+y^2}{2}\left(\frac{1}{F}-\frac{1}{s}\right)\right],$$

令
$$\frac{1}{s'} = \frac{1}{F} - \frac{1}{s}, \tag{5.25}$$

则
$$\widetilde{U}_{出}(x, y) = \frac{A\,e^{ikz}}{z} \exp\left(-i\,k\,\frac{x^2+y^2}{2\,s'}\right),$$

据(5.16)式,上式代表一列会聚到透镜后轴上距离为s'处的球面波(图5-8a),(5.25)式就是薄透镜成像公式的高斯形式(2.42)式。

在上面的讨论中我们没有考虑光瞳对波面的限制和超越傍轴条件时光程差的严格计算。过去我们把这两个因素分别归结为有限孔径引起的衍射效应和几何光学像差。有了波前变换的概念,它们都可以统一地包括在透镜屏函数$\widetilde{T}_L(x.y)$的严格计算中。

1.6 棱镜的相位变换函数

棱镜的作用不是成像,而是偏折,它将一个方向的平行光束变换为另一方向的平行光束.因平面波的相因子是线性的,故可预料,棱镜的相位变换函数在指数上的因子也是线性的。仿照前面的推导,对于楔形薄棱镜可近似认为光线在两个界面上等高。设楔角为α,折射率为n,则相位差为

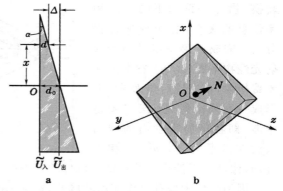

图 5-10 楔形薄棱镜的相位变换函数

$$\varphi_P(x, y) = k[\Delta(x, y) + n\,d(x, y)]$$
$$= k[n\,d_0 - (n-1)\Delta(x, y)],$$

其中d_0是中心厚度,上式中的$k\,n\,d_0$一项是常量,可略去不写。$\Delta(x, y) = \alpha x$(见图5-10a),则

$$\varphi_P(x, y) = -k(n-1)\alpha x, \tag{5.26}$$

$$\widetilde{T}_P(x, y) = \exp[-i\,k(n-1)\alpha x], \tag{5.27}$$

刚才的计算针对棱镜棱边平行于y轴的情形,如果交棱在xy面内任意取向,可用斜面法线N(图5-10b)的两个方向角的余角α_1和α_2来表征:

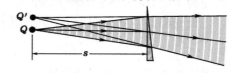

图 5-11 楔形棱镜的折射

$$\widetilde{T}_P(x, y) = \exp[-i\,k(n-1)(\alpha_1 x + \alpha_2 y)]. \tag{5.28}$$

现考虑轴上一点源Q与棱镜的距离为s点发出的傍轴球面波经棱镜折射后出射波的特征(见图5-11)。按(5.15)式,入射波前函数为

$$\widetilde{U}_{入}(x, y) = \frac{A\,e^{ikz}}{z} \exp\left(i\,k\,\frac{x^2+y^2}{2\,s}\right),$$

出射波前函数为
$$\widetilde{U}_{出}(x, y) = \widetilde{U}_{入}(x, y)\,\widetilde{T}_P(x, y)$$
$$= \frac{A\,e^{ikz}}{z} \exp\left(i\,k\,\frac{x^2+y^2}{2\,s}\right)\exp[-i\,k(n-1)(\alpha_1 x + \alpha_2 y)]. \tag{5.29}$$

参照(5.13)式,出射波是轴外点源 Q' 发出的发散球面波,点源 Q' 的位置 (x_0, y_0) 可由线性相因子的系数定出:

$$\begin{cases} x_0 = (n-1)\alpha_1 s, \\ y_0 = (n-1)\alpha_2 s, \end{cases}$$ (5.30)

沿轴距离与 Q 一样为 s.

§2. 阿贝成像原理与相衬显微镜

2.1 阿贝成像原理

100 多年前,德国人阿贝(E.Abbe,1874 年)在蔡司光学公司任职期间研究如何提高显微镜的分辨本领问题时,提出了关于相干成像的一个新原理。现在看来,当初的阿贝成像原理已为现代变换光学中正在兴起的空间滤波和信息处理的概念奠定了基础。

如图 5-12,用平行光照明傍轴小物 AOB,使整个系统成为相干成像系统,像成于 $A'O'B'$. 如何看待这个系统的成像过程? 传统的几何光学观点着眼于点与点的对应:物是点 A、O、B 等的集合,它们都是次波源,各自发出同心光束(球面波),经透镜后分别会聚到像点 A'、O'、B' 等。

另一种观点着眼于频谱的转换:物是一系列不同空间频率信息的集合,相干成像过程分两步完成。第一步是相干入射光经物平面 (x, y) 发生夫琅禾费衍射,在透镜后焦面 $\mathscr{F}'$ 上形成一系列衍射斑;第二步是干涉,即各衍射斑发出的球面次波在像平面 (x', y') 上相干

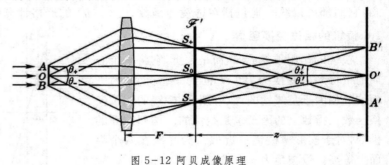

图 5-12 阿贝成像原理

叠加,像就是干涉场。此种两步成像的理论就是阿贝成像原理,是波动光学的观点。

因为任何图像都可作傅里叶展开,最基本的图像是单频信息的正弦光栅。下面我们先以正弦光栅为物,说明并论证阿贝成像原理。

设光栅的空间周期为 d,其倒数称为空间频率,记作 f, $f=1/d$. 正弦光栅的波前为

$$\widetilde{U}_{物}(x, y) = A[1 + \cos(2\pi f x)] = A\left[1 + \frac{1}{2}(e^{i2\pi fx} + e^{-i2\pi fx})\right].$$ (5.31)

这里指数上的相因子都是线性的。与平面波前(5.4)式

$$\widetilde{U}(x, y) = \widetilde{U}(O)\exp[ik(x\sin\theta_1 + y\sin\theta_2)]$$

对比可以看出,(5.31)式中三项分别代表三列平面波,它们的波矢都在 xz 面内$(\theta_2=0)$,第一列波沿光轴$(\theta_1=0)$,第二、三列波 $\sin\theta_1 = \pm 2\pi f/k = \pm\lambda/d$,这两个衍射角分别记作 $\theta_\pm$. 三列平面波被透镜接收,在其后焦面 $\mathscr{F}'$ 上形成三个夫琅禾费衍射斑 S_0 和 $S_\pm$. 下一步我们把 S_0、$S_\pm$ 看成三个点源,考察它们在像平面上产生的干涉场 $\widetilde{U}_{像}(x', y')$.

S_0、$S_\pm$ 三个次波点源发射的是球面波,设透镜的像方是满足傍轴条件的,写出它们在像平面上产生的波前函数要利用(5.13)式:

$$\widetilde{U}(x, y) \approx \frac{A e^{ikr_0}}{z}\exp\left(ik\frac{x^2+y^2}{2z}\right)\exp\left(-ik\frac{xx_0+yy_0}{z}\right).$$

在此式中的 x、y 应代以像平面上场点的坐标 x'、y',而 $x_0=0$、$x_\pm$, $y_0=0$,它们分别是点源 S_0、

$S_\pm$ 的坐标。 r_0 则分别为三个点源到像平面中心 O' 的光程 (S_0O')、$(S_\pm O')$。 对于三个点源 (5.13) 式中的振幅 A 应是复数,其大小和相位都是不同的。 S_0、$S_\pm$ 的振幅正比于 A、$A/2$. 相位则需追溯到第四章 5.5 节,那里指出,$\varphi(\theta)=kL_0(\theta)$,其中 $L_0(\theta)$ 应是光栅中心 O 分别到 S_0、$S_\pm$ 的光程 (OS_0)、$(OS_\pm)$。 所以 (5.13) 式中的 $A\,\mathrm{e}^{\mathrm{i}kr_0}$ 应代之以

$$\begin{cases} \text{点源 } S_0 \quad A\,\mathrm{e}^{\mathrm{i}k(OS_0)}\,\mathrm{e}^{\mathrm{i}k(S_0O')} = A\,\mathrm{e}^{\mathrm{i}k(OS_0O')}, \\ \text{点源 } S_\pm \quad \dfrac{A}{2}\mathrm{e}^{\mathrm{i}k(OS_\pm)}\,\mathrm{e}^{\mathrm{i}k(S_\pm O')} = \dfrac{A}{2}\mathrm{e}^{\mathrm{i}k(OS_\pm O')}. \end{cases}$$

综上所述,像平面上的干涉场为

$$\widetilde{U}_{像}(x',y') \propto A\exp\left(\mathrm{i}k\frac{x'^2+y'^2}{2z}\right)\left\{ \mathrm{e}^{\mathrm{i}k(OS_0O')} + \frac{1}{2}\left[\begin{array}{l} \mathrm{e}^{\mathrm{i}k(OS_+O')}\exp\left(-\mathrm{i}k\dfrac{x'x_+}{z}\right) \\ + \mathrm{e}^{\mathrm{i}k(OS_-O')}\exp\left(-\mathrm{i}k\dfrac{x'x_-}{z}\right) \end{array} \right] \right\}.$$

式中 z 为像平面到焦面 $\mathscr{F}'$ 的距离。 令因点源 $S_\pm$ 到 O' 光线的夹角分别为 $\theta'_\pm$,在傍轴条件下可认为 $x_\pm/z \approx \theta'_\pm \approx \sin\theta'_\pm$. 又 O、O' 是物像共轭点,按物像之间的等光程性,我们有 $(OS_0O')=(OS_+O')=(OS_-O')$,统一记作 (OO')。 于是上式化为

$$\widetilde{U}_{像}(x',y') \propto A\,\mathrm{e}^{\mathrm{i}k(OO')}\exp\left(\mathrm{i}k\frac{x'^2+y'^2}{2z}\right) \times \left\{ 1 + \frac{1}{2}\left[\exp(-\mathrm{i}kx'\sin\theta'_+) + \exp(-\mathrm{i}kx'\sin\theta'_-) \right] \right\}.$$

从上文知道 k 与光栅空间频率 f 的关系为 $k = \pm\dfrac{2\pi f}{\sin\theta_\pm}$,上式中的 $kx'\sin\theta'_\pm = \pm 2\pi fx'\dfrac{\sin\theta'_\pm}{\sin\theta_\pm}$. 我们设想这里讨论的透镜是显微镜的物镜,物方空间是不满足傍轴条件的,但它满足阿贝正弦条件 [见第二章 8.1 节 (2.83) 式]:

$$x\sin\theta_\pm = x'\sin\theta'_\pm,$$

即

$$\frac{\sin\theta'_\pm}{\sin\theta_\pm} = \frac{x}{x'} = \frac{1}{V},$$

这里的 V 是横向放大率。 最后我们得到

$$\begin{aligned} \widetilde{U}_{像}(x',y') &\propto A\,\mathrm{e}^{\mathrm{i}k(OO')}\exp\left(\mathrm{i}k\frac{x'^2+y'^2}{2z}\right) \times \left\{ 1 + \frac{1}{2}\left[\exp\left(-\mathrm{i}\frac{2\pi fx'}{V}\right) + \exp\left(\mathrm{i}\frac{2\pi fx'}{V}\right) \right] \right\} \\ &= A\,\mathrm{e}^{\mathrm{i}k(OO')}\exp\left(\mathrm{i}k\frac{x'^2+y'^2}{2z}\right)\left[1+\cos(2\pi f'x')\right], \end{aligned} \tag{5.32}$$

式中

$$f' = \frac{f}{|V|}$$

为像平面的空间频率,它比物平面的 f 小了 $|V|$ 倍,或者说,像平面的空间周期 $|V|d$ 比物平面的 d 大了 $|V|$ 倍。 比较 (5.32) 式和 (5.31) 式可以看出,除了公共的相因子外,像平面和物平面的波前是几何相似的。 强度是复振幅的模方,公共相因子不起作用,强度分布将完全几何相似。

以上便是阿贝成像原理,它把几何光学成像过程看成相继的两步,第一步物平面经相干光照明,在透镜后焦面上形成夫琅禾费衍射斑,第二步从衍射斑发出的次波在像平面上干涉,形成的图样就是所成的像。 这理论的要点是过程中间在透镜焦面上形成夫琅禾费衍射图样,这图样实际上是物面波前的空间频谱,利用它我们可以大做文章。

2.2 空间频谱

什么是"空间频谱"? 任意一个周期性函数都可展开成傅里叶级数。 在无线电技术中任意波形的交流电信号作傅里叶级数展开,得到并分析其各谐波成分的大小,这就是该交流信号的傅里叶频谱。 该频谱是对时间周期性函数而言的,因而是"时间频谱"。 光栅的屏函数是空间周期

第五章 变换光学与全息照相

性函数,作傅里叶展开时得到的是"空间频谱"。傅里叶展开可以有正弦式和余弦式,也可以是复指数式的。光学里的波前函数、屏函数是复函数,最好用复指数式的傅里叶级数展开。设 $\widetilde{G}(x)$ 是 x 的周期函数,令其周期为 d,从而频率 $f=1/d$,则其傅里叶展开可写为

$$\widetilde{G}(x) = \sum_{n=-\infty}^{\infty} \widetilde{G}_n e^{i2\pi nfx}, \tag{5.33}$$

其中

$$\widetilde{G}_n = G_n e^{i\varphi_n}$$

为傅里叶系数,n 取所有整数。它们的集合告诉我们原函数 $\widetilde{G}(x)$ 中各频率的成分各占多少比例,称为傅里叶频谱。由原函数求傅里叶系数的公式是

$$\widetilde{G}_n = \frac{1}{d}\int_{-d/2}^{d/2} \widetilde{G}(x) e^{-i2\pi nfx} dx. \tag{5.34}$$

这公式的导出在数学书上都可查到,此处从略。现把它运用到黑白光栅的屏函数上,在一个周期内这函数可写为(图形见第四章图 4-43a)

$$\widetilde{G}(x) = \begin{cases} 1, & |x| \leqslant a, \\ 0, & |x| > a. \end{cases} \quad (a < d) \tag{5.35}$$

故其傅里叶系数为

$$\widetilde{G}_n = \frac{1}{d}\int_{-a/2}^{a/2} \widetilde{F}(x) e^{-i2\pi nfx} dx$$

$$= \frac{1}{-2\pi ni}(e^{-i\pi nfa} - e^{i\pi nfa}) = \frac{a}{d}\frac{\sin\alpha_n}{\alpha_n}, \tag{5.36}$$

式中

$$\alpha_n = n\pi fa. \tag{5.37}$$

它相当于夫琅禾费单缝衍射因子,只是宗量 α_n 取等间隔的离散值。其频谱如图 5-13 所示,与多缝的夫琅禾费衍射的振幅曲线基本上是一样的,只是这里的光栅是无限长的,它相当于 $N \to \infty$,缝间干涉因子 $\sin N\beta/\beta$ 变成了一系列 δ 函数。

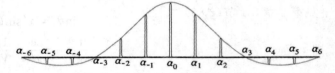

图 5-13 黑白光栅的屏函数的频谱($d = 3a$)

现用黑白光栅代替 2.1 节里的正弦光栅做同样的分析。以平行光轴的相干光照射光栅,出射波前 $\widetilde{U}_{出}(x) \propto$ 屏函数 $\widetilde{T}(x)$. 黑白光栅屏函数的傅里叶级数

$$\widetilde{T}(x) = \sum_{n=-\infty}^{\infty} \widetilde{T}_n e^{i2\pi nfx} \tag{5.38}$$

中的每一项相当于一列平面衍射波,其衍射角的正弦

$$\sin\theta_n = 2\pi nf/k = n\lambda/d. \tag{5.39}$$

在透镜后焦面 $\mathscr{F}'$ 上形成一个衍射斑 S_n,它们的振幅正比于

$$\widetilde{T}_n = \frac{a}{d}\frac{\sin\alpha_n}{\alpha_n}, \tag{5.40}$$

式中

$$\alpha_n = n\pi a/d.$$

用 1.1 节里同样的办法可以得知,每一点源 S_n 发出的次波在像平面上构成另一傅里叶级数里的一项,各项都叠加在一起仍组成一个黑白光栅的屏函数,只不过它的空间周期放大了 $|V|$ 倍。

黑白光栅的例子进一步印证了阿贝成像原理,这里我们更清楚地看到,在两步成像的中间过程里,透镜焦面上的夫琅禾费衍射图样实际上是物光波前的傅里叶频谱。正弦光栅的屏函数只

有0、±1三级频谱,故在透镜焦面上只有三个衍射斑。黑白光栅有无穷多级频谱,故在透镜焦面上有无穷多个衍射斑,它们按频率的高低自中央向外排列。零频(相当于无线电技术中的直流)衍射斑在中央,低频在近侧,高频在远侧。

2.3 空间滤波与阿贝—波特实验

用频谱语言来表达,阿贝成像原理的基本精神是把成像过程分成两步:第一步衍射起"分频"作用,第二步干涉起"合成"作用,许多有意义的事就将发生在这频谱一分一合的过程之中。

过去我们熟悉的一大类成像光学仪器(如显微镜、照相机)要求图像尽可能还原,亦即我们希望所成的像除几何尺寸放大或缩小外,尽可能与原物相似。从阿贝成像原理的眼光来看,这要求在分频与合成的过程中尽量不使频谱改变。如果物平面包含一系列从低频到高频的信息,由于实际透镜的口径总是有限的,频率超过一定限度的信息将因衍射角过大而从透镜边缘之外漏掉(见图5-14),所以透镜本身总是一个"低通滤波器"。丢失了高频信息的频谱再合成到一起时,图像的细节将变得有所模糊。因此要提高系统成像的质量,就应该扩大透镜的口径,这是在第四章 §4 中分析光学仪器的像分辨本领时早已得到的结论,不用阿贝成像原理我们也知道它❶然而图像还原并非所有光学仪器的要求,人们还有更积极的需要,那就是改造图像。阿贝成像原理的真正价值在于它提供了一种新的频谱语言来描述信息,启发人们用改变频谱的手段来改造信息。现代变换光学中的空间滤波技术和光学信息处理,就概念来说,都起源于阿贝成像原理。

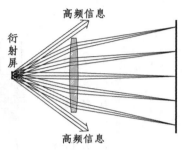

图 5-14 光瞳的低通滤波作用

空间滤波的具体作法如下。 阿贝成像原理告诉我们,物信息的频谱展现在透镜的后焦面(傅氏面)上。我们可在这平面上放置不同结构的光阑,以提取(或摒弃)某些频段的物信息,亦即我们可主动地改变频谱,以此来达到改造图像的目的。用频谱分析的眼光来看,傅氏面上的光阑起着"选频"的作用。 广义地说,凡是能够直接改变光信息空间频谱的器件,通称空间滤波器。图5-15是一组具有不同频率特性的简单空间滤波器。下面我们介绍一些简单的空间滤波实验。

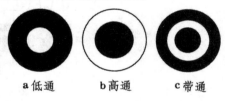

a 低通　　　b 高通　　　c 带通

图 5-15 简单的空间滤波器

空间滤波实验是对阿贝成像原理最好的验证和演示。 用一块黑白光栅作物,将它置于前焦面附近。 用一束强的单色平行光照明光栅,经透镜在较远处形成一个实像,在透镜的后焦面 F' 上安置一个可调的单缝作为光阑,以提取不同的衍射斑(见图5-16)。借助于目镜观测像面上图像的变化。

黑白光栅的振幅透过率函数 $\tilde{T}(x)$ 及其频谱见图5-17a、b,前者是方波,后者是准分立谱,各级主极强受单缝因子的调制。 我们按以下步骤作观察实验:

(1)实验一　　调整傅氏面上单缝的宽度,只让0级通过,则像面上呈现一片均匀照明,丢失

---

❶　在第四章 §4 中分析的是非相干成像系统中衍射效应带来的影响,而阿贝成像原理是对相干成像系统而言的,二者稍有区别。

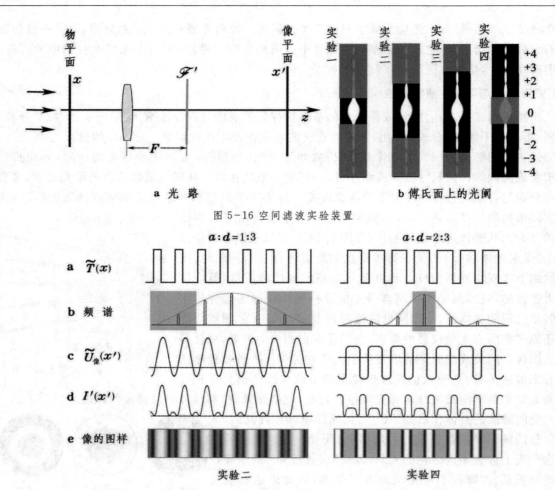

图 5-16 空间滤波实验装置

图 5-17 频谱、复振幅和强度的变化

了全部周期性的交流信息。

（2）实验二　展宽单缝，让0级和±1级通过，挡掉其余衍射斑(图5-17b左)，则像面上的振幅分布 $\widetilde{U}_{像}(x')$ 如图5-17c左所示，是基频和直流成分的叠加，二者的比例与光栅中 a(缝宽)与 d(间隔)之比有关。当交流成分的振幅大过直流成分时，就会出现负值。此时像面上强度分布 $I'(x')$ 如图5-17d左所示，在相邻的亮纹之间出现另一套细小的亮纹。条纹的黑白界限没有原物那样明锐。

（3）实验三　再展宽单缝，让0级、±1级和±2级通过，挡掉其余衍射斑，则二倍频信息也参加成像，振幅分布更接近方波形状，黑白界限比实验(2)清晰。

（4）实验四　设法挡掉0级，而让其它所有衍射斑通过。这时像面上的振幅分布差不多仍是方波，只是没有直流成分(见图5-17c右)，由于很高次的谐波实际上被透镜边缘挡掉，波形的棱角或多或少变得圆滑了一些。强度分布如图5-17d右所示，除原物透光部分仍是亮的外，原来不透光部分也是亮的，在一定的 a 与 d 的比例下，后者比前者还可能更亮。这种现象叫衬比度

反转。❶

上述一类实验首先是阿贝于 1874 年做的,后来波特(A.B.Porter,1906 年)也做了这类实验。这些实验以极其简单的装置十分明确地验证了阿贝成像原理,而且为光学信息处理提供了深刻的启示。但由于它属于相干光学的范畴,在实际中推广需要有强的单色光,故而直到 1960 年激光问世后,它才重新振兴起来。从那时起空间滤波技术和光学信息处理才得以迅速发展,并成为现代光学中的一个热门。

例题 1 设黑白光栅 50 条 /mm,入射光波长 632.8nm,为了使傅氏面上至少能够获得 ±6 级衍射斑,并要求相邻衍射斑的间隔不小于 2mm,透镜焦距及直径至少要有多大?

解： 相邻衍射斑的角间隔为 $\Delta\theta \approx \lambda/d$,线距离为 $\Delta l = \Delta\theta F$,所以焦距应为

$$F \geqslant \frac{\Delta l}{\Delta\theta} = \frac{d\,\Delta l}{\lambda} \approx 64\,\text{mm}.$$

6 级衍射斑的衍射角为

$$\sin\theta_6 = 6\lambda/d \approx 0.2.$$

由于物平面在前焦面附近,要使 6 倍频信息进入透镜,其直径 D 应满足

$$D \geqslant 2F\sin\theta_6 \approx 26\,\text{mm}. ∎$$

2.4 相衬显微镜

如果样品是无色透明的生物切片或晶片,它们的透过率函数是相位型的:

$$\widetilde{T}(x,y) = \text{e}^{\text{i}\varphi(x,y)}, \tag{5.41}$$

其绝对值的平方为 1,用普通的显微镜观察这类样品时,图像的衬比很小,难以看清楚。泽尼克(F.Zernike,1935 年)基于阿贝成像原理提供的空间滤波概念,提出一个方法 —— 相位衬比法(简称相衬法)以改善透明物体的像的衬比度。具体的作法是在一块玻璃基片的中心滴上一小滴液体,设液滴的光学厚度为 nh,从而引起零级相移 $\delta = 2\pi nh/\lambda$. 这就制成了一块相位板,将它放置在显微物镜的后焦面 $\mathscr{F}'$ 上,当作空间滤波器使用(图 5-18)。❷

先分析不加相位板时的光场。在正入射的相干光照明下,物平面的复振幅分布为

$$\widetilde{U}_{物}(x,y) = A\widetilde{T}(x,y) = A\text{e}^{\text{i}\varphi(x,y)} = A\left(1 + \text{i}\varphi - \frac{1}{2!}\varphi^2 - \frac{\text{i}}{3!}\varphi^3 + \cdots\right). \tag{5.42}$$

第一项是直流成分,代表沿光轴传播的平面衍射波,它在傅氏面 $\mathscr{F}'$ 上是集中于焦点的 0 级衍射斑。(5.42)式级数中其它各项代表复杂的波前,它们的频谱弥漫在傅氏面上各处。在加入相位板后,傅氏面上的 0 级斑(从而像面上的直流成分)相移 δ,同时假定它有一定的透过率 a,而其它频谱成分改变不大,可以忽略。所以像面上的复振幅分布与(5.40)式的差别,除了将 $\varphi(x,y)$ 改成 $\varphi(x',y')$ 外,仅仅是第一项改为 $a\text{e}^{\text{i}\delta}$:

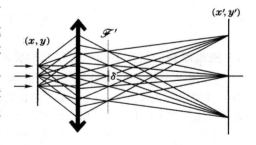

图 5-18 相衬法原理性光路

$$\widetilde{U}_{像}(x',y') = A\left(a\text{e}^{\text{i}\delta} + \text{i}\varphi - \frac{1}{2!}\varphi^2 - \frac{\text{i}}{3!}\varphi^3 + \cdots\right) = A\left[(a\text{e}^{\text{i}\delta} - 1) + \text{e}^{\text{i}\varphi(x',y')}\right].$$

于是像面上的光强分布为

---

❶ 这里的衬比度反转是不完全的,即原来亮的地方未变得全暗。

❷ 图 5-18 所示的方法适用于激光照明。过去在没有这样强的平行光束时,显微镜都是用会聚光照明的,相衬显微镜的实际结构与图 5-18 有些不同,限制照明光的光阑和相位板都做成环形。

$$I(x',\ y') = \widetilde{U}^{*}_{像}(x',\ y')\widetilde{U}_{像}(x',\ y') = A^{2}\{2+\alpha^{2}+2[\alpha\cos(\varphi-\delta)-\cos\varphi-\alpha\cos\delta]\}$$
$$= A^{2}[2+\alpha^{2}+2(\alpha\sin\varphi\sin\delta+\alpha\cos\varphi\cos\delta-\cos\varphi-\alpha\cos\delta)]. \tag{5.43}$$

显然,这时像面上不再是一片均匀强度了,出现了与物的相位信息相关的黑白图像。

在 $\alpha=1$, $\varphi(x',\ y')\ll 1$ 的情况下,$\cos\varphi\approx 1$, $\sin\varphi\approx\varphi$,上式化为

$$I(x',\ y')\approx A^{2}(1+2\varphi\sin\delta), \tag{5.44}$$

这时像面上的强度分布与样品的相位信息呈线性关系,即样品的相位分布调制了像面上的光强分布,式中的线性系数 $2\sin\delta$ 反映了调制的程度。 但是应当注意,当 $\varphi\ll 1$ 时(5.42)式中第二项远小于第一项,即像面上仍然有较强的本底。不过在工艺上还可想些办法来减弱本底以提高底片的衬比度。 ❶

暗场法是另一提高相衬的有效方法,其办法是在傅氏面上把 0 级斑完全遮掉。这相当于(5.43)式中 $\alpha=0$,于是

$$I(x',\ y')=2A^{2}[1-\cos\varphi], \tag{5.45}$$

$\varphi(x',\ y')\ll 1$ 时,

$$I(x',\ y')\approx A^{2}\varphi^{2}, \tag{5.46}$$

相位的差别完全反映在强度的变化上。

图 5-19 是用显微镜拍摄叶面的照片,图 a 是用明场拍摄的,傅氏面上滤掉了高频成分,图像衬比不但未增加,反而失去了一些细节;图 c 是用暗场拍摄的,傅氏面上滤掉了低频成分,图像衬比大增,叶脉和气孔清晰可见。 图 b 中使用的滤波器是偏置的,图像一侧明一侧暗,具有浮雕的效果,是许多显微镜专家喜欢使用的方法。

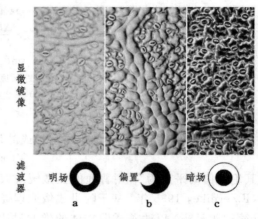

图 5-19 相衬显微镜拍摄的照片

泽尼克的相衬法用改变频谱面上相位分布的手段,巧妙地实现了强度的相位调制,成为实际应用信息处理的先驱,因而获得了 1935 年度的诺贝尔物理学奖。

§3. 傅里叶变换光学与光信息处理

3.1 夫琅禾费衍射装置和衍射积分的标准形式

通常按光源、衍射屏、接收场三者之间的距离是有限远还是无穷远,将衍射装置分为菲涅耳和夫琅禾费两大类。 其实,由平面波照明衍射屏并在无限远接收的装置,只能算作夫琅禾费衍射的定义装置。还有其它几种装置,它们在一定条件下接收到的同样是夫琅禾费衍射场。

在图 5-20 中,❷装置 a 是定义装置,用平行光正入射,在无穷远接收。它在概念上倒是朴素的,能直观地将夫琅禾费衍射与菲涅耳衍射区别开来,但从实验角度看却是抽象的。它把复杂的衍射场分解成一系列平面衍射波,其意义是强调衍射场的角分布。 无穷远处的衍射场是衍射角 θ_1、θ_2(其意义见 1.3 节和第四章图 4-24)的函数。在傍轴条件下

$$\widetilde{U}(\theta_1,\ \theta_2) = A\,\mathrm{e}^{\mathrm{i}kr_0}\iint\widetilde{T}(x,\ y)\exp[-\mathrm{i}\,k(\sin\theta_1 x+\sin\theta_2 y)]\,\mathrm{d}x\,\mathrm{d}y, \tag{5.47}$$

---

❶ 一般书上往往强调 δ 应等于 $\pi/2$,诚然,此时上述线性系数最大,但从(5.44)式不难看出,为了实现相位信息对像面强度的线性调制,对 δ 的取值实在不必苛求。

❷ 为了简单,我们把图 5-20 画成一维的,在下面推导公式时,我们需要把这些图想象成相应的二维衍射装置。

式中 r_0 是场点到衍射屏中心 O 的光程, $\widetilde{T}(x, y)$ 是衍射屏的屏函数。这是夫琅禾费衍射积分的标准形式,其特点是积分号内指数上是 x、y 的线性因子。r_0 虽与积分变量 x、y 无关,故因子 e^{ikr_0} 可以提到积分号外,但它与衍射场点,或者说衍射角 θ_1、θ_2 有关。

　　装置 b 用平面波正入射,在足够远处接收衍射场。它是定义装置的近似体现。自从有了激光光源以后,这种装置实现起来比较简单,它已在教学实验中经常使用。这里所谓"足够远",是指衍射屏足够小,其上各点(次波源点)满足远场条件,但场点一般是不会满足远场条件的。引用(5.19)式,其中的源点坐标 x_0、y_0 应是衍射屏上次波源的坐标 x、y,其中场点坐标 x、y 应是接收屏上各点的坐标 x'、y',于是在接收屏上

$$\widetilde{U}(x', y') = A\,e^{ikz} \exp\left(i\,k\,\frac{x'^2 + y'^2}{2z}\right) \iint \widetilde{T}(x, y) \exp\left(-i\,k\,\frac{xx' + yy'}{z}\right) dx\,dy, \tag{5.48}$$

因 $\sin\theta_1 \approx x'/z$, $\sin\theta_2 \approx y'/z$,这里场点到衍射屏中心 O 的光程 $r_0 \approx z + (x'^2 + y'^2)/2z$,可以看出,(5.48)式与标准形式(5.47)是一致的。

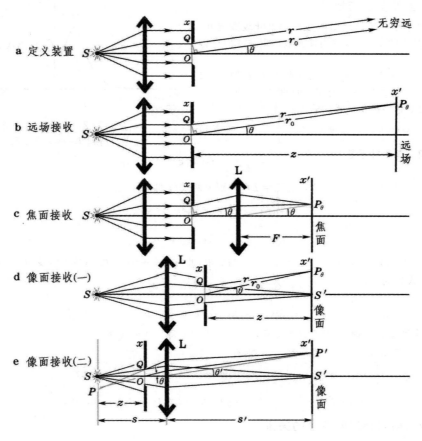

图 5-20 各种夫琅禾费能射装置

　　装置 c 用平面波正入射,在透镜 L 后焦面接收衍射场。这是我们很熟悉的装置,它与装置 b 相比,其优点是大大缩短了装置的长度。不过严格说来,此装置对透镜的要求是较高的,当然若只是为了教学上的演示,对透镜无须苛求。这时会聚到场点的衍射线是严格平行的,在透镜 L 后焦面接收屏上的衍射场也可以用衍射角 θ_1、θ_2 来描写。于是在接收屏上

$$\widetilde{U}(\theta_1, \theta_2) = A\,e^{i\varphi(\theta_1, \theta_2)} \iint \widetilde{T}(x, y) \exp[-i\,k(\sin\theta_1\,x + \sin\theta_2\,y)]\,dx\,dy, \tag{5.49}$$

式中 $\varphi(\theta_1, \theta_2) = k r_0$，此处 r_0 是衍射屏中心 O 到场点 $P(\theta_1, \theta_2)$ 的光程。可以看出，(5.49) 式也与标准形式 (5.47) 一致。

装置 d 和 e 都用轴上点光源发出的球面波照明，在点光源的像面上接收衍射场。衍射屏既可置于透镜 L 后方 (图 d)，也可置于透镜 L 前方 (图 e)。这种装置只要求傍轴条件，无须远场条件，装置也还紧凑。第四章 4.3 节我们曾用几何光学的方式论证过，这类装置接收到的也属于夫琅禾费衍射场。由于这里是球面波照明，衍射屏不再是入射波的等相面，不过由于物像共轭点 S、S' 之间的等光程性，也可以证明 (推导从略)，在接收屏上

$$\widetilde{U}(x', y') = A \exp[\mathrm{i}\,k\,(SQS')] \exp\left(\mathrm{i}\,k\,\frac{x'^2 + y'^2}{2z}\right) \iint \widetilde{T}(x, y) \exp\left(-\mathrm{i}\,k\,\frac{xx' + yy'}{z}\right) \mathrm{d}x\,\mathrm{d}y, \qquad (5.50)$$

对于装置 d，z 是衍射屏到接收屏的距离；对于装置 e，z 是照明光源到衍射屏的距离。不难看出，(5.50) 式也与标准形式 (5.47) 基本上一致。

总之，图 5-20 所示的五种装置虽然形式各异，但它们的共同特点可归纳为：在照明光源的像面接收，衍射积分中的相因子都是线性的，接收到的衍射场都是夫琅禾费衍射场，与衍射屏在其间插在何处无关。

3.2 傅里叶变换及其逆变换

我们在 2.2 节中介绍过周期函数的傅里叶级数展开，非周期函数相当于频率 $f \to 0$ 的周期函数。现在我们进行这一过渡。

设函数 $G(x)$ 为周期函数，空间周期为 L。在图 5-21 中只画了它在 $\pm L/2$ 之间一个周期内的曲线。按照 2.2 节 (5.33) 式，我们把它展成指数式的傅里叶级数：

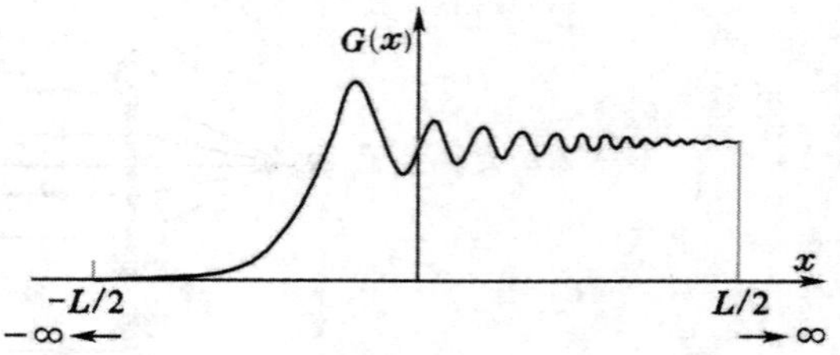

图 5-21 非周期函数是
周期 $L \to \infty$ 的极限

$$\widetilde{G}(x) = \sum_{n=-\infty}^{\infty} \widetilde{G}_n \mathrm{e}^{\mathrm{i}2\pi n f x}, \qquad (5.51)$$

$f = 1/L$ 为基频。傅里叶系数为

$$\widetilde{G}_n = \frac{1}{L} \int_{-L/2}^{L/2} \widetilde{G}(x)\, \mathrm{e}^{-\mathrm{i}2\pi n f x} \mathrm{d}x. \qquad (5.52)$$

为改换一下变量，令 $f_n = nf = n/L$，$\tilde{g}(f_n) = L\widetilde{G}_n$，则上两式分别化为

$$\widetilde{G}(x) = \sum_{n=-\infty}^{\infty} \tilde{g}(f_n) \mathrm{e}^{\mathrm{i}2\pi f_n x} \Delta f, \qquad (5.53)$$

$$\tilde{g}(f_n) = \int_{-L/2}^{L/2} \widetilde{G}(x)\, \mathrm{e}^{-\mathrm{i}2\pi f_n x} \mathrm{d}x. \qquad (5.54)$$

式中 $\Delta f = f_{n+1} - f_n = 1/L$。现取 $f \to 0$，即 $L \to \infty$ 的极限，此时 $\Delta f \to 0$，把 f_n 看成连续变量 f，(5.53) 式中的求和化为积分，两式分别化为

$$\widetilde{G}(x) = \int_{-\infty}^{\infty} \tilde{g}(f) \mathrm{e}^{\mathrm{i}2\pi f x} \mathrm{d}f, \qquad (5.55)$$

$$\tilde{g}(f) = \int_{-\infty}^{+\infty} \widetilde{G}(x) \mathrm{e}^{-\mathrm{i}2\pi f x} \mathrm{d}x. \qquad (5.56)$$

(5.55) 式称为傅里叶积分变换，或傅里叶变换，(5.56) 式称为傅里叶逆变换。

以上的傅里叶变换是一维的，推广到二维，则有

$$\widetilde{G}(x, y) = \int_{-\infty}^{+\infty}\int_{-\infty}^{+\infty} \tilde{g}(f_1, f_2) \exp[\mathrm{i}2\pi(f_1 x + f_2 y)]\mathrm{d}f_1\mathrm{d}f_2, \qquad (5.57)$$

$$\tilde{g}(f_1, f_2) = \int_{-\infty}^{+\infty}\int_{-\infty}^{+\infty} \widetilde{G}(x, y) \exp[-\mathrm{i}2\pi(f_1 x + f_2 y)]\mathrm{d}x\mathrm{d}y. \qquad (5.58)$$

3.3 夫琅禾费衍射与傅里叶变换的关系

在 2.2 节中已指出，夫琅禾费衍射图样就是傅里叶频谱。不过在那里物波前是周期性的，傅里叶变换采取级数形式，频谱取离散值。在一般情况下傅里叶变换采取积分形式，频谱是连续函数。在 3.1 节我们分析了夫琅禾费衍射积分的标准形式，3.2 节又给出了傅里叶积分的表达式，现在我们将二者对比一下，可以看出：
夫琅禾费衍射积分

$$\widetilde{U}(x', y') = A\,\mathrm{e}^{\mathrm{i}kz} \exp\left(\mathrm{i}\,k\,\frac{x'^2 + y'^2}{2z}\right) \iint \widetilde{T}(x, y) \exp\left(-\mathrm{i}\,k\,\frac{xx' + yy'}{z}\right) \mathrm{d}x\,\mathrm{d}y,$$

或

$$\widetilde{U}(\theta_1, \theta_2) = A\,\mathrm{e}^{\mathrm{i}\varphi(\theta_1, \theta_2)} \iint \widetilde{T}(x, y) \exp[-\mathrm{i}\,k(\sin\theta_1\,x + \sin\theta_2\,y)]\mathrm{d}x\,\mathrm{d}y,$$

屏函数的傅里叶谱

$$\tilde{t}(f_1, f_2) = \int_{-\infty}^{+\infty}\int_{-\infty}^{+\infty} \tilde{T}(x, y)\exp[-i2\pi(f_1 x + f_2 y)]\,dx\,dy.$$

令

$$2\pi(f_1, f_2) = \frac{k}{z}(x', y')\quad \text{或}\quad k(\sin\theta_1, \sin\theta_2),$$

则夫琅禾费衍射积分与衍射屏函数傅里叶谱的积分表达式是一致的，被积函数都是双线性相因子，只是积分号外有个常量和一个与傅氏面坐标(x', y')，或者说衍射角(θ_1, θ_2)，或者说空间频率(f_1, f_2)有关的指数相因子。二者之间的关系可以写成

$$\tilde{U}(f_1, f_2) = A\,e^{ikz}\exp[i\lambda z(f_1^2 + f_2^2)]\,\tilde{t}(f_1, f_2), \tag{5.59}$$

常量系数对衍射场的相对分布无关紧要，然而

相因子$\exp[i\lambda z(f_1^2 + f_2^2)]$并非在任何情况下都不必计较。

（1）如果我们在一次衍射后就直接接收夫琅禾费衍射场的强度分布，则因上述相因子的模方等于1，它对强度不起作用。即夫琅禾费衍射的强度分布正比于屏函数的傅里叶功率谱：

$$I(f_1, f_2) = \tilde{U}^*(f_1, f_2)\tilde{U}(f_1, f_2) \propto \tilde{t}^*(f_1, f_2)\tilde{t}(f_1, f_2). \tag{5.60}$$

（2）如果我们的问题涉及二次衍射（相干系统的两步成像过程就是如此），傅氏面上的相位分布在第二次相干叠加时是要起作用的，这个与场点坐标有关的相因子将使问题复杂化。为了避免这个困难，应该设计一个等光程的光路，使从衍射屏中心到达不同场点的衍射线等光程。如图5-22所示，把衍射屏放在透镜的前焦面$\mathscr{F}$上即可满足上述要求，这时夫琅禾费衍射积分前的相因子也变成了常量，可略去不写，后焦面$\mathscr{F}'$上的复振幅分布准确地正比于屏函数的傅里叶频谱：

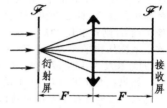

图 5-22 等光程的
夫琅禾费衍射装置

这时

$$\tilde{U}(f_1, f_2) = A\tilde{t}(f_1, f_2), \tag{5.61}$$

$$(f_1, f_2) = (x', y')/\lambda F, \tag{5.62}$$

式中F为透镜焦距。

总之，把衍射屏放在透镜的前焦面上，在后焦面上的夫琅禾费衍射场就准确地实现屏函数的傅里叶变换，其中空间频率与场点坐标满足替换关系(5.62)式。这一点，无论从数学上看还是从物理上看，都是一件有重要意义的事情。从数学上看，抽象的数学运算变成了实实在在的物理过程，由此开拓出来一个新的技术领域——相干光学计算技术。从物理上看，为分析夫琅禾费衍射找到了一种有力的数学手段，有关傅里叶变换的许多数学定理就可直接移植过来，作为分析夫琅禾费衍射场以及光学信息处理的理论指导。

例题2 求正交网格的夫琅禾费衍射场的复振幅和强度分布。

解： 如图5-23a，正交网格相当于两块黑白光栅的正交密接，屏函数是二者相乘：

$$\tilde{T}(x, y) = \tilde{T}_1(x)\tilde{T}_2(y).$$

其中

$$\begin{cases} \tilde{T}_1(x) = \sum_{n=-(N_1-1)/2}^{(N_1-1)/2} G_1(x + nd_1), \\ \tilde{T}_2(x) = \sum_{m=-(N_2-1)/2}^{(N_2-1)/2} G_2(x + md_2), \end{cases}$$

式中G_1、G_2是宽度分别为a_1、a_2的方垒函数。在傅里叶频谱面上

$$\tilde{U}(f_1, f_2) = g_1(f_1)g_2(f_2),$$

其中

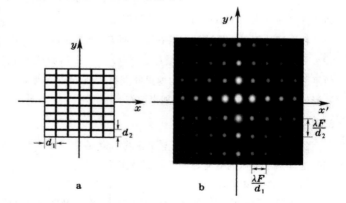

图 5-23 例题2——正交网格的夫琅禾费衍射

$$g_i(f_i) = \frac{\sin\alpha_i}{\alpha_i}\frac{\sin N_i\beta_i}{\sin\beta_i}, \quad \alpha_i = \pi a_i f_i, \quad \beta_i = \pi d_i f_i, \quad (i = 1, 2)$$

强度为

$$I(f_1, f_2) = \left(\frac{\sin\alpha_1}{\alpha_1}\frac{\sin N_1\beta_1}{\sin\beta_1}\right)^2\left(\frac{\sin\alpha_2}{\alpha_2}\frac{\sin N_2\beta_2}{\sin\beta_2}\right)^2.$$

衍射图样如图 5-23b 所示,是正交的二维点阵,衍射斑在 x' 和 y' 方向的间隔分别与 d_1 和 d_2 成反比。▌

3.4 相干光图像处理的 4F 系统

正如在 §2 中讨论阿贝成像原理时已看到的,用夫琅禾费衍射来实现图像的频谱分解,最重要的意义是为空间滤波创造了条件,使得人们可以从改变频谱入手来改造图像,进行信息处理。为此人们设计了更加精致的图像处理系统,如图 5-24 所示。

在此系统中,两个透镜 L_1、L_2 成共焦组合,L_1 的前焦面 (x, y) 为物平面 Π_0,图像由此输入。 L_2 的后焦面 (x', y') 为像平面 Π_I,图像在此输出。 共焦平面 (ξ, η) 称为变换平面 Π_T,在此可以安插各种结构和性能的滤波屏,以改造频谱。在这系统里设置两透镜 L_1 和 L_2 完全相同,焦距都是 F,前后完全对称。 为了避免上节提到的夫琅禾费衍射积分前多余的相因子,置物平面 Π_0 于 L_1 的前焦面上,其后焦面与 L_2 的前焦面重合,此处即为变换平面 Π_T,像平面 Π_I 则置于 L_2 的后焦面上。 于是整个系统从物平面 Π_0 经 Π_T 到像平面 Π_I 的总长度为 $4F$,故称为 $4F$ 系统。

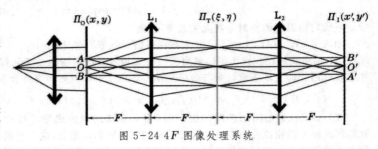

图 5-24 4F 图像处理系统

如果在变换平面 Π_T 上不设置任何障碍,则由几何光学可知,像平面 Π_I 上是物平面 Π_0 一比一的倒像。现在我们从傅里叶变换的角度重新认识一下这个问题。

我们看到,在 $4F$ 系统中从 Π_0 到 Π_T,波前进行了一次严格的傅里叶变换:

$$\widetilde{U}_0(x, y) \propto \iint \widetilde{U}_T(\xi, \eta) \exp\left(i\, k\, \frac{x\xi + y\eta}{F}\right) \mathrm{d}\xi\, \mathrm{d}\eta, \tag{5.63}$$

从 Π_T 到 Π_I,波前又进行了一次严格的傅里叶变换:

$$\widetilde{U}_T(\xi, \eta) \propto \iint \widetilde{U}_I(x', y') \exp\left(i\, k\, \frac{\xi x' + \eta y'}{F}\right) \mathrm{d}x'\, \mathrm{d}y', \tag{5.64}$$

或者说 $\widetilde{U}_I(x', y')$ 是 $\widetilde{U}_T(\xi, \eta)$ 的傅里叶逆变换:

$$\widetilde{U}_I(x', y') \propto \iint \widetilde{U}_T(\xi, \eta) \exp\left(-i\, k\, \frac{\xi x' + \eta y'}{F}\right) \mathrm{d}\xi\, \mathrm{d}\eta. \tag{5.65}$$

将 (5.65) 式中的 (x', y') 换成 $(-x, -y)$,(5.65) 式的积分形式就与 (5.63) 式完全一样了。由此可见,

$$\widetilde{U}_I(x', y') \propto \widetilde{U}_0(-x, -y). \tag{5.66}$$

即 $\widetilde{U}_I(x', y')$ 上是 $\widetilde{U}_0(x, y)$ 一比一的倒像。

在上述计算里未经滤波。若在频谱面 Π_T 上加了屏函数 $\widetilde{T}_T(\xi, \eta) \neq 1$ 的滤波片,则 $\widetilde{U}_T(\xi, \eta)$ 变为

$$\widetilde{U}_{T出}(\xi, \eta) = \widetilde{T}_T(\xi, \eta)\,\widetilde{U}_T(\xi, \eta) \neq \widetilde{U}_T(\xi, \eta).$$

像平面上得到的是 $\widetilde{U}_{T出}(\xi, \eta)$ 的傅里叶变换式,它不再是原物一比一的倒像了。 我们可以根据特定的目的选择适当的滤波屏函数,对原物图像加以改造。

3.5 空间滤波实验举例

2.3 节中我们曾介绍过一些空间滤波实验,在那里没有用严格的 $4F$ 图像处理系统。这里再介绍几类在 $4F$ 图像处理系统中做的更有趣的空间滤波实验。

(1) 网格滤波实验

输入图像是一正交的网格(正交密接黑白光栅)。在变换平面 Π_T 上频谱如图 5-25a 所示,是二维的矩形点阵(准分立谱)。Π_T 面上无阻挡时像面上输出的网格图像完全复原。❶如果按图 5-25b 所示,遮掉 Π_T 面上除中央一纵列外所有其余的衍射斑,则输出面 Π_I 上只剩下横向网纹。反之,若按图 5-25c 所示,只让中央一横行衍射斑通过,则输出的只

---

❶ 实际上由于透镜的孔径有限,高频信息总要被截掉一些,输出的网格图像的黑白边界会变得不如原来明锐。

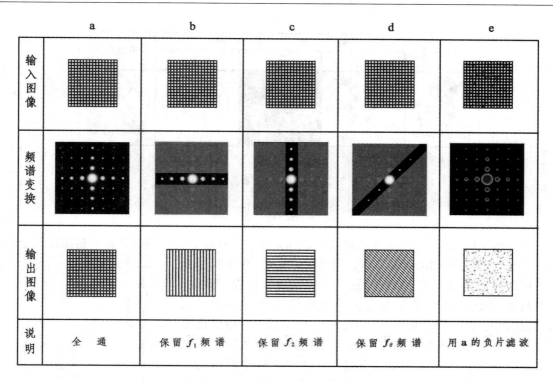

图 5-25　网格的空间滤波实验

有纵向网纹。保留中央一斜排的情况(图 5-25d)也类似,则输出的是与之正交的网纹(为什么?)。

　　最有趣的是图 5-25e 所示实验,这里输入图像除正交网格外,还有一些散乱的污点。我们的任务是通过信息处理的手段去识别或抹掉这些污点。 由于污点的空间信息是无规的、非周期性的分布,它们的频谱弥漫地分布在傅氏面 Π_T 上,而网格的频谱如前所述,是二维的矩形点阵,它是准分立谱。设想我们先用一纯净的同样网格为物,在傅氏面上直接安放照相底片,将它的频谱拍摄下来,得到一张负片(即黑点阵)。再以这张负片为光学滤波器,去处理有污点网格的图像,这时网格的准分立频谱就被全部滤掉。但污点的频谱经负片滤波虽也丢失一些,但因它是弥漫分布的,绝大部分被保留下来。这样,在输出像面上网格全部隐去,只剩下污点的信息。 用这种方法,我们可以从网格图像中把散乱的污点大体上识别出来。

　　如果我们把负片翻印为正片(即透明点阵),用它作光学滤波器去处理那个有污点的网格图像,在输出的像面上我们将得到除去污点的纯净网格。

　　总之,如要从输入图像中提取或排除某种信息,就要事先研究这类信息的频谱特征,然后针对它制备出相应的空间滤波器置于变换平面。经第二次衍射合成后,即可达到预期的效果。光学信息处理的精神大体就是如此。

　　(2) θ 调制实验(分光滤波实验)

　　这是一类用白光照明透明物体,而在输出平面上得到彩色图像的有趣实验。 如图 5-26 所示,透明物由几块不同形状的光栅片拼成,这些光栅片是在 50/mm 或 100/mm 的一张光栅上剪裁下来的。拼图时利用光栅的不同取向把准备着上不同颜色的部位区分开来(图 a)。当一束白光照射到这透明物上时,在变换平面上呈现的是沿不同方向铺展的彩色斑(图 b)。用黑纸或熏烟的玻璃板遮在变换平面上,并在适当的地方开些透明窗口(图 c),把所需颜色的 ±1 级衍射斑提取出来(图 d)。这样,在输出平面上得到的就是符合我们期望的彩色图像(图 e)。

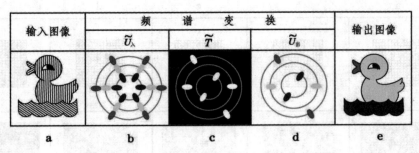

输入图像	频　谱　变　换			输出图像
	$\tilde{U}_\lambda$	$\tilde{T}$	$\tilde{U}_B$	
a	b	c	d	e

图 5-26 θ 调制实验(参见彩图 6)

§4. 全 息 照 相

　　早在激光出现以前,1948 年伽博(D.Gabor)为了提高电子显微镜的分辨本领而提出全息原理,并开始了全息照相的研究工作。但在 20 世纪 50 年代里这方面的工作进展得一直相当缓慢。 1960 年以后出现了激光,它的高度相干性和大强度为全息照相提供了十分理想的光源,从此以后全息技术的研究进入了一个新阶段,相继出现了多种全息方法,不断开辟了全息应用的许多新领域。最近几十多年全息技术的发展非常迅速,它已成为科学技术的一个新领域。伽伯因发明全息术而获得 1971 年度的诺贝尔物理学奖。

　　全息照相可以再现物体的立体形象,并具有其它一系列独特的优点,无论拍摄和观察方法,还是基本原理,都与普通照相根本不同。在本节中我们主要介绍两点,全息照相的步骤和全息照相的原理。

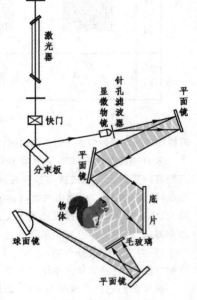

图 5-27 全息照相装置

4.1 全息照相步骤

　　全息照相分两步:记录和再现。

　　第一步全息记录。实验装置略图如图 5-27 所示,将激光器输出的光束分为两束,一束投射到记录介质(即感光底片)上,称为参考光束 R;另一束投射到物体上,经物体反射或透射以后,产生物光束 O,也到达记录介质上。参考光束同物光束的相干叠加,在记录介质上形成干涉条纹,这就是一张全息图(见图 5-28a);可见全息图不是别的,就是一张干涉图样。全息照相底片不同于普通照相底片,若用肉眼直接观察全息底片,它只是一张灰蒙蒙的片子,并不直接显示被照物体的任何形象。 在显微镜下可观察到它上面布满细密的亮暗条纹,这些条纹形状与原物形象也没有任何几何上的相似性。 但是,全息图已经通过干涉的方法微妙地记录了物光波前上各点的全部光信息,包括振幅信息和相位信息。这就是所谓波前的全息记录。

　　第二步波前重建。如图 5-28b,用一束与参考光束的波长和传播方向完全相同的光束 R' 照射全息图,则用眼睛可以观察到一幅立体的原物形象,悬空地再现在全息图后面原物原来的位置上。●全息图如同一个窗口，当人们移动眼睛从不同角度观察时，就好像面对原物一样看到它的不同侧面的形象，以及在某个角度上被物遮住的东西也可以在另一个角度上看到它。图 5-29a 和 b 所示为从不同角度对着茶杯的全息图拍摄下来的照片，可以看出，杯与柄是有相对位移（即视差）的。可见，全息图再现的是一幅立体图像（还可参看彩图 7）。更有意思的是，如果挡住全息图的一部分，只露出另一部分，这时再现的物体形象仍然是完整的，并不残缺。即使它碎了，拿来其中一片，仍然可使整个原物再现。

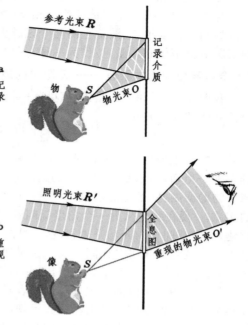

图 5-28 全息照相步骤

在再现过程中，布满干涉条纹的全息图起一块复杂光栅的作用，照明光束经全息底片衍射以后，产生了复杂的衍射场，其中包含有原物的波前，人们在全息图前面看到的就是这个再现波前所产生的虚像。可见，波前重建过程就是衍射过程。所有这些问题我们还要在下面详细论述。

4.2 全息照相的特点

有了上述对全息照相步骤的一般了解以后，我们可以拿它同普通照相进行对比，概括出它们各自的特点：

① 普通照相是以几何光学的规律为基础的，全息照相分记录、再现两步，它是以干涉、衍射等波动光学的规律为基础的。

② 普通照相底片所记录的仅是物体各点的光强（或振幅）分布，而全息图所记录的是物体各点的全部光信息，包括振幅和相位。

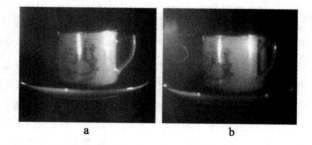

图 5-29 从不同角度观察到的全息再现像

③ 普通照相过程中物像之间是点点对应的关系，即一个物点对应像平面中的一个像点。而全息照相过程中物体与底片之间是点与面的对应关系，即每个物点所发射的光束直接落在记录介质整个平面上。反过来说，全息图中每一局部都包含了物体各点的光信息。

④ 普通照相得到的只能是二维的平面图像，而全息图能完全再现原物的波前，因而能观察到一幅立体图像。

● 实际上再现时用的照明光束的波长和传播方向不一定与参考光束相同，这时仍然能观察到一幅立体形象再现在全息图后面，但再现的像的大小、位置将与原物不同，而且将带来一定的像差。

⑤ 普通照相只是像的强度记录,并不要求光源的相干性。全息照相是干涉记录,要求参考光束与各个物点的物光束彼此都是相干的。因此要求光源有很高的时间相干性和空间相干性。光源的相干长度越长、波前上的相干区越大,就能越有效地实现全息照相,尤其在被照物体很大的情况下更是如此。激光,作为一种有很高相干性的强光光源,十分理想地满足了这些要求。

4.3 全息照相的基本原理 —— 无源空间边值定解

我们在 1.1 节里已经指出,惠更斯–菲涅耳原理的中心思想集中地凝聚在菲涅耳–基尔霍夫衍射积分公式(4.10)中:

$$\tilde{U}(P) = \frac{-\mathrm{i}}{2\lambda} \oiint_{(\Sigma)} (\cos\theta_0 + \cos\theta)\,\tilde{U}_0(Q)\,\frac{\mathrm{e}^{\mathrm{i}kr}}{r}\,\mathrm{d}\Sigma.$$

此式意味着被波前 Σ 隔开的那部分无源的场空间里,任一点 P 的振动 $\tilde{U}(P)$ 由波前上 $\tilde{U}_0(Q)$ 的分布唯一地确定,这是无源空间的边值定解问题(参见图 5-1)。那里指出,一旦 Σ 上的波前受到障碍物的调制,则 Σ 上的边值条件有了改变,无源空间内的光场就会产生重新分布。这就是衍射的实质。 现在我们从另一个角度提问题:物光波在 Σ 上形成一定的波前,移去原物,若能使波前重建,无源空间中的光场是否再现? 根据边值定解的唯一性,回答应是肯定的。这就是说,在光场中一切观测效果将会如同实物存在时那样逼真。如图 5-28a 所示,物上每一点 S 发出一列球面波,整个物体发出(经常是反射出)一个复杂的光波,传入我们的眼睛,使我们观察到它的位置和形状。现用一个波前 Σ 把物和观察者隔开,并设法把物光波在波前上造成的分布记录下来,并在移去原物时使波前上的振动分布重现出来,观察者将会在原来的地方看到与原物一模一样的形象(图 5-28b)。产生这种奇异的效果,就是波前重建的深刻意义。下面我们顺次介绍波前的记录和再现的原理和方法。

4.4 波前的全息记录

全息记录就是要记录波前上光波的全部信息。 照明波经物体反射或透射后,变成复杂的波场。这种波场可以看作是以物体上各点为中心的大量球面波的叠加。它可用一个复变函数来描述:

$$\tilde{U}_0(Q) = \sum_{\text{物点}\,n} \tilde{u}_n(Q) = A_0(Q)\mathrm{e}^{\mathrm{i}\varphi_0(Q)},$$

式中 Q 是波前上的点,其位置可用坐标 (x,y) 来表示。 $\tilde{U}_0(Q)$ 包含振幅 $A_0(Q)$ 和相位 $\varphi_0(Q)$ 两部分。 传统照相术是以不相干光照明的,记录的是光强,即振幅的平方,它只反映物体的明暗,但不包含物点立体分布的信息。在 1.3 节中我们已经看到,物点位置的信息包含在波前的相因子中:根据波前上相因子的函数形式,我们就可以判断它是平面波还是球面波,判断平面波的传播方向和球面波中心的位置,以及发散还是会聚。 一句话,相因子告诉我们波源之所在。由此可见相位信息的重要性。 可惜的是,在传统的照相技术中把它们都丢掉了。 我们必须设法把波前上的这类信息记录下来,才有可能使物光波前完整地再现。

记录波前的办法靠干涉。如图 5-28a,用一束参考光波 R 和物光波 O 作相干叠加,在波前 Σ 上形成干涉条纹。 干涉条纹的形状、间隔等几何特征反映了相位分布,条纹的衬比度反映着振幅的大小。

设波前上物光波 O 的复振幅为 $\tilde{U}_0$,参考光波 R 的复振幅为 $\tilde{U}_R$,前者一般是个很复杂的光波,后者多采用平面波或球面波。二者相干叠加后,在波前上造成的强度分布为

$$\begin{aligned} I(Q) &= (\tilde{U}_R^* + \tilde{U}_0^*)(\tilde{U}_R + \tilde{U}_0) = \tilde{U}_R^*\tilde{U}_R + \tilde{U}_0^*\tilde{U}_0 + \tilde{U}_R^*\tilde{U}_0 + \tilde{U}_0^*\tilde{U}_R \\ &= A_R^2 + A_0^2 + \tilde{U}_R^*\tilde{U}_0 + \tilde{U}_0^*\tilde{U}_R, \end{aligned} \tag{5.67}$$

式中 A_R 和 A_0 分别是 R 波和 O 波的振幅。 上式表明,光强 $I(Q)$ 中包含了 $\tilde{U}_0$ 和 $\tilde{U}_0^*$,即物光波及其共轭波的全部信息。

现将记录介质（感光底板）放在波前 Σ 的位置上进行曝光，把干涉条纹拍摄下来，进行线性冲洗后，[1]就得到一张全息图。 全息图的屏函数 $\tilde{T}(Q)$ 与曝光时的光强 $I(Q)$ 呈线性关系：

$$\tilde{T}(Q) = T_0 + \beta I(Q) = T_0 + \beta[A_R^2 + A_O^2 + \tilde{U}_R^* \tilde{U}_O + \tilde{U}_O^* \tilde{U}_R], \qquad (5.68)$$

对于负片 $\beta < 0$，对于正片 $\beta > 0$. 上式表明，通过干涉曝光和线性冲洗两步，我们确实把物光波前 $\tilde{U}_O$ 及其共轭波 $\tilde{U}_O^*$ 的全部信息记录下来了。但事情并不那么单纯，即全息图并不那么"干净"，除物光波外，其中还混杂着参考光波的许多信息。如何将它们理清楚，并在再现时把物信息分离出来，是我们下面接着要讨论的问题。

4.5 物光波前的重建

如图 5-28b，用一束光波 R'（照明波）照明全息底片，设它的波前为 $\tilde{U}_R'$，则从全息图输出的透射波前为

$$\tilde{U}_T = \tilde{U}_R' \tilde{T} = \tilde{U}_R'(T_0 + \beta A_R^2 + \beta A_O^2) + \beta \tilde{U}_R' \tilde{U}_R^* \tilde{U}_O + \beta \tilde{U}_R' \tilde{U}_O^* \tilde{U}_R$$

$$= \tilde{U}_R'(T_0 + \beta A_R^2 + \beta A_O^2) + \beta A_R' A_R \left\{ \begin{array}{l} \tilde{U}_O \exp[i(\varphi_R' - \varphi_R)] \\ + \tilde{U}_O^* \exp[i(\varphi_R' + \varphi_R)] \end{array} \right\}. \qquad (5.69)$$

上式中各项都代表怎样的波场？ 这可由波前函数，特别是它的相因子作出判断。

通常参考波采用均匀照明，亦即它为平面波或傍轴球面波，A_R 与波前上场点的位置无关，从而（5.67）式 $A_R^2 =$ 常量，故前两项 $\tilde{U}_R'(T_0 + \beta A_R^2)$ 与照明波前 $\tilde{U}_R'$ 只差一个常量因子，它们代表照明波 R' 按几何光学直线前进的透射波，我们称之为 0 级波。 A_O^2 是拍摄全息图时物光波在底片上造成的强度分布，它是不均匀的，故前 $\beta \tilde{U}_R' A_O^2$ 一项代表振幅受到调制的照明波前，由于衍射，它表现为杂散的"噪声"信息。但可预期，在通常的条件下 R' 波的衍射角不致太大，即此波的能流分布不会偏离 0 级波太远，[2]从物光波前重建的角度来看，以上三项都是我们不感兴趣的，在下面的讨论中暂且不去管它们。

现在看（5.69）式中的最后两项。一项正比于物光波前 $\tilde{U}_O$，另一项正比于它的共轭 $\tilde{U}_O^*$. 通常照明波 R' 也是平面波或傍轴的球面波，即 $A_R' =$ 常量，从而 $\beta A_R' A_R$ 是个常量因子。 较麻烦的倒是相因子 $\exp[i(\varphi_R' - \varphi_R)]$ 和 $\exp[i(\varphi_R' + \varphi_R)]$. 不过适当地选择参考波 R 和照明波 R'，可使这些相因子之一或二者全部消失，那时（5.69）式中最后两项的物理意义就比较单纯了。正比于 $\tilde{U}_O$ 的一项称为 +1 级波，它是发散波，在拍摄的原位置上形成物体的虚像（见图 5-30 左侧）。正比于 $\tilde{U}_O^*$ 的一项称为 -1 级波，它是会聚波，在与原物对

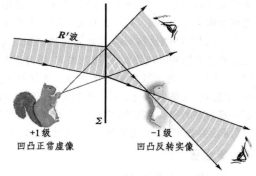

图 5-30 波前的再现

----

[1] 产生 $\tilde{T}(Q)$ 与 $I(Q)$ 呈线性关系的冲洗，称为线性冲洗。要做到线性冲洗，必须按照底片的类型选择适当的显影液和显影时间，在工艺上有一番讲究。

[2] A_O^2 是物体上各点发出的球面波在波前上相干叠加造成的强度分布，故它是极复杂的干涉条纹。不过它所包含空间频率的上限可按物体上相距最近的两点在波前上产生的干涉条纹间隔来估计。按杨氏实验来计算，干涉条纹的间隔 $d \approx \lambda/a$，其中 a 为物体上最远点，或者说整个被拍摄物的横向线度对场点所张的角度（视场角）。最大衍射角可用正弦光栅的衍射公式来计算，$\sin\theta \approx \lambda/d$，即杂散噪声的衍射角数量级不超过被拍摄物体的视场角，在离轴的全息装置中是可以将它躲开的。

称的位置上形成实像(见图 5-30 右侧,它是凹凸反转的)。乘在波前函数 $\tilde{U}_0$ 和 $\tilde{U}_0'$ 上相因子的作用是使像的位置和大小发生变化。这里先看看不存在这些相因子的条件:

(1) 当 R 波和 R' 波都是正入射平面波时,$\varphi_R = \varphi_R' = 0$,±1 级波中都无附加的相因子。

(2) 当 R' 波与 R 波相同时,❶ $\varphi_R' = \varphi_R$,+1 级波中无附加相因子,-1 级波中有相因子 $\exp(i2\varphi_R)$。

(3) 当 R' 波是 R 波的共轭波时,$\varphi_R' = -\varphi_R$,-1 级波中无附加相因子,+1 级波中有相因子 $\exp(-i2\varphi_R)$。

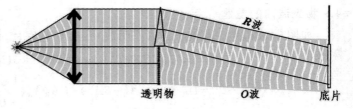

图 5-31 离轴全息记录装置

上述三种情况是最简单的,但实际中对 R 波和 R' 波的选择不必有什么限制和联系,它们可以一个是平面波,另一个是球面波,甚至用不同的波长。这样产生的效果不过是再现的虚像和实像移位和缩放。重要的是下列事实,即全息图的衍射场中有三列波:照明光照直前进的几何光学透射波(0 级波)和产生一对孪生虚、实像的 ±1 级衍射波。这个特点是带有普遍意义的。从实际的角度看,需要设法使三列波在空间上分离,互不干扰,以利于观测。为此应该采用离轴装置实现全息记录,让 R 波与 O 波有较大的夹角。图 5-27 是一种反射物的离轴全息记录装置,图 5-31 是一种透射物的离轴全息记录装置。❷

从过去学过的内容中间,我们可以找出一个与全息术有关的事例。如图 5-32a,以轴上物点发出的球面波为物光波,参考波 R 是正入射的平面波。这样拍摄的全息图如图 5-32b 所示,是一系列同心圆。读者可以计算一下,它们半径的比例与菲涅耳波带片一致。图 5-32c 是这张全息图的再现装置,照明光波 R' 仍为正入射的平面波,±1 级的衍射波所成的像正好是菲涅耳波带片的虚、实焦点,在第四章 2.4 节中我们曾说,菲涅耳波带片

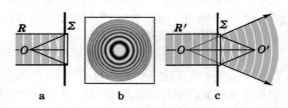

图 5-32 菲涅耳波带片与全息图

有一系列虚的和实的焦点,但这里只出现一对焦点。造成这区别的原因何在? 原来第四章 2.4 节讨论的是"黑白"菲涅耳波带片,而这里的波带片(干涉条纹)是正弦型的。

4.6 体全息

我们知道,全息图是落在记录介质上的。全息图中的干涉条纹有一定的间距 d,而记录介质的感光层也有一定厚度 l。当 $d \geq l$ 时,记录介质就相当于一薄层,在其厚度方向没有干涉条纹,所以这时构成一幅平面全息图。当 $d \ll l$ 时,在记录介质的厚度方向就将布满干涉条纹,于是就构成一幅体全息图。体全息图内部由于感光而析出的银粒分布也将是三维的,如同晶体点阵一样,它对于照明光束的衍射就起一块三维光栅的作用,只有满足布拉格条件 $2d\sin\theta = \lambda/d$ 时才存在"再现"像。这里需要区别下述两种情况。当照明光束为单色光时,只有在某些特定的角度才能观察到再现像。或者,当照明光束为白光时,固定观察方向,可以有某些特定的波长满足布拉格条件而产生

---

❶ 关键是 $\tilde{U}_R'$ 和 $\tilde{U}_R$ 具有相同的相因子,振幅是否相等是无关紧要的。

❷ 1962 年出现了离轴全息装置,解决了原先共轴系统所存在的许多麻烦问题,这是 20 世纪 60 年代全息技术迅速发展的一个重要原因。离轴全息装置要求光源的相干性好,使用激光是一很有利的条件。

再现像。这就是通常所说的体全息图的角度选择性和波长选择性，以及体全息图的白光再现问题。

4.7 全息术的应用

全息照相根本不同于普通照相，它具有一系列独特的优点。可应用的范围很广，潜力很大。下面简单地介绍几种可能的应用。

(1) 全息电影和全息电视

由于全息照相再现像的立体感很强，因此很自然地就想到把它应用到电影和电视中去。利用体全息图的角度选择性和颜色选择性，可以在一张体全息图中储存许多景物信息，这只需在拍摄每一景物时，把全息照片的位置转动一下。再现时，只需将全息照片放在激光光束中转动，便能把各景物互不干扰地相继显示出来，在照片的后面就可以看到活动的立体景物，这就是立体电影。观众就不必像观看用偏振光效应所摄制的立体电影那样，戴上一副讨厌的偏振眼镜了。

假如把全息图已录在电视摄像机的感光面上，然后电视台把信号发射出去，当电视接收机收了这些信号，并用激光照明时，就能再现所摄的景象，这就是立体电视。

(2) 全息显微技术

在科学实验中常常遇到要测量样品中浮动粒子的大小、分布及其它性质。由于这些粒子在不停地运动，所以观测时根本来不及将显微镜调焦到这些粒子上。有的还要求在某一时刻把体积中的粒子全部拍摄下来。一般这类问题是无法直接观测的，只能用统计的方法进行推算。应用全息照相就能很方便地解决这个问题。如果用短脉冲激光来照明样品，拍摄一定体积内粒子的运动状况，再现时就可以将粒子的大小、粒子的瞬时分布状况用显微镜层层聚焦、逐次观察。这方面的发展就是全息显微技术。全息照相的想法当初就是为了改进电子显微镜的分辨本领而提出的。

(3) 全息干涉技术

利用二次曝光或连续曝光全息图可以将物体变化状况记录在同一张全息照片上（图5-33）。再现时就得到相互交叠的像，这两个或多个光波就会产生干涉，从干涉条纹的分析中可以得出物体的变化情况。这方面的发展就是全息干涉技术，利用这一技术，可以研究物体的微小形变或微小振动、高速运动的现象，封闭容器内的爆炸过程，等等。利用全息干涉技术于精密计量工作中，可以克服以前干涉计量技术只能分析简单的干涉图案的

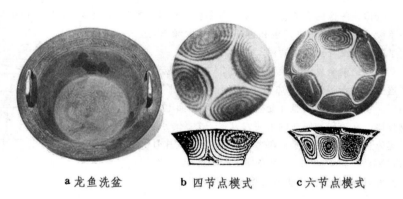

a 龙鱼洗盆   b 四节点模式   c 六节点模式

图 5-33 鱼洗振动的连续曝光全息照相

鱼洗是我国古代留传下来的一种玩物 —— 双耳铜盆，注水后用手摩擦双耳可激起水注。该盆的基本振动有四节点和六节点两种模式，喷水处实际上是波腹所在处。连续曝光全息照相显示了盆的两种振动模式。（全息照相由上海交通大学严燕来教授供稿。）

限制，也不需要很规则的测量对象和高质量的光学部件，而可对任意形状，任意表面进行研究，例如可以对凝聚物、岩石样品、金属物件、电子元件，以及在风洞中的冲击波和流线等高速运动现象进行干涉计量研究

(4) 红外、微波及超声全息照相技术

全息照相在军事观察、侦察和监视上具有重要意义。我们知道，一般的雷达系统只能探测到目标的距离、方位、速度等，而全息照相则能提供目标的立体形象，这对于及时识别飞机、导弹、舰艇等有很大作用，因而受到人们的重视。但是可见光在大气及水中传播时衰减较大，在不良的气候条件下甚至无法工作。为了克服这个困

难，发展出红外、微波及超声全息技术，也就是用相干的红外光、微波及超声波拍摄全息照片，然后用相干可见光再现物像。这种全息技术在原理上和可见光全息照相完全一样，技术上的关键问题是寻找灵敏的记录介质和合适的再现方法。

超声全息照相能再现潜伏于水下物体的三维图像，可以用来进行水下侦察和监视（如图 5-34），因而受到极大重视。由于对可见光不透明的物体往往对超声波"透明"，超声全息照相也能用于医疗透视诊断，还可以在工业上用作无损探伤。

（5）全息照相存储技术

存储器是电子计算机中的重要部分。它在计算机中的作用，就像人的大脑那样，起记忆数字、信息、中间结果的作用。目前计算技术发展很快，而且容量也很大。这就要求有高速度、大容量而且可靠性很高的存储器与之相配合。全息存储器是目前正在大力发展的几种存储器之一。 体全息具有很大的信息存储量，在一张全息图上可以并存许多全息图，利用角度选择性可以依次读出不同的信息。由于这种存储器是用照相的方法将信息固定在全息图上的，所以保存信息的可靠性很高。

全息照相用于信息处理和信息显示，也是目前正在大力发展的一个重要的应用方向。

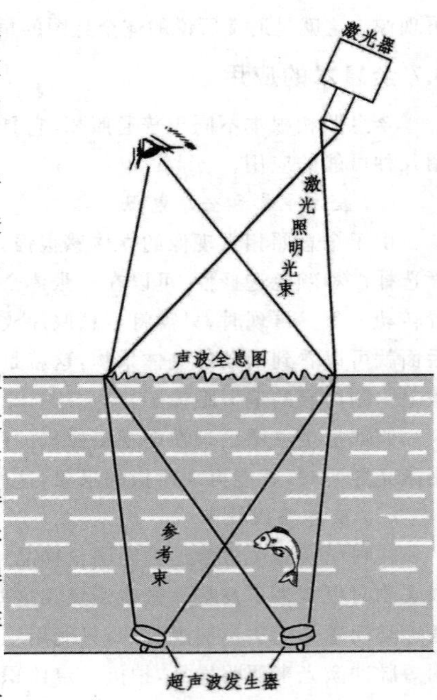

（6）傅里叶全息图

物体或图像的光信息既直接表现在它的波前函数上，也包含在它的频谱中。对物光波波前的全息记录和再现手段，同样可以用来记录和再现物光波的频谱，这就是所谓傅里叶变换全息图。

物频谱的全息记录装置可按图 5-35 所示安排，将透射物置于透镜的前焦面上，用正入射的平行光照明。由于透镜的傅里叶变换功能，在后焦面上获得物频谱。在透射物所在的平面内设置一个参考点源，它提供一个斜入射的平面参考光波，照射在底片 H 上与物频谱波相干叠加，实现物频谱的全息记录，经线性冲洗，即得到一张傅里叶变换全息图。

图 5-34 用激光束再现超声全息图

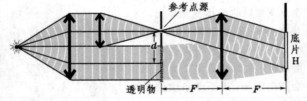

图 5-35 物频谱的全息记录装置

本 章 提 要

1. 衍射 —— 波前函数在衍射屏上的变换。

$$\tilde{U}_{出}(x, y) = \tilde{T}(x, y)\tilde{U}_{入}(x, y), \quad [\tilde{T}(x, y) \text{ —— 屏函数}]$$

（1）波前函数

平面波　　$\tilde{U}(x, y) = \tilde{U}(O)\exp[\,\mathrm{i}\,k(x\sin\theta_1 + y\sin\theta_2)\,]$,

　　　　　　其中 $\tilde{U}(O) = Ae^{\mathrm{i}\varphi(O)}$　（参见图 5-3）

球面波

$$\tilde{U}(x, y) = \frac{A}{\sqrt{(x-x_0)^2 + (y-y_0)^2 + z^2}}\exp[\,\pm\,\mathrm{i}\,k\sqrt{(x-x_0)^2 + (y-y_0)^2 + z^2}\,].$$

　　　　指数上 + —— 发散波，- —— 会聚波。　（参见图 5-5）

$$
\begin{cases}
\text{傍轴近似} \quad \dfrac{\rho_0^2}{z^2},\ \dfrac{\rho^2}{z^2} \ll 1. \\[2mm]
\qquad \widetilde{U}(x,y) \approx \dfrac{A\,\mathrm{e}^{ikr_0}}{z}\exp\!\left(\pm\,\mathrm{i}\,k\,\dfrac{x^2+y^2}{2z}\right)\exp\!\left(\mp\mathrm{i}\,k\,\dfrac{xx_0+yy_0}{z}\right); \\[3mm]
\text{源点} \quad \dfrac{\rho_0^2}{z} \ll \lambda; \\[2mm]
\qquad \widetilde{U}(x,y) \approx \dfrac{A\,\mathrm{e}^{\pm ikz}}{z}\exp\!\left(\mathrm{i}\,k\,\dfrac{x^2+y^2}{2z}\right)\exp\!\left(\mp\mathrm{i}\,k\,\dfrac{xx_0+yy_0}{z}\right).
\end{cases}
$$

（2）屏函数

透镜 $\quad \widetilde{T}_{\mathrm{L}}(x,y)=\exp\!\left(-\mathrm{i}\,k\,\dfrac{x^2+y^2}{2F}\right).$ （F——透镜焦距）

楔形棱镜 $\quad \widetilde{T}_{\mathrm{P}}(x,y)=\exp[-\mathrm{i}\,k\,(n-1)\alpha x],$（$\alpha$——楔角，$n$——折射率）

2. 阿贝成像原理：平行相干光照明透镜成像分两步

（1）第一步：物平面发生夫琅禾费衍射。在透镜像方焦面上形成衍射图样是物平面的空间频谱。

（2）第二步：频谱面上的各衍射斑发出的次波在像平面上干涉，形成的图样即为像。

空间滤波实验：在频谱面上加滤波器改变频谱，可以修饰或改变像。

相衬显微镜——在显微物镜的后焦面上加空间滤波器滤掉低频，将相位型的物变成有衬度的振幅型。

3. 夫琅禾费衍射装置的各种形式

（1）平行光正入射，在无穷远接收。

（2）平面波正入射，在足够远处（源点满足远场条件）接收衍射场。

（3）平面波正入射，在另一透镜后焦面接收衍射场。

（4）轴上点光源照明，像面接收。衍射屏置于透镜后方。 ⎫ 只要求傍轴条件，

（5）轴上点光源照明，像面接收。衍射屏置于透镜前方。 ⎭ 无须远场条件

以上装置的衍射场都符合夫琅禾费衍射积分的标准形式：

$$
\widetilde{U}(\theta_1,\theta_2)=A\,\mathrm{e}^{ikr_0}\iint \widetilde{T}(x,y)\exp[-\mathrm{i}\,k\,(\sin\theta_1\, x+\sin\theta_2\, y)]\,\mathrm{d}x\,\mathrm{d}y,
$$

4. 屏函数的傅里叶变换

$$
\widetilde{t}(f_1,f_2)=\int_{-\infty}^{+\infty}\int_{-\infty}^{+\infty}\widetilde{T}(x,y)\exp[-\mathrm{i}\,2\pi(f_1 x+f_2 y)]\,\mathrm{d}x\,\mathrm{d}y.
$$

夫琅禾费衍射积分

$$
\widetilde{U}(x',y')=A\,\mathrm{e}^{ikz}\exp\!\left(\mathrm{i}\,k\,\dfrac{x'^2+y'^2}{2z}\right)\iint \widetilde{T}(x,y)\exp\!\left(-\mathrm{i}\,k\,\dfrac{xx'+yy'}{z}\right)\mathrm{d}x\,\mathrm{d}y,
$$

或 $\quad \widetilde{U}(\theta_1,\theta_2)=A\,\mathrm{e}^{\mathrm{i}\varphi(\theta_1,\theta_2)}\iint \widetilde{T}(x,y)\exp[-\mathrm{i}\,k\,(\sin\theta_1\, x\,\sin\theta_2\, y)]\,\mathrm{d}x\,\mathrm{d}y,$

令 $\quad 2\pi(f_1,f_2)=\dfrac{k}{z}(x',y')\quad$ 或 $\quad k(\sin\theta_1,\sin\theta_2),$

则 $\quad \widetilde{U}(f_1,f_2)=A\,\mathrm{e}^{ikz}\exp[\mathrm{i}\lambda z(f_1^2+f_2^2)]\,\widetilde{t}(f_1,f_2).$

$\widetilde{U}(f_1,f_2)$ 和 $\widetilde{t}(f_1,f_2)$ 基本上一致。

若将衍射屏方在透镜的前焦面上，可将相因子 $\exp[\mathrm{i}\lambda z(f_1^2+f_2^2)]$ 变为常量。

5. 相干图像处理——4F 系统（参见图 5-24）。 例

（1）网格滤波

（2）θ 调制

6. 全息照相——原理：无源空间的边值定解。

(1) 第一步：物光波 O + 参考光波 R → 物光波前的全息记录（全息图）。

(2) 第二步：照明波 R' + 全息图 → 物光波前的重建 $\begin{cases} +1\ 级 —— 虚像； \\ -1\ 级 —— 实像（凹凸反转）； \end{cases}$

体全息：介质中纵深条纹记录，再现时三维衍射。

应用：全息电影和全息电视，全息显微技术，全息干涉技术，红外、微波及超声全息照相，全息照相存储技术，傅里叶全息图，……

思 考 题

5-1. 试证明在傍轴条件下黑白光栅在傅氏面上 $\pm n$ 级衍射斑相对 0 级的相位为

$$\varphi_{\pm n} = -k\frac{(na)^2}{2z},$$

式中 z 是傅氏面到像面的距离，a 为相邻衍射斑中心间的距离。

5-2. 通常在一台光栅光谱仪的焦面上获得的光谱是时间频谱还是空间频谱？

5-3. 仿照图 5-17，但把 a 与 d 的比例左右对调一下，画出相应的各种曲线。

5-4. 经空间滤波器改造了的频谱是否为像函数的空间频谱？ 试论证你的结论。

5-5. (1) 在相衬法中 $\varphi(x,y) \ll 1$ 这个条件有什么好处？

(2) 为了保证 $\varphi(x,y)$ 小，是否要求样品厚度 d 必须很小？ 在什么条件下样品可以比较厚，同时又能做到 $\varphi(x,y) \ll 1$？

(3) 一厚度均匀折射率不均匀的相位型物体，$n(x,y) = n_0 + \Delta n(x,y)$，最大相对起伏 $\Delta n/n_0 \approx 0.01$。为使 $\varphi \ll 1$ 满足，允许该样品的厚度有多大？

5-6. (1) 若相位板中心液滴的光学厚度为 $3\lambda/4$，写出任意大小的 φ 和 $\varphi \ll 1$ 时像面函数的表达式。

(2) 这时像的图样与液滴的光学厚度为 $\lambda/4$ 时有何不同？

(3) 若考虑液滴对光的吸收，设其强度透射率为 $\tau < 1$，像面上强度分布有何变化？ 衬比度有何变化？

5-7. 观察相位型物体的另一种方法是"中心暗场法"，即在傅氏面的中心设置一个细小的不透明屏，假定物体的相位变换函数 $\varphi \ll 1$，写出像面上强度的分布，并与相衬法的优劣作一比较。

5-8. 装置如本题图所示，在后焦面 $\mathscr{F}'$ 上接收衍射场，

(1) 这种装置能否接收夫琅禾费衍射场？ 如果能，需要什么条件？ 夫琅禾费衍射场的范围有多大？

(2) 前后移动衍射屏，对衍射图样有何影响？

(3) 此装置与衍射屏放置在透镜前时有何不同？

思考题 5-8

5-9. 在 (5.49) 式中积分号外有一个与场点的坐标有关的相因子 $e^{i\varphi(\theta_1,\theta_2)}$，用什么方法可使这个相因子成为与场点坐标无关的常数？

5-10. 讨论图 5-24 所示的相干光学图像处理系统：

(1) 如果 L_1、L_2 两透镜的焦距不等，系统的性能有什么变化？

(2) 如果两个透镜不是共焦组合，系统的性能有什么变化？

5-11. 如本题图所示的系统是否成为一个相干光学图像处理系统？ 它与 $4F$ 系统比较有什么不同？ 哪个系统的性能更好？

5-12. 解释正文中的网格滤波实验。

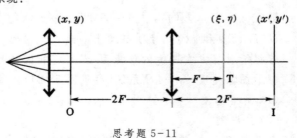

思考题 5-11

5 − 13. 解释正文中的 θ 调制实验。

5 − 14. 如本题图,一张图上画有一只小鸟关在牢笼中,用怎样的光学滤波器能够去掉栅网,把它"释放"出来?

思考题 5 − 14

5 − 15. 一张底片的本底有灰雾,用什么样的光学滤波器可以使之改善?

5 − 16.(1)以一张黑白图案作光学滤波器,并在黑的地方开个孔.这张滤波器的透过率函数是图案与孔的透过率函数的积还是和?

(2)若在上述图案中白的地方点上一点黑,其透过率函数是图案与黑点的透过率函数的积还是和?

5 − 17. 试将全息图波前的重建与平面镜成像进行比较,其中有何相同和不同之处?

5 − 18. 为什么全息术对光源的时间相干性有较高的要求? 在布置全息记录的光路时,人们常常注意让参考光路与物光路到达记录介质的光程尽量相近,这是为什么? 为什么全息台要有很好的防震设备?

5 − 19. 全息图破损就意味着丢失了一些信息,为什么再现的像仍然完整无缺? 这时再现像中包含的信息没有减少吗? 如果残留的全息图太小了,对再现像有什么影响? 试说明理由。

5 − 20. 若制备全息图时未能作到线性冲洗,非线性效应会造成什么后果?

5 − 21. 怎样配置参考光波与再现时用的照明光波,才能使再现的 ±1 级像与原物大小一样,位置相对全息图面成镜像对称?

5 − 22. 一对孪生波均为发散波(两个虚像)或均为会聚波(两个实像)是可能的吗? 试设计出现此种情况的照明条件。

习　题

5 − 1. 设薄透镜由折射率为 n_L 的材料做成,物方和像方的折射率分别是 n 和 n',导出其相位变换函数(用透镜的焦距表示出来)。

5 − 2. 用薄透镜的相位变换函数导出傍轴条件下的横向放大率公式。

5 − 3. 用劈形棱镜的相位变换函数(5.27)式导出傍轴光束斜入射时产生的偏向角 δ.

5 − 4. 在一相干成像系统中,镜头(作为入射光瞳)的相对孔径为 1/5,求此系统的截止频率(mm^{-1})。 设物平面在前焦面附近,照明波长为 $0.5\,\mu\text{m}$.

5 − 5. 利用阿贝成像原理导出在相干照明条件下显微镜的最小分辨距离公式,并同非相干照明的最小分辨距离公式比较。

5 − 6. 采用远场装置(图 5−20b)接收单缝的夫琅禾费衍射场,设单缝宽度约为 $100\,\mu\text{m}$,入射光波长 632.8 nm.

(1)接收屏幕至少应放在多远?

(2)在接收屏幕的多大范围内才算是夫琅禾费衍射场?

(3)0 级半角宽度为多少?

(4)在接收屏幕上 0 级的线宽度有多少?

5 − 7. 采用像面接收装置(图 5−20d 或 e)接收单缝的夫琅禾费衍射场,设单缝宽度约为 1 mm,入射光波长 488.0 nm,物距 40 cm,像距 80 cm.

(1)如果单缝置于透镜后方,要求在像面 1 cm 范围内准确地接收到夫琅禾费衍射场,单缝离像面至少多远?

(2)如果单缝紧贴透镜后侧,求 0 级半角宽度和接收屏幕上 0 级的线宽度;

(3)如果单缝离透镜 40 cm 远,求 0 级半角宽度及它在幕上的线宽度;

(4)如果单缝置于透镜前方,紧贴在其左侧,情况如何?

5 − 8. 对图 5−20d 和 e 所示装置,推导出傍轴条件下它的衍射场表达式,并论证它符合夫琅禾费衍射场的标准形式。

【提示:对于装置 e 利用场点 P' 的共轭点 P(见图 5−20e)。】

5－9．在透镜的前焦面上有一系列同相位的相干光源等距排列在 x 轴上,形成一维点阵(见本题图),用傅里叶变换法求后焦面上的夫琅禾费衍射场。

5－10．设透镜直径 $D=5\,\mathrm{cm}$,焦距 $F=60\,\mathrm{cm}$,图像(衍射屏)线度 $l=2\,\mathrm{cm}$,入射光波长 $\lambda=0.6\,\mu\mathrm{m}$.

(1) 分别算出后焦面上 $(x',y')=(0,0),(0,1),(1,0),(\sqrt{2}/2,\sqrt{2}/2),(-\sqrt{2}/2,\sqrt{2}/2),(0.5,2),(3,-5),(-10,-15)$(单位皆为 mm)等地点所对应的空间频率 (f_x,f_y) 的具体数值(单位皆为 mm^{-1})。

(2) 计算系统的截止频率。

5－11．如本题图 a,参考光束 R 和物光束 O 均为平行光,对称地斜入射于记录介质 Σ 上,即 $\theta_R=-\theta_O$,二者间的夹角 $\theta=2\theta_O$.

(1) 试说明全息图上干涉条纹的形状;

(2) 试分别写出物光波和参考光波在 Σ 平面上的相位分布 $\varphi_O(y)$ 和 $\varphi_R(y)$;

(3) 试证明全息图上干涉条纹的间距公式为

$$d=\frac{\lambda}{2\sin(\theta/2)}.$$

(4) 试计算,当夹角 $\theta=1°$ 时间距 d 为多少? 当夹角 $\theta=60°$ 时间距 d 为多少?(采用 He-Ne 激光记录,$\lambda=632.8\,\mathrm{nm}$.)

(5) 某感光胶片厂生产一种可用于全息照相的记录干板,其性能如下:感光层厚度为 $8\,\mu\mathrm{m}$,分辨率为 3000 条/mm 以上。 利用题(4)所得数据,试说明:当夹角 $\theta=60°$ 时,用该记录干板是否构成一张体全息图? 当夹角 $\theta=60°$ 时,该记录干板的分辨率是否匹配?

(6) 如本题图 b,采用与参考光束 R 同样波长同样倾角的照明光束 R' 照射该张全息图,试分析 0 级、+1 级、-1 级三个衍射波都出现在什么方向上,并在图上画出。

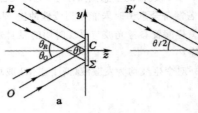

习题 5-11

5－12．若在上题中改为用正入射的平面波再现,±1 级衍射波各发生什么变化?

5－13．如本题图 a,用正入射的平面参考光波记录轴外物点 O 发出的球面波。

(1) 如本题图 b 所示,用轴上的点源 R' 发出的球面波来重建波前,求 ±1 级两像点的位置;

(2) 用与记录全息图时不同波长的正入射平面波照明,求 ±1 级两像点的位置。

5－14．(1) 求图 5-32a 所示装置制备的全息图中各级干涉条纹的半径,并证明它们与一张菲涅耳波带片相符;

(2) 验证用图 5-32c 方式再现的两个像点 O、O' 确是菲涅耳波带片的一对焦点。

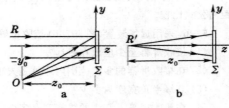

习题 5-13

习题 5-9

第六章 偏 振

§1. 光的横波性与五种偏振态

光的干涉和衍射现象表明光是一种波动,但这些现象还不能告诉我们光是纵波还是横波。本节要介绍的光的偏振现象清楚地显示光的横波性,这一点是和光的电磁理论完全一致的,或者说,这是光的电磁理论的一个有力证明。

1.1 偏振现象与光的横波性

我们先看一个机械波的例子。如图 6-1,将橡皮绳的一端固定,手拿着另一端上下抖动,于是就有横波沿绳传播。在波的传播路径中放置两个栏杆 G_1、G_2,如果二者缝隙的方向一致(见图 6-1a),则通过 G_1 的振动可以无阻碍地通过 G_2;如果缝隙的方向垂直(见图 6-1b),通过 G_1 的振动传到 G_2 处就被挡住,在 G_2 之后不再有波动。显然,这种现象只可能在横波的情况下发生,而纵波的振动方向与传播方向一致,栏杆的任何取向都不会对它有影响。

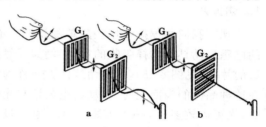

图 6-1 用机械横波模拟光的偏振现象

现在我们来看一个类似的光学实验。 有一种称为偏振片(polaroid)的器件,它表面看起来和普通的透明薄膜没有什么区别,可能略带一些暗绿或紫褐的色彩,但它们的特殊性能将在图 6-2 所示的实验中显示出来。 让光线依次通过两块偏振片 P_1 和 P_2,P_1 固定不动,以光线为轴转动 P_2,我们会发现,随着 P_2 的取向不同,透射光的强度发生变化。当 P_2 处于某一位置时透射光的强度最大(图 6-2a),由此位置转过 90° 后,透射光的强度减为 0,即光线完全被 P_2 所阻挡(见图 6-2b)。 这种现象称为消光(extinction)。 若继续将 P_2 转过 90°,透射光又变为最亮;再转过 90°,又复消光,如此等等。 显然,这现象和上述机械横波通过栏杆的实验十分相

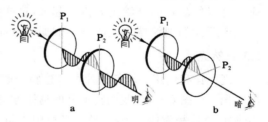

图 6-2 光的偏振现象的演示

似,这里偏振片的作用相当于机械波实验中的栏杆。 如果光是横波,则经过第一个"栏杆"(P_1)时,只有振动方向与此"栏杆"方向一致的光才能顺利通过,也只有当第二个"栏杆"(P_2)与第一个"栏杆"方向一致时,光才能顺利地通过第二个"栏杆"。 当然偏振片并不是栏杆,我们说它起"栏杆"的作用只是为了易于理解而作的直观比喻。 然而,偏振片所起的作用反映了它上面也存在着一个特殊方向,使光波中的振动能顺利地通过。上述实验同时也反映了光波本身的性质,即它的振动方向与传播方向垂直,即光波是横波。

历史上,早在光的电磁理论建立以前,在杨氏双缝实验成功以后不多年,马吕斯(E.L.Malus)于 1809 年就在实验上发现了光的偏振现象。 当时人们认为传播光波的介质是充满整个宇宙空间的"以太",由于观察不到它对天体的运行有什么影响,人们必须假设"以太"是极其稀薄的气状物质。 如果光波像空气中的声波那样是纵波,假想"以太"是一种气状介质就自然得多了。偏振现象的发现打破了这种假设,光的横波性要求"以太"应该是一种能产生切向应力的胶状或

弹性介质。于是光扰动传播的以太模型面临着极大的困难，直到光的电磁理论建立以后，光的横波性才得以完满地说明。电磁理论预言，在自由空间传播的电磁波是一种纯粹的横波，光波中沿横向振动着的物理量是电场矢量和磁场矢量。这些都已被大量实验事实所证明。鉴于在光和物质的相互作用过程中主要是电磁波中的电矢量起作用，所以人们常以电矢量作为光波中振动矢量的代表。

光的横波性只表明电矢量与光的传播方向垂直，在与传播方向垂直的二维空间里电矢量还可能有各式各样的振动状态，我们称之为光的偏振（polarization）。 实际中最常见的光的偏振态大体可分为五种，即自然光、线偏振光、部分偏振光、圆偏振光和椭圆偏振光，下面我们将分别对它们作些简单的介绍。不过为了演示光的偏振态，经常要使用偏振片，故这里先插一段有关偏振片的说明。

1.2 偏振片

现在我们对偏振片作些简单的说明。有些晶体对不同方向的电磁振动具有选择吸收的性质，例如天然的电气石晶体是六角形的片状（见图 6-3），长对角线的方向称为它的光轴。当光线射在这种晶体的表面上时，振动的电矢量与光轴平行时被吸收得较少，光可以较多地通过（见图 6-3a）；电矢量与光轴垂直时被吸收得较多，光通过得很少（见图 6-3b）。这种性质称为**二向色性**

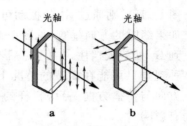

图 6-3 电气石的二向色性

（dichroism）。电气石对两个方向振动吸收程度的差别是不够大的，用作偏振片的理想晶体最好能尽量使一个方向的振动全部吸收。在这一点上硫酸碘奎宁晶体的性能要比电气石好得多，但它的晶体很小。通常的偏振片是在拉伸了的赛璐珞基片上蒸镀一层硫酸碘奎宁的晶粒，基片的应力可以使晶粒的光轴定向排列起来，这样可得到面积很大的偏振片。

今后我们把偏振片上能透过的振动方向称为它的透振方向。

1.3 自然光

现在让我们用一块偏振片 P 来检验普通光源（如太阳、电灯）发出的光。如图 6-4，当我们转动 P 的透振方向时，透射光的强度 I 并不改变。 这是为什么呢？ 光是光源中大量原子或分子发出的，在普通光源中各原子或分子发出的光波不仅初相位彼此无关联，它们的振动方向也是杂乱无章的。 因此宏观看起来，入射光中包含了所有方向的横振动，而平均说来它们对于光的传播方向形成轴对称分布，哪个横方向也不比其它横方向更为优越（见图 6-5）。具有这种特点的光称为**自然光**（natural light）。 任何光线通过偏振片后剩下的只是振动沿其透振方向的分量，透射光的强度等于这分量的平方。 由于自然光中各振动的对称分布，它们沿任何方向的分量造成的强度 I 都一样，它等于总强度 I_0 之半，所以在上述实验里我们看不到透射光强度随偏振片的转动而变化的现象。

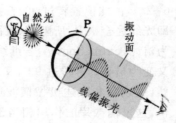

图 6-4 自然光的演示

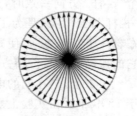

图 6-5 自然光振动的分布

总之，在自然光波场中的每一点，对于每个传播方向来说，同时存在大量的有各种取向的横振动，在波面内取向分布的概率各向同性，且彼此之间没有固定的相位关联。

1.4 线偏振光

透过偏振片的光线中只剩下与其透振方向平行的振动,这种只包含单一振动方向的光称为线偏振光(linearly polarized light)。线偏振光中振动方向与传播方向构成的平面,称为振动面(见图 6-4)。❶

现在我们来研究线偏振光通过偏振片后强度变化的规律。 仍采用图 6-2 所示的装置,其中偏振片 P_1 用来产生线偏振光,按照它在这里所起的作用,我们叫它起偏器(polarizer);偏振片 P_2 用来检验线偏振光,所以叫检偏器(analyzer)。 设通过两偏振片的振动矢量分别是 $\boldsymbol{E}_1$ 和 $\boldsymbol{E}_2$,振幅分别是 A_1 和 A_2,从而强度是 $I_1 = A_1^2$ 和 A_2^2. 固定 P_1,改变 P_2 的透振方向。 当 P_2 的透振方向与 P_1 平行时(见图 6-6a),$\boldsymbol{E}_1 /\!/ \boldsymbol{E}_2$,$A_2 = A_1$,$I_2 = I_1$. 转过角度 θ 时,$\boldsymbol{E}_2$ 是 $\boldsymbol{E}_1$ 在 P_2 方向上的投影,从而 $A_2 = A_1 \cos\theta$,故

$$I_2 = A_2^2 = A_1^2 \cos^2\theta = I_1 \cos^2\theta. \quad (6.1)$$

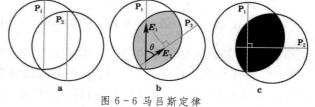

(见图 6-6b)。 $\theta = 90°$ 时,$A_2 = 0$,$I_2 = 0$(图 6-6c)。 (6.1)式所表达的线偏振光通过检偏器后透射光强随 θ 角变化的这种规律,称为马吕斯定律。

图 6-6 马吕斯定律

能将自然光改造为线偏振光的起偏器有多种多样,除了利用晶体的二向色性制成的偏振片外,利用晶体的光学各向异性,可以制成晶体棱镜偏振器;利用界面反射和折射,也可制成布儒斯特反射偏振器或透射的玻片堆。 各种具体的偏振器将在后面各节中介绍。

1.5 部分偏振光

经常遇到的光,除了自然光和线偏振光外,还有一种偏振状态介于两者之间的光。 如果用偏振片去检验这种光的时候,随着检偏器透光方向的转动,透射光的强度既不像自然光那样不变,又不像线偏振光那样每转 90° 交替出现强度极大和消光。 其强度每转 90° 也交替出现极大和极小,但强度的极小不是 0(即不消光)。从内部结构来看,这种光的振动虽然也是各方向都有,但不同方向的振幅大小不同(见图 6-7)。具有这种特点的光,叫部分偏振光。 所以当我们用检偏器检验部分偏振光时,透射光的强度随其透振方向而变。 设强度的极大和极小分别是 I_{max} 和 I_{min},两者相差越大,我们就说这部分偏振光的偏振程度越高。通常用偏振度 P 来衡量部分偏振光偏振程度的大小,它定义为

$$P = \frac{I_{max} - I_{min}}{I_{max} + I_{min}}, \quad (6.2)$$

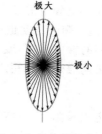

这里分母 $I_{max} + I_{min}$ 实际是两个相互垂直分量的强度之和,即部分偏振光原来的总强度,分子是 I_{max} 与 I_{min} 之差。 在 $I_{max} = I_{min}$ 的特殊情况下(此时透射光的强度不变),偏振度 $P = 0$,入射光是自然光。 所以自然光是偏振度 P 等于 0 的光,也可以称为非偏振光。 在与 $I_{min} = 0$ 的特殊情况下(此时出现消光),偏振度 $P = 1$,入射光是线偏振光。所以线偏振光是偏振度最大的光,也称为全偏振光。

图 6-7 部分偏振光

在晴朗的日子里,蔚蓝色天空所散射的日光多半是部分偏振光,散射光与入射光的方向越接近垂直,散射光的偏振度越高(详见第七章 4.3 节)。

---

❶ 因线偏振光中沿传播方向各处的振动矢量维持在一个平面(振动面)内,故线偏振又叫平面偏振(plane polarization)。

1.6 圆偏振光

如果一束光的电矢量在波面内运动的特点是其瞬时值的大小不变,方向以角速度 ω(即波的圆频率)匀速旋转,换句话说,电矢量的端点描绘的轨迹为一圆,这种光称为圆偏振光。 垂直振动合成的理论告诉我们,两个相互垂直的简谐振动,当它们的振幅相等、相位差 $\pm\pi/2$ 时,其合成运动是一个旋转矢量(见图6-8),所以圆偏振光可看成是两个相互垂直的线偏振光的合成,其分量应写成

$$\begin{cases} E_x = A\cos\omega t\,, \\ E_y = A\cos\left(\omega t \pm \dfrac{\pi}{2}\right). \end{cases} \qquad (6.3)$$

电矢量的表达式为

$$\begin{aligned} \boldsymbol{E} &= E_x\,\hat{\boldsymbol{x}} + E_y\,\hat{\boldsymbol{y}} \\ &= A\cos\omega t\,\hat{\boldsymbol{x}} + A\cos\left(\omega t \pm \dfrac{\pi}{2}\right)\hat{\boldsymbol{y}}\,, \end{aligned} \qquad (6.4)$$

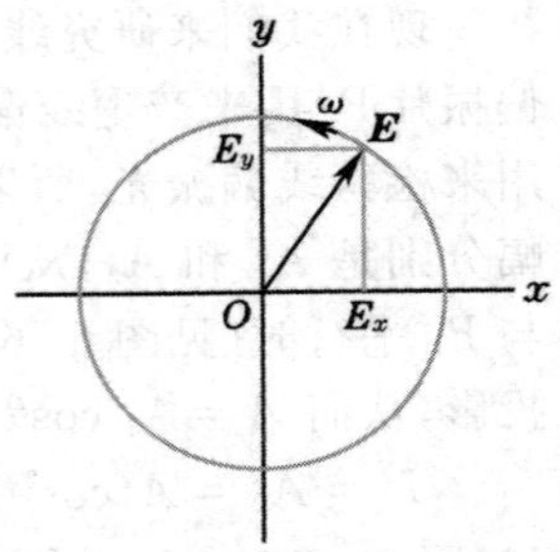

式中 $\hat{\boldsymbol{x}}$、$\hat{\boldsymbol{y}}$ 是沿 x、y 轴的单位基矢。 我们假定波是沿 z 轴传播的,在图6-8中它垂直纸面迎面而来。 这时若电矢量按逆时针方向旋转,我们称之为**左旋圆偏振光**,若按顺时针方向旋转,则称之为**右旋圆偏振光**。❶读者可验证一下,(6.4)式中 $\pi/2$ 前的正号对应右旋,负号对应左旋。

图 6-8 圆偏振光中电矢量的运动

如果迎着圆偏振光的传播方向放一偏振片,并旋转其透振方向以观察透射光强的变化,我们会发现光强不变。 这是因为圆偏振光可沿任意一对相互垂直的方向分解成振幅相等的两个线偏振光,其中一个分量通不过偏振器,另一个分量能通过它,设入射光强为 I_0,则

$$I_0 = A_x^2 + A_y^2 = 2A^2\,,$$

设偏振器的透振方向为 x,则透射光的强度为

$$I = A_x^2 = A^2 = \frac{1}{2}I_0\,, \qquad (6.5)$$

即透射光强总为入射光强的一半。 以上特点与自然光相同,故仅用一个偏振器观察圆偏振光,我们无法将它和自然光区别开来。 如何鉴别圆偏振光和自然光,将在 §5 中讨论。

1.7 椭圆偏振光

电矢量的端点在波面内描绘的轨迹为一椭圆的光,叫椭圆偏振光。 椭圆运动也可看成是两个相互垂直的简谐振动的合成,只是它们的振幅不等,或相位差不等于 $\pm\pi/2$(图6-9)。 椭圆偏振光两个分量的表达式可写成

$$\begin{cases} E_x = A_x\cos\omega t\,, \\ E_y = A_y\cos(\omega t + \delta)\,. \end{cases} \qquad (6.6)$$

电矢量为

$$\begin{aligned} \boldsymbol{E} &= E_x\,\hat{\boldsymbol{x}} + E_y\,\hat{\boldsymbol{y}} \\ &= A_x\cos\omega t\,\hat{\boldsymbol{x}} + A_y\cos(\omega t + \delta)\,\hat{\boldsymbol{y}}\,, \end{aligned} \qquad (6.7)$$

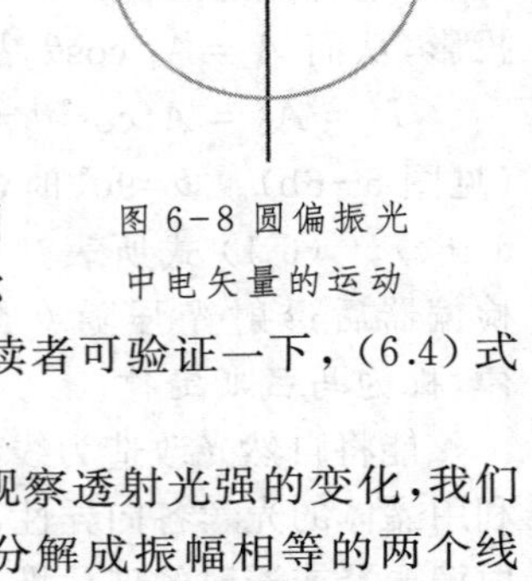

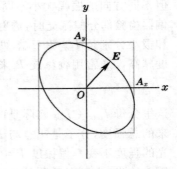

图 6-9 椭圆偏振光中电矢量的运动

椭圆长、短轴的大小和取向,与振幅 A_x、A_y 和相位差 δ 都有关系。 图6-10给出不同 δ 时的椭圆轨迹。 可以看出,线偏振光和圆偏振光

---

❶　在光学中偏振光左旋还是右旋,是相对迎着光束传播的观察方向而言的。 在微波技术中,电磁波的左旋和右旋偏振,是相对波束传播方向而言的,和光学中的习惯正好相反。

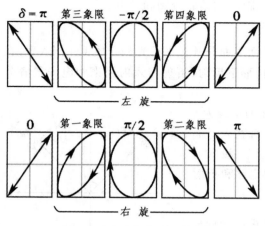

图 6-10 各种相位差的椭圆运动

都可看成是椭圆偏振光的特例。 椭圆偏振光退化为圆偏振光的条件是 $A_x = A_y$ 和 $\delta = \pm\pi/2$，退化为线偏振光的条件是 $A_x = 0$ 或 $A_y = 0$，或 $\delta = 0$、$\pm\pi$。椭圆偏振光也有左、右旋之分，其定义与前同，即迎着光的传播方向看去，逆时针者为左旋，顺时针者为右旋。 在 (6.7) 式中，$\delta > 0$ 对应于右旋，$\delta < 0$ 对应于左旋 $(0 < |\delta| < \pi)$。

如果迎着椭圆偏振光的传播方向放一偏振器，旋转其透振方向以观察透射光强度的变化，则我们看到的特点将与部分偏振光相同，即透射光强每隔 90° 从极大变为极小，再由极小变为极大，但无消光位置。 如何将椭圆偏振光和部分偏振光区别开来的问题，也将在 §5 中讨论。

§2. 光在电介质表面的反射和折射　菲涅耳公式

当你濒临一池泓碧，纵目远望，则彼岸枝叶扶疏，倒映于水中；俯察足下，则鱼嬉浅底，其乐融融（图 6 - 11）。 同是在水与空气的界面上的光，来自入射角大的远处，以反射为主；来自入射角小的近处，以透射为主。 一般说来，光射在两种折射率不同的介质界面上要分解为反射和折射两股，能流在它们之间分配，分配的比例与入射角有关。

作为一种波动，光在两种介质界面上的行为，除反射、折射能流分配外，还存在相位跃变和偏振态变化等问题。这些问题都可以根据光的电磁理论，由电磁场的边界条件求得全面的解决。在麦克斯韦建立光的电磁理论之前，菲涅耳已用光的弹性以太论回答了这些问题。两者在形式上稍有不同，但结论是一致的。本节先直接给出菲涅耳反射折射公式，然后讨论一系列由菲涅耳公式得到的有关光在电介质表面反射和折射的主要性质，如反射率和透射率，布儒斯特角，半波损失、临界角与隐失波等。根据电磁场边界条件所做的菲涅耳反射折射

图 6-11 M.C.Escher 的名画《三界（Three Worlds）》

公式的推导,我们把它放在本节较后(2.6节),用小字排印,供读者查阅和参考。

2.1 菲涅耳反射折射公式

　　两种电介质的折射率分别是 n_1 和 n_2,它们由平面界面分开。平行光从介质1一侧入射,在界面上发生反射和折射。菲涅耳公式给出的是这种情形下反射、折射与入射光束中电矢量各分量的比例关系。

　　首先就坐标的选取作些说明。如图6-12,取界面的法线为 z 轴,方向与入射光协调,从介质1到介质2。此外取 x 轴在入射面内,从而 y 轴与入射面垂直,x、y、z 构成右手正交系。 设入射角、反射角和折射角分别为 i_1、i_1' 和 i_2,并承认反射定律和折射定律成立,即

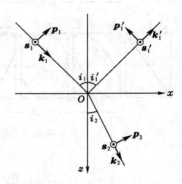

$$i_1' = i_1, \quad \text{和} \quad n_1 \sin i_1 = n_2 \sin i_2,$$

为了描述各光束中电矢量的分量,我们还需为每个光束取一局部直角坐标系。第一组基矢选 $\hat{k}_1$、$\hat{k}_1'$、$\hat{k}_2$,即入射光、反射光和折射光传播方向的单位矢量。第二组基矢选 $\hat{s}_1$、$\hat{s}_1'$、$\hat{s}_2$,取在与入射面垂直的方向(叫s方向)。❶第三组基矢 $\hat{p}_1$、$\hat{p}_1'$、$\hat{p}_2$ 取在与入射面平行的方向(叫p方向)。我们约定:s的正方向沿 $+y$ 方向

图6-12 入射光,反射光和折射　　光内 p、s、$\hat{k}$ 正交系的选取

(图6-12中垂直纸面向外),p的正方向由下式规定:

$$\hat{p}_1 \times \hat{s}_1 = \hat{k}_1, \quad \hat{p}_1' \times \hat{s}_1' = \hat{k}_1', \quad \hat{p}_2 \times \hat{s}_2 = \hat{k}_2, \tag{6.8}$$

即对于每束光来说,要求按 $\hat{p}$、$\hat{s}$、$\hat{k}$ 的顺序组成右手正交系。有了这三个局部直角坐标系,我们就可把三光束的电矢量 E_1、E_1'、E_2 分解成p分量和s分量,它们的正负都是相对于各自的基矢方向而言的。

　　按以上方向约定,由电磁场的边值关系可以导出,在界面两侧邻近点的入射场、反射场和折射场各分量满足如下关系:

$$\widetilde{E}_{1p}' = \frac{n_2 \cos i_1 - n_1 \cos i_2}{n_2 \cos i_1 + n_1 \cos i_2} \widetilde{E}_{1p} = \frac{\tan(i_1 - i_2)}{\tan(i_1 + i_2)} \widetilde{E}_{1p}, \tag{6.9}$$

$$\widetilde{E}_{2p} = \frac{2 n_1 \cos i_1}{n_2 \cos i_1 + n_1 \cos i_2} \widetilde{E}_{1p}, \tag{6.10}$$

$$\widetilde{E}_{1s}' = \frac{n_1 \cos i_1 - n_2 \cos i_2}{n_1 \cos i_1 + n_2 \cos i_2} \widetilde{E}_{1s} = \frac{\sin(i_2 - i_1)}{\sin(i_2 + i_1)} \widetilde{E}_{1s}, \tag{6.11}$$

$$\widetilde{E}_{2s}' = \frac{2 n_1 \cos i_1}{n_1 \cos i_1 + n_2 \cos i_2} \widetilde{E}_{1s} = \frac{2 \cos i_1 \sin i_2}{\sin(i_2 + i_1)} \widetilde{E}_{1s}. \tag{6.12}$$

以上四等式称为菲涅耳反射折射公式(A.J.Fresnel,1823年),其中(6.9)、(6.11)式是反射公式,(6.10)、(6.12)式是折射公式。式中的各个场分量本应是瞬时值,也可看成是复振幅,因为它们的时间频率是相同的。菲涅耳公式表明,反射、折射光里的p分量只与入射光里的p分量有关,s分量只与s分量有关。 这就是说,在反射、折射的过程中p、s两个分量的振动是相互独立的。这一事实支持了上面我们把电矢量按p(平行入射面)和s(垂直入射面)两方向的分解方法,它是有深刻物理背景的(请参看6.3节中有关本征振动的一段议论)。

――――――――――――

　　❶　s和p分别取自德文 senkrecht(垂直)和 parallel(平行)两字的字头。

2.2 反射率和透射率

当一束光遇到两种折射率不同介质的界面时，一般说来一部分反射，一部分折射。为了说明反射和折射各占多少比例，通常引入反射率和透射率的概念。这里除了 p 分量和 s 分量要分别计算外，还应区别三种不同的反射率和透射率，即振幅反（透）射率、强度反（透）射率和能流反（透）射率，[❶]它们的定义和相互关系列于表 6 − 1，现对表中的内容作几点说明。

表 6 − 1　各种反射率和透射率的定义

	p 分量		s 分量	
振幅反射率	$\tilde{r}_p = \tilde{E}'_{1p}/\tilde{E}_{1p}$	(6.13)	$\tilde{r}_s = \tilde{E}'_{1s}/\tilde{E}_{1s}$	(6.14)
强度反射率	$R_p = \dfrac{I'_{1p}}{I_{1p}} = \mid \tilde{r}_p \mid^2$	(6.15)	$R_s = \dfrac{I'_{1s}}{I_{1s}} = \mid \tilde{r}_s \mid^2$	(6.16)
能流反射率	$\mathscr{R}_p = \dfrac{W'_{1p}}{W_{1p}} = R_p$	(6.17)	$\mathscr{R}_s = \dfrac{W'_{1s}}{W_{1s}} = R_s$	(6.18)
振幅透射率	$\tilde{t}_p = \tilde{E}_{2p}/\tilde{E}_{1p}$	(6.19)	$\tilde{t}_s = \tilde{E}_{2s}/\tilde{E}_{1s}$	(6.20)
强度透射率	$T_p = \dfrac{I_{2p}}{I_{1p}} = \dfrac{n_2}{n_1} \mid \tilde{t}_p \mid^2$	(6.21)	$T_s = \dfrac{I_{2s}}{I_{1s}} = \dfrac{n_2}{n_1} \mid \tilde{t}_s \mid^2$	(6.22)
能流透射率	$\mathscr{T}_p = \dfrac{W_{2p}}{W_{1p}} = \dfrac{\cos i_2}{\cos i_1} T_p$	(6.23)	$\mathscr{T}_s = \dfrac{W_{2s}}{W_{1s}} = \dfrac{\cos i_2}{\cos i_1} T_s$	(6.24)

首先，强度 I 本来的意思是平均能流密度，我们经常把它理解成振幅的平方，在讨论同种介质中光的相对强度时这是可以的，讨论不同介质中光的强度时，需回到它原始的定义[参见第一章(1.4)式]：

$$I = \frac{n}{2 c \mu_0} \mid E \mid^2 \propto n \mid E \mid^2,$$

式中 n 是折射率，它的出现反映了光在不同介质中速度的不同。因反射光与入射光同在介质 1 内，故 $R = \mid \tilde{r} \mid^2$，这里对 p、s 分量都一样，我们把下标省略不写；但折射光与入射光在不同介质内，故 $T = (n_2/n_1) \mid \tilde{t} \mid^2$.

其次，能流 $W = I \cdot S$，这里 S 为光束的横截面积。由反射定律和折射定律可知，反射光束与入射光束的横截面积相等，而折射光束与入射光束横截面积之比是 $\cos i_2 / \cos i_1$，故有 $\mathscr{R} = R$，$\mathscr{T} = (\cos i_2 / \cos i_1) T$.

最后，根据能量守恒定律，对于 p、s 分量分别有

$$W'_{1p} + W_{2p} = W_{1p}, \quad W'_{1s} + W_{2s} = W_{1s},$$

故有 　　　　　　　　　$\mathscr{R}_p + \mathscr{T}_p = 1, \quad \mathscr{R}_s + \mathscr{T}_s = 1.$ 　　　　　　(6.25)

由此及上表中各式，还可得到

---

❶　在中外文书刊中这几种反（透）射率的名称使用得十分混乱。以反射率为例，外文有 reflectance, reflectivity, reflection coefficient, reflecting power 等字，中文有反射率，反射比，反射系数，反射本领等词。它们之间或只差一字尾，或相差一两个字，含义既不明确，又不统一。我们这里采用的命名法将含义直接标明，对澄清概念上的混乱是有好处的。

$$R_{\mathrm{p}} + \frac{\cos i_2}{\cos i_1} T_{\mathrm{p}} = 1, \quad R_{\mathrm{s}} + \frac{\cos i_2}{\cos i_1} T_{\mathrm{s}} = 1; \tag{6.26}$$

$$|\tilde{r}_{\mathrm{p}}|^2 + \frac{n_2 \cos i_2}{n_1 \cos i_1}|\tilde{t}_{\mathrm{p}}|^2 = 1, \quad |\tilde{r}_{\mathrm{s}}|^2 + \frac{n_2 \cos i_2}{n_1 \cos i_1}|\tilde{t}_{\mathrm{s}}|^2 = 1. \tag{6.27}$$

把菲涅耳反射折射公式代入振幅反射率和透射率的公式(6.13)、(6.14)、(6.19)、(6.20),即可得到 $\tilde{r}_{\mathrm{p}}$、$\tilde{r}_{\mathrm{s}}$、$\tilde{t}_{\mathrm{p}}$、$\tilde{t}_{\mathrm{s}}$ 的具体表达式:

$$\begin{cases} \tilde{r}_{\mathrm{p}} = \dfrac{n_2 \cos i_1 - n_1 \cos i_2}{n_2 \cos i_1 + n_1 \cos i_2} = \dfrac{\tan(i_1 - i_2)}{\tan(i_1 + i_2)}, \\ \tilde{r}_{\mathrm{s}} = \dfrac{n_1 \cos i_1 - n_2 \cos i_2}{n_1 \cos i_1 + n_2 \cos i_2} = \dfrac{\sin(i_2 - i_1)}{\sin(i_2 + i_1)}. \end{cases} \tag{6.28}$$

$$\begin{cases} \tilde{t}_{\mathrm{p}} = \dfrac{2 n_1 \cos i_1}{n_2 \cos i_1 + n_1 \cos i_2}, \\ \tilde{t}_{\mathrm{s}} = \dfrac{2 n_1 \cos i_1}{n_1 \cos i_1 + n_2 \cos i_2}. \end{cases} \tag{6.29}$$

利用表中其它各式,可进一步求出光强和能流的反射率和透射率来。直接的运算可验证,这些具体表达式确实满足守恒律(6.25)、(6.26)、(6.27)。

下面我们具体研究一下反射率和透射率的变化规律。

① 当光束正入射时,$i_1 = i_2 = 0$,上述各式简化为

$$\begin{cases} \tilde{r}_{\mathrm{p}} = \dfrac{n_2 - n_1}{n_2 + n_1} = -\tilde{r}_{\mathrm{s}}, \\ \tilde{t}_{\mathrm{p}} = \tilde{t}_{\mathrm{s}} = \dfrac{2 n_1}{n_2 + n_1}. \end{cases} \tag{6.30}$$

此外
$$\begin{cases} R_{\mathrm{p}} = R_{\mathrm{s}} = \mathscr{R}_{\mathrm{p}} = \mathscr{R}_{\mathrm{s}} = \left(\dfrac{n_2 - n_1}{n_2 + n_1}\right)^2, \\ T_{\mathrm{p}} = T_{\mathrm{s}} = \mathscr{T}_{\mathrm{p}} = \mathscr{T}_{\mathrm{s}} = \dfrac{4 n_1 n_2}{(n_2 + n_1)^2}. \end{cases} \tag{6.31}$$

以玻璃为例,设其折射率为 $n_2 = 1.5$,光从空气($n_1 = 1.0$)正入射在玻璃表面时 $\tilde{r}_{\mathrm{p}} = 20\%$,$\tilde{r}_{\mathrm{s}} = -20\%$,

$$R_{\mathrm{p}} = R_{\mathrm{s}} = \mathscr{R}_{\mathrm{p}} = \mathscr{R}_{\mathrm{s}} = 4\%,$$
$$T_{\mathrm{p}} = T_{\mathrm{s}} = \mathscr{T}_{\mathrm{p}} = \mathscr{T}_{\mathrm{s}} = 96\%.$$

② 为了给读者对一般斜入射情况下反射率和透射率随入射角的变化有个总体印象,图6-13和图6-14中分

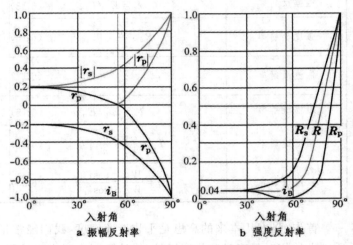

a 振幅反射率   b 强度反射率

图 6-13 空气到玻璃($n = 1.50$)的反射率曲线

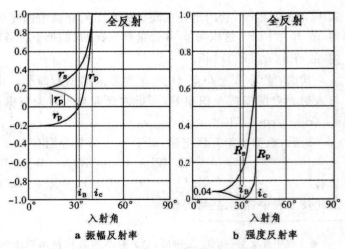

a 振幅反射率   b 强度反射率

图 6-14 玻璃($n = 1.54$)到空气的反射率曲线

别给出空气到玻璃和玻璃到空气的振幅和强度反射率曲线。可以看出,随入射角的增大,s 分量的强度反射率总是单调上升的,但 p 分量的强度反射率先是下降,在某个特殊角度 i_{B} 处降到 0,尔

后再上升。当入射角 $i \to 90°$（光疏到光密，掠入射）或 $i \to i_c$（光密到光疏时的全反射临界角）时，p、s 两分量的反射率都急剧增大到 100%，使 p 分量反射率为零的入射角 i_B 称为布儒斯特角（D.Brewster，1815 年），我们将在下面专门讨论它。

2.3 斯托克斯的倒逆关系

在两种电介质 1、2 的界面上，光从 1 射向 2 时的振幅反射率 $\tilde{r}$、透射率 $\tilde{t}$ 与光从 2 射向 1 时的振幅反射率 $\tilde{r}'$、透射率 $\tilde{t}'$ 间有什么关系？ 斯托克斯巧妙地利用光路的可逆性原理解决了这个问题。 如图 6-15a，一光线振幅为 A，由介质 1 射向界面，按照振幅反射率、透射率的定义，反射光的振幅应为 $A\tilde{r}$，折射光的振幅为 $A\tilde{t}$. 现设想一振幅为 $A\tilde{r}$ 的光逆着原先的反射光入射，和一振幅为 $A\tilde{t}$ 的光逆着原先的折射光入射，两束光遇界面时都要反射和折射，所得两束光的振幅如图 6-15b 所示，其中沿原先返回的两束光振幅为 $A\tilde{r}\tilde{r}$ 和 $A\tilde{t}\tilde{t}'$，在介质 2 中新添的两束光振幅为 $A\tilde{r}\tilde{t}$ 和 $A\tilde{t}\tilde{r}'$. 按照光路的可逆性原理，$A\tilde{r}\tilde{r}$ 和 $A\tilde{t}\tilde{t}'$ 应合成为原来入射光的振幅 A，$A\tilde{r}\tilde{t}$ 和 $A\tilde{t}\tilde{r}'$ 应相互抵消，故有

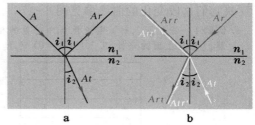

$$\begin{cases} \tilde{r}^2 + \tilde{t}\,\tilde{t}' = 1, & (6.32) \\ \tilde{r}' = -\tilde{r} & (6.33) \end{cases}$$

以上两倒逆关系分别对 p、s 两个分量适用。这些关系式也可用菲涅耳公式直接验证，它们已在第三章讨论多光束干涉时用到。

图 6-15 斯托克斯倒逆关系的推导

2.4 相位关系与半波损失问题

前已指明，菲涅耳公式中的 E_1、E_1'、E_2 等可理解为复振幅，因此 $-\arg \tilde{r}$ 就是 E_1' 和 E_1 间的相位差，$-\arg \tilde{t}$ 就是 E_2 和 E_1 间的相位差。[❶]从（6.29）式可以看出，$\tilde{t}_p$ 和 $\tilde{t}_s$ 总是正实数，[❷]即它们的辐角为 0，这表明，$\tilde{E}_2$ 与 $\tilde{E}_1$ 总是同相位的。但（6.28）式告诉我们，$\tilde{r}_p$ 和 $\tilde{r}_s$ 的辐角是比较复杂的，让我们仔细地分析一下。

在 $\tilde{r}_p$ 的表达式中分母是 $\tan(i_1 + i_2)$，当 $i_1 + i_2 = 90°$ 时它趋于无穷大，从而 $\tilde{r}_p = 0$. 这时的入射角就是前面提过的布儒斯特角 i_B. 将 $i_1 = i_B$、$i_2 = 90° - i_B$ 代入折射定律 $n_1 \sin i_1 = n_2 \sin i_2$，即得布儒斯特角的表达式

$$i_B = \arctan \frac{n_2}{n_1}. \qquad (6.34)$$

对于空气到玻璃情形 $n_2 / n_1 \approx 1.5$，$i_B \approx 56.3°$.

当 $i_1 \lessgtr i_B$ 时，当 $i_1 + i_2 \lessgtr 90°$，$\tan(i_1 + i_2) \gtrless 0$，$\tilde{r}_p \gtrless 0$，或者说 δ_p 是 0 和 π，在 $i_1 = i_B$ 处它有个突变。

先看 $n_1 < n_2$ 情形（外反射），这时 $i_1 > i_2$，不发生全反射，故 $\tan(i_1 + i_2) > 0$，$\sin(i_2 - i_1) < 0$，故 i_1 由 0 经 i_B 增到 90° 时，相位差 $\delta_p = -\arg \tilde{r}_p$ 由 0 突变到 π（见图 6-16a），而相位差 $\delta_s = -\arg \tilde{r}_s$ 始终是 π（见图 6-16b）。

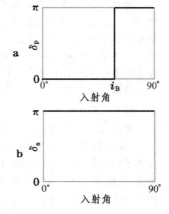

图 6-16 $n_1 < n_2$（外反射）时的相位改变

---

❶ 全反射时例外，可参见 2.7 节。 arg 代表辐角，负号与第三章 1.1 节中指数上正负号选择的约定有关。

❷ 全反射时例外，参见 2.7 节。

再看 $n_1 > n_2$ 情形（内反射），这时 $i_1 < i_2$，当 $i_1 > i_c$ 时发生全反射。全反射临界角 $i_c = \arcsin(n_2/n_1) > \arctan(n_2/n_1) = i_B$，即在布儒斯特角处尚未发生全反射。当 i_1 由 0 经 i_B 增到 i_c 时，$\tilde{r}_p$ 和 $\tilde{r}_s$ 的符号变化恰与外反射情形相反，即 δ_p 由 π 突变到 0（见图 6-17a），δ_s 始终是 0（见图 6-17b）。❶ 当 $i_1 > i_c$ 时，$\tilde{r}_p$ 和 $\tilde{r}_s$ 将成为复数，它们的辐角可根据 (6.28) 式求得：

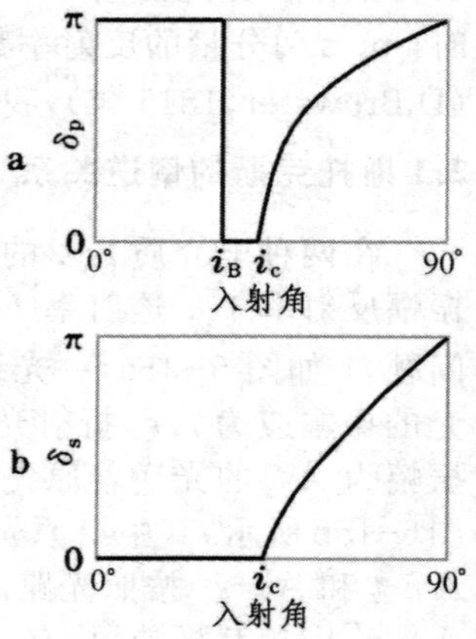

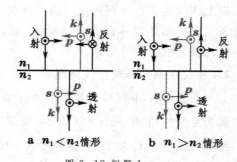

图 6-17 $n_1 > n_2$（内反射）时的相位改变

$$\begin{cases} \delta_p = 2\arctan \dfrac{n_1}{n_2}\dfrac{\sqrt{\left(\dfrac{n_1}{n_2}\right)^2 \sin^2 i_1 - 1}}{\cos i_1}, \\[4mm] \delta_s = 2\arctan \dfrac{n_2}{n_1}\dfrac{\sqrt{\left(\dfrac{n_1}{n_2}\right)^2 \sin^2 i_1 - 1}}{\cos i_1}. \end{cases} \qquad (6.35)$$

反映它们这段变化的曲线参见图 6-17。

例题 1　分析正入射时电矢量 p、s 分量的相位改变。

解：根据上面的分析，正入射（$i_1 = 0$）时 $\tilde{r}_p$、$\tilde{r}_s$、$\tilde{t}_p$、$\tilde{t}_s$ 的正负号见下表。

	$n_1 < n_2$	$n_1 > n_2$
$\tilde{r}_p$	+	−
$\tilde{r}_s$	−	+
$\tilde{t}_p$	+	+
$\tilde{t}_s$	+	+

但应注意，这里的正负是相对我们在 2.1 节中所取的 p、s、$\hat{k}$ 坐标架而言的。由于此时 p_1 和 p_1' 的方向相反，正负号并不能直接说明实际的场分量是否突然反向。实际情况可按以下程序画出来再看。图 6-18 中灰线代表我们取的坐标架，黑线代表实际的场分量，凡上表中是正号的，画场分量与坐标架一致，是负号的画场分量与坐标架相反。如此作图的结果，我们发现：$n_1 < n_2$ 时反射光中 p、s 分量方向都与入射光相反；$n_1 > n_2$ 时反射光中 p、s 分量方向都与入射光相同，折射光中所有场分量在任何情形下都与入射光相同。▌

例题 2　分析 $n_1 < n_2$ 情形掠入射时反射光中电矢量 p、s 分量的相位改变。

解：在 $n_1 < n_2$ 时，$\tilde{r}_p < 0$，$\tilde{r}_s < 0$，按上题的方法画出 p、s、$\hat{k}$ 坐标架和实际场分量的方向（图 6-19）。可以看出，反射光中 p、s 两分量的方向都与入射光相反。▌

图 6-18 例题 1——正入射时的半波损失问题

从上面两个例题可以看出，当一束光在界面上反射时，其中电矢量的方向可能发生突然的反向，或者说，振动的相位突然改变 π（或者说 $-\pi$）。本来沿着光线相位的变化是正比于光程的，在界面上发生这种相位跃变以后，相位和几何光程之间的

图 6-19 例题 2——掠入射时的半波损失问题

关系不再相符了。为了使两者调和一致，我们需在几何程差 ΔL 上添加一项 $\pm\lambda/2$（λ 为真空中波

---

❶　可以看出，这是符合斯托克斯倒逆关系的。

长），即

$$\Delta L' = \Delta L \pm \frac{\lambda}{2}.$$

几何程差 ΔL 也可说是表观程差，而 $\Delta L'$ 是有效程差，它是与实际的相位相符的。通常把相位跃变而引起的这个附加程差 $\pm\lambda/2$ 称为半波损失。❶用这一术语来表达，上面两个例题的结果可以说成：在正入射和掠入射的情况下，光从光疏介质到光密介质时反射光有半波损失，从光密介质到光疏介质时反射光无半波损失；在任何情况下透射光都没有半波损失。

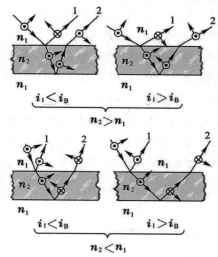

在上面两个例题中反射、折射光的电矢量与入射光相比，或平行，或反平行。在一般斜入射的情况下，三光束的 p 分量成一定角度，因此比较它们的相位没有什么绝对的意义。讨论一列波的相位改变，说到底是为了处理它与其它波列的相干叠加问题。在第三章里我们经常研究从一介质层上下两表面反射的光束 1、2 之间的干涉问题（图 6-20）。这时人们关心的是，在计算了两光束间的表观程差后是否需要添加半波损失？图 6-20 是几种情形的实际场分量方向，可以看出，就一束光而言，往往很难笼统地说是否有半波损失；但就上下两反射光束来说，

图 6-20 介质层上下表面反射光之间的半波损失

在介质层两侧折射率相同的情况下，它们之间的有效程差中总要添加一项 $\pm\lambda/2$，或者说，有效程差中总是有半波损失的。

2.5 反射、折射时的偏振现象

由菲涅耳公式可知，p 分量与 s 分量的反射率和透射率一般是不一样的，而且反射时还可能发生相位跃变。这样一来，反射和折射就会改变入射光的偏振态。具体地说，如果入射的是自然光，则反射光和折射光一般是部分偏振光；如果入射光是圆偏振光，则反射光和折射光一般是椭圆偏振光；如果入射光是线偏振光，则反射光和折射光仍是线偏振光，但电矢量相对于入射面的方位要改变。全反射时情况有所不同，因相位跃变介于 0 和 π 之间，线偏振光入射，反射光一般是椭圆偏振的。

特别值得注意的是光束以布儒斯特角 i_B 入射的情形，这时 $\tilde{r}_p=0$，反射光中只有 s 分量。这就是说，不管入射光的偏振态如何，反射光总是线偏振的。故布儒斯特角 i_B 又称为全偏振角，或起偏角。

我们知道，自然光以任何入射角入射，折射光总是部分偏振的，不过以布儒斯特角入射时，p 分量 100% 透过，这时折射光的偏振度最高（从空气到玻璃偏振度 $P=8\%$）。

既然反射和折射时都产生偏振，我们就可利用玻璃片来做偏振器（起偏器或检偏器）。以布儒斯特角入射时，虽然反射光是线偏振的，不过反射改变了光线传播的方向，用起来很不方便，通

---

❶ "半波损失"一词是广泛通用的。既谓之"损失"，似乎是原不该有的，顾名思义起来，造成一些困惑.叫"半波跃变"也许更为恰当。因两介质的界面本是物理性质（折射率）的跃变面，一切物理量到此可能发生跃变，应是意料中事。

常更多地利用透射光,如前所述,即使在布儒斯特角入射的情形里,单个玻璃表面只能产生偏振度为 8% 左右的透射光,要得到偏振度很高的透射光,就需利用多块玻璃片。 如图 6-21,将许多块玻璃片叠在一起,令自然光以布儒斯特角入射,光线每遇一界面,约 15% 的 s 分量被反射掉,而 p 分量却 100% 地透过。通过多次的反射和折射,最后从玻片堆透射出来的光束中 s 分量就很微弱了,它几乎是 100% 的 p 方向的线偏振光。

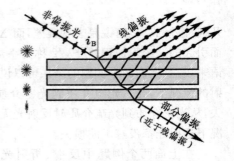

图 6-21 玻片堆偏振器

2.6 从电磁理论推导光的反射、折射定律和菲涅耳公式

麦克斯韦电磁理论告诉我们,无限大的均匀各向同性介质中单色的平面电磁波有如下性质:[1]

$$E \perp H, \tag{6.36}$$

$$E \times H \parallel k, \tag{6.37}$$

$$\sqrt{\varepsilon \varepsilon_0}\, E = \sqrt{\mu \mu_0}\, H, \tag{6.38}$$

$$k = \frac{n}{c}\omega, \tag{6.39}$$

$$n = \sqrt{\varepsilon \mu} \approx \sqrt{\varepsilon}, \tag{6.40}$$

式中 E 和 H 分别是电场强度和磁场强度,k 是角波矢,ω 是角频率,c 是真空中光速,ε 和 μ 分别是相对介电常量和磁导率,n 是折射率。 对于光频,可认为 $\mu = 1$,$n = \sqrt{\varepsilon}$.

电磁理论还告诉我们,在两种介质的分界面上场分量有如下边值关系:

$$D_{2n} = D_{1n}, \quad 或 \quad \varepsilon_2 \varepsilon_0 E_{2n} = \varepsilon_1 \varepsilon_0 E_{1n}; \tag{6.41}$$

$$E_{2t} = E_{1t}; \tag{6.42}$$

$$B_{2n} = B_{1n}, \quad 或 \quad \mu_2 \mu_0 H_{2n} = \mu_1 \mu_0 H_{1n}; \tag{6.43}$$

$$H_{2t} = H_{1t}; \tag{6.44}$$

式中 D 和 B 分别是电位移和磁感应强度,下标 n、t 分别代表法向和切向分量。

设入射、反射、折射三列平面电磁波为

$$\left.\begin{array}{l} \tilde{E}_1 = E_1 \exp[\mathrm{i}(k_1 \cdot r - \omega_1 t)], \\ \tilde{H}_1 = H_1 \exp[\mathrm{i}(k_1 \cdot r - \omega_1 t)], \end{array}\right\} \text{(入射波)} \tag{6.45}$$

$$\left.\begin{array}{l} \tilde{E}_1' = E_1' \exp[\mathrm{i}(k_1' \cdot r - \omega_1' t)], \\ \tilde{H}_1' = H_1' \exp[\mathrm{i}(k_1' \cdot r - \omega_1' t)], \end{array}\right\} \text{(反射波)} \tag{6.46}$$

$$\left.\begin{array}{l} \tilde{E}_2 = E_2 \exp[\mathrm{i}(k_2 \cdot r - \omega_2 t)], \\ \tilde{H}_2 = H_2 \exp[\mathrm{i}(k_2 \cdot r - \omega_2 t)], \end{array}\right\} \text{(折射波)} \tag{6.47}$$

在以上各式中我们把可能出现的初相位差 φ_0 吸收到振幅内了。将这些波的表达式代入上列任何一个边值关系中,等式中都有三项,即左端一项(折射波),右端两项(入射波和反射波),三项的指数因子分别是

$$\exp[\mathrm{i}(k_{1x}x + k_{1y}y - \omega_1 t)],$$

$$\exp[\mathrm{i}(k_{1x}'x + k_{1y}'y - \omega_1' t)],$$

$$\exp[\mathrm{i}(k_{2x}x + k_{2y}y - \omega_2 t)],$$

---

[1] 参看《新概念物理教程·电磁学》第六章。

这里坐标的选取同 2.1 节,介质分界面为 $z=0$ 平面。 要想边值关系对任何 x、y、t 都满足,只有

$$k_{1x} = k'_{1x} = k_{2x}, \quad k_{1y} = k'_{1y} = k_{2y}, \quad \omega_1 = \omega'_1 = \omega_2,$$

上面第三式表明,反射波、折射波的频率与入射波相同,现记作 ω. 因我们取 x 轴在入射面内,从而 $k_{1y}=0$。 上面第二式表明,$k'_{1y} = k_{2y} = 0$,即反射线、折射线与入射线在同一平面(入射面)内。 设 i_1、i'_1、i_2 分别为入射角、反射角和折射角,则

$$\sin i_1 = \frac{k_{1x}}{k_1}, \quad \sin i'_1 = \frac{k'_{1x}}{k'_1}, \quad \sin i_2 = \frac{k_{2x}}{k_2},$$

按 (6.39) 式,

$$k_1 = k'_1 = \frac{n_1 \omega}{c}, \quad k_2 = \frac{n_2 \omega}{c},$$

故有

$$\sin i_1 = \sin i'_1, \quad n_1 \sin i_1 = n_2 \sin i_2,$$

这样,我们就推出了光的反射定律和折射定律。 最后我们看折射波矢的 z 分量:

$$k_{2z} = \sqrt{k_2^2 - k_{2x}^2} = \sqrt{\left(\frac{n_2}{n_1}\right)^2 k_1^2 - k_{1x}^2} = \sqrt{\left(\frac{n_2}{n_1}\right)^2 k_1^2 - k_1^2 \sin^2 i_1} = k_1 \sqrt{\left(\frac{n_2}{n_1}\right)^2 - \sin^2 i_1}.$$

当 $n_1 < n_2$ 时,$(n_2/n_1)^2 > 1$,k_{2z} 永远为实数;但在 $n_1 > n_2$ 时,$(n_2/n_1)^2 < 1$,k_{2z} 就有可能取虚数值了。 令 $\sin i_c = n_2/n_1$(i_c 为全反射临界角),得

$$k_{2z} = k_1 \sqrt{\sin^2 i_c - \sin^2 i_1} = \frac{n_1 \omega}{c} \sqrt{\sin^2 i_c - \sin^2 i_1} = \frac{2\pi}{\lambda_1} \sqrt{\sin^2 i_c - \sin^2 i_1}, \tag{6.48}$$

式中 λ_1 为光在介质 1 中的波长。 上式表明,当 $i_1 > i_c$ 时,k_{2z} 是纯虚数,这时发生全反射。 有关全反射时介质 2 中虚波矢 k_{2z} 的物理意义,我们留待 2.7 节中讨论。

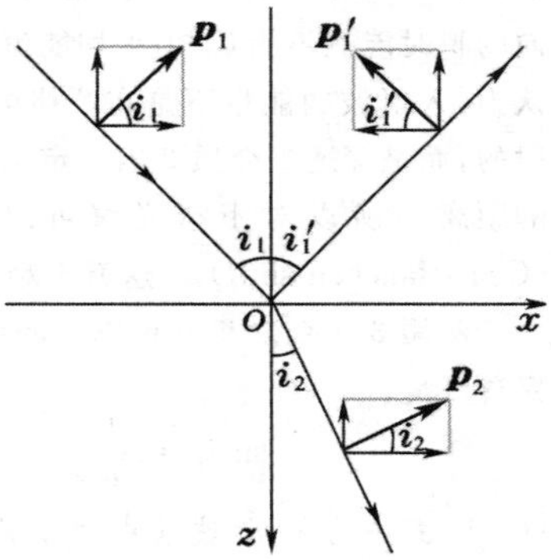

　　下面我们来推导菲涅耳公式。

　　由于在界面($z=0$)上波函数中的指数因子都一样,可略去不写。 边值关系 (6.41)—(6.44) 可写成如下分量形式(参见图 6-22):

$$-\varepsilon_2 \varepsilon_0 \widetilde{E}_{2p} \sin i_2 = -\varepsilon_1 \varepsilon_0 (\widetilde{E}_{1p} \sin i_1 + \widetilde{E}'_{1p} \sin i'_1), \tag{6.49}$$

$$\widetilde{E}_{2p} \cos i_2 = \widetilde{E}_{1p} \cos i_1 - \widetilde{E}'_{1p} \cos i'_1, \tag{6.50}$$

$$-\mu_2 \mu_0 \widetilde{H}_{2p} \sin i_2 = -\mu_1 \mu_0 (\widetilde{H}_{1p} \sin i_1 + \widetilde{H}'_{1p} \sin i'_1), \tag{6.51}$$

$$\widetilde{H}_{2p} \cos i_2 = \widetilde{H}_{1p} \cos i_1 - \widetilde{H}'_{1p} \cos i'_1. \tag{6.52}$$

还有两个有关 s 分量的关系式,因为不用,就不写了。 认为 E_{1p} 为已知,由 (6.49) 式和 (6.50) 式可解出 $\widetilde{E}'_{1p}$ 和 $\widetilde{E}_{2p}$ 来:

$$\begin{cases} \widetilde{E}'_{1p} = \dfrac{\varepsilon_2 \sin i_2 \cos i_1 - \varepsilon_1 \sin i_1 \cos i_2}{\varepsilon_1 \sin i'_1 \cos i_2 + \varepsilon_2 \sin i_2 \cos i'_1} \widetilde{E}_{1p}, \\[2mm] \widetilde{E}_{2p} = \dfrac{\varepsilon_1 (\sin i_1 \cos i'_1 + \sin i'_1 \cos i_1)}{\varepsilon_1 \sin i'_1 \cos i_2 + \varepsilon_2 \sin i_2 \cos i'_1} \widetilde{E}_{1p}, \end{cases} \tag{6.53}$$

同理,认为 H_{1p} 为已知,由 (6.51) 式和 (6.52) 式可解出 $\widetilde{H}'_{1p}$ 和 $\widetilde{H}_{2p}$ 来:

$$\begin{cases} \widetilde{H}'_{1p} = \dfrac{\mu_2 \sin i_2 \cos i_1 - \mu_1 \sin i_1 \cos i_2}{\mu_1 \sin i'_1 \cos i_2 + \mu_2 \sin i_2 \cos i'_1} \widetilde{H}_{1p}, \\[2mm] \widetilde{H}_{2p} = \dfrac{\mu_1 (\sin i_1 \cos i'_1 + \sin i'_1 \cos i_1)}{\mu_1 \sin i'_1 \cos i_2 + \mu_2 \sin i_2 \cos i'_1} \widetilde{H}_{1p}, \end{cases} \tag{6.54}$$

应注意到,由 (6.36)、(6.37)、(6.38) 式可得

$$\widetilde{H}_{1p} = -\sqrt{\frac{\varepsilon_1 \varepsilon_0}{\mu_1 \mu_0}} \widetilde{E}_{1s}, \qquad \widetilde{H}'_{1p} = -\sqrt{\frac{\varepsilon_1 \varepsilon_0}{\mu_1 \mu_0}} \widetilde{E}'_{1s}, \qquad \widetilde{H}_{2p} = -\sqrt{\frac{\varepsilon_2 \varepsilon_0}{\mu_2 \mu_0}} \widetilde{E}_{2s},$$

将此代入 (6.54) 式,再在 (6.53)、(6.54) 式中令 $\mu_1 = \mu_2 = 1$,利用反射定律 $i'_1 = i_1$ 和折射定律 $n_1 \sin i_1 = n_2 \sin i_2$,即可得到菲涅耳反射折射公式 (6.9)—(6.12)。

图 6-22 p 分量在法向
和切向的投影

2.7 全反射与隐失波

现在我们回过来讨论全反射时出现的虚波矢问题。把(6.48)式中的 k_{2z} 写成 $\mathrm{i}\kappa$，则

$$\kappa = \frac{2\pi}{\lambda_1}\sqrt{\sin^2 i_1 - \sin^2 i_c}, \tag{6.55}$$

这时介质 2 中波的表达式(6.47)化为

$$\begin{cases} \tilde{\boldsymbol{E}}_2 = \boldsymbol{E}_2 \mathrm{e}^{-\kappa z}\exp[\mathrm{i}(\boldsymbol{k}_{2x}x-\omega t)], \\ \tilde{\boldsymbol{H}}_2 = \boldsymbol{H}_2 \mathrm{e}^{-\kappa z}\exp[\mathrm{i}(\boldsymbol{k}_{2x}x-\omega t)], \end{cases} \tag{6.56}$$

上式表明,在发生全反射时,折射波在 x 方向(沿界面)仍具有行波的形式,但沿 z 方向(纵深方向)按指数律急剧衰减,光波场在介质 2 中的有效穿透深度可定义为

$$d_z = \frac{1}{\kappa} = \frac{\lambda_1}{2\pi}\frac{1}{\sqrt{\sin^2 i_1 - \sin^2 i_c}}, \tag{6.57}$$

d_z 为波长的数量级。 人们把这样一种波称为隐失波(evanescent wave)。❶隐失波的出现说明,不能简单地认为 $i_1 > i_c$ 时介质 2 内完全不存在波场,实际上在界面附近波长数量级的厚度内仍然有场(图 6-23)。 计算表明,在穿透深度内,z 方向的瞬时能流不为 0,但平均能流为 0。❷故可以

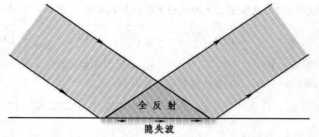

图 6-23 全反射时的隐失波瞬时图像示意图

认为,入射波的能量不是在严格的界面上全部反射的,而是穿透到介质 2 内一定深度后逐渐反射的,而且在此深度内能流还沿界面切向传播了一个波长数量级的距离。 所以对于窄光束可以看出,反射光束相对入射光束沿界面有个平移,称为古斯-汉申位移(Goos-Hänchen shift)。 这就不难想见,为什么全反射时反射波中有一定的相移 δ_p、δ_s 了。

例题 3 令波长为 632.8 nm 的氦氖激光以 45° 的入射角在棱镜 ($n = 1.5$) 内发生全反射,估算一下隐失波的穿透深度。

解: $$\sin i_c = \frac{1}{n} = 0.667,$$

(6.57) 式中的 λ_1 为玻璃中的波长,换为真空中的波长 λ,则有 $\lambda_1 = \lambda / n$,于是

$$d_z = \frac{\lambda}{2\pi n}\frac{1}{\sqrt{\sin^2 45° - \sin^2 i_c}} = 0.450\lambda \approx 285\ \mathrm{nm}.■$$

由于衍射效应的限制,显微镜的分辨极限是十分之几个波长,譬如说 0.4λ,在可见光范围内达一二百个纳米。如果被观察样品的空间结构特征周期小于此限,其细节的信息将全部丢失,但这些信息却保留在隐失波场内。如果设法(譬如用极细的探针在极近的距离内)把这些信息搜集起来,是有可能突破显微镜分辨率的衍

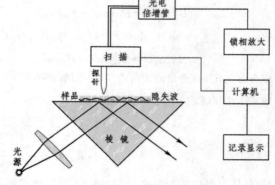

图 6-24 近场光学显微镜示意图

射极限的。 20 世纪 80 年代研制出来的近场光学显微镜(near-field optical microscope,见图 6-24)就是利用这种原理设计的。在最好的情况下,探针的尺寸、扫描距离和分辨率都小到一二十个纳米。

---

❶　当光波在有吸收的介质中传播时,也会按指数律衰减,隐失波与那种因吸收而衰减的波不同之处,是它没有能量耗散。

❷　这一点也可通过 $\mathscr{R}_p = \mathscr{R}_s = 1$ 来间接证明,此式的证明留作习题 6-16。

§3. 双 折 射

3.1 双折射现象和基本规律

取一块冰洲石（方解石的一种，化学成分是 $CaCO_3$），放在一张有字的纸上，我们将看到双重影像（见图 6-25）。平常我们把一块厚玻璃砖放在字纸上，我们只看到一个像，这个像好像比实际的物体浮起了一点，这是因为光的折射引起的，折射率越大，像浮起来的高度越大。我们可以看到，在冰洲石内的两个像浮起的高度是不同的，这表明，光在这种晶体内成了两束，它们的折射程度不同。这种现象称为双折射（birefringence）。下面我们通过一系列实验来说明双折射现象的特点和规律。

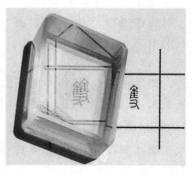

图 6-25 冰洲石双折射
现象的照片

（1）o 光和 e 光

如图 6-26，让一束平行的自然光正入射在冰洲石晶体的一个表面上，我们就会发现光束分解成两束。按照光的折射定律，正入射时光线不应偏折，而上述两束折射光中的一束确实在晶体中沿原方向传播，但另一束却偏离了原来的方向，后者显然是违背普通的折射定律的。如果进一步对各种入射方向进行研究，结果表明，晶体内的两条折射线中一条总符合普通的折射定律，另一条却常常违背它。所以晶体内的前一条折射线称为寻常光（ordinary light，简称 o 光），后一条折射线称为非常光（extraordinary light，简称 e 光）。应当

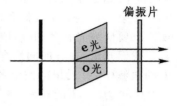

图 6-26 o 光和 e 光及其
偏振状态的演示

注意，这里所谓 o 光和 e 光，只在双折射晶体的内部才有意义，射出晶体以后，就无所谓 o 光和 e 光了。

（2）晶体的光轴

在冰洲石中存在着一个特殊的方向，光线沿这个方向传播时 o 光和 e 光不分开（即它们的传播速度和传播方向都一样），这个特殊方向称为晶体的光轴。[1] 为了说明光轴的方向，我们稍详细地研究一下冰洲石的晶体。冰洲石的天然晶体，如图 6-27 所示，它呈平行六面体状，每个表面都是平行四边形。它的一对锐角约为 78°，一对钝角约为 102°。读者对照冰洲石晶体的实物或其模型可以看出，每三个表面会合成一个顶点，在八个顶点中有两个彼此对着的顶点（图中的 A、B）是由三个钝角面会合的顶点并与三个界面成等角的直线方向，就是冰洲石晶体的光轴方向。我们总是强调"方向"二字，因为"光轴"不是指一条线，晶体中任何与上述直线平行的直线，都是光轴。光轴代表晶体中的一个特定方向。如图 6-28 所示，如果我们把冰洲石晶体的这两个钝顶角磨平，使出现两

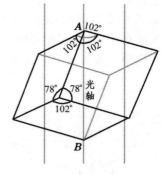

图 6-27 冰洲石的光轴

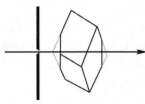

图 6-28 晶体光轴的演示

---

[1] 注意不要与几何光学中透镜的光轴混淆起来，这完全是两回事。

个与光轴方向垂直的表面,并让平行光束对着这表面正入射,则光在晶体中将沿此方向传播,不再分解成两束。

（3）主截面

当光线沿晶体的某界面入射时,此界面的法线与晶体的光轴组成的平面,称为**主截面**。 当入射线在主截面内,即入射面与主截面重合时,两折射线皆在入射面内;否则,非常光可能不在入射面内。

（4）双折射光的偏振

如果在图6-26所示的实验中用检偏器来考察从晶体射出的两光束时,就会发现它们都是线偏振光,且两光束的振动方向相互垂直。

3.2 单轴晶体中的波面

除冰洲石外,许多晶体具有双折射的性能。双折射晶体有两类,像冰洲石、石英、红宝石、蓝宝石、冰等一类晶体只有一个光轴方向,它们称为**单轴晶体**;象云母、橄榄石、硫黄等一类晶体有两个光轴方向,它们称为**双轴晶体**。光在双轴晶体内的传播规律比3.1节描述的更为复杂,将在3.6节介绍,这里只讨论单轴晶体。

在第一章§3中我们利用惠更斯的波面作图法讨论了光束在各向同性介质中传播和折射的规律。要研究光在各向异性的双折射晶体中传播和折射的规律,也需要知道波面的情况。

我们知道,在各向同性介质中的一个点光源（它可以是真正的点光源,也可以是惠更斯原理中的次波中心）发出的波沿各方向传播的速度 $v=c/n$ 都一样,经过某段时间 Δt 后形成的波面是一个半径为 $v\Delta t$ 的球面。

在单轴晶体中的o光传播规律与普通各向同性介质中一样,它沿各方向传播的速度 v_o 相同,所以其波面也是球面（图6-29a）。但e光沿各个方向传播的速度 v 不同。沿光轴方向的传播速度与o光一样,也是 v_o。垂直光轴方向的传播速度是另一数值 v_e。在经过 Δt 时间后e光的波面如图6-29b所示,是围绕光轴方向的回转椭球面。把两波面画在一起,它们在光轴的方向上相切（见图6-30）。 为了说明o光和e光的偏振方向,我们引入主平面的概念。

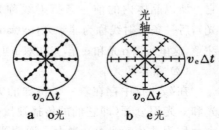

图6-29 单轴晶体中的波面

晶体中某条光线与晶体光轴构成的平面,称为**主平面**。图6-29的纸平面就是其上画出各光线的主平面。 o光电矢量的振动方向与主平面垂直,e光电矢量的振动方向在主平面内。

单轴晶体分为两类:一类以冰洲石为代表, $v_e > v_o$,e光的波面是扁椭球,这类晶体称为**负晶体**。另一类以石英为代表[1], $v_o > v_e$,e光的波面是长椭球,这类晶体称为**正晶体**。

我们知道,真空中光速 c 与介质中光速 v 之比,等于该介质的折射率 n ,即 $n=c/v$. 对于o光,晶体的

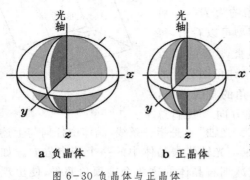

图6-30 负晶体与正晶体

---
[1]   石英晶体中波面的性质比这里描述的情况要复杂些,详见后面§5。

折射率 $n_o = c/v_o$. 但对 e 光,因为它不服从普通的折射定律,我们不能简单地用一个折射率来反映它折射的规律。 但是通常仍把真空光速 c 与 e 光沿垂直于光轴传播时的速度 v_e 之比叫它的折射率,即 $n_e = c/v_e$. 这个 n_e 虽不具有普通折射率的含义,但它与 n_o 一样是晶体的一个重要光学参量。 n_o 和 n_e 合称为晶体的主折射率。下面将看到, n_e 和 n_o 一起,再加上光轴的方向,可以把 e 光的折射方向完全确定下来。

对于负晶体, $n_o > n_e$;对于正晶体, $n_o < n_e$. 冰洲石和石英对于几条特征谱线的 n_o、n_e 值列于表 6-2 内。

表 6-2 单轴晶体的 n_o 与 n_e

元 素	谱线波长	方解石(冰洲石)		水晶(即石英)	
		n_o	n_e	n_o	n_e
Hg	404.656 nm	1.681 34	1.499 94	1.557 16	1.566 71
	546.072 nm	1.661 68	1.487 92	1.546 17	1.555 35
Na	589.290 nm	1.658 36	1.486 41	1.544 25	1.553 36

3.3 晶体的惠更斯作图法

第一章 §3 中讲过用惠更斯原理求各向同性介质中折射线方向的方法,在晶体中求 o 光和 e 光的折射方向也需用这个方法。下面我们先把该节中讲的惠更斯作图法的基本步骤归纳一下。 如图 6-31a 所示:

① 画出平行的入射光束,令两边缘光线与界面的交点分别为 A、B'.

② 由先到界面的 A 点作另一边缘入射线的垂线 AB,它便是入射线的波面。求出 B 到 B' 的时间 $t = \overline{BB'}/c$, c 为真空或空气中的光速。

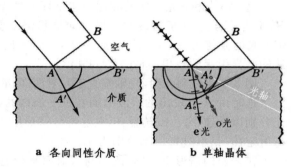

a 各向同性介质   b 单轴晶体
图 6-31 用惠更斯作图法求折射线

③ 以 A 为中心、vt 为半径(v 为光在折射介质中的波速)在折射介质内作半圆(实际上是半球面),这就是另一边缘入射线到达 B' 点时由 A 点发出的次波面。

④ 通过 B' 点作上述半圆的切线(实际上为切面,即第一章 §3 中所说的包络面),这就是折射线的波面。

⑤ 从 A 连接到切点 A' 的方向便是折射线的方向。

现在把这一方法应用到单轴晶体上(图 6-31b),这里情况唯一不同之处是从 A 点发出的次波面不简单地是一个半球面,而有两个,一是以 $v_o t$ 为半径的半球面(o 光的次波面),另一是与它在光轴方向上相切的半椭球面,其另外的半主轴长为 $v_e t$(e 光的次波面)。作图法的(1)和(2)两步同前,第(3)步中应根据已知的晶体光轴方向作上述复杂的次波面。 第(4)步中要从 B' 点分别作 o 光和 e 光次波面的切面,这样得到两个切点 A'_o 和 A'_e,从而在第(5)步中得到两根折射线 AA'_o 和 AA'_e,它们分别是 o 光和 e 光的光线。

应当注意,在图 6-31b 中给的主截面与入射面重合(即纸平面),❶从而切点 A'_o、A'_e 和两折射

---

❶   主截面定义为,由晶体表面的法线方向与晶体内光轴方向所组成的平面。

线都在此同一平面内。根据定义,这平面也是两折射线的主平面。 这样,我们就可以判知两折射光的偏振方向:o 光的振动垂直纸面,e 光的振动在纸平面内。

下面我们讨论几个较简单但有重要实际意义的特例。

例 1　光轴垂直于界面,光线正入射(图 6-32)。

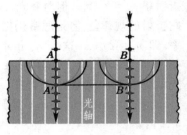

图 6-32　例 1 图

在正入射的情况下,两边缘光线同时到达界面上的 A、B 两点,这时我们需要同时作 A、B 两点发出的次波波面(它们的大小一样),并作它们的共同切面(即包络面),这时切点 A_o' 和 A_e' 重合于 A',B_o' 和 B_e' 重合于 B',由切点位置可确定折射线的方向。从图上可以看出,在此情形里折射线的传播方向未变,仍与界面垂直(即沿光轴方向),且 o 光和 e 光的波面重合(它们都是 $A'B'$),这意味着两折射线的速度一样,都是 v_o,也就是说,没有发生双折射(按照光轴的定义,也正应如此)。

例 2　光轴平行于界面,光线正入射(图 6-33)。

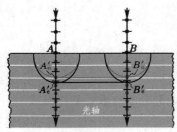

图 6-33　例 2 图

这时 o 光和 e 光的次波波面与包络面的切点 A_o' 和 A_e'、B_o' 和 B_e' 不再重合。 两折射线的传播方向虽然仍未变(与界面垂直),但 o 光的波速为 v_o,e 光的波速为 v_e,二者不同。 我们说这时还是发生了双折射。 o 光、e 光波速的差异引起的效果,将在 §4 里提到。

例 3　光线斜入射,光轴垂直于入射面(即纸面,见图 6-34)。

这时由 A 点发出的次波波面在纸平面内的截线是同心圆,o 光、e 光分别以波速 v_o、v_e 传播。 在这特殊情形里两折射线都服从普通的折射定律,只不过折射率分别为 n_o 和 n_e。

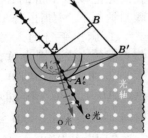

图 6-34　例 3 图

在普遍的情形里,光轴既不与入射面平行也不与它垂直,这时 e 光次波面与包络面的切点 A_e' 和 e 光本身都不在入射面内,我们就不能用一张平面图来表示了。

3.4 法向速度与射线速度　法向面与射线面

过去我们在研究波在各向同性介质中传播的问题时,有关波面、波的传播方向和传播速度等概念,都只引进了唯一的一种:“波面”是指等相位面;传播方向用角波矢 $\boldsymbol{k}$ 来表征,其方向沿波面的法线,它既是波面向前推移的方向,也是波所携带能流的方向;谈到波速,就是指波面沿法向向前推移的速度 $v=\lambda/T=\omega/k$,它称为相速(phase velocity)。在各向异性介质中,上述各种概念都复杂化了,我们通过一个例子来说明。

通常在使用双折射晶体时,往往把它磨成前后表面平行的晶片,令平面波从它的一个表面正入射(见图 6-35)。 下面专门考察 e 光,即振动电矢量在主平面内分量的传播。用惠更斯作图法不难看出,这时晶体内 e 光的波面保持与晶体表面平行,它们向前推移的方向仍沿其法线 $\overrightarrow{ON}$ 和 $\overrightarrow{O'N'}$,但光线的方向沿 $\overrightarrow{OR}$ 和 $\overrightarrow{O'R'}$,这里 R 和 R' 是包络面与次波面的切点。 当光轴与法线间的夹角 θ 不为 0 或 90° 时,$\overrightarrow{OR}$ 的方向

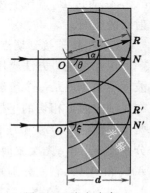

图 6-35　法向速度
与射线速度

总与 $\overrightarrow{ON}$ 不同。令其间夹角为 α,用 $d=\overrightarrow{ON}$ 代表晶片的厚度,l 代表光线 $\overrightarrow{OR}$ 的长度,则 $l\cos\alpha = d$. 设波面由 O 传播到 N 的时间为 t,在此同一时间内光线从 O 传播到包络面切点 R. 前一传播速度叫法向速度(normal velocity),用 v_N 表示,后一传播速度叫射线速度(ray velocity),用 v_r 表示:

$$v_N = \frac{d}{t}, \quad v_r = \frac{l}{t}.$$

二者的关系是

$$v_N = v_r\cos\alpha. \tag{6.58}$$

用电磁理论可以证明,射线的方向沿能流密度矢量 $\boldsymbol{S}=\boldsymbol{E}\times\boldsymbol{H}$ 的方向;在无色散介质中,v_r 等于能量传播的速度。

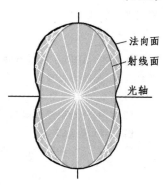

图 6-36 e 光的
法向面与射线面

在各向异性介质中,e 光的法向速度 v_N 和射线速度 v_r 都随相对于光轴的取向而改变。从晶体中任一点 O(次波中心)引各方向的 v_r 矢量,其端点描绘的轨迹,叫波法面(normal surface)。同样,从 O 引各方向的 v_N 矢量,其端点描绘的轨迹,叫射线面(ray surface)。使用法向速度和法向面的概念来计算比较方便,但物理意义比较具体的是射线速度和射线面,它们是与能量的传播方向联系在一起的。在 3.3 节惠更斯作图法中使用的次波面(等相位面),正是射线面的几何相似形。

法向面和射线面二曲面的几何关系示于图 6-36,通过法向面每个径矢的端点作一个垂面,这些垂面的包络面即为射线面。或者反过来,通过射线面上每一点作切面,并由中心 O 引切面的垂线,垂足的轨迹即为法向面。理论上可以证明,对于无色散的单轴晶体的 e 光来说,它们的方程分别为

$$\left\{ \begin{array}{ll} \text{法向面} & \left(\dfrac{v_N}{c}\right)^2 = \dfrac{\cos^2\theta}{n_o^2} + \dfrac{\sin^2\theta}{n_e^2}, \quad (6.59)\\[3mm] \text{射线面} & \left(\dfrac{c}{v_r}\right)^2 = n_o^2\cos^2\xi + n_e^2\sin^2\xi. \quad (6.60) \end{array} \right.$$

这里 θ 和 ξ 分别是 v_N 和 v_r 与光轴的夹角($\xi = \theta + \alpha$,图 6-35)。可以看出,射线面是二次曲面(回旋椭球面),法向面是四次曲面(回旋卵形面)。[●]法向面和射线面在平行和垂直光轴的方向上相切,在这些方向上 v_N 和 v_r 没有区别。o 光和各向同性介质中的光线一样,其法向面和射线面重合在一起,二者都是球面。

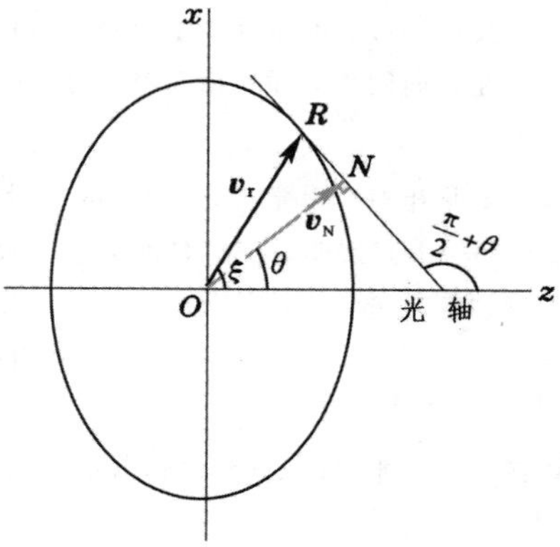

根据上述法向面和射线面之间的关系,我们不难求出 v_r 的倾角 ξ 和 v_N 的倾角 θ 之间的关系。图 6-37 所示是射线面在 zx 面上的剖面图,其中 z 方向是光轴。射线面是以 v_r/c 为径矢的,把(6.60)式中的 $(v_r/c)\cos\xi = v_{rz}/c$ 和 $(v_r/c)\sin\xi = v_{rx}/c$ 分别写成 z 和 x,则 zx 剖面的椭圆方程写为

图 6-37 v_r 的倾角 ξ 与
v_N 的倾角 θ 的关系

$$n_o^2 z^2 + n_e^2 x^2 = 1,$$

取微分,得

$$\frac{\mathrm{d}x}{\mathrm{d}z} = -\frac{n_o^2 z}{n_e^2 x}.$$

[●] 实际中 n_e 和 n_o 差别没有图 6-36 中画的那样大,从而法向面与射线面的差别也没有那样突出。法向面的外貌还是很像一个椭球面的。

由图 6-37 可知，$z/x = \cot\xi$，$\mathrm{d}x/\mathrm{d}z = \tan\left(\dfrac{\pi}{2} + \theta\right) = -\cot\theta$，代入上式，即得

$$\cot\theta = \frac{n_o^2}{n_e^2}\cot\xi. \tag{6.61}$$

此式给出 ξ 和 θ 的对应关系。

在各向异性介质中，任意方向 e 光的折射率通常定义为真空中光速 c 与该方向的相速之比，❶因此它是 θ 角的函数，

$$n(\theta) = \frac{c}{v_N(\theta)}. \tag{6.62}$$

根据(6.59)式，得

$$n^2(\theta) = \frac{n_o^2 n_e^2}{n_e^2\cos^2\theta + n_o^2\sin^2\theta}. \tag{6.63}$$

例题 4 ADP(磷酸二氢铵，$NH_4H_2PO_4$) 晶体，是单轴负晶体，$n_o = 1.5246$，$n_e = 1.4792$，切割成如图 6-38 所示的晶片，光轴与表面成 $45°$ 角，厚度 $d = 1$ cm，光线正入射，求

(1) e 光的偏向角 α，

(2) o、e 两光束穿过晶片后的光程差。

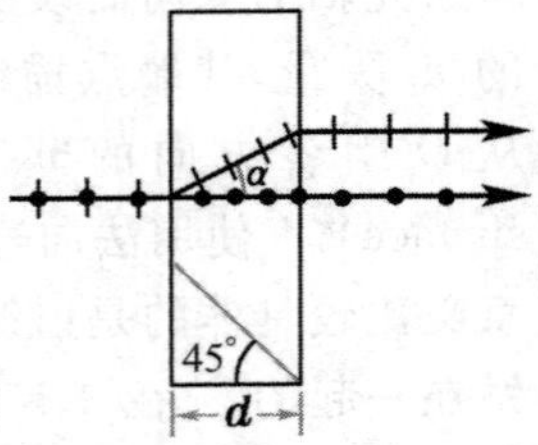

解： (1) $\theta = 45°$，

$$\cot\xi = \frac{n_e^2}{n_o^2}\cot\theta = \left(\frac{1.4792}{1.5246}\right)^2\cot 45° = 0.9413,$$

故

$$\xi = 46°44', \quad \alpha = \xi - 45° = 1°44'.$$

(2)

$$n(45°) = \frac{1.4792 \times 1.5246}{\sqrt{(1.4792)^2\cos^2 45° + (1.5246)^2\sin^2 45°}} = 1.5014.$$

图 6-38 例题 4
——ADP 晶片

e 光的光程 $L_e = n(45°)d$，o 光的光程 $L_o = n_o d$，光程差

$$\Delta L = [n(45°) - n_o]d = (1.5014 - 1.5246) \times 1 \text{ cm} = -0.0232 \text{ cm}. \quad ∎$$

3.5 折射率椭球

我们不可能在本课中对晶体光学的电磁理论作详尽的介绍，这里仅提及其中某些重要的概念和结论。

在各向同性介质中电位移矢量 D 与电场强度 E 的关系是

$$D = \varepsilon\varepsilon_0 E,$$

这里 ε 是相对介电常数，光学中的折射率 $n \approx \sqrt{\varepsilon}$ (在光学波段中，总可以假定相对磁导率 $\mu = 1$)。上式表明，D 与 E 的方向一致。 然而在各向异性介质中，D 与 E 在一般情况下方向是不一致的，它们满足如下张量关系：

$$\begin{cases} D_x = \varepsilon_{xx}\varepsilon_0 E_x + \varepsilon_{xy}\varepsilon_0 E_y + \varepsilon_{xz}\varepsilon_0 E_z, \\ D_y = \varepsilon_{yx}\varepsilon_0 E_x + \varepsilon_{yy}\varepsilon_0 E_y + \varepsilon_{yz}\varepsilon_0 E_z, \\ D_z = \varepsilon_{zx}\varepsilon_0 E_x + \varepsilon_{zy}\varepsilon_0 E_y + \varepsilon_{zz}\varepsilon_0 E_z. \end{cases} \tag{6.64}$$

存在着相互垂直的三个方向，若沿着它们选取坐标系，可使上述张量式"对角化"：

$$\begin{cases} D_x = \varepsilon_a\varepsilon_0 E_x, \\ D_y = \varepsilon_b\varepsilon_0 E_y, \\ D_z = \varepsilon_c\varepsilon_0 E_z. \end{cases} \tag{6.65}$$

一般说来 $\varepsilon_a \neq \varepsilon_b \neq \varepsilon_c$，这就是双轴晶体；若其中两个相等，譬如 $\varepsilon_a = \varepsilon_b$，但与另一个 ε_c 不相等，是为单轴晶体。单轴晶体具有轴对称性，这对称轴(这里是 z 轴)就是光轴。❷

在晶体中麦克斯韦方程也是成立的：

---

❶ 有时也用 c/v_r 之比来定义折射率，这种折射率称为射线折射率，用 $n_r(\xi)$ 表示。

❷ 七个晶系中三斜、单斜、正交三晶系是双轴晶体($n_a \neq n_b \neq n_c$)，三角、四角，六角三晶系是单轴晶体($n_a = n_b \neq n_c$)，立方晶系是各向同性的($n_a = n_b = n_c$)。

$$\begin{cases} \nabla \times \boldsymbol{E} = -\dfrac{\partial \boldsymbol{B}}{\partial t}, \\ \nabla \times \boldsymbol{H} = \dfrac{\partial \boldsymbol{D}}{\partial t}, \end{cases} \qquad (6.66)$$

考虑平面波的解:

$$\begin{cases} \tilde{\boldsymbol{E}} = \tilde{\boldsymbol{E}}_0 \mathrm{e}^{\mathrm{i}(\boldsymbol{k}\cdot\boldsymbol{r}-\omega t)}, \\ \tilde{\boldsymbol{D}} = \tilde{\boldsymbol{D}}_0 \mathrm{e}^{\mathrm{i}(\boldsymbol{k}\cdot\boldsymbol{r}-\omega t)}, \\ \tilde{\boldsymbol{H}} = \tilde{\boldsymbol{H}}_0 \mathrm{e}^{\mathrm{i}(\boldsymbol{k}\cdot\boldsymbol{r}-\omega t)}. \end{cases} \qquad (6.67)$$

而 $\tilde{\boldsymbol{B}} = \mu_0 \tilde{\boldsymbol{H}}$. 代入麦克斯韦方程,得

$$\begin{cases} \mathrm{i}\omega \boldsymbol{B} = \mathrm{i}\omega\mu_0 \boldsymbol{H} = \mathrm{i}\boldsymbol{k} \times \boldsymbol{E}, \\ -\mathrm{i}\omega \boldsymbol{D} = \mathrm{i}\boldsymbol{k} \times \boldsymbol{H}. \end{cases} \qquad (6.68)$$

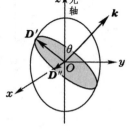

图 6-39 $\boldsymbol{D}$、$\boldsymbol{E}$、$\boldsymbol{H}$、$\boldsymbol{k}$、$\boldsymbol{S}$
各矢量的方向

这些公式表明,$\boldsymbol{H} \perp \boldsymbol{k}$ 和 $\boldsymbol{D}$, $\boldsymbol{D} \perp \boldsymbol{k}$ 和 $\boldsymbol{H}$,这要求 $\boldsymbol{E}$, $\boldsymbol{D}$ 和 $\boldsymbol{k}$ 共面(图6-39)。

可以看出,与波法线 $\boldsymbol{k}$ 垂直的电矢量是 $\boldsymbol{D}$ 而不是 $\boldsymbol{E}$,$\boldsymbol{E}$ 不与 $\boldsymbol{k}$ 垂直。坡印亭矢量 $\boldsymbol{S} = \boldsymbol{E} \times \boldsymbol{H}$ 也在同一平面内,其方向与波法线 $\boldsymbol{k}$ 不一致。 按照 3.4 节所述,这是射线的方向。故 $\boldsymbol{E}$ 矢量是与射线垂直的。

给定一个波法线方向 $\boldsymbol{k}$,求双折射晶体中两光束的偏振方向和传播速度[或者说折射率 $n(\theta)$]—— 这是一个求本征振动的问题。在这里我们仅介绍一种实际工作中常用的几何作图法,而不给出理论推导。此法需引进折射率椭球的概念,它由下列方程所描述:❶

$$\frac{x^2}{n_a^2} + \frac{y^2}{n_b^2} + \frac{z^2}{n_c^2} = 1. \qquad (6.69)$$

其中 $n_a = \sqrt{\varepsilon_a}$、$n_b = \sqrt{\varepsilon_b}$、$n_c = \sqrt{\varepsilon_c}$ 称为晶体的主折射率。对于单轴 $n_a = n_b = n_o$, $n_c = n_e$,(6.69) 式化为

$$\frac{x^2 + y^2}{n_o^2} + \frac{z^2}{n_e^2} = 1, \qquad (6.70)$$

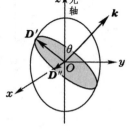

这里 z 是光轴。 用电磁理论可证明折射率椭球具有如下性质:由其中心 O 引任意方向的波矢 $\boldsymbol{k}$,过 O 点作一平面与 $\boldsymbol{k}$ 垂直,它在折射率椭球上截出一个椭圆(图 6-40),这椭圆的长短轴方向 $\boldsymbol{D}'$、$\boldsymbol{D}''$ 就是两个本征振动 $\boldsymbol{D}$ 矢量的方向,$\boldsymbol{D}'$ 和 $\boldsymbol{D}''$ 的长度分别等于它们的折射率。对于单轴晶体来说,$\boldsymbol{D}'$ 和 $\boldsymbol{D}''$ 中必有一个与 z 轴和 $\boldsymbol{k}$ 构成的平面(主平面)垂直,这是 o 振动;另一在主平面内,是为 e 振动。不难从(6.70) 式得到验证,这样得出的 $n(\theta)$ 表达式正是(6.63) 式。

图 6-40 折射率椭球

3.6 双轴晶体

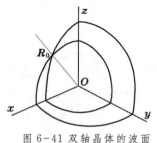

图 6-41 双轴晶体的波面
($\varepsilon_a < \varepsilon_b < \varepsilon_c$)

根据电磁理论可以算出,双轴晶体的波面(射线面)具有如图 6-41 所示的复杂形式。它在三个坐标面上的剖面都由一个圆和一个椭圆组成(图 6-42)。❷ 在这些图中 x、y、z 轴是按 ε_a、ε_b、ε_c 增大的顺序选取的,在 zx 平面的每个象限

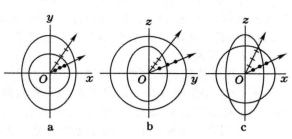

图 6-42 双轴晶体波面的剖面图

内两层波面相交于一点 R_0,波面在此处形成一个"酒窝"。当光线沿 $\overrightarrow{OR_0}$ 方向传

---

❶ 注意,不要把折射率椭球和前面引入的任何一种曲面(法向面、射线面)混淆起来。"折射率椭球"是个抽象的几何概念和运算工具。

❷ 法向面的剖面图与图 6—42 相似,只是椭圆应换为四次的卵形线。在 zx 平面的每个象限内两层法向面也相交于一点,中心到此点连线的方向正是光轴。

播时,各光束的射线速度相同。$\overrightarrow{OR_0}$方向称为晶体的射线轴。为了在射线面的图中寻找光轴的方向,只需在 zx 剖面图中作圆和椭圆的公切线(见图 6-43),令它与圆的切点为 N_0,$\overrightarrow{ON_0}$方向称为晶体的光轴,因为当波法线 k 沿此方向时,各光束的相速相同。可以看出,在 z 轴两侧各有一条光轴和射线轴,故晶体具有两条光轴和两条射线轴。

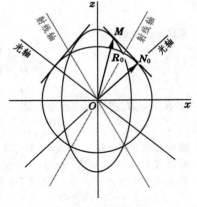

图 6-43　射线轴与光轴

特别有趣的是在晶体内当波法线沿光轴传播时光线的传播方向。从 zx 剖面图中看,公切面与波面切于 N_0 和 M 两点,亦即有两条光线,分别沿 $\overrightarrow{ON_0}$ 和 $\overrightarrow{OM}$ 方向传播。但是在三维空间里,这切面与波面在"酒窝"R_0 周围的整个一个圆上接触。若如图 6-44,垂直于光轴切割出一块晶片来,

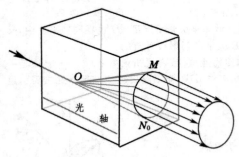

图 6-44　锥形折射

当自然光正入射于其上时,折射线不是两条,而是连续分布在一个空心的圆锥面上。这种现象称为锥形折射。❶

双轴晶体中两折射光束的偏振方向也可用折射率椭球来定。不过这时折射率椭球的三个主轴都不等长。解析几何会告诉我们,用通过中心的平面去切割这种椭球时,得到的截面一般是椭圆,只在两个特殊方向上截面退化为圆。这两个特殊方向就是晶体的光轴。对于任意的 k 方向来说,图 6-40 中椭圆截面长短轴的方向 D'、D'',已没有像单轴晶体中那样的简单规律。

§4. 晶体光学器件　圆偏振光和椭圆偏振光的获得与检验

4.1 晶体偏振器

双折射现象的重要应用之一是制作偏振器件。因 o 光和 e 光都是 100% 的线偏振光,这一点比前面讲过的几种偏振器(偏振片和玻片堆)性能更优越。利用 o 光和 e 光折射规律的不同可以将它们分开,这样我们就可以得到很好的线偏振光。用双折射晶体制作的偏振器件(双折射棱镜)种类很多,我们不打算在这里全面介绍,只举出几种为例来说明其原理。

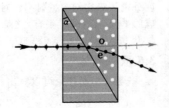

图 6-45　罗雄棱镜

(1)罗雄棱镜和沃拉斯顿棱镜

图 6-45 是罗雄(Rochon)棱镜的结构和光路。它是由两块冰洲石的直角三棱镜黏合而成的。光轴的方向如图所示,相互垂直。当自然光正入射到第一块棱镜上时,由于光轴与晶体表面垂直(属于 3.3 节中例 1 的情形),各方向振动的波速都是 v_o,不发生双折射。到了第二块棱镜,由于光轴与入射面垂直(属于 3.3 节中例 3 的情形),光线将服从普通的折射定律。不过对于 o 光两棱镜的折射率都是 n_o,它仍沿原方向前进;但对于 e 光,折射率由 n_o 变到 n_e,因为在冰洲石(负晶体)内 $n_e < n_o$,它将朝背离第二块棱镜的底面方向偏折。于是最后 o 光和 e 光分开了。遮掉其中一束

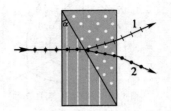

图 6-46　沃拉斯顿棱镜

---

❶　这是内锥形折射。当在晶体内沿射线轴传播的光线透射出晶体时也会发生锥形折射,称为外锥形折射。

（譬如 e 光），即得到一束很好的线偏振光。

图 6-46 所示是沃拉斯顿(W.H.Wollaston)棱镜，它和罗雄棱镜不同之处只在于第一块冰洲石棱镜的光轴与入射界面平行。 o 光和 e 光在棱镜内折射的情况已在图中画出，为什么是这样，留给读者自己分析。

（2）尼科耳棱镜

尼科耳棱镜(W.Nicol,1828 年) 是用得最广泛的双折射偏振器件，对它的结构我们介绍得稍详细一些。如图 6-47a，取一冰洲石晶体，长度约为宽度的三倍。 按定义，包含光轴和入射界面法线的平面为主截面。若以端面 $ABCD$ 为入射界面，$ACC'A'$ 便是一个主截面。在天然晶体中此主截面的对角 $\angle C$ 和 $\angle A'$ 原为 71°，将端面磨去少许，使得新的对角 $\angle C''CA$ 和 $\angle A''A'C''$ 变为 68°（见图 6-47b）。将晶体沿垂直主截面 $ACC'A'$ 且过对角线 $C''A$ 的平面 $C''EA''F$ 剖开磨平，然后再用加拿大树胶黏合。加拿大树胶是一种折射率 n 介

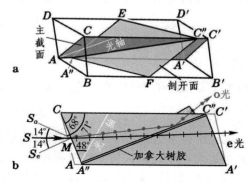

图 6-47 尼科耳棱镜

于冰洲石 n_o 和 n_e 之间的透明物质，对于钠黄光，$n_o = 1.65836$，$n_e = 1.48541$ 而 $n = 1.55$。按照上述设计，平行于棱边 AA' 的入射光进入晶体后，o 光将以大于临界角 $\arcsin(n/n_o) \approx 69°$ 的入射角投在剖面 $A''EC''F$ 上，它将因全反射而偏折到棱镜的侧面，在那里或者用黑色涂料将它吸收，或者用小棱镜将它引出。至于 e 光，由于它与光轴的夹角足够大，在晶体内的折射率仍小于加拿大胶内的 n，从而不发生全反射。于是从尼科耳棱镜另一端射出的将是单一的线偏振光。

尼科耳棱镜的一个缺点是入射光束的会聚角不得过大。设想图 6-47b 中的入射线 SM 向上偏离，则 o 光投在剖面上的入射角减小，当入射线达到某一位置 S_oM 时，o 光将不发生全反射，若 SM 向下偏离，则 e 光与光轴的夹角变小，从而折射率变大，且投在剖面上的入射角也增大。当入射线达到某一位置 S_eM 时，e 光也被全反射掉。 计算表明，入射光线上、下两方的极限角 $\angle S_oMS \approx \angle SMS_e = 14°$，[1] 使用尼科耳棱镜时，入射光束的会聚角不能超过此限。

由于加拿大树胶吸收紫外线，故尼科耳棱镜对此波段不适用，这时可使用罗雄棱镜或沃拉斯顿棱镜。

4.2 波晶片 —— 相位延迟片

用双折射晶体除了可以制作偏振器外，另一重要用途是制做波晶片。 波晶片是从单轴晶体（如石英）中切割下来的平行平面板，[2]其表面与晶体的光轴平行（见图 6-48）。这样一来，当一束平行光正入射时，分解成的 o 光和 e 光传播方向虽然不改变，但它们在波晶片内的速度 v_o、v_e 不同，[3]或者说波晶片对于它们的折射率 $n_o = c/v_o$、$n_e = c/v_e$ 不同。设波晶片的厚度为 d，则

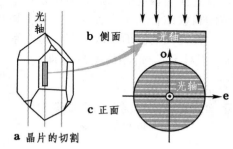

图 6-48 波晶片

[1] 上述将晶体端面磨掉一些的目的，便是为了保证上、下两个极限角差不多大小。这样可使入射会聚光束的中心光线平行于 AA' 棱，调节起来较方便。

[2] 云母很容易按其天然解理面撕成薄片，它虽是双轴晶体，但两光轴都差不多和解理面平行，所以波晶片常用云母片来做。

[3] 参见 3.3 节中的例 2 。

o 光和 e 光通过波晶片时的光程也不同：

$$\text{o 光的光程} \quad L_o = n_o d,$$
$$\text{e 光的光程} \quad L_e = n_e d.$$

同一时刻两光束在出射界面上的相位比入射界面上落后

$$\varphi_o = \frac{2\pi}{\lambda} n_o d, \quad (\text{o 光})$$

$$\varphi_e = \frac{2\pi}{\lambda} n_e d, \quad (\text{e 光})$$

这里 λ 是光束在真空中的波长。这样一来，当两光束通过波晶片后 o 光的相位相对于 e 光多延迟了

$$\Delta = \varphi_o - \varphi_e = \frac{2\pi}{\lambda}(n_o - n_e)d. \tag{6.71}$$

Δ 除与折射率之差 (n_o-n_e) 成正比外，还与波晶片厚度 d 成正比。适当地选择厚度 d，可以使两光束之间产生任意数值的相对相位延迟 Δ.在无线电技术中起这种作用的器件叫相位延迟器，所以波晶片也可以叫相位延迟片。在实际中最常用的波晶片是四分之一波片（简称 λ/4 片），其厚度 d 满足关系式 $(n_o-n_e)d = \pm\lambda/4$，于是 $\Delta = \pm\pi/2$；❶其次是 二分之一波片（简称 λ/2 片）和全波片，它们的厚度分别满足 $(n_o-n_e)d = \pm\lambda/2$ 和 λ，即 $\Delta = \pm\pi$ 和 2π.

现在来考察 o 光和 e 光的振动方向。如前所述，折射线与光轴构成的平面叫主平面（图 6-48a、b 的纸平面就是主平面），o 振动与主平面垂直，e 振动与主平面平行。在波晶片的特定条件下（光轴平行于表面，光线正入射），e 振动与光轴在同一方向上。为了更清楚地说明 o 振动、e 振动和光轴的方向，我们作波晶片的正面投影图 6-48c，三者都在此图纸平面内，e 振动与光轴一致，o 振动与光轴垂直。今后我们就在此平面内以 e 振动为横轴、o 振动为纵轴取一直角坐标系。沿任何方向振动的光正入射到波晶片表面上时，其振动都按此坐标系分解成 o 分量和 e 分量，两分量各有各的速度和光程，最后出射时彼此间产生附加相位延迟。

4.3 垂直振动的合成

在 1.5 节、1.6 节里我们已引进圆偏振光和椭圆偏振光的概念，那里曾看到，它们都可看成是相互垂直并有一定相位关系的两个线偏振光的合成。为了进一步详细研究这两种偏振光，必须对垂直简谐振动的合成问题比较熟悉。读者可能已在力学课中学过这个问题，下面我们用一小节的篇幅结合光学内容复习一下将是有益的。

在光波的波面中取一直角坐标系，将电矢量 E 分解为两个分量 E_x 和 E_y，它们是同频的，设 E_y 相对于 E_x 的相位差为 δ，即

$$\begin{cases} E_x = A_x \cos\omega t, \\ E_y = A_y \cos(\omega t + \delta). \end{cases} \tag{6.72}$$

下面讨论不同情况下的合成振动。

（1）$\delta=0$ 或 π 的情形

$$\begin{cases} E_x = A_x \cos\omega t, \\ E_y = \pm A_y \cos\omega t. \end{cases}$$

由此得

$$E_y = \pm\frac{A_y}{A_x}E_x.$$

---

❶ 更确切地说，是 $(n_o-n_e)d=(2k+1)\lambda/4$，这里 k 是任意整数。λ/2 片和全波片的情况也是这样。因此，对于一块 λ/4 片，其附加的有效相位差有 $\pm\pi/2$ 两种可能，这与晶体的正负并没有必然的联系。

这是直线方程。由于 E_x 和 E_y 的变化范围分别限制在 $\pm A_x$ 和 $\pm A_y$ 之间,电矢量端点的轨迹是以 $E_x=\pm A_x$,$E_y=\pm A_y$ 为界的矩形的对角线。$\delta=0$ 时取正号,轨迹是一、三象限的对角线(图 6-49 a);$\delta=\pi$ 时取负号,轨迹是二、四象限的对角线(图 6-49 b)。 在这两种情况下合成的偏振态仍是线偏振的,其振幅为

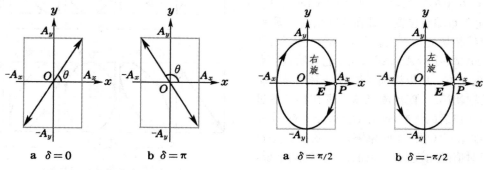

a $\delta=0$	b $\delta=\pi$

图 6-49 垂直振动合成之一

$$A=\sqrt{A_x^2+A_y^2},$$

振动方向由下式决定:

$$\tan\theta=\pm\frac{A_y}{A_x}.$$

(2)$\delta=\pm\pi/2$ 的情形

$$\begin{cases} E_x=A_x\cos\omega t, \\ E_y=\mp A_y\sin\omega t. \end{cases}$$

消去 t,得

$$\frac{E_x^2}{A_x^2}+\frac{E_y^2}{A_y^2}=1.$$

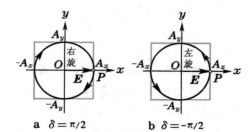

图 6-50 垂直振动合成之二

这是标准的椭圆方程,其主轴分别沿 x、y 方向,与上述矩形框内切(见图 6-50)。

当 $A_x=A_y=A$ 时,矩形框变为正方形框,椭圆退化为与此方框内切的圆(见图 6-51)。

虽然 $\delta=\pm\pi/2$ 时的轨迹一样,但旋转方向是相反的。为了考察旋转方向,我们可看 $t=0$ 时刻的情况,这时

$$E_x=A_x\cos\omega t=A_x,\quad E_y=\mp A_y\sin\omega t=0,$$

即电矢量的端点处在图 6-50 或图 6-51 中 P 点的位置。我们设想此后过了一短时间 Δt,这时若 $\delta=\pi/2$,则 $E_y=-A_y\sin\omega\Delta t<0$;若 $\delta=-\pi/2$,则 $E_y=A_y\sin\omega\Delta t>0$。 这就是说,$\delta=+\pi/2$ 时电矢量的端点自 P 点向下移,沿顺时针方向旋转(右旋),$\delta=-\pi/2$ 时电矢量的端点自 P 点向上移,沿逆时针方向旋转(左旋)。

(3)普遍情形

由(6.72)式中的两式消去 t,得轨迹方程

$$\frac{E_x^2}{A_x^2}+\frac{E_y^2}{A_y^2}-\frac{2E_xE_y}{A_xA_y}\cos\delta=\sin^2\delta. \qquad (6.73)$$

这是个一般椭圆方程,它也与以 $E_x=\pm A_x$,$E_y=\pm A_y$ 为界的矩形相内切,不过其主轴可以是倾斜的(图 6-52)。主轴

图 6-51 垂直振动合成之三

a $\delta=\pi/2$	b $\delta=-\pi/2$

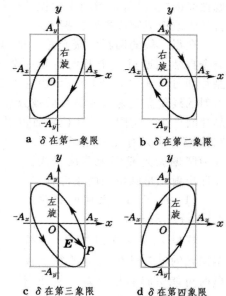

a δ 在第一象限	b δ 在第二象限
c δ 在第三象限	d δ 在第四象限

图 6-52 垂直振动合成之四

究竟朝哪一边倾斜,以及是左旋还是右旋,与 δ 在哪一象限有关。图6-52a—d分别给出 δ 在四个象限里的情形。我们以 δ 在第三象限为例来说明。

先看 $t=0$ 的时刻,此时 $E_x=A_x\cos\omega t=A_x$,它表明电矢量端点位置 P 处在椭圆轨迹与 $E_x=A_x$ 的直线相切的切点上。若 δ 在第三象限,则 $E_y=A_y\cos(\omega t+\delta)=A_y\cos\delta<0$。它表明这切点在 x 轴的下方。所以椭圆必如图6-52 b或c所示,其长轴朝第二、四象限倾斜。现在再考虑过了时间 Δt 以后的情况,这时 $E_y=A_y\cos(\omega t+\delta)$。由于 δ 在第三象限,在此象限内余弦函数是负的,其绝对值随角度的增加而减小。这就是说,电矢量端点的位置由 P 点向上移,亦即运动是逆

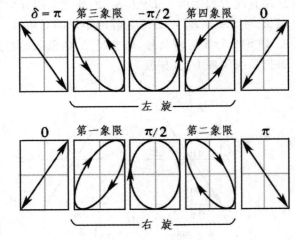

图6-53 各种相位差的椭圆运动

时针的(左旋)。可见,δ 在第三象限时电矢量端点的运动属于图6-52 c而不是6-52 b所示的情况。

综合以上所述,我们将 δ 从 $-\pi$ 到 $+\pi$ 整个区间合成运动的变化情况作系列图于图6-53中,这便是我们在§1中已给过的图6-10。应当注意,当 $A_x=A_y=A$ 和 $\delta=\pm\pi/2$ 时,椭圆退化为圆。

4.4 圆偏振光和椭圆偏振光的获得

自然界的大多数光源发出的是自然光,但有时也发出圆或椭圆偏振光。例如处在强磁场中的物质,电子作拉莫尔回旋运动,它们发出的电磁辐射就是圆或椭圆偏振的。这里所谓圆或椭圆偏振光的"获得",是指利用偏振器件把自然光改造成圆或椭圆偏振光。

获得一般的椭圆偏振光并不难,只需令自然光通过一个起偏器和一个波晶片即可。如图6-54所示,由起偏器

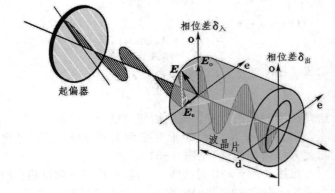

图6-54 产生椭圆偏振光的装置

出射的线偏振光射入波晶片后被分解成 E_o 和 E_e 两个振动,它们在晶体内传播速度不同,穿过晶片时产生一定附加的相位差 Δ。射出晶片之后两光束速度恢复到一样,合成在一起一般得到椭圆偏振光。只有在一定条件下才成为圆偏振光或仍为线偏振光。保证出射光是圆偏振的条件有二:

(1) E_o 和 E_e 之间的相位差 $\delta_出=\delta_入+\Delta=\pm\pi/2$。

这里 $\delta_入$ 是入射到波晶片上线偏振光的电矢量在e、o两轴上投影时可能引起的相位差。例如图6-55所示,当入射的线偏振光的

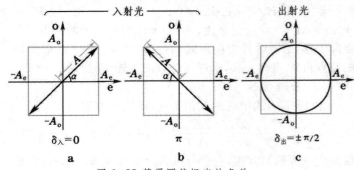

图6-55 获得圆偏振光的条件

振动在第一、三象限里 $\delta_\lambda=0$（图 a），在第二、四象限里 $\delta_\lambda=\pi$（图 b）。 $\Delta=(2\pi/\lambda)(n_o-n_e)d$ 是波晶片本身引起的，它与波晶片的厚度 d 有关。要想使 $\delta_出=\pm\pi/2$，必须使 $\Delta=\pm\pi/2$，[1] 也就是说，我们必须选用四分之一波片。

(2) E_o 和 E_e 的振幅 $A_e=A_o$.

设入射的线偏振光的振幅为 A，其振动方向与 e 轴的夹角为 α，则 $A_e=A\cos\alpha$，$A_o=A\sin\alpha$.要使 $A_e=A_o$，必须 $\alpha=45°$。 总之，令一束线偏振光通过一波晶片，一般说来我们得到一束椭圆偏振光；只有通过 $\lambda/4$ 片，而且 $\lambda/4$ 片的光轴与入射光的振动面成 45°角时，我们才得到一束圆偏振光。

4.5 圆偏振光和椭圆偏振光通过检偏器后强度的变化

设有一椭圆偏振光，其半长轴为 A_1，半短轴为 A_2.在偏振片上取直角坐标系，其 x 轴平行于透振方向，y 轴与透振方向垂直。当椭圆偏振光射到（作为检偏器用的）偏振片时，电矢量就被分解成 E_x、E_y 两个分量，E_x 分量通过，E_y 分量被阻挡。 这时出射光的强度 $I=A_x^2$（A_x 是 E_x 的振幅）。如果偏振片转到图 6-56a 所示的位置，其 x 轴与椭圆长轴平行，则 $A_x=A_1$，强度 $I=A_1^2$.如果偏振片转到图 6-56b 所示的位置，其 x 轴与椭圆的短轴平行，则为 $A_x=A_2$，强度 $I=A_2^2$.当偏振片的 x 轴相对椭圆主轴处于任意倾斜位置时（图 6-56c），计算 A_x 的大小是个比较繁的数学问题，但是定

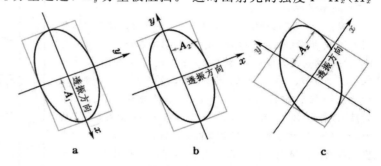

图 6-56 椭圆偏振光通过检偏器后强度的变化

性的结论完全可以用下列方法得出。作一个两边分别与 x、y 轴平行的矩形框同椭圆外切（见图 6-56c 中的灰线），这矩形两边的长度之半就是椭圆在此坐标系上投影的振幅 A_x 和 A_y. 由图上不难看出，这时 $A_2<A_x<A_1$，从而 $A_2^2<I<A_1^2$.

综上所述，如果入射光是椭圆偏振的，转动检偏器的透振方向时，透射光的强度在极大值 $I=A_1^2$ 和极小值 $I=A_2^2$ 之间变化，但不会发生消光现象。这一特点与部分偏振光相似。

如果入射光是圆偏振的，转动检偏器的透光方向时，透射光的强度不变，其特点与自然光无异。以上结论请读者自己分析。

由此看来，只靠一个检偏器，我们不能区分椭圆偏振光和部分偏振光，也不能区分圆偏振光和自然光。为了分辨出入射光是否圆偏振光和椭圆偏振光，还需借助于 $\lambda/4$ 片。

4.6 通过波晶片后光束偏振状态的变化

现在让我们系统地分析一下，具有各种偏振结构的光束经过 $\lambda/4$ 片后偏振态的变化。

关于入射光是线偏振光的情况，我们已在 4.4 节里作过初步分析，所用的方法可归结为如下几步，它们对讨论其它偏振态的入射光也大体适用。

---

[1] $\pm\pi/2+0=\pm\pi/2$，$\pm\pi/2+\pi=\pi/2$ 或 $3\pi/2$，它与 $-\pi/2$ 是一样的。

（1）将入射光的电矢量按照波晶片的 e 轴和 o 轴分解，求出其振幅 A_e、A_o 和入射点的相位差 δ_λ. 对于线偏振光，如图 6-55 所示，已知 $A_e = A\cos\alpha$，$A_o = A\sin\alpha$，$\delta_\lambda = 0$ 或 π. 对于椭圆或圆偏振光，如何求 A_e、A_o 和 δ_λ，则需对照 4.3 节中的图 6-53 来分析，详见下面的例题。

（2）由波晶片出射光的振幅仍为 A_e 和 A_o，从而电矢量端点的轨迹与边长为 $2A_e$、$2A_o$ 的矩形框内切，矩形的各边分别与 e、o 轴平行。出射光两分量间的相位差 $\delta_出 = \delta_\lambda + \Delta$，这里 $\Delta = \dfrac{2\pi}{\lambda}(n_o - n_e)d$ 是波晶片引起的相位差，对 $\lambda/4$ 片它等于 $\pm\pi/2$. 出射光电矢量端点的轨迹要根据 $\delta_出$ 的大小对照着 4.3 节中的图 6-53 来具体分析。

下面我们举一个例题。

例题 5 入射光为右旋椭圆偏振光，波晶片为 $\lambda/4$ 片（设 $\Delta = +\pi/2$），α 代表其光轴与椭圆长轴的夹角，问 $\alpha = 0°$、$90°$、$45°$ 时出射光的偏振状态。

解： 如图 6-57，作各边分别与 e、o 轴平行的矩形框同椭圆外切，此矩形框的边长即为 $2A_e$ 和 $2A_o$. 将图 6-57 中的入射光电矢量端点轨迹与 4.3 节的图 6-53 对比，就可知道，$\alpha = 0°$、$90°$、$45°$ 时的 δ_λ 分别为 $\pi/2$、$\pi/2$ 和第二象限内的某个角度。加上 $\Delta = \pi/2$ 后，即得 $\delta_出 = \pi$、π 和第三象限内的某个角度。再次对照 4.3 节的图 6-53 可判知，出射光的偏振状态将如图 6-57 所示，$\alpha = 0°$、$90°$ 时为第二、四象限内的线偏振光。$\alpha = 45°$ 时为左旋斜椭圆偏振光（所谓"正"和"斜"，当然是相对于 e、o 坐标轴来说的）。请读者自己分析一下，如果入射光是圆偏振的，则无论 $\lambda/4$ 片的光轴方向如何，出射光总是线偏振的。▋

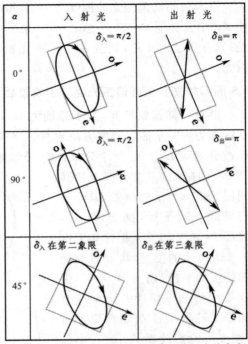

图 6-57 例题 5—— 经过 $\lambda/4$ 片后偏振态的变化

现在我们把各种偏振光经过 $\lambda/4$ 片后发生的变化总结成表 6-3。

表 6-3 各种偏振光经过 $\lambda/4$ 片后偏振态的变化

入 射 光	$\lambda/4$ 片 光 轴 取 向	出 射 光
线偏振	e 轴或 o 轴与偏振方向一致 *	线偏振
	e 轴或 o 轴与偏振方向成 45° 角	圆偏振
	其它取向	椭圆偏振
圆偏振	任何取向	线偏振
椭圆偏振	e 轴或 o 轴与椭圆主轴一致	线偏振
	其它取向	椭圆偏振

* 由于沿这两个特殊方向振动的线偏振光在波晶片内根本不分解，它们从波晶片射出时仍然是沿原振动方向的线偏振光。

由于自然光和部分偏振光是一系列偏振方向不同的线偏振光组成的，它们经过 $\lambda/4$ 片后有的仍是线偏振光，有的是圆偏振光，而大部分是长短轴比例各不相同的椭圆偏振光，这时出射光在宏观上仍是自然光或部分偏振光。

4.7 圆偏振光和椭圆偏振光的检验

现在我们全面地来讨论偏振光的检验方法。假定入射光有五种可能性，即自然光、部分偏振光、线偏振光、圆偏振光、椭圆偏振光。我们已看到,利用一块偏振片(或其它检偏器)可以将线偏振光区分出来,但对于自然光和圆偏振光、部分偏振光和椭圆偏振光不能区分。而利用一块 $\lambda/4$ 片可以把圆偏振光和椭圆偏振光变为线偏振光,但不能把自然光和部分偏振光变为线偏振光。将偏振片和 $\lambda/4$ 片两者结合起来使用,就可以把上述五种光完全区分开来了。检验的步骤通过表 6-4 来说明,装置参见图 6-58。

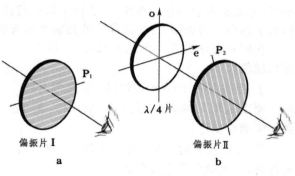

图 6-58 偏振态的检验

表 6-4 偏振光的检验

第 一 步	令入射光通过偏振片 I,改变偏振片 I 的透振方向 P_1,观察透光强度的变化(图 6-58a)			
观察到的现象	有消光	强度无变化	强度有变化,但无消光	
结 论	线偏振	自然光或圆偏振	部分偏振或椭圆偏振	
第 二 步		a. 令入射光依次通过 $\lambda/4$ 片和偏振片 II,改变偏振片 II 的透振方向 P_2,观察透射光的强度变化(6-58b)	b. 同 a,只是 $\lambda/4$ 片的光轴方向必须与第一步中偏振片 I 产生的强度极大或极小的透振方向重合	
观察到的现象		有消光	无消光	有消光	无消光
结 论		圆偏振	自然光	椭圆偏振	部分偏振

对于表 6-4 我们做些简单的说明。如果入射光是线偏振光,经过第一步就已经可以判断出来了,其标志是通过偏振片 I 会产生消光现象。如果第一步观察结果是没有消光现象,入射光有可能是圆或椭圆偏振的。如果确实如此,我们就可以利用 $\lambda/4$ 片把它变成线偏振光。对于椭圆偏振光来说,变成线偏振光的条件是 $\lambda/4$ 片的光轴与椭圆的主轴平行,后者就是第一步中偏振片 I 产生强度极大或极小时的透振方向(对于圆偏振光则无须此条件)。经过 $\lambda/4$ 片是否变成线偏振光,是进一步区分椭圆偏振光和部分偏振光(或区分圆偏振光和自然光)的标志,这一点通过偏振片 II 就可以检验出来。

最后应当指出的是,实际上在实验室中用的偏振片和 $\lambda/4$ 片上透光方向和光轴常常是不标明的,这就使我们在第二步判断椭圆偏振光和部分偏振光时发生困难。解决的办法留待读者在实验课中去研究(参见思考题 6-31 和 6-32)。

§5. 偏振光的干涉及其应用

偏振光的干涉现象在实际中有许多应用,它的基本原理可以通过一个典型装置——两偏振器间放一块波晶片来说明。

5.1 偏振器间的波晶片

如图 6-59a 所示,在两偏振片 I、II 之间插入一块厚度为 d 的波晶片,❶三元件的平面彼此

---

❶ 这里可用任何其它的偏振器,如尼科耳棱镜。

平行,光线正入射到这一系统上,直接用眼睛或屏幕观察其强度随各元件取向的变化。 图6-59b 标出了偏振片的透振方向、波晶片的光轴及电矢量的投影关系。

我们先在这装置上做几个实验,实验的内容和现象如下:

① 当波晶片的厚度均匀时,单色光入射,幕上照度是均匀的,转动任何一个元件,幕上的强度都会变化;

② 白光入射时,幕上出现彩色,转动任何元件时,幕上颜色发生变化;

③ 如果波晶片厚度不均匀(例如是尖劈状的),幕上出现干涉条纹,白光照明时条纹带有彩色;

④ 用一块透明塑料代替波晶片,可能有干涉条纹,也可能没有,但给塑料加应力后,就出现干涉条纹,条纹随所加应力的大小而改变着。

下面我们通过计算来解释这些现象。

入射光经偏振片 Ⅰ 变成沿其透振方向 P₁

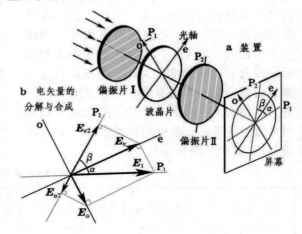

图 6-59 光通过插有波晶片的
二偏振片后偏振态的变化

振动的线偏振光,设其振动矢量为 E_1,振幅为 A_1,此线偏振光投射到波晶片上以后分解为e振动 E_e 和 o 振动 E_o,设 e 轴与 P₁ 轴的夹角为 α,E_e 和 E_o 的振幅分别是

$$A_e = A_1\cos\alpha, \quad A_o = A_1\sin\alpha$$

光线从波晶片穿出射到偏振片 Ⅱ 上,e 分量和 o 分量中都只有它们在其透振方向 P₂ 上的投影 E_{e2} 和 E_{o2} 才能通过。设 P₂ 与 e 轴的夹角为 β,则 E_{e2} 和 E_{o2} 的振幅分别为

$$A_{e2} = A_e\cos\beta = A_1\cos\alpha\cos\beta, \quad A_{o2} = A_o\sin\beta = A_1\sin\alpha\sin\beta,$$

最后从偏振片 Ⅱ 射出的光线,其强度应是 E_{e2} 和 E_{o2} 这两个同方向振动相干叠加的结果。设 E_{e2} 和 E_{o2} 的合成振动为 E_2,即

$$E_2 = E_{e2} + E_{o2}$$

由于两振动之间是有相位差的,设此相位差为 δ,则根据同方向简谐振动合成的原理,E_2 的振幅应为

$$A_2 = \sqrt{A_{e2}^2 + A_{o2}^2 + 2A_{e2}A_{o2}\cos\delta},$$

从而强度为

$$I_2 = A_{e2}^2 + A_{o2}^2 + 2A_{e2}A_{o2}\cos\delta$$

$$= A_1^2(\cos^2\alpha\cos^2\beta + \sin^2\alpha\sin^2\beta + 2\cos\alpha\cos\beta\sin\alpha\sin\beta\cos\delta). \tag{6.74}$$

(6.74)式表明,I_2 与 α、β 有关,这就说明了实验(1)中强度与偏振片 Ⅰ、Ⅱ 和波晶片的取向有关的事实。

现在我们来分析干涉强度交叉项中的相位差 δ 的大小。 考虑到入射波晶片的光的偏振态及波晶片与偏振片 Ⅱ 的作用,δ 应由三个因素决定:

① 入射在波晶片上的光 e、o 分量间的相位差 $\delta_入$

在本节讨论的装置里,波晶片之前是一个起偏器 P₁,故入射在其上的光总是线偏振的,因而 $\delta_入=0$ 或 π.在普遍的情况下,入射光也可能是圆偏振或椭圆偏振的,$\delta_入$ 的值应由 4.4 节中讲述的方法来判断。

② 由于波晶片引起的相位差 Δ

E_e 和 E_o 通过波晶片时产生附加相位差 $\Delta = \dfrac{2\pi}{\lambda}(n_o - n_e)d$,它与波晶片的厚度成正比。

③ 坐标轴投影引起的相位差 δ'

若 e 轴和 o 轴的正向对 P_2 轴的两个投影分量方向一致,则 $\delta'=0$;若两个投影分量方向相反,则 $\delta'=\pi$.

E_{e2} 和 E_{o2} 间总的相位差 δ 是 $\delta_\wedge$、Δ 与 δ' 三者之和,即

$$\delta = \delta_\wedge + \Delta + \delta'$$
$$= \delta_\wedge + \frac{2\pi}{\lambda}(n_o - n_e)d + \begin{cases} 0, \\ \pi. \end{cases} \quad (6.75)$$

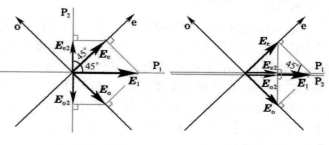

a. $P_1 \perp P_2$,光轴成 45°角   **b.** $P_1 /\!/ P_2$,光轴成 45°角

图 6-60 两个简单特例的电矢量图

下面我们看两个简单的特例:

(1)P_1 与 P_2 垂直,❶e 轴为它们的分角线(图 6-60 a);(2)P_1、e 轴不动,将 P_2 转到与 P_1 平行(图 6-60 b)。 在这两种情形里 $\alpha = \beta = 45°$,但前者 $\delta_\wedge = \pi$,$\delta' = 0$;后者 $\delta_\wedge = \pi$,$\delta' = \pi$. 所以

$$\begin{cases} P_1 \perp P_2 \text{ 时},\ I_2 = \dfrac{A_1^2}{2}\big[1 + \cos(\Delta + \pi)\big] = \dfrac{A_1^2}{2}(1 - \cos\Delta), \\ P_1 /\!/ P_2 \text{ 时},\ I_2 = \dfrac{A_1^2}{2}(1 + \cos\Delta), \end{cases} \quad (6.76)$$

式中

$$\Delta = \frac{2\pi}{\lambda}(n_o - n_e)d$$

是纯粹由波晶片产生的相位差。 影响这个量大小的因素是多方面的,如 λ、d、$n_o - n_e$ 等,下面我们分别讨论它们的后果。

5.2 色偏振

白光是各种波长的单色光组成的。如果其中缺了某种颜色(例如红色)的光,则呈现出它的互补色(绿色)来。

对于给定的波晶片,它具有一定的 $n_o - n_e$ 和 d,如果某单色光的波长 λ_1 满足下式时:

$$\Delta_1 = \frac{2\pi}{\lambda_1}(n_o - n_e)d = 2k\pi\ (k \text{ 为整数}),$$

则 $\cos\Delta_1 = 1$,由(6.76)式可知

$$\begin{cases} P_1 \perp P_2 \text{ 时},\ I_2 = 0 \quad (\text{消光}), \\ P_1 /\!/ P_2 \text{ 时},\ I_2 = A_1^2 \quad (\text{极大}), \end{cases}$$

但对于另外一种波长为 λ_2 的单色光,可能

$$\Delta_2 = \frac{2\pi}{\lambda_2}(n_o - n_e)d = (2k+1)\pi\ (k \text{ 为整数}),$$

这时 $\cos\Delta_2 = -1$,由(6.76)式可知

$$\begin{cases} P_1 \perp P_2 \text{ 时},\ I_2 = A_1^2 \quad (\text{极大}), \\ P_1 /\!/ P_2 \text{ 时},\ I_2 = 0 \quad (\text{消光}). \end{cases}$$

如果入射光中同时包含波长为 λ_1 和 λ_2 的光,则 $P_1 \perp P_2$ 时显示出波长为 λ_2 的颜色;$P_1 /\!/ P_2$ 时显示出波长为 λ_1 的颜色。 白光中包含各种可能的波长,随着 P_2 的转动,将显示出各种色彩的变

---

❶ 今后我们把"P_1 与 P_2 的透振方向垂直(平行)",就说成"P_1 与 P_2 垂直(平行)",或写成"$P_1 \perp P_2$($P_1 /\!/ P_2$)"。

化来。这便是实验(2)中描述的现象,这现象称为色偏振。

5.3 偏振光的干涉条纹

以上讨论的几种情况,幕上的干涉场中只有均匀的亮暗颜色的变化,但没有出现干涉条纹,这是因为晶片的厚度是均匀的。如果换一块厚度不均匀的晶片,例如一块尖劈形晶片(见图6-61),则由于各处厚度 d 不同相位差 δ 也不同,用透镜将晶片的出射表面成像于幕上,则幕上相应点的强度也不同,于是就出现等厚干涉条纹。波长为 λ 的单色光正入射且 $P_1 \perp P_2$ 时,在那些厚度 d 满足

$$\Delta = \frac{2\pi}{\lambda}(n_o - n_e)d = 2k\pi$$

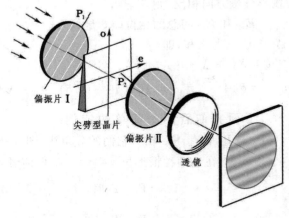

的地方,$\cos\Delta = 1$,$I_2 = 0$,出现暗纹;在那些厚度 d 满足

$$\Delta = \frac{2\pi}{\lambda}(n_o - n_e)d = (2k + 1)\pi$$

的地方,$\cos\Delta = -1$,$I_2 = A_1^2$,出现亮纹。同样不难分析出,把 P_2 转到与 P_1 平行时的情形。用白光照明时各种波长的光干涉条纹不一致,

图 6-61 尖劈形晶片的等厚干涉条纹

在某种颜色的光出现暗纹的地方就显示出它的互补色来,这样,幕上就出现彩色条纹。以上便是实验(3)中观察到的现象。

5.4 光测弹性术

折射率之差 $n_o - n_e$ 也是一个影响相位差 Δ 的因素。玻璃或塑料,若经过很好地退火,是各向同性的。若退火不好,就会有些局部应力"凝固"在里边。内应力会产生一定程度的各向异性,从而产生双折射。换句话说,这种有内应力的透明介质中 $n_o - n_e \neq 0$,它与应力分布有关。这样一来,把这种介质做成片状插在两偏振片之间,不同的地点因 $n_o - n_e$ 不同而引起 o 光和 e 光间不同的相位差 Δ,幕上也会出现反映这种差别的干涉花样来(参看彩图11)。制造各种光学元件(如透镜、棱镜)的玻璃中不应有内应力,因为内应力会大大影响光学元件的性能。以上所述是检查光学玻璃退火后是否有残存内应力的一种有效方法。

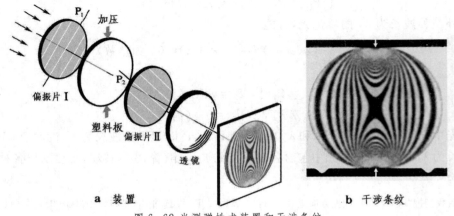

a 装置　　　　　　　　　b 干涉条纹

图 6-62 光测弹性术装置和干涉条纹

如果一块玻璃或塑料,其中本来没有应力,当我们给它一个外加的应力时,它在两偏振片间也会出现干涉条纹(图6-62)。应力越集中的地方,各向异性越强,干涉条纹越细密。这就是以上实验(4)中观察到的现象。光测弹性仪就是利用这种原理来检查应力分布的仪器,它在实际中有很广泛的应用。例如为了设计一个机械工件、桥梁或水坝,可用透明塑料板模拟它们的形状,并根据实际工作状况按比例地加上应力,然后用光测弹性仪显示出其中的应力分布来。 图6-63就是模拟一歌特式教堂某个截面建筑架构的光测弹性术照片。又如在矿井中为了预报可能的冒顶事故,可在坑道的壁上嵌入一块玻璃镜,前面放一偏振片,使入射光和反射光都通过它,因而这一块偏振片就起着光测弹性仪中两块偏振片的作用。在冒顶事故将发生前,玻璃镜中的应力必然很大,我们将从干涉条纹中及时看到,从而可以采取预防措施。我们还可以将光测弹性仪用于地震预报上。在地震将发生前,岩层内将出现很大的应力集中。在广阔的地区逐点勘测应力集中的区域,工作量是很大的。如果我们在某一地区的边缘上测得岩层应力的数据,然后用透明塑料板模拟该地区的形状和岩层构造,然后在板的边缘上按测得的数据模拟实际

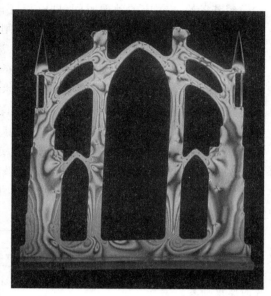

图6-63 光测弹性术照片(参看彩图9)

的应力分布,即可从光测弹性仪中找到应力最集中的地方,于是便可以在这些地方进行深入细致的实地勘测和考察。

5.5 克尔效应与泡克耳斯效应

除了外加应力外,电场也可以使某些物质产生双折射。如图6-64,在一个有平行玻璃窗的小盒内封着一对平行板电极,盒内充有硝基苯($C_6H_5NO_2$)的液体。 两偏振片的透振方向垂直($P_1 \perp P_2$),极间电场与它们成45°。电极间不加电压时,没有光线射出这对正交的偏振片,这表明盒内液体没有双折射效应($\Delta=0$)。当两极板间加上适当大小的强电场时($E \approx 10^4\,\text{V/cm}$),就有光线透过这个光学系统。这表明,盒内液体在强电场作用下变成了双折射物质,它把进来的光分解成o光和e光,使它们之间产生附加相位差,从而使出射光一般成为椭圆偏振光。这种现象称为克尔效应(J.Kerr,1875年)。

实验表明,在克尔效应中 $n_o-n_e \propto E^2$,从而

$$\frac{\Delta}{2\pi} = \frac{(n_o-n_e)d}{\lambda} \propto \frac{E^2 d}{\lambda},$$

或写成等式

$$\frac{\Delta}{2\pi} = B\frac{E^2 d}{\lambda}, \qquad (6.77)$$

比例系数 B 称为该物质的克尔常量。硝基苯对于钠黄光($\lambda=589.3\,\text{nm}$)的克尔常量 $B = 220\times10^7\,\text{e.s.u} =2.44\,\text{m}^2/\text{V}^2$.克尔效

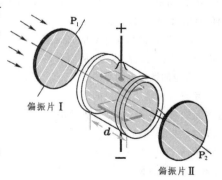

图6-64 克尔盒

应不是硝基苯独有的,即使普通的物质(如水、玻璃)也都有克尔效应,不过它们的克尔常量要小 $2 \sim 3$ 个数量级。 值得注意的是,克尔效应与电场强度 E 的平方成正比,所以 Δ 与电场的正负取向无关。

硝基苯克尔效应的弛豫时间(即电场变化后 Δ 跟随变化所需的时间)极短,约为 10^{-9} s 的数量级。 所以用硝基苯的克尔盒来做高速光闸(光开关)、电光调制器(利用电信号来改变光的强弱的器件),在高速摄影、光束测距、激光通信、激光电视等方面有广泛的应用。

克尔盒有很多缺点,例如对硝基苯液体的纯度要求很高(否则克尔常量下降,弛豫时间变长)、有毒、液体不便携带等。 近年来随着激光技术的发展,对电光开关、电光调制的要求越来越广泛、越来越高,克尔盒逐渐为某些具有电光效应的晶体所代替,其中最典型的是 KDP 晶体,它的化学成分是磷酸二氢钾(KH_2PO_4)。 这种晶体在自由状态下是单轴晶体,但在电场的作用下变成双轴晶体,沿原来光轴的方向产生附加的双折射效应。 这效应与克尔效应不同,附加的相位差 Δ 与电场强度的一次方成正比,这效应叫泡克耳斯效应(F.Pockels,1893 年)或晶体的线性电光效应。 利用 KDP 晶体来代替克尔盒,除了可以克服上述缺点外,另一优点是所需电压比起克尔效应要低些。

5.6 会聚偏振光的干涉

迄今为止,我们只讨论了平行偏振光的干涉,其中相位差随晶片的厚度而变。 对于厚度均匀的晶片来说,

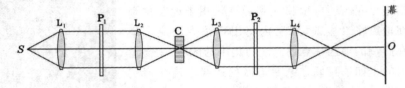

图 6-65 会聚偏振光的干涉装置

相位差也可随光线的倾角而变,会聚偏振光的干涉条纹就是这样产生的,实验装置如图 6-65 所示,P_1、P_2 是正交偏振片,L_1、L_2、L_3、L_4 是透镜,C 是晶片,其光轴与表面垂直,短焦距的透镜 L_2 把经 P_1 后产生的平行线偏振光高度会聚地射到晶体上,然后再由同样的透镜 L_3 转化为平行光经过 P_2.最后透镜 L_4 把 L_3 的后焦面成像于幕上。 换句话说,以相同方向通过晶体 C 的光线最后会聚到幕上同一点,用这种装置产生的干涉图样示于图 6-66。 在白光照明下,这些干涉图样都是彩色的(参看彩图 10)。 下面对它们作些解释。

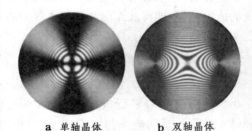

a 单轴晶体　　　　**b 双轴晶体**

图 6-66 会聚偏振光的干涉图样

看单轴晶体情形。 如图 6-67a 所示,沿光轴中心光线中 o 光和 e 光间的相位差 $\Delta = 0$,Δ 是随通过晶体 C 时光线的倾角而增大的。 如前所述,装置的设计将保证以不同倾角通过 C 的光线落在幕上不同半径的圆周上,从而在幕上 Δ = 常量的轨迹是同心圆。

考虑射在幕上 Q 点的光线。 对这些光线来说,晶体的主平面沿半径方向。 射到晶体 C 上的光线中电矢量 E 平行于 P_1,在 C 中 E 分解为 E_o 和 E_e,它们分别沿切向和径向(见图 6-67b),振幅分别是 $A_o = A\cos\theta$ 和 $A_e = A\sin\theta$. 经 P_2 再次投

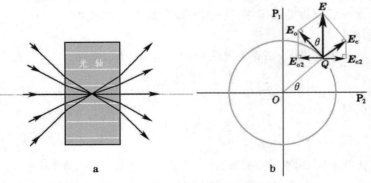

图 6-67 会聚偏振光的相位差和电矢量图

影时,振幅变为

$$A_{o2} = A_o \sin\theta = A\cos\theta\sin\theta,$$
$$A_{e2} = A_e \sin\theta = A\cos\theta\sin\theta.$$

相干叠加后,幕上的强度分布为

$$I = A_{o2}^2 + A_{e2}^2 + 2A_{o2}A_{e2}\cos(\Delta+\pi) = \frac{A^2}{2}\sin^2 2\theta(1-\cos\Delta),\qquad(6.78)$$

相位差加 π 的原因参见(6.75)式。上式中的$(1-\cos\Delta)$因子是 Δ 的周期函数,它说明干涉条纹应该是同心圆, $\sin^2 2\theta$ 这个因子表明,在 $\theta = 0$、$90°$、$180°$、$270°$ 处 $I=0$,这便是干涉图 6 - 66a 中那个黑十字形"刷子"的由来。

对于双轴晶体的干涉图 6 - 66b 的解释要复杂得多,此处从略。但应指出,干涉图样中那具有鲜明特征的一对"猫眼",正是晶体的两条光轴方位之所在。

观察会聚偏振光干涉的方式多种多样,晶体的光轴和偏振器的取向都可与这里所述的不同,所得干涉图样也是千变万化的。会聚偏振光干涉的最重要应用在矿物学中,人们在偏光显微镜下根据干涉图样来鉴定各种矿物标本。

§ 6. 旋　　光

6.1 石英的旋光现象

如 §3 所述,在普通的单轴晶体(如冰洲石)中光线沿光轴传播时不发生双折射,即 o 光和 e 光的传播方向和波速都一样。因此,如果我们在这种晶体内垂直于光轴方向切割出一块平行平面晶片(图 6-68a),并将它插在一对正交的偏振片Ⅰ、Ⅱ之间(图 6 - 68b),由于从偏振片Ⅰ透射出来的线偏振光经过此晶片时偏振状态不发生任何改变,在偏振片Ⅱ后面仍然消光。但是若用石英代替冰洲石来做上述实验(图 6-69),我们就会发现,把这样

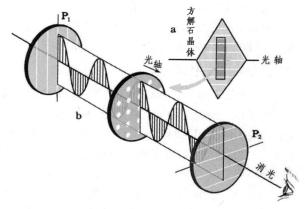

图 6 - 68 冰洲石无旋光效应

一块垂直于光轴的平行平面晶片插入正交偏振片Ⅰ、Ⅱ之间,在单色光的照射下从偏振片Ⅱ后看去视场变亮了(图 6-69b)。这时若把偏振片Ⅱ透振方向向左或右旋转一个角度 ψ 时,又复消光(图 6-69c)。这表明,从石英晶片透射出来的光仍是线偏振的,不过其振动面向左或向右旋转了一个角度 ψ. 这种现象称为旋光(optical activity)。

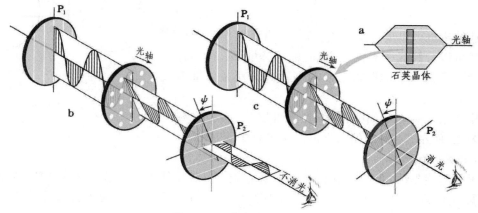

图 6 - 69 石英的旋光效应

实验表明,振动面旋转角度 ψ 与石英晶片的厚度 d 成正比:

$$\psi = \alpha d, \tag{6.79}$$

比例系数 α 叫石英的**旋光率**(specific rotation)。旋光率的数值因波长而异(见表 6－5),因此在白光照射下,不同颜色的振动面旋转的角度不同。

表 6－5 石英的旋光率与波长的关系

波 长 /nm	794.76	760.4	728.1	670.8	656.2	589.0	546.1
$\alpha/(°)\cdot mm^{-1}$	11.589	12.668	13.924	16.535	17.318	21.749	25.538
波 长 /nm	486.1	430.7	404.7	382.0	344.1	257.1	175.0
$\alpha/(°)\cdot mm^{-1}$	32.773	42.604	48.945	55.625	70.587	143.226	453.5

由于各种颜色的光不能同时消光,我们在偏振片Ⅱ后面观察到的将是色彩的变化。这种现象叫**旋光色散**(rotatory dispersion)。

振动面究竟向左还是向右旋转,与石英晶体的结构有关。石英晶体有左旋和右旋两种变体,它们的外形完全相似,只是一种是另一种的镜像反演(图 6-70),两种晶体使振动面旋转的方向相反。

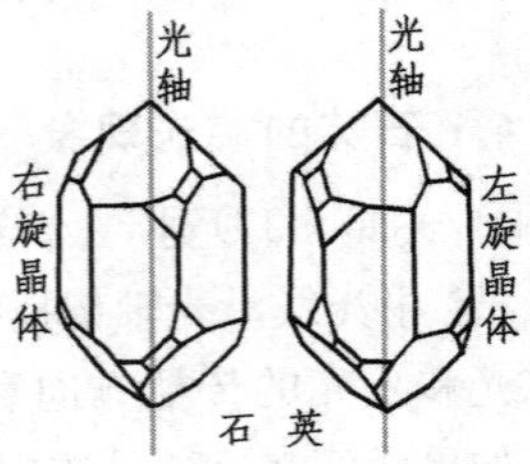

图 6－70 石英的
右旋与左旋晶体

6.2 菲涅耳对旋光性的解释

（1）直线上的简谐振动可以分解成左、右旋圆运动

为了说明旋光现象是怎样产生的,需要先讲一点预备知识。在 4.3 节中我们讨论了两个同频的垂直简谐振动合成为一个圆运动的问题。或者反过来说,一个圆运动可以分解成一对相互垂直的同频简谐振动。这里我们要讨论的是一个直线简谐振动可以分解成一对圆运动的问题。如图 6-71 所示,E_L 和 E_R 是两个大小相等(皆为 A)且不变的旋转矢量,它们的角速度($\pm\omega$)大小相等方向相反。设在 $t=0$ 时刻它们沿某一方向重合(图 6-71 a),由于过任意时间 t 后两个矢量的角位移($\pm\omega t$)也大小相等方向相反,它们的合矢量 E 总保持在原来的方向上(图 6-71 b)。这时 E 的瞬时值为

$$E = 2A\cos\omega t.$$

由此可见,E_L、E_R 两个旋转矢量合成一个沿直线作简谐振动的矢量 E,其振幅为 $2A$,方向永远在 E_L、E_R 瞬时位置的分角线上。

上述结论也可以反过来叙述,即一个沿直线作简谐振动的矢量可以分解成一对左、右旋的旋转矢量 E_L 和 E_R,它们的大小是矢量 E 的振幅之半,角速度的大小是矢量 E 的角频率 ω.

运用这原理到光学,就是线偏振光可以分解成左、右旋圆偏振光,而左、右旋圆偏振光可以合成为线偏振光。

（2）旋光性的解释

为了解释旋光性,菲涅耳作了如下假设:在旋光晶体中线偏振光沿光轴传播时分解成左旋和右旋圆偏振光(L 光和 R 光),它们的传播速度 v_L、v_R 略有不同,或者说二者的折射率 $n_L = c/v_L$、

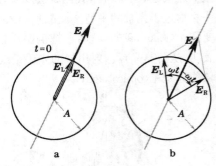

图 6－71 左右旋圆运动
合成直线简谐运动

$n_R = c/v_R$ 不同,因而经过旋光晶片时产生不同的相位滞后:

$$\varphi_L = \frac{2\pi}{\lambda} n_L d,$$

$$\varphi_R = \frac{2\pi}{\lambda} n_R d,$$

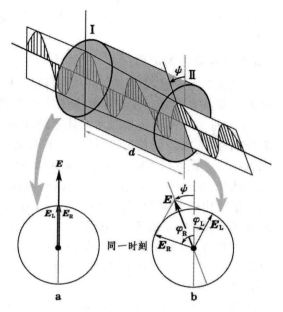

式中 λ 为真空中波长, d 为旋光晶片的厚度。下面我们就根据这个假设来解释旋光现象。

应注意,圆偏振光的相位即旋转电矢量的角位移,相位滞后即角度倒转。 当圆偏振光经过晶片时,在出射界面 II 上电矢量 E_L、E_R 的瞬时位置(见图 6-72 b)比同一时刻入射界面 I 上的位置(图 6-72 a)分别落后一个角度 φ_L 和 φ_R.对于 L 光, E_L 在界面 II 上的位置处于同一时刻在界面 I 上位置的右边,即它需要经过一段时间向左转过 φ_L 的角度才是此时刻界面 I 上的位置。 同理,R 光中 E_R 在界面 II 上的位置处于同一时刻在界面 I 上位置的左边,相差一个角度 φ_R.这一点请读者密切注意,不要搞错!

图 6-72 旋光性的解释

为了简便,设入射的线偏振光的振动面在竖直方向,并取它在入射界面 I 上的初相位为 0,即在 $t=0$ 时刻入射光中电矢量 E 的方向朝上并具有极大值,因此将它分解为左、右旋圆偏振光后, E_L、E_R 此时刻的瞬时位置都与 E 一致,也是朝上的(图 6-72a)。现在我们来考虑同一时刻出射界面 II 上的情形,在这里 E_L 和 E_R 分别位于竖直方向的右边和左边一个角度 φ_L 和 φ_R(图 6-72b)。当光束穿出晶片后左、右旋圆偏振光的速度恢复一致,我们又可以将它们合成起来考虑。 如前所述,它们合成为一个线偏振光,其偏振方向在 E_L、E_R 瞬时位置的分角线上。从图 6-72b 不难看出,此方向相对于原来的竖直方向转过了一个角度 ψ,其大小为

$$\psi = \frac{1}{2}(\varphi_R - \varphi_L) = \frac{\pi}{\lambda}(n_R - n_L)d. \tag{6.80}$$

上式表明,偏振面转动的角度 ψ 是与旋光晶片的厚度 d 成正比的。当 $n_R > n_L$ 时, $\psi > 0$,晶体是左旋的。 $n_R < n_L$ 时, $\psi < 0$,晶体是右旋的。这样,晶体的旋光性便得到了解释。

(3) 菲涅耳假设的实验验证

菲涅耳在提出上述假设的同时,设计了如图 6-73 所示的复式棱镜验证了它。他起初企图用单个石英棱镜来观察石英中线偏振光分解为

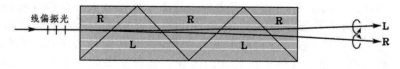

图 6-73 菲涅耳复式棱镜

左、右旋圆偏振光的双折射现象,但由于 n_R 与 n_L 的差别太小而未获成功。于是他就用左、右旋晶体制成棱镜,交替排列起来,成为图 6-73 中的复式棱镜,其中白色横线代表光轴方向。如果线偏振光在石英晶体中确实分解为速度不同的左、右旋圆偏振光,在这种装置中光线每次遇到倾斜的棱镜界面时,R 光和 L 光传播方向的差别都会进一步增大(这一点留给读者自己

分析)。最后用 §4 所述的办法来检验出射的两光束的偏振状态,证明它们确是左、右旋的圆偏振光。

6.3 旋光晶体内的波面

在 §3 中讲过,石英是一种正的单轴晶体,实际上作为旋光物质,其中波面的形状和电矢量的本征振动情况,与该节中描述的还有些不同:① 两层波面在与光轴交点处并不相切。② 只有垂直于光轴传播时两光线才是线偏振的,即前面所说的 o 光和 e 光;沿光轴传播时,它们分别是左、右旋圆偏振光,即 L 光和 R 光。③ 当光线沿任意倾斜方向传播时,两光线都是椭圆偏振光。图 6-74 所示为一右旋石英晶体中两波面上偏振态随传播方向的逐渐演化,这里 R 光是快光,它经 R_o(长轴垂直主平面的椭圆光)过渡到较快的 o 光;L 光是慢光,它经 L_e(长轴在主平面内的椭圆光)过渡到 e 光。 在左旋石英中情况与图中所示相反,L 光是快光,它经 L_o 过渡到 o 光;R 光是慢光,它经 R_e 过渡到 e 光。

由此可见,若将石英晶体切成垂直光轴的晶片,它具有旋光性;切成平行于光轴的晶片,它与普通无旋光的晶体无异,可制成 $\lambda/4$、$\lambda/2$ 等相位延迟器。 如果倾斜切割,我们将获得椭圆偏振的双折射光。

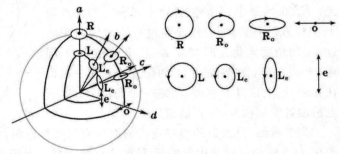

图 6-74 石英晶体中的波面

读者也许会发生这样的疑问:有时要把圆和椭圆偏振光分解成线偏振光(o 光、e 光),有时又要把线偏振光分解成圆偏振光(L 光、R 光)。究竟是纯粹为了处理问题的方便,还是其中有什么客观依据? 我们说,这不是主观任意的数学游戏,而是以光和物质相互作用的具体规律为依据的。本章各节中介绍的许多光学器件都有这样的特性,即某两种特定偏振状态的光束通过它们时,其偏振状态不变。如沿 p 方向或 s 方向线偏振的光束经透明介质表面反射或折射后,仍分别为沿 p 方向或 s 方向的线偏振光。沿 o 方向或 e 方向线偏振的光束经波晶片后,仍分别为沿 o 方向或 e 方向的线偏振光;左旋或右旋的圆偏振光经旋光晶片,仍分别为左旋或右旋的圆偏振光,等等。 经某种光学器件后怎样的光不改变偏振状态,是光学器件本身固有的特征,而不是我们主观任意规定的。 所以我们可以把这种经某光学器件后不发生变化的振动方式,称为该光学器件的本征振动。 如两种透明介质的界面的本征振动是 p 振动和 s 振动,波晶片的本征振动是 o 振动和 e 振动,旋光晶片的本征振动是 L 振动和 R 振动,及上面说的 R_o 和 L_e 振动,R_e 和 L_o 振动等等,都是在一定条件下的本征振动。入射光的振动方式符合光学器件的本征振动之一,它就能够通过它而不发生变化,否则其振动方式(偏振状态)就要起变化。为了讨论那些不符合光学器件本征振动的入射光经过该器件后发生怎样的变化,我们总是在刚进入器件之前将它按照该器件的两个本征振动分解,出射后再将两个分量合成,看它变成了怎样的偏振状态。读者可以回顾一下,我们在讨论偏振态的变化时,处理问题的方法总是沿着这一线索进行的。

6.4 量糖术

除了石英晶体外,许多有机液体或溶液也具有旋光性,其中最典型的是食糖的水溶液,如

图 6-75 所示,在一对偏振器之间加入一根带有平行平面窗口
的玻璃管,管内充以糖溶液。这种装置称为旋光量糖计(简称
量糖计,saccharimeter)。从偏振器可以检验出来,光线经过管
内溶液时有旋光现象。实验表明,振动面的转角 ψ 与管长 l 和
溶液的浓度 N 成正比:

$$\psi = [\alpha]Nl. \tag{6.81}$$

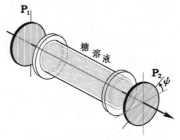

图 6-75 糖量计

比例系数 $[\alpha]$ 称为该溶液的比旋光率(specific rotatory power)。
通常 l 的单位用 dm(1 dm = 10 cm),N 的单位用 g/cm³,于是 $[\alpha]$ 的
单位是"(°)/[dm·(g/cm³)]"。蔗糖的水溶液在 20°C 的温度下
对于钠黄光的比旋光率 $[\alpha] = 66.46°/[dm·(g/cm³)]$($[\alpha] > 0$ 表示右旋)。❶测得比旋光率
后,我们就可以根据糖量计测得的转角 ψ 求出溶液的浓度 N 来。这种测浓度的方法既迅速又准
确,在制糖工业中有广泛的应用。

　　除糖溶液外,许多有机物质也具有旋光性,并且和石英晶体一样,同一种物质常常有左、右
两种旋光异构体。例如氯霉素本是从一种链丝菌培养液中提取的抗菌素,天然品为左旋。工业
上主要用人工合成,合成品为左、右旋各半的混合旋化合物,通常称为"合霉素"。在两种旋光异
构体中只有左旋有疗效,故合霉素的效价仅为天然品的一半。从合霉素中分出的左旋品也称"左
霉素",效价与天然品同。分析和研究液体的旋光异构体,也需要利用糖量计,相应的方法通常都
广义地称为"量糖术(saccharimetry)"。所以量糖术在化学、制药等工业中也有广泛的应用。

　　首先发现旋光异构体的是奠定微生物学基础的法国化学家路易·巴斯德(Louis Pasteur)。巴斯德的博士论文
是物理和化学方面的。他发现酒石酸钠铵和葡萄酸钠铵的结晶具有相同的晶形,一样
的化学性质,但溶液的旋光性质却不同。前者使偏振面向右旋转,后者无旋光性。
1848 年巴斯德发现,酒石酸盐和葡萄酸盐的晶体都有半面晶面(hemi hedral facet),在
前者半面晶面全是向右倾斜的,在后者有的向左,有的向右,互为镜像(图6-76)。他小
心翼翼地把葡萄酸盐中向左和向右的小晶体挑选出来,分别制成溶液,结果发现,一
个使光的偏振面左旋,另一个右旋。二者等量混合,则不表现光活性(旋光)。这样,
巴斯德就发现了酒石酸盐的左、右两种旋光异构体,并证明了葡萄酸盐实际上是它
们的等量混合。这种光惰性(即无旋光性)的物质叫外消旋体(racemate)。

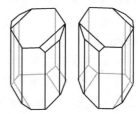

图 6-76 巴斯德发现
葡萄酸钠铵的两种
互为镜像的晶体

　　有机物的旋光异构性不一定反映在晶型上,而是分子水平上的一种对称性破
缺。有机分子中碳原子四个价键不在同一平面内,而是指向四面体的顶点,碳由于
本身占据四面体的中心。当四个价键被不同的基团 R_1、R_2、R_3、
R_4 所饱和时,可以得到两个(也只能得到两个)不同的四面体,
它们彼此互为镜像,但不能叠合,形成左(L)、右(D) 型的异构体
(见图6-77)。❷例如在甘油醛中,四个基团分别为 CH_2OH、H、
CHO 和 OH,L 和 D 两种构型的甘油醛见图 6-78a,图中省略了
四面体中心的 C 原子,(+)、(-) 代表该物质的水溶液旋光的方
向,(-) 代表左旋,(+) 代表右旋。应注意,单糖分子的D、L 构

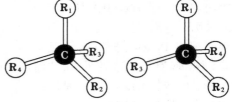

图 6-77 碳四面体左、右两种构型

❶　　在量糖术中习惯上规定旋角 ψ 的正负与通常采用的极坐标系相反,它以顺时针(右旋)为正,逆
时针(左旋)为负。故比旋光率 $[\alpha] > 0$ 和 < 0 分别代表右旋和左旋。

❷　　L 代表 levo,D 代表 dextro,法文左、右之意。

型是以甘油醛为标准进行比较而确定的,其它有机分子的 D、L
构型也按一定的规则约定,与它们水溶液旋光方向的(+)、(-)
没有必然的联系。例如,D 型丙氨酸的光活性是左旋的,L 型丙
氨酸的光活性呈右旋,故而我们有 D(-)和 L(+)型的丙氨酸(见
图 6-78 b)。

　　生命的基本物质是蛋白质(protein),它由氨基酸(amino acid)的
链组成,每种氨基酸都有 D、L 两种旋光异构体。如果我们试图
用 CO_2、氨等原料去人工合成氨基酸,得到的产品总是 D、L 型各
半的外消旋物,它们总体上保持着左右对称性。但是生物蛋白质
几乎全部是由 L 型的氨基酸组成的,尤其在高等动物中更是如
此。 生物体内化合物的这种左右不对称性正是其生命力的体
现。生物一旦死亡,L 型氨基酸逐渐向 D 型氨基酸转化,直至 D、
L 型各占一半,反应达到平衡而告终。 由此可见,生命与分子的
左右不对称性(称为手性)如形影之相守,息息相关。

　　生物分子的手性起源问题当前仍是悬案,没有定
论。

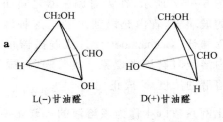

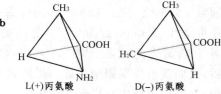

图 6-78 甘油醛的旋光异构体

6.5 磁致旋光 —— 法拉第旋转

　　正如用人工的办法(应力、电场等)可以
产生双折射一样(参见 §5),用人工办法也可
以产生旋光效应,其中最重要的是磁致旋光
效应,通常称为法拉第旋转效应(M.Faraday,
1845 年)。

　　观察法拉第旋转的装置如图
6-79 所示,由起偏器 P_1 产生线偏
振光,光线穿过带孔的电磁铁(或
螺线管),沿着(或逆着)磁场方向
透过样品。当励磁线圈中没有电
流时,令检偏器 P_2 的透振方向与
P_1 正交,这时发生消光现象。 它
表明,振动面在样品中没有旋转。
通入励磁电流产生强磁场后,则发
现必须将 P_2 的透振方向转过 ψ
角,才出现消光。 这表明,振动面
在样品中转了角度 ψ,这就是磁致
旋光或法拉第旋转效应。

　　实验表明,法拉第旋转效应
有如下规律:

　　(1)对于给定的介质,振动面
的转角 ψ 与样品的长度 l 和磁感应强度 B 成正比:

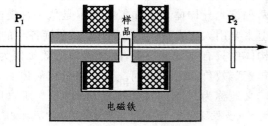

图 6-79 磁致旋光

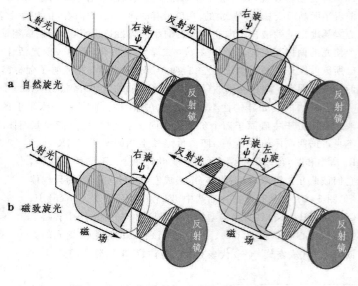

图 6-80 自然旋光与磁致旋光的比较

$$\psi = VlB. \tag{6.82}$$

比例系数 V 称为韦尔代(Verdet)常量。一般物质的韦尔代常量都很小,相对来说,液体中 V 值较大的有二硫化碳(CS_2), $V = 0.042'/(cm \cdot Gs)$,固体中某些重火石玻璃的 V 可达 $0.09'/(cm \cdot Gs)$。

(2) 光的传播方向反转时,法拉第旋转的左右方向互换。这一点是与自然旋光物质很不同的,那里左右旋是由旋光物质决定的,与光的传播方向是否反转无关。举例来说,例如当线偏振光通过右旋的自然旋光物质时,无论光束沿正反方向传播,迎着传播方向看去,振动面总是向右旋转。因此如果透射光沿原路返回,其振动面将回到初始位置(参见图 6-80a)。但是当线偏振光通过磁光介质时,如果沿磁场方向传播,振动面向右旋;当光束沿反方向传播时,迎着传播方向看去振动面将向左旋。所以,如果光束由于反射一正一反两次通过磁光介质后,振动面的最终位置与初始位置比较,将转过 2ψ 的角度(参见图 6-80b)。

利用法拉第旋转的以上特点可制成光隔离器,即只允许光从一个方向通过而不能从反方向通过的"光活门"。这在激光的多级放大装置中往往是必要的,因为光学放大系统中有许多界面,它们都会把一部分光反射回去,这对前级的装置会造成干扰和损害,装了光隔离器就可避免这一点。

本 章 提 要

1. 光的偏振 —— 光波(电磁波)是横波,有两个垂直于传播方向的振动自由度,它们可按任何一对正交态分解:相互垂直的一对线偏振态,左旋和右旋的圆偏振态,各种左旋和右旋的正交椭圆偏振态,等等。它们的等量混合组成自然光,不等量混合组成部分偏振光。

2. 偏振装置的本征态 —— 各种偏振装置有自己的一对相互正交的本征态,使入射光按它们分解后按不同的规律传播:
   (1) 反射折射面:本征态是 p 和 s 两个线偏振态,它们有不同的反射率和透射率。
   (2) 单轴晶体:本征态是 o 和 e 两个线偏振态,它们有不同的传播速度。
   (3) 石英片(沿光轴)和旋光溶液:本征态是 R 和 L 两个手性相反的圆偏振态,它们有不同的传播速度。
   (4) 石英片(沿倾斜方向):本征态是 R_o 和 L_e,或 R_e 和 L_o 两个手性相反的椭圆偏振态,它们有不同的传播速度。

3. 反射折射面:
   (1) 振动矢量分解为 p 分量(平行于入射面)和 s 分量(垂直于入射面);
   (2) 复振幅 $\tilde{E}_{p1}$、$\tilde{E}_{s1}$(入射光),$\tilde{E}'_{p1}$、$\tilde{E}'_{s1}$(反射光),$\tilde{E}_{p2}$、$\tilde{E}_{s2}$(折射光)之间的关系由边界条件决定,服从菲涅耳公式(6.9)—(6.12);
   (3) 振幅反射率 $r_{p,s} = \tilde{E}'_{p,s1}/\tilde{E}_{p,s1}$ 和振幅透射率 $t_{p,s} = \tilde{E}_{p,s2}/\tilde{E}_{p,s1}$,
      强度反(透)射率和能流反(透)射率之间的关系见表 6-1;
   (4) 振幅、强度反(透)射率随入射角的变化趋势见图 6-14;
   (5) 值得注意的特点是入射角 $i_1 = i_B$(布儒斯特角)时 p 分量的振幅反射率为 0。
$$i_B = \arctan(n_2/n_1);$$
   (6) 相位变化的情况见图 6-16 和图 6-17,
      薄膜上下表面反射光之间的半波损失问题见图 6-20。
   (7) 偏振器件:玻片堆。

4. 单轴晶体:
   (1) 振动矢量分解为 o 分量(垂直于主平面,波面呈球形,寻常光)和 e 分量(在主平面内,波面呈椭球形,非常光)。

(2) 求折射线可用惠更斯作图法。

(3) 光在各向异性介质内传播时,要区分射线速度和法向速度,射线面和法向面。

前者与 E 矢量垂直,代表能量传播速度;

后者与 D 矢量垂直,代表波面沿法向传播速度。

(4) 偏振器件 $\begin{cases} 棱镜 —— 罗雄棱镜,沃拉斯顿棱镜,尼科耳棱镜,\cdots\cdots; \\ 波晶片 —— \lambda/4 片,\lambda/2 片,\cdots\cdots。 \end{cases}$

5. 旋光物质(沿石英光轴,溶液):振动矢量分解为 R 分量(右旋圆)和 L 分量(左旋圆),传播速度不同。线偏振光经过后偏振面向左或向右旋转一定角度 ψ。

旋光性反映了分子的手性结构,同种物质可以有旋光异构体。

6. 圆偏振光和椭圆偏振光的获得和检验 —— 利用偏振片和 $\lambda/4$ 片,步骤总结如表 6-3 和表 6-4。

7. 偏振光的干涉 —— 任何偏振状态的光 通过正交偏振片后消光,在二偏振片之间插入各向异性介质,就会有光透过,并呈现干涉条纹(对于白光还会呈现彩色)。

计算正交偏振片间波晶片装置干涉图样的步骤:

(1) 从第一个偏振片出来的光的振动按波晶片光轴取向分解为 o 振动和 e 振动,在投影过程中可能有 $\delta_\lambda = 0$ 或 π 的相位差。

(2) o 振动和 e 振动穿过波晶片时有相位差 $\Delta = \dfrac{2\pi}{\lambda}(n_o - n_e)d$.

(3) 将出来的两个振动投影到第二个偏振片的透振方向时又可能有 $\delta' = 0$ 或 π 的相位差。

(4) 总相位差　　　$\delta = \delta_\lambda + \Delta + \delta'$.

应用:光测弹性。

8. 电场致双折射:

(1) 克尔效应 —— $n_o - n_e \propto E^2$;

(2) 泡克耳斯效应 —— $n_o - n_e \propto E$.

磁致旋光:法拉第旋转。

9. 隐失波 —— 全反射时光波在一薄层内透入光疏介质,沿界面平移一段距离再反射回来。波场沿纵深方向按指数律衰减,是为隐失波。

应用:近场光学显微镜。

思 考 题

6-1. 如果你手头有一块偏振片的话,请用它来观察下列各种光,并初步鉴定它们的偏振态:(1) 直射的阳光;(2) 经玻璃板反射的阳光;(3) 经玻璃板透射的阳光;(4) 不同方位天空散射的光;(5) 白云散射的光;(6) 月光;(7) 虹霓。

6-2. 自然光中的振动矢量如图 6-5 所示呈各向同性分布,合成矢量的平均值为 0,为什么光强度却不为 0?

6-3. 自然光和圆偏振光都可看成是等幅垂直偏振光的合成,它们之间主要的区别是什么? 部分偏振光和椭圆偏振光呢?

6-4. 自然光投射在一对正交的偏振片上,光不能通过,如果把第三块偏振片放在它们中间,最后是否有光通过? 为什么?

6-5. 当一束光射在两种透明介质的分界面上时,会发生只有透射而无反射的情况吗?

6-6. 科学幻想小说中常描绘一种隐身术。设想一下,即使有办法使人体变得无色透明,要想别人完全看不见,还需要什么条件?

6－7. 一束光从空气入射到一块平板玻璃上，讨论

(1) 在什么条件下透射光获得全部光能流？

(2) 在什么条件下透射光能流为 0？

6－8. 振幅透射率可能大于 1 吗？ 试举例说明之。

6－9. 斯托克斯倒逆关系中 $\tilde{t}$ 与 $\tilde{t}'$ 的关系如何？

6－10. 设折射率为 n_2 的介质层放在折射率分别为 n_1、n_3 的两种介质之间（见本题图），讨论下列各情形里上下两界面反射的光线 1、2 之间是否有半波损失？

(1) $n_1 > n_2 > n_3$；

(2) $n_1 < n_2 < n_3$；

(3) $n_1 > n_2 < n_3$.

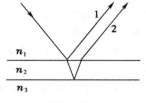

思考题 6-10

6－11. 通常偏振片的透振方向是没有标明的，你用什么简易的方法可将它确定下来？

6－12. 在夏天，炽热的阳光照射柏油马路发出刺眼的反光，汽车司机需要戴上一副墨镜来遮挡.是否可用偏振片做眼镜，这比墨镜有什么优点？

6－13. 一束右旋圆偏振光从空气正入射在玻璃板上，反射光的偏振态如何？

6－14. 验证菲涅耳公式满足能量守恒条件(6.25)。

6－15. 验证菲涅耳公式满足斯托克斯倒逆关系式(6.31)和(6.32)。

6－16. 证明当光束射在平行平面玻璃板上时，如果在上表面反射时发生全偏振，则折射光在下表面反射时亦将发生全偏振。

6－17. 试从以下诸方面归纳一下隐失波的特点：

(1) 波矢的虚实；

(2) 有无周期性；

(3) 等相面与等幅面；

(4) 瞬时能流与平均能流。

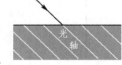

思考题 6-19

6－18. 在白纸上画一个黑点，上面放一块冰洲石，即可看到两个淡灰色的像，其中一个的位置比另一个高。 转动晶体时，一个像不动，另一个像围绕着它转，试解释这个现象。在这个实验中哪个像点是看起来较高的？

6－19. 当单轴晶体的光轴与表面成一定角度时，一束与光轴方向平行的光入射到晶体表面之内时（见本题图），它是否会发生双折射？

6－20. 在本题图中白线代表光轴，试根据图中所画的折射情况判断晶体的正负。

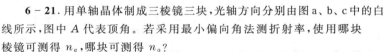
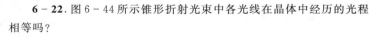

思考题 6-20

6－21. 用单轴晶体制成三棱镜三块，光轴方向分别由图 a、b、c 中的白线所示，图中 A 代表顶角。若采用最小偏向角法测折射率，使用哪块棱镜可测得 n_e，哪块可测得 n_o？

6－22. 图 6-44 所示锥形折射光束中各光线在晶体中经历的光程相等吗？

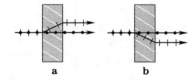
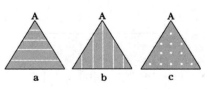

思考题 6-21

6－23. 令 $\hat{s}$ 和 $\hat{k}$ 分别代表光线和法线（波矢）方向的单位矢量。通常把平面波写成

$$E = E_0 \exp\left[-\mathrm{i}(\omega t - \boldsymbol{k}\cdot\boldsymbol{r})\right] = E_0 \exp\left[-\mathrm{i}\omega\left(t - \frac{\hat{\boldsymbol{k}}\cdot\boldsymbol{r}}{v_\mathrm{N}}\right)\right],$$

这里 v_N 是法向速度。若把此式写成

$$E = E_0 \exp\left[-i\omega\left(t - \frac{\hat{\boldsymbol{s}} \cdot \boldsymbol{r}}{v_r}\right)\right],$$

式中 v_r 为射线速度,对吗? 为什么?

6-24. 分别就下列三种情形确定自然光经过本题图中的棱镜后双折射光线的传播方向和振动方向。设晶体是负的,玻璃的折射率为 n.

(1) $n = n_o$;   (2) $n = n_e$;   (3) $n_o > n > n_e$;   (4) $n > n_o$.

6-25. 确定自然光经过本题图中的棱镜后双折射光线的传播方向和振动方向。晶体是正的。

6-26. 分析沃拉斯顿棱镜(见图6-46)中双折射光线的传播方向和振动方向。

6-27. 圆偏振光中电矢量的大小为 A,它的强度 $I =$? 经过偏振片后其强度 I' 变为多少? (设偏振片是理想的,即对沿透振方向分量的透射率为100%。)

6-28. 本题图所示为一椭圆偏振光的电矢量沿波线的瞬时分布图,它是左旋还是右旋的?

6-29. 画出本题图中各情形出射光的偏振状态。

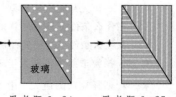

思考题 6-24   思考题 6-25

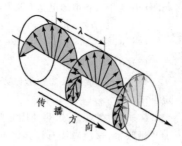

思考题 6-28

$\lambda/4$ 片 ($\delta = +\pi/2$)	入射光						自然光
	出射光						
$\lambda/4$ 片 ($\delta = -\pi/2$)	入射光		45°				部分偏振光
	出射光						

思考题 6-29

6-30. 将上题中的 $\lambda/4$ 片换成 $\lambda/2$ 片,各情形出射光的偏振状态怎样?

6-31. 在一对正交的偏振片之间放一块 $\lambda/4$ 片,以自然光入射。

(1)转动 $\lambda/4$ 的光轴方向时,出射光的强度怎样变化? 有无消光现象?

(2)如果有强度极大和消光现象,它们在 $\lambda/4$ 片的光轴处于什么方向时出现? 这时从 $\lambda/4$ 片射出的光的偏振状态如何?

6-32. 如 §4 末尾指出,在实验中偏振片和 $\lambda/4$ 片上透振方向和光轴方向都未标出,而在检验椭圆偏振光

的第二步中需要将 $\lambda/4$ 片的光轴对准椭圆的主轴之一。你能根据上题的原理设计出一个方案,利用两块偏振片和一块 $\lambda/4$ 片做到这一点吗?

6－33. 激光器中的布儒斯特窗口是其法线与管轴夹角等于布儒斯特角(全偏振角)的玻璃窗口。有布儒斯特窗口的激光器发出的光是线偏振的。如本题图所示,在使用激光器发出的线偏振光进行各种测量时,为了避免激光返回谐振腔,在激光器输出镜端放一块 $\lambda/4$ 片,并且其主截面与光的振动平面成 $45°$ 角。试说明此波晶片的作用。

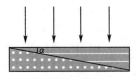

思考题 6－33

6－34. 任何干涉装置中都需要有分光束器件,§5 所描述的装置中的分光束器件是什么?

6－35. 以前(第三章)讲过分波前和分振幅的干涉装置,本章 §5 所描述的干涉装置是按什么分割光束的?

6－36. §5 所描述的干涉装置中,偏振器 Ⅰ、Ⅱ 对保证相干条件来说各起什么作用? 撤掉偏振器 Ⅰ、Ⅱ 能否产生干涉效应? 为什么?

6－37. 在 5.1 和 5.2 节中描述的实验中并没有干涉条纹,你认为这时是否发生了光的干涉? 为什么?

6－38. 巴比涅补偿器的结构如本题图所示,它由两个劈形的石英棱镜组成,光轴方向如图。

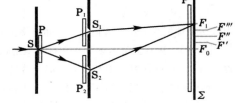

思考题 6－38

(1) 当单色线偏振光、椭圆偏振光、自然光通过巴比涅补偿器时,通过检偏器观察,将分别看到什么图样?

(2) 干涉暗纹的距离与顶角 α 有什么关系?

(3) 用白光入射时,观察到的图样如何?

6－39. 本题图所示为杨氏干涉装置,其中 S 为单色自然光源,S_1 和 S_2 为双孔。

(1) 如果在 S 后放置一偏振片 P,干涉条纹是否发生变化? 有何变化?

(2) 如果在 S_1、S_2 之前再各放置一偏振片 P_1、P_2,它们的透振方向相互垂直,并都与 P 的透振方向成 $45°$ 角,幕 Σ 上的强度分布如何?

(3) 在 Σ 前再放置一偏振片 P',其透振方向与 P 平行,试比较这种情形下观察到的干涉条纹与 P_1、P_2、P' 都不存在时的干涉条纹有何不同?

(4) 同(3),如果将 P 旋转 $90°$,幕上干涉条纹有何变化?

(5) 同(3),如果将 P 撤去,幕上是否有干涉条纹?

思考题 6－39

(6) 类似(2)的布置,屏幕 Σ 上的 F_0 和 F_1 分别是未加 P_1、P_2 时 0 级和 1 级亮纹所在处,F'、F''、F''' 是 $F_0 F_1$ 的四等分点,试说明 F_0、F_1 及 F'、F''、F''' 各点的偏振状态。

6－40. 本题图 a 所示的棱镜称为考纽(M.A.Cornu)棱镜,它由两半个石英晶体做成,一半是右旋晶体,另一半是左旋晶体,光轴如图中白线所示。这种石英晶体棱镜是为摄谱仪设计的,它有什么优点? 实际的摄谱仪中多采用图 b 所示的半个考纽棱镜,中垂面上镀银或铝,将光束沿原路反射回去。这样的装置是否能达到整个考纽棱镜的作用? 为什么?

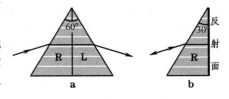

思考题 6－40

6－41. 法拉第旋转隔离器的装置就是在一磁光介质棒的前后各放置一个偏振器 P_1 和 P_2。为了达到光隔离的目的,通过磁感应强度的大小和介质棒长度的选择,应使振动面的偏转角 ψ 等于多少? 两偏振器 P_1、P_2 的透振方向应有多大夹角? 为什么?

6-42. 有四个滤光器件：Ⅰ 是各向同性的滤光片,使各种偏振态的光强都滤掉一半,Ⅱ 和 Ⅲ 都是线起偏器,透振方向分别为水平方向(x 轴)和 +45°(见本题图),Ⅳ 是圆起偏器,它让右旋圆偏振光全部通过,把左旋圆偏振光全部吸收掉。把各滤光器件分别放在要研究的光路中,测量透射出来的光强。设入射光强为 I_0,透过Ⅰ、Ⅱ、Ⅲ、Ⅳ 的光强分别为 I_1、I_2、I_3、I_4,斯托克斯引入下列四个参量来描述电磁波的偏振状态：

$$\begin{cases} S_0 = 2I_1, \\ S_1 = 2(I_2 - I_1), \\ S_2 = 2(I_3 - I_1), \\ S_3 = 2(I_4 - I_1). \end{cases}$$

思考题 6-42

这便是斯托克斯参量的操作定义(G.Stokes,1852 年)。 人们还常把这些参量归一化,即用 I_0 除一下,把得到的四个数 S_0/I_0、S_1/I_0、S_2/I_0、S_3/I_0 写成一组,用来描写入射光的偏振状态。 例如对于自然光,$I_1 = I_2 = I_3 = I_4 = I_0/2$,故描述它的归一化斯托克斯参量为(1,0,0,0)。写出下列偏振态的斯托克斯参量：

(1) 水平(x 方向)线偏振；

(2) 垂直(y 方向)线偏振；

(3) +45° 线偏振；

(4) -45° 线偏振；

(5) 右旋圆偏振；

(6) 左旋圆偏振；

(7) 部分偏振,极大在 y 方向,偏振度为 50%。

习 题

6-1. 自然光投射到互相重叠的两个偏振片上,如果透射光的强度为

(1) 透射光束最大强度的 1/3,

(2) 入射光束强度的 1/3,

则这两个偏振片的透振方向之间夹角是多大? 假定偏振片是理想的,它把自然光的强度严格减少一半。

6-2. 一束自然光入射到一偏振片组上,这组由四块组成,每片的透振方向相对于前面一片沿顺时针方向转过 30° 角。试问入射光中有多大一部分透过了这组偏振片?

6-3. 将一偏振片沿 45° 插入一对正交偏振器之间,自然光经过它们强度减为原来的百分之几?

6-4. 计算从空气到水面的布儒斯特角(水的折射率 $n = 4/3$)。

6-5. 一束光由水射在玻璃上,当入射角为 50.82° 时,反射光全偏振,求玻璃的折射率(已知水的折射率为 4/3)。

6-6. 计算 (1) 由空气到玻璃($n = 1.560$)的全偏振角；

(2) 由此玻璃到空气的全偏振角；

(3) 在全偏振时由空气到此玻璃的折射光的偏振度；

(4) 在全偏振时由此玻璃到空气的折射光的偏振度；

(5) 自然光从空气以布儒斯特角入射到平行平面玻璃板以后,最终透射光的偏振度。

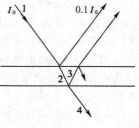

习题 6-8

6-7. 求自然光透过八块 $n = 1.560$ 的平行玻璃板组成的玻片堆后的偏振度(忽略玻璃对光的吸收)。

6-8. 已知自然光射于某平行平面玻璃板上时,反射光的能流为入射光的 0.10 倍(见本题图),取入射能流为一个单位,设玻璃的折射率为 1.50,求图中标出的光

束 2、3、4 的能流(略去玻璃对光的吸收)。

6－9. 线偏振光的振动面和入射面之间的夹角称为振动的方位角。设入射线偏振光的方位角为 α,入射角为 i,求折射光和反射光的方位角 α_2 和 α_1'(已知两介质的折射率为 n_1 和 n_2)。

6－10. 线偏振光以布儒斯特角从空气入射到玻璃($n=1.560$)的表面上,其振动的方位角为 $20°$,求反射光和折射光的方位角。

6－11. 设入射光、反射光、折射光的总能流分别为 W_1、W_1'、W_2,则总能流反射率 $\mathscr{R}$ 和总能流透射率 $\mathscr{T}$ 定义为

$$\mathscr{R} = \frac{W_1'}{W_1}, \qquad \mathscr{T} = \frac{W_2}{W_1}.$$

(1) 当入射光为线偏振光,方位角(见习题 6－9)为 α 时,试证明

$$\mathscr{R} = \mathscr{R}_p \cos^2\alpha + \mathscr{R}_s \sin^2\alpha,$$

$$\mathscr{T} = \mathscr{T}_p \cos^2\alpha + \mathscr{T}_s \sin^2\alpha.$$

(2) 证明
$$\mathscr{R} + \mathscr{T} = 1.$$

(3) 设入射光是自然光,求 $\mathscr{R}$、$\mathscr{T}$ 与 $\mathscr{R}_p$、$\mathscr{R}_s$ 和 $\mathscr{T}_p$、$\mathscr{T}_s$ 的关系。

(4) 设入射光是圆偏振光,求 $\mathscr{R}$、$\mathscr{T}$ 与 $\mathscr{R}_p$、$\mathscr{R}_s$ 和 $\mathscr{T}_p$、$\mathscr{T}_s$ 的关系。

6－12. 光从空气到玻璃($n=1.50$)以布儒斯特角入射,试计算

(1) 能流反射率 $\mathscr{R}_p$ 和 $\mathscr{R}_s$ 的值;

(2) 能流透射率 $\mathscr{T}_p$ 和 $\mathscr{T}_s$ 的值。

6－13. 线偏振光从空气到玻璃($n=1.5$)以 $45°$ 角入射,方位角为 $60°$,试计算

(1) 总能流反射率 $\mathscr{R}$ 和总能流透射率 $\mathscr{T}$;

(2) 改为自然光入射,$\mathscr{R}$ 和 $\mathscr{T}$ 为多少?

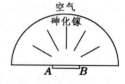

习题 6-14

6－14. 本题图所示为一支半导体砷化镓发光管,管芯 AB 为发光区,其直径 $d \sim 3\,\mathrm{mm}$,为了避免全反射,发光管上部研磨成半球形,以使内部发的光能够以最大的透射率向外输送。如果要使发光区边缘两点 A 和 B 发的光不至于全反射,半球的半径至少应取多少? 已知砷化镓的折射率为 3.4(对发射的 $0.9\,\mu\mathrm{m}$ 波长)。

6－15. 接上题,为了减少光在砷化镓-空气界面的反射,工艺上常在砷化镓表面镀一层氧化硅增透膜,如本题图所示。氧化硅的折射率为 1.7。 现在单纯从几何光学角度提出一个问题,加膜后入射角为多少才不至于在空气表面发生全反射? 试与不加膜时相比(设膜很薄,可按平面板计算)。

习题 6-15

6－16. 从光密介质到光疏介质,当 $\sin i_1 > n_2/n_1$ 时发生全反射,作为一种处理方法,我们仍可在形式上维持折射定律 $n_1 \sin i_1 = n_2 \sin i_2$,这时 $\sin i_2 > 1$,可认为 i_2 是个虚折射角,它的余弦也为虚数:

$$\cos i_2 = \sqrt{1-\sin^2 i_2} = \mathrm{i}\sqrt{\left(\frac{n_1}{n_2}\right)^2 \sin^2 i_1 - 1},$$

试利用菲涅耳公式证明此时 $|\tilde{r}_p|=1$,$|\tilde{r}_s|=1$,从而 $\mathscr{R}_p = \mathscr{R}_s = 1$。

【注:本来这里根号前有正、负两种可能,为了保证(6.55)式中的 $\kappa > 0$,从而使(6.56)式中衰减因子的指数确实是负的,根号应取正的。】

6－17. 推导全反射时的相移公式(6.35)。

6－18. (1) 计算 $n_1 = 1.51$,$n_2 = 1.0$,入射角为 $54°37'$ 时全反射光的相移 δ_p 和 δ_s;

(2) 如果入射光是线偏振的,全反射光中 p 振动和 s 振动的相位差为多少? 说明由两者合成的是椭圆偏振光。

6－19. 在上题中用的光源是氦氖激光,求隐失波的穿透深度。

6－20. 一束线偏振的钠黄光垂直射入一块方解石晶体,振动方向与晶体的主平面成 $20°$ 角,试计算 o、e 两光束折射光的相对振幅。

6-21. 两大小相同的冰洲石晶体 A、B 前后排列,强度为 I 的自然光垂直于晶体 A 的表面入射后相继通过 A、B(见本题图)。A、B 的主截面之间的夹角为 α(图中 α 为 0)。求 $\alpha = 0°$、$45°$、$90°$、$180°$ 时由 B 射出光线的数目和每个的强度(忽略反射、吸收等损失)。

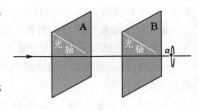

习题 6-21

6-22. 一水晶平板厚 0.850 mm,光轴与表面平行,用水银灯的绿光(546.1 nm)垂直照射,求

(1) o、e 两光束在晶体中的光程;

(2) 二者的相位差(用度表示)。

6-23. 一束钠黄光以 50° 的入射角射到冰洲石平板上,设光轴与板表面平行,并垂直于入射面,求晶体中 o 光和 e 光的夹角。

6-24. 一束钠黄光掠入射到冰的晶体平板上,光轴与入射面垂直,平板厚度为 4.20 mm,求 o 光和 e 光射到平板对面上两点的间隔。已知对于钠黄光,冰的 $n_o = 1.3090$,$n_e = 1.3104$。

6-25. 用 ADP(磷酸二氢铵,$NH_4H_2PO_4$)晶体制成 50° 顶角的棱镜,光轴与折射棱平行,$n_o = 1.5246$,$n_e = 1.4792$。 试求

(1) o 光和 e 光的最小偏向角;

(2) 二者之差。

6-26. 设一水晶棱镜的顶角为 60°,光轴平行于折射棱。钠黄光以最小偏向角的方向在棱镜中折射,用焦距为 1 m 的透镜聚焦,o 光和 e 光两谱线的间隔为多少?

6-27. 求冰洲石晶体中钠黄光射线和波法线间的最大夹角。

6-28. 图 6-31b 中,设入射光是钠黄光,晶体为方解石,光轴与晶体表面成 30° 角,入射角为 45°,

(1) o 光和 e 光的方向;

(2) e 光的折射率。

6-29. 当图 6-46 中沃拉斯顿棱镜的顶角 $\alpha = 15°$ 时,两出射光线间的夹角为多少?

6-30. 设图 6-47b 所示的尼科耳棱镜中 $\angle CA''C''$ 为直角,光线 SM 平行于 $A''A$,计算 $\angle S_oMS$.

6-31. 用方解石和石英薄板作对钠黄光的 $\lambda/4$ 片,它们的最小厚度各为多少?

6-32. 两尼科耳棱镜主截面的夹角由 30° 变到 45°,透射光的强度如何变化? 设入射自然光的强度为 I_0.

6-33. 单色线偏振光垂直射入方解石晶体,其振动方向与主截面成 30° 角,两折射光再经过置于方解石后的尼科耳棱镜,其主截面与原入射光的振动方向成 50° 角,求两条光线的相对强度。

6-34. 经尼科耳棱镜观察部分偏振光,当尼科耳棱镜由对应于极大强度的位置转过 60° 时,光强减为一半,求光束的偏振度。

6-35. 用一块 $\lambda/4$ 片和一块偏振片鉴定一束椭圆偏振光。达到消光位置时,$\lambda/4$ 片的光轴与偏振片透振方向相差 22°,求椭圆长短轴之比。

6-36. 强度为 I_0 的右旋圆偏振光垂直通过 $\lambda/4$ 片(此 $\lambda/4$ 片由方解石做成,o 光和 e 光在晶片中的光程差刚好是 $\lambda/4$);然后再经过一块主截面相对于 $\lambda/4$ 片光轴向右旋 15° 的尼科耳棱镜,求最后出射的光强(忽略反射、吸收等损失)。

6-37. 平行于光轴切割一块方解石晶片,放置在主截面成 15° 角的一对尼科耳棱镜之间,晶片的光轴平分此角,求

(1) 从方解石晶片射出的 o 光和 e 光的振幅和光强;

(2) 由第二个尼科耳棱镜射出时的 o 光和 e 光的振幅和光强。

设入射自然光的光强为 $I_0 = A^2$,反射和吸收等损失可忽略。

6-38. 强度为 I_0 的单色平行光通过正交尼科耳棱镜。现在两尼科耳棱镜之间插入一 $\lambda/4$ 片,其主截面与第一尼科耳棱镜的主截面成 60° 角,求出射光的强度(忽略反射、吸收等损失)。

6－39. 一块 $0.025\,\text{mm}$ 厚的方解石晶片,表面平行于光轴,放在正交尼科耳棱镜之间,晶片的主截面与它们成 $45°$ 角,试问:

(1) 在可见光范围内哪些波长的光不能通过?

(2) 如果将第二个尼科耳棱镜的主截面转到与第一个平行,哪些波长的光不能通过?

6－40. 劈形水晶棱镜顶角为 $0.5°$,棱边与光轴平行,置于正交偏振片之间,使其主截面与两偏振片的透振方向都成 $45°$ 角,以水银的 $404.7\,\text{nm}$ 紫色平行光正入射。

(1) 通过第二偏振片看到的干涉图样如何?

(2) 相邻暗纹的间隔 Δx 等于多少?

(3) 若将第二偏振片的透振方向转 $90°$,干涉图样有何变化?

(4) 维持两偏振片正交,但把晶片的主截面转 $45°$,使之与第二偏振片的透振方向垂直,干涉图样有何变化?

6－41. (1) 将石英晶体巴比涅补偿器(见思考题 $6-38$)放在正交偏振片之间,光轴与它们的透振方向成 $45°$ 角,你将看到什么现象? 若劈角 $\alpha=2.75°$,用平行的钠黄光照明,求干涉条纹的间隔。(2) 转动补偿器的光轴,对干涉条纹有什么影响?

6－42. 以线偏振光照在巴比涅补偿器上(见思考题 $6-38$),通过偏振片观察时在中央两劈形棱镜厚度 $d_1=d_2$ 处有一暗线,与中央暗线距离 a 处又有一暗线。今以一同样波长的椭圆偏振光照在此巴比涅补偿器上,发现暗线移至离中央 b 处。

(1) 求椭圆偏振光在补偿器晶体中分解成的两个振动分量的初始相位差与 a、b 的关系;

(2) 如果椭圆的长短轴正好分别与两劈形棱镜的光轴平行,试证此时 $b=a/4$;

(3) 设已知偏振片的透振方向与补偿器中一劈的光轴夹角为 θ,找出 θ 与(2)问中椭圆长短轴比值的关系。

6－43. 已知水晶对钠黄光的旋光率 $\alpha=21.75°/\text{mm}$,求左、右旋圆偏振光折射率之差 Δn.

6－44. 在两尼科耳棱镜之间插一块石英旋光晶片,以消除对眼睛最敏感的黄绿色光($\lambda=550.0\,\text{nm}$)。 设对此波长的旋光率为 $24°/\text{mm}$,求下列情形下晶片的厚度:

(1) 两尼科耳棱镜主截面正交;

(2) 两尼科耳棱镜主截面平行。

6－45. 一石英棒长 $5.639\,\text{cm}$,端面垂直于光轴,置于正交偏振器间,沿光轴方向输入白光,用光谱仪观察透射光。

(1) 用一大张坐标纸,画出可见光范围($400.0\sim760.0\,\text{nm}$)振动面的旋转角与波长的曲线,旋光率数据可参照表 $6-5$.

(2) 从这曲线看,哪些波长的光在光谱仪中消失?

(3) 在这些丢失的波长中,振动面的最大和最小旋转角各是多少?

6－46. 一块表面垂直光轴的水晶片恰好抵消 $10\,\text{cm}$ 长浓度 20% 的麦芽糖溶液对钠光振动面所引起的旋转,对此波长水晶的旋光率 $\alpha=21.75°/\text{mm}$,麦芽糖的比旋光 $[\alpha]=144°/[\text{dm}\cdot(\text{g}/\text{cm}^3)]$,求此水晶片的厚度。

6－47. $15\,\text{cm}$ 长的左旋葡萄糖溶液使钠黄光的振动面转了 $25.6°$,已知 $[\alpha]=-51.4°/[\text{dm}\cdot(\text{g}/\text{cm}^3)]$,求溶液浓度。

6－48. 将 $14.50\,\text{g}$ 的蔗糖溶于水,得到 $60\,\text{cm}^3$ 的溶液。在 $15\,\text{cm}$ 的糖量计中测得钠光振动面旋转角为向右 $16.8°$,已知 $[\alpha]=66.5°/[\text{dm}\cdot(\text{g}/\text{cm}^3)]$,这蔗糖样品中有多少比例的非旋光性杂质?

6－49. 钠光以最小偏向角条件射入顶角为 $60°$ 的石英晶体棱镜中,棱镜中光轴与底平行。求出射的左、右旋偏振光之间的夹角(所需数据在本章给出的表格中查找)。

第七章 光与物质的相互作用 光的量子性

§1. 光 的 吸 收

1.1 光的线性吸收规律

除了真空,没有一种介质对电磁波是绝对透明的。光的强度随穿进介质的深度而减少的现象,称为介质对光的吸收(absorption)。仔细的研究表明:这里还应区分真吸收和散射两种情况,前者是光能量被介质吸收后转化为热能,后者则是光被介质散射到四面八方。

令单色平行光束沿 x 方向通过均匀介质(图 7-1).设光的强度在经过厚度为 $\mathrm{d}x$ 的一层介质时强度由 I 减为 $I-\mathrm{d}I$. 实验表明,在相当广阔的光强范围内,$-\mathrm{d}I$ 正比于 I 和 $\mathrm{d}x$,有

$$-\mathrm{d}I = \alpha I \,\mathrm{d}x, \qquad (7.1)$$

式中 α 是个与光强无关的比例系数,称为该物质的吸收系数。

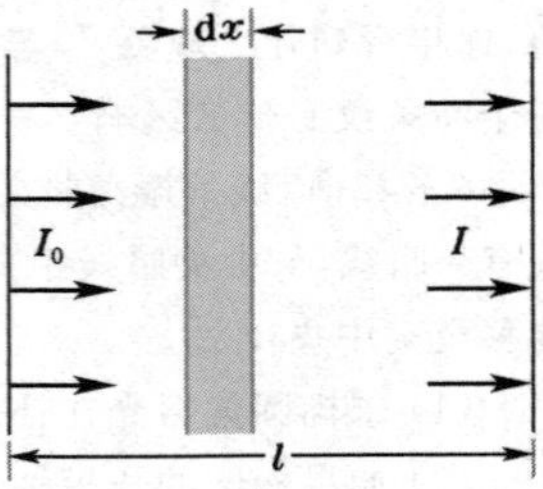

为了求出光束穿过厚度为 l 的介质后强度的改写如下:

$$\frac{\mathrm{d}I}{I} = -\alpha \,\mathrm{d}x,$$

并在 0 到 l 区间对 x 积分,即得

图 7-1 光的吸收

$$\ln(I/I_0) = -\alpha l, \quad \text{或} \quad I = I_0 \mathrm{e}^{-\alpha l}, \qquad (7.2)$$

式中 I_0 和 I 分别为 $x=0$ 和 $x=l$ 处的光强。 α 的量纲是长度的倒数,α^{-1} 的物理意义是光强因吸收而减到原来的 $\mathrm{e}^{-1} \approx 36\%$ 时所穿过介质的厚度。 (7.2)式称为布格定律(P.Bouguer,1729 年)或朗伯定律(J.H.Lambert,1760 年)。 因(7.1)式中的 α 与 I 无关,该式是光强 I 的线性微分方程,故布格定律是光的吸收的线性规律。 在激光术被发明之前,大量实验证明,这定律是相当精确的。 然而激光的出现,使人们能够掌握的光强比原来大了几个乃至十几个数量级,光和物质的非线性相互作用过程显示出来,并成为人们研究的重要领域。在非线性光学领域内,吸收系数和其它许多系数(如折射率)一样,依赖于电、磁场或光的强度,布格定律不再成立。

实验证明,当光被透明溶剂中溶解的物质所吸收时,吸收系数 α 与溶液的浓度 C 成正比:

$$\alpha = AC, \qquad (7.3)$$

其中 A 是一个与浓度无关的新常量。这时(7.2)式可以写成

$$I = I_0 \mathrm{e}^{-ACl}, \qquad (7.4)$$

这规律称为比尔定律(A.Beer,1852 年)。 比尔定律表明,被吸收的光能是与光路中吸收光的分子数成正比的,这只有每个分子的吸收本领不受周围分子影响时才成立。 事实也正是这样,当溶液浓度大到足以使分子间的相互作用影响到它们的吸收本领时,就会发生对比尔定律的偏离。 在比尔定律成立的情况下,可根据(7.3)式来测定溶液的浓度。 这就是吸收光谱分析的原理。

1.2 复数折射率的意义

透明介质折射率的本意是 $n = c/v$,即真空光速 c 与介质中光速 v 之比。 在介质中沿 x 方向传播的平面电磁波中电场强度可写作如下复数形式:

$$\widetilde{E} = \widetilde{E}_0 \exp\left[-\mathrm{i}(\omega t - x/v)\right] = \widetilde{E}_0 \exp\left[-\mathrm{i}\omega(t - nx/c)\right], \qquad (7.5)$$

这里 n 是实数,电磁波不随距离衰减。如果我们形式地把折射率看成是复数,并记作

$$\tilde{n} = n(1 + i\kappa),\tag{7.6}$$

其中 n 和 κ 都是实数,则(7.5)式化为

$$\tilde{E} = \tilde{E}_0 \exp\left[-i\omega(t - \tilde{n}x/c)\right] = \tilde{E}_0 e^{-n\kappa\omega x/c}\exp\left[-i\omega(t - nx/c)\right],\tag{7.7}$$

而光强则为

$$I \propto \tilde{E}^*\tilde{E} = |E_0|e^{-2n\kappa\omega x/c},\tag{7.8}$$

此式和(7.2)式形式相同,代表一个随距离 x 衰减的平面波,故 κ 称为衰减指数。将(7.8)式与(7.2)式加以比较即可看出,衰减指数 κ 与吸收系数 α 的关系是

$$\alpha = 2n\kappa\omega/c = 4\pi n\kappa/\lambda,\tag{7.9}$$

这里 λ 是真空中波长。 由此可见,介质的吸收可归并到一个复数折射率 $\tilde{n}$ 的概念中去,$\tilde{n}$ 的虚部反映了因介质的吸收而产生的电磁波衰减。

1.3 光的吸收与波长的关系

若物质对各种波长 λ 的光的吸收程度几乎相等,即吸收系数 α 与 λ 无关,则称为普遍吸收。在可见光范围内的普遍吸收意味着光束通过介质后只改变强度,不改变颜色。例如空气、纯水,无色玻璃等介质都在可见光范围内产生普遍吸收。

若物质对某些波长的光的吸收特别强烈,则称为选择吸收。对可见光进行选择吸收,会使白光变为彩色光.绝大部分物体呈现颜色,都是其表面或体内对可见光进行选择吸收的结果。

从广阔的电磁波谱来考虑,普遍吸收的介质是不存在的。在可见光范围内普遍吸收的物质,往往在红外和紫外波段内进行选择吸收。故而选择吸收是光和物质相互作用的普遍规律。 以空气为例,地球大气对可见光和波长在 $300\,\text{nm}$ 以上的紫外线是透明的,波长短于 $300\,\text{nm}$ 的紫外线将被空气中的臭氧强烈吸收。 对于红外辐射,大气只在某些狭窄的波段内是透明的。 这些透明的波段称为"大气窗口"。 这里的主要吸收气体是水蒸气,所以大气的红外窗口与气象条件有密切关系。制作分光仪器中棱镜、透镜的材料必须对所研究的波长范围是透明的。 由于选择吸收,任何光学材料在紫外和红外端都有一定的透光极限(参见表 7-1).紫外光谱仪中的棱镜需用石英制作,红外光谱仪中的棱镜则常用岩盐或 CaF_2、LiF 等晶体制成。

表 7-1 常用光学材料的透光极限

物质	透光极限(波长/nm)	
	紫外	红外
冕玻璃	350	2000
火石玻璃	380	2500
石英(SiO_2)	180	4000
萤石(CaF_2)	125	9500
岩盐(NaCl)	175	14500
氯化钾(KCl)	180	23000
氟化锂(LiF)	110	7000

1.4 吸收光谱

观察物质对光的选择吸收的装置如图 7-2 所示,令具有连续谱的光(白光)通过吸

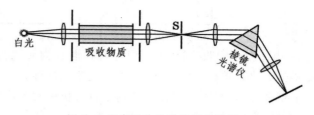

图 7-2 观察吸收光谱的实验装置

收物质后再经光谱仪分析,即可将不同波长的光被吸收的情况显示出来,形成所谓"吸收光谱"。

物质的发射光谱有多种 —— 线光谱、带光谱、连续光谱等。 大致说来,原子气体的光谱是线光谱,而分子气体、液体和固体的光谱多是带光谱。 吸收光谱的情况也是如此。 值得注意的是,同一物质的发射光谱和吸收光谱之间有相当严格的对应关系。 图 7-3 所示是氢的发射光谱

和吸收光谱。可以看出,发射光谱 a 中的亮线与吸收光谱 b 中的暗线一一对应。 这就是说,某种物质自身发射哪些波长的光,它就强烈地吸收哪些波长的光。

　　太阳光谱是典型的暗线吸收光谱,在其连续光谱的背景上呈现有一条条

图 7-3 氢发射光谱与吸收光谱

的暗线。这些暗线是夫琅禾费(J.von Fraunhofer)首先发现并用字母 A、B、C、… 来标志的,称为夫琅禾费谱线(参见表 7-2 及彩图 1)。 这些谱线是处于温度较低的太阳大气中的原子对更加炽热的内核发射的连续光谱进行选择吸收的结果。将这些吸收谱线的波长与地球上已知物质发射的原子光谱对比一下,就可知道太阳表面层中包含哪些化学元素。现已查明,这些元素主要是氢(体积占 80%),其次是氦(18%),此外还有钠、氧、铁、钙等 60 多种元素。特别有趣的是氦元素的发现。 1868 年法国人让桑(J.P.Janssen)在太阳光谱中发现一些不知来源的暗线;英国天文学家洛基尔(J.N.Lockyer)把这一现象解释为存在一种未知的元素,并将它取名为 helium(氦),词源于希腊文 $helios$,为太阳之意。此元素直到 1894 年才为英国化学家莱姆赛(W.Ramsay)从钇铀矿物蜕变出的气体中发现,说明地球上也存在氦。

表 7－2 较强的夫琅禾费谱线

代　号	波　长 /nm	吸收物质	代　号	波长 /nm	吸收物质
A	754.9～762.1*	O_2	b_4	516.7343	Mg
B	686.7～688.4*	O_2	c	495.7609	Fe
C	656.2816	H	F	486.1327	H
α	627.6～628.7*	O_2	d	466.8140	Fe
D_1	589.5923	Na	e	438.3547	H
D_2	588.9953	Na	G'	434.0465	H
D_3	587.5618	He	G	430.7906	Fe
E_2	526.9541	Fe	G	430.7741	Ca
b_1	518.3618	Mg	g	422.6728	Ca
b_2	517.2699	Mg	h	410.1735	H
b_3	516.8901	Fe	H	396.8468	Ca^+
b_4	516.7491	Fe	K	393.3666	Ca^+

＊ 实为地球大气中氧分子的吸收带。

　　由于原子吸收光谱的灵敏度很高,混合物或化合物中极少量原子含量的变化,会在光谱中反映出吸收系数很大的改变,历史上就曾靠这种方法发现了铯、铷、铊、铟、镓等多种新元素。近几十年来,原子吸收光谱在化学的定量分析中有着广泛的应用。

　　由于光的吸收与色散有密切的联系,有关它们的理论解释将在下节内一并介绍。

§2. 光 的 色 散

2.1 正常色散

　　光在介质中的传播速度 v(或者说折射率 $n = c/v$)随波长 λ 而异的现象,称为色散(dispersion)。 1672 年牛顿首先利用三棱镜的色散效应把日光分解为彩色光带,他还曾利用交

叉棱镜法将色散曲线非常直观地显示出来。交叉棱镜装置如图 7-4 所示,棱镜 P₁ 和 P₂ 的棱边相互垂直,从狭缝 S 发出的白光经透镜 L₁ 变为平行光束,通过 P₁ 后沿水平方向偏折。 如果在光路中不放置棱镜 P₂,光束由 P₁ 经透镜 L₂ 后将在幕上形成水平的彩色光带 ab. 插入棱镜 P₂ 时,各色光束还要向下偏折,但偏折的程度随波长而异,于是幕上显现倾斜的光带 $a'b'$. 如果制作棱镜 P₁ 和 P₂ 材料的色散规律(即 n 与 λ 的依赖关系)不同,倾斜光带 $a'b'$ 将是弯曲的,它的形状直观地反映了两种材料色散性能的差异。

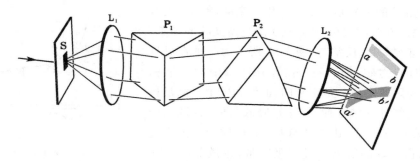

图 7-4 交叉棱镜装置

测量不同波长的光线通过棱镜的偏转角,就可算出棱镜材料的折射率 n 与波长 λ 之间的依赖关系曲线,即色散曲线。 实验表明:凡在可见光范围内无色透明的物质,它们的色散曲线形式上很相似(见图7-5),其间有许多共同特点,如 n 随 λ 的增加而单调下降,且下降率在短波一端更大,等等。 这种色散称为正常色散。 1836年科西(A.L,Cauchy)给出一个正常色散的经验公式:

$$n = A + \frac{B}{\lambda^2} + \frac{C}{\lambda^4}, \tag{7.10}$$

式中 A、B、C 是与物质有关的常量,其数值由实验数据来确定。 当 λ 变化范围不大时,科西公式可只取前两项,即

$$n = A + \frac{B}{\lambda^2}. \tag{7.11}$$

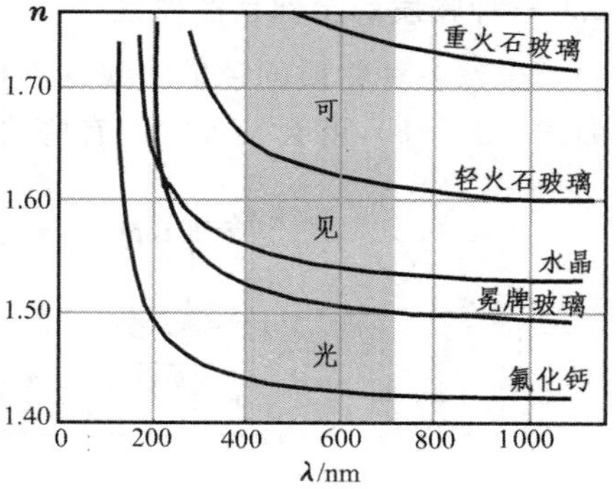

图 7-5 几种光学材料的色散曲线

2.2 反常色散

实验表明,在强烈吸收的波段,色散曲线的形状与正常色散曲线大不相同,伍德(R.W.Wood,1904 年)曾用交叉棱镜法观察了钠蒸气的色散。 他的装置如图 7-6 所示,其中钠蒸气的棱镜 V 由水平钢管制成,两端装有水冷的玻璃窗。 此容器底部堆放一些金属钠,并抽成真空。 如果从下部加热此容器,金属钠就会蒸发,钠蒸气扩散到管的上部遇冷而凝结,从而在管内形成下部密度大上部密度小的水平钠蒸气柱,它和一个棱边在上(与管轴垂直)底部在下的“棱镜”等效。 令一束白光从水平狭缝 S₁ 穿出,经透镜 L₁ 变为平行,再由透镜 L₂ 聚焦在分光仪的竖直狭缝 S₂ 上,这分光仪由狭缝 S₂、透镜 L₃、L₄ 和棱镜 P 组成,P 的棱边是竖直的。 当钢管 V 未加热时,其内只有均匀气体,光线经过它时不发生偏折。 由 S₁ 发出的白光经 S₂ 进入分光仪后,在焦面上形成一水平光谱带。 当钠被蒸发时,由于管 V 内蒸气的色散作用,不同波长的光不同程度地向下偏折,在钠的吸收线附近,分光仪焦面上的水平光谱带被严重扭曲和割断,变成图 7-6 中所示的样子。 这种现象称为反常色散。

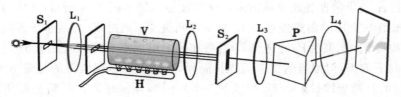

图 7-6 观察钠蒸气反常色散的实验装置

　　"反常色散"的名称是历史上沿用下来的,[1]其实反常
色散是任何物质在吸收线(或吸收带)附近所共有的现象,
本来无所谓"正常"和"反常"。图 7-7 所示为一种在可见
光区域内透明的物质(如石英)在红外区域中的色散曲
线。 在可见光区域内色散是正常的,曲线(PQ 段)满足科
西公式。 若向红外区域延伸,并接近吸收带时,色散曲线
开始对科西公式偏离(见图中 R 点)。 在吸收带内因光极
弱,很难测到折射率的数据。 过了吸收带,色散曲线(ST
段)又恢复正常的形式,并满足科西公式,不过式中的常量
A、B、C 等换为新的数值。

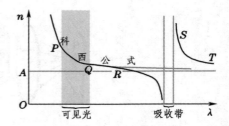

图 7-7 一种透明物质(如石英)
在红外区域中的反常色散

2.3 一种物质的全部色散曲线

　　虽然各种物质的色散曲线各不相同,若考察它们从 $\lambda = 0$ 到几百米的广阔范围内的全部色散
曲线(图 7-8),就会发现它们有些共同的特性:在相邻两个吸收线(带)之间 n 单调下降,每次

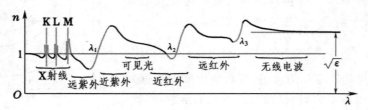

图 7-8 一种介质的全部色散曲线

经过一个吸收线(带),n 急剧加大。 总的趋势是曲线随 λ 的增加而抬高,即各正常色散区所满
足的科西公式中常量 A 加大。$\lambda = 0$ 时,任何物质的折射率 n 都等于1,对于极短波(γ 射线和硬
X 射线),n 略小于1,它表明这时从真空射向其外表面的电磁波可以发生全反射。

2.4 相速与群速

　　第一章 3.3 节中曾提到,根据光的微粒说,光在两种介质界面上折射时,$\sin i_1 / \sin i_2 = v_2 / v_1$,而
根据光的波动说(惠更斯原理),$\sin i_1 / \sin i_2 = v_1 / v_2$. 1862 年傅科(J.B.L.Foucault)做实验测定空气
和水中光速之比近于 4:3,此数值与空气到水的折射率相符,从而判定光的波动说的正确性。 虽
然在傅科实验完成之前,光的波动说已为大量事实(如干涉、衍射、偏振等)所证明,但傅科的实验仍
被认为是对惠更斯原理最直接和最有力的支持。 然而随着测定光速方法的改进,问题又复杂化

---

❶ "反常色散"的名称是 1862 年勒鲁(Le Roux)提出的,一直沿用至今。

了。 1885 年迈克耳孙(A.A.Michelson)以较高的精密度重复了傅科实验的同时,还测定了空气和 CS_2 中光速之比为 1.758,但是用折射法测定的 CS_2 折射率为 1.64,两数相差甚大,绝非实验误差所致。 这矛盾直到瑞利(Lord J.W.S. Rayleigh)提出"群速"的概念之后才解决。

迄今为止,对于各向同性介质本书在提到波速时,都指的是波面(等相位面)传播的速度,即相速(phase velocity)。 在惠更斯原理中如此,在波函数的表达式中也如此。 本节中将用 v_p 代表它。 在真空中所有波长的电磁波以同一相速 c 传播,在色散介质中只有理想的单色波具有单一的相速。 然而理想的单色波是不存在的,波列不会无限长。 在本卷附录 A.3 节中证明,一列有限长的波相当于许多单色波列的叠加,通常把由这样一群单色波组成的波列称为波包(wave packet)。 当波包通过有色散的介质时,它的各个单色分量将以不同的相速前进,整个波包在向前传播的同时,形状亦随之改变.我们把波包中振幅最大的地方叫它的中心,波包中心为 代表的前进速度叫群速(group velocity),记作 v_g.

在《新概念物理教程·力学》里曾由两列波组成的简化"波包"导出群速的公式[1]

$$v_g = \frac{d\omega}{dk}.$$ (7.12)

在本卷附录 A.4 节里对任意形状的波包导出了上述公式。

下面我们推导群速与相速之间的关系式。 因 $n = \dfrac{c}{v_p} = \dfrac{ck}{\omega}$,对 ω 取微商:

$$\frac{dn}{d\omega} = \frac{c}{\omega}\frac{dk}{d\omega} - \frac{ck}{\omega^2},$$

或

$$\omega\frac{dn}{d\omega} = \frac{c}{v_g} - \frac{c}{v_p}.$$

即

$$\frac{c}{v_g} = \frac{c}{v_p} + \omega\frac{dn}{d\omega}.$$ (7.13)

c/v_p = 折射率 n,把 c/v_g 定义为"群速折射率" n_g,并用真空波长 $\lambda = 2\pi c/\omega$ 代替 ω 作自变量,于是 $\omega dn/d\omega = -\lambda dn/d\lambda$,上式改写为

$$n_g = n - \lambda\frac{dn}{d\lambda}.$$ (7.14)

(7.14)式表明 $dn/d\lambda < 0$ 时, $n_g > n_p$, $v_g < v_p$,群速小于相速; $dn/d\lambda > 0$ 时, $n_g < n_p$, $v_g > v_p$,群速大于相速;无色散时, $dn/d\lambda = 0$ 时, $n_g = n_p$, $v_g = v_p$,群速与相速没有区别。

除了根据惠更斯原理用折射率法测出介质中的光速是相速外,大多数其它方法测出的都是光的信号速度,或者粗略地说,是能量传播速度。 我们知道,波动携带的能量是与振幅的平方成正比的,故波包中振幅最大的地方,也是能量最集中的地方。 可以认为,群速代表能量的传播速度,或信号速度。[2] 这样,上述傅科和迈克耳孙实验的矛盾就得到了解释:原来他们所测的都是空气和介质中光的群速之比,而折射率等于相速之比。 由于水的色散率不大,群速与相速的差别不明显。 但 CS_2 的色散率较大,测量的结果就发生了较大的分歧。 由(7.14)式可以看出,用钠黄光($\lambda = 589.3\,nm$)对 CS_2 作精确的测量表明:速度法给出 $n_g = 1.722$,折射率法给出 $n = 1.624$,

---

[1] 《新概念物理教程·力学》第六章 4.5 节
[2] 严格来说,信号速度、能量传播速度、群速三者之间还有差别。 群速的概念只适用于吸收系数很小的介质。 在本卷附录 A.5 节从理论上证明了,在上述条件下群速和能量传播速度相等。 光的反常色散经常伴随着强烈的吸收,这时能量传播速度已很难定义,它不再能用群速公式来计算。

色散率的测量给出 $\lambda\, \mathrm{d}n/\mathrm{d}\lambda = -0.102$，于是 $n-\lambda\, \mathrm{d}n/\mathrm{d}\lambda = 1.624 + 0.102 = 1.726$。 这些实验数据与上式符合得相当好,这是对群速理论的一个有力的支持。

　　最后指出,相对论原理要求:任何信号速度不能超过真空中的光速 c,否则因果律会遭到破坏。 波的相速并不受此限制。 在有的场合,波的相速 v_p 是会大于 c 的,但波的信号速度总小于 c. 在正常色散区波的信号速度基本上就是波的群速 v_g,它总是小于 c 的。但是在反常色散区, n 随 λ 急剧上升, $\mathrm{d}n/\mathrm{d}\lambda > 0$,而且其数值往往还很大。此时若按(7.14)式计算, n_g 不仅可以大过1,还可能是负的! $n_g > 1$ 意味着 $v_g > c$(所谓"超光速"), n_g 是负的意味着出现了负群速 v_g. 这该如何理解? 在这种情况下群速不再是信号速度。 问题是这时的信号速度如何? 过去曾以为,反常色散区是强烈的吸收区,光都被吸收了,谈那里的信号速度是没有意义的。 近来王力军(L.J.Wang)等人用激光抽运铯原子蒸气,在其中制造出一对拉曼双线,这里是反常色散的,但不吸收,而是有增益("增益"的概念参见下面 §5),介质是透明的,从而可以作各种光信号传播的实验了。[1] 他们精心策划的实验实现了超光速的群速和负的群速。但这丝毫也不违反相对论和因果律。 用前沿无限陡的脉冲的前沿传播速度来定义信号速度,在实验中是不现实的,因为这种脉冲的频带无限宽,在实验中无法实现。 他们定义了一种比较现实的"信号速度",事先规定最低限度的信噪比,当脉冲信号中信噪比超过此值的部位到达时,就算信号已经到达。理论和实验都表明,增益愈大,群速超光速越多,但量子噪声也越大,它阻挠了信噪比的提高,从而推迟了可测信号的到来,延缓了信号速度。所以增益越大,信号速度越小,它总是小于真空中的光速 c 的。

§3. 光辐射的理论

3.1 光的发射、吸收与色散的经典理论

　　光的发射、吸收与色散是紧密相关的,下面我们以原子气体为例来说明它们的关系。 我们知道,气体原子光谱的主要特征是它由一系列细锐的离散谱线组成。从经典的电磁理论看来,能够发射单一频率电磁波的体系只有靠准弹性力维系的电偶极子,它有一定的固有角频率 ω_0,这种电偶极子一旦被外部能源所激发后,将以固有角频率 ω_0 作简谐振动,并向周围空间发出同一频率的单色电磁波。 因此,在经典理论中很自然地要把原子看成是一系列弹性偶极振子的组合,其中每个振子的固有频率对应一条光谱线。这就是原子的经典振子模型,称为洛伦兹模型。[2]

　　用经典振子模型可以说明,为什么同一物质的发射光谱和吸收光谱中谱线的波长(或者说频率)一一对应。这是因为当包含各种频率的白光照射在原子上时,只有那些频率与原子的固有频率一致的电磁波会引起共振。电磁波中的电场对于偶极振子来说是一个周期性的驱动力,使它作受迫振动。频率满足谐振条件的那些电磁波比起其它频率的电磁波,电场对振子做的功突出得多,这时能量大量由电磁波传递给振子,从而满足谐振条件的电磁波本身的强度大大减小。也就是说,这些频率的电磁波被原子强烈地吸收了,于是在吸收光谱中形成一根根频率与原子固有频率对应的暗谱线。 除了光的发射和吸收外,经典振子模型也可以说明色散现象(正常色散

---

[1]　L.J.Wang, A.Kuzmich, and A.Dogariu, *Nature*, **406**(2000), 277;
　　　A.Dogariu, A.Kuzmich, and L.J.Wang, *Phy.Rev.*, **A63**(2001), 053806.

[2]　荷兰理论物理学家洛伦兹(H.A.Lorentz)于1880—1909年间创建了经典电子论,把原子论引入电的学说中,是物质的电的、磁的和光学的性质的电磁理论。光的色散理论是这个理论的一部分。

和反常色散）。这要做些定量的推导。振子在无外场时的运动方程为

$$m\ddot{r} + g\dot{r} + kr = 0,$$

式中 m 为电子质量，r 为位移，第三项为弹性恢复力，第二项为阻尼力，它正比于速度 $\dot{r}$. 当 $g \to 0$ 时，电子以固有角频率 $\omega_0 = \sqrt{k/m}$ 作简谐振动，$g \neq 0$ 时作阻尼振动。有角频率为 ω 的外来电磁波时，振子的运动方程为

$$m\ddot{r} + g\dot{r} + kr = -eE_0 e^{-i\omega t},$$

其中 $-e$ 为电子电荷，E_0 为电场幅值。上式可以写为

$$\ddot{r} + \gamma\dot{r} + \omega_0^2 r = -\frac{eE_0}{m} e^{-i\omega t}, \tag{7.15}$$

其中 $\gamma = g/m$ 称为阻尼常量。（7.15）式的特解为

$$r = \frac{eE_0}{m} \frac{1}{\omega^2 - \omega_0^2 + i\omega\gamma} e^{-i\omega t}. \tag{7.16}$$

此式描述的是电子所作的受迫振动。振幅是复数表明位移 r 与场强 E 之间有一定的相位差。共振时，$\omega^2 - \omega_0^2 = 0$，$r = (-ieE_0/\omega\gamma)e^{-i\omega t}$，此时位移的相位与力 $(-eE_0/m)e^{-i\omega t}$ 差 $\pi/2$，速度 $\dot{r} = (-eE_0/\gamma)e^{-i\omega t}$ 的相位与力相同，这些特征应是读者在力学中已熟悉的内容。下面我们要把位移 r 与折射率联系起来，以便解释色散现象。

电子的位移将引起介质的极化。设介质单位体积内有 N 个原子，每个原子有 Z 个电子，因每个位移为 r 的电子产生电偶极矩 $-er$，故介质的极化强度为

$$\widetilde{P} = -NZer = -\frac{NZe^2}{m} \frac{\widetilde{E}}{\omega^2 - \omega_0^2 + i\omega\gamma}, \tag{7.17}$$

式中 $\widetilde{E} = E_0 e^{-i\omega t}$.

因电极化率 $\chi_e = \widetilde{P}/\varepsilon_0 \widetilde{E}$，相对介电常量 $\varepsilon = 1 + \chi_e$[参见《新概念物理教程·电磁学》第四章（4.11）式]，由（7.17）式得

$$\widetilde{\varepsilon} = 1 - \frac{NZe^2}{\varepsilon_0 m} \frac{1}{\omega^2 - \omega_0^2 + i\omega\gamma}. \tag{7.18}$$

在上面的讨论中我们只考虑了一个电子固有频率，更正确的模型应是每个原子中有多种振子。设它们的固有角频率和阻尼常数分别为 ω_1、ω_2、$\cdots$ 和 γ_1、γ_2、$\cdots$，它们的数目为 f_1、f_2、$\cdots$，这样一来，（7.18）式应推广为如下形式：

$$\widetilde{\varepsilon}(\omega) = 1 - \frac{Ne^2}{\varepsilon_0 m} \sum_j \frac{f_j}{\omega^2 - \omega_j^2 + i\omega\gamma_j}. \tag{7.19}$$

这里下标 j 是振子类型的标号，$\sum_j$ 是对一个原子中所有振子的类型求和。对于振子数显然应有

$$\sum_j f_j = Z. \tag{7.20}$$

对于稀薄气体，N 较小，（7.19）式中第二项比 1 小得多，折射率 $\widetilde{n} = \sqrt{\widetilde{\varepsilon}}$ 可近似写为

$$\widetilde{n}(\omega) = \sqrt{\widetilde{\varepsilon}} \approx 1 - \frac{Ne^2}{2\varepsilon_0 m} \sum_j \frac{f_j}{\omega^2 - \omega_j^2 + i\omega\gamma_j}. \tag{7.21}$$

按（7.6）式把 $\widetilde{n}$ 分成实部和虚部：$\widetilde{n} = n(1+i\kappa)$，则有

$$\left\{ \begin{array}{l} n(\omega) = 1 - \dfrac{Ne^2}{2\varepsilon_0 m} \sum_j \dfrac{f_j(\omega^2 - \omega_j^2)}{(\omega^2 - \omega_j^2)^2 + \omega^2\gamma_j^2}, \\[4mm] n\kappa(\omega) = \dfrac{Ne^2}{2\varepsilon_0 m} \sum_j \dfrac{f_j\omega\gamma_j}{(\omega^2 - \omega_j^2)^2 + \omega^2\gamma_j^2}. \end{array} \right. \tag{7.22}$$

$$\tag{7.23}$$

改用真空中波长 $\lambda = 2\pi c/\omega$ 和 $\lambda_j = 2\pi c/\omega_j$ 来表示,则有

$$n(\lambda) = 1 + \frac{Ne^2}{2\varepsilon_0\, m} \sum_j \frac{f_j(\lambda^2-\lambda_j^2)\lambda_j^2\lambda^2}{(2\pi c)^2(\lambda^2-\lambda_j^2)^2 + \gamma_j^2\lambda_j^4\lambda^2}, \tag{7.24}$$

$$n\kappa(\lambda) = \frac{Ne^2}{2\varepsilon_0\, m}\frac{1}{2\pi c}\sum_j \frac{f_j\,\gamma_j\lambda_j^4\lambda^3}{(2\pi c)^2(\lambda^2-\lambda_j^2)^2 + \gamma_j^2\lambda_j^4\lambda^2}. \tag{7.25}$$

在每个共振波长 λ_j 附近,上式求和号内各项中只有一项起主要作用。曲线的行为都与图7-9所示类似,这样一个一个的共振吸收曲线衔接起来,就成了图7-8所示的那种样子。

为了导出正常色散区域的科西公式,可忽略 (7.24) 式中的 γ_j,于是 n 的表达式可写为

$$n = 1 + \sum_j \frac{a_j\lambda^2}{\lambda^2-\lambda_j^2}, \tag{7.26}$$

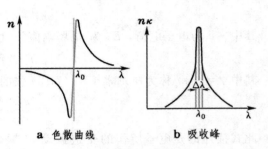

a 色散曲线　　**b** 吸收峰

图7-9 振子的色散与共振吸收曲线

其中 $a_j = \dfrac{Ne^2}{2\varepsilon_0\, m}\dfrac{f_j\lambda_j^2}{(2\pi c)^2} > 0$ 是与 λ 无关的常量。

现在讨论两种典型情况:

① 入射波段处于两条吸收线之间。我们设

$$\lambda_1,\ \lambda_2,\ \cdots,\lambda_{j-1} \ll \lambda_j \ll \lambda \ll \lambda_{j+1},\lambda_{j+2},\cdots.$$

(7.26) 式可近似写成

$$n = 1 + a_1 + a_2 + \cdots + a_{j-1} + \frac{a_j\lambda^2}{\lambda^2-\lambda_j^2}$$

$$\approx 1 + a_1 + a_2 + \cdots + a_{j-1} + a_j\left[1 + \left(\frac{\lambda_j}{\lambda}\right)^2 + \cdots\right]$$

$$= A + \frac{B}{\lambda^2} + \cdots,$$

其中 $A = 1 + a_1 + a_2 + \cdots + a_j$,$B = a_j\lambda_j^2$. 以上便是科西公式,这里还证明了常量 A 随 j 增大的特点。

② 在极短波段,即 λ 远小于所有共振波长 λ_1,λ_2,$\cdots$ 时,(7.26) 式可近似写成

$$n = 1 - \frac{a_j\lambda^2}{\lambda_1^2} < 1.$$

当 $\lambda \to 0$ 时,$n \to 1$,这些也都是我们在 2.3 节中描述过的色散曲线的一般特征。 如果用角频率来表示这一特征的话,就是当 ω 远大于所有共振频率 ω_j 时,(7.19) 式化为

$$\varepsilon = n^2 = 1 - \frac{Ne^2}{\varepsilon_0\, m}\sum_j \frac{f_j}{\omega^2} = 1 - \frac{NZe^2}{\varepsilon_0\, m\omega^2} = 1 - \frac{\omega_p^2}{\omega^2}, \tag{7.27}$$

这里

$$\omega_p = \sqrt{\frac{NZe^2}{\varepsilon_0\, m}} \tag{7.28}$$

是该介质的等离子体振荡角频率。 (7.27) 式清楚地表明,在此高频波段,当 $\omega > \omega_p$ 时,$0 < \varepsilon < 1$,$0 < n < 1$,电磁波将在超过一定临界角 $i_c = \arcsin n$ 时在介质外表面发生全反射。 (7.27) 式还表明,$\omega \to \infty$ 时 $\varepsilon \to 1$,$n \to 1$.

3.2 辐射阻尼

现在谈谈经典电子论中振子阻尼常量 γ 的由来。起初它被形式地引进,来源是不清楚的。普朗克(M.Planck)将它和辐射阻尼联系起来。按电动力学的理论,任何有加速度 $\dot{v}$ 的带电粒子

都要向外辐射电磁波,从而它自身的动能逐渐损耗。这相当于受到一个阻尼力,使它的运动减缓。这个力称为辐射阻尼力。 计算表明,因加速度在单位时间内辐射的能量损失为[1]

$$\frac{\mathrm{d}W}{\mathrm{d}t} = -\frac{e^2\dot{v}^2}{6\pi\varepsilon_0 c^3}. \tag{7.29}$$

对于一个有微弱阻尼的简谐振子,其振荡角频率基本上是固有角频率 ω_0,即 $\tilde{v} \propto \mathrm{e}^{-\mathrm{i}\omega_0 t}$,$\dot{\tilde{v}} = -\mathrm{i}\omega_0\tilde{v}$. 它们的平方在一个周期内的平均值有如下关系:

$$\overline{\dot{v}^2} = \omega_0^2\overline{v^2}.$$

因衰减很小,仍可认为在一个周期内的平均动能和平均势能相等,它们都等于总能量 W 之半。因此 $\frac{1}{2}m\overline{v^2} = \frac{1}{2}W$,于是 $\overline{v^2} = \omega_0^2 W/m$. 将(7.28)式运用到这个阻尼振荡的简谐振子上,取它在一个周期内的平均,得

$$\frac{\mathrm{d}W}{\mathrm{d}t} = -\frac{e^2\overline{\dot{v}^2}}{6\pi\varepsilon_0 c^3} = -\frac{e^2\omega_0^2 W}{6\pi\varepsilon_0 m c^3}. \tag{7.30}$$

另一方面,阻尼振荡简谐振子的振幅是按 $\mathrm{e}^{-\gamma t}$ 衰减的,从而能量按 $\mathrm{e}^{-2\gamma t}$ 衰减,即

$$\frac{\mathrm{d}W}{\mathrm{d}t} = -2\gamma W. \tag{7.31}$$

比较(7.29)、(7.30)二式可知

$$2\gamma = \frac{e^2\omega_0^2}{6\pi\varepsilon_0 m c^3}. \tag{7.32}$$

2γ 的倒数可看作是振子能量衰减的特征时间 τ,在此时间内能量衰减到原来的 36%:

$$\tau = \frac{1}{2\gamma} = \frac{6\pi\varepsilon_0 m c^3}{e^2\omega_0^2} = \frac{3\varepsilon_0 m c\lambda_0^2}{2\pi e^2}. \tag{7.33}$$

式中 λ_0 是与 ω_0 对应的真空中波长。 若取 $\lambda_0 = 550$ nm,将电子的电荷和质量数据代入,得

$$\tau = 1.36\times10^{-8}\,\mathrm{s}.$$

这正是我们在第三章以及后来常提到的自然光波列长度的典型数量级。

3.3 辐射的量子图像

有关色散和共振吸收的经典电子论是个半唯象的定性理论,它不能告诉我们某种介质中应有怎样的共振频率 ω_j 和相应的振子数 f_j,准弹性振子的图像也不符合原子的有核模型。 对上述问题的正确回答要靠量子力学。 不过经典理论给出的 $\tilde{\varepsilon}(\omega)$ 的表达式(7.19)在形式上是正确的,量子力学给出同一形式的表达式,只是对 ω_j、γ_j、f_j 等参量的理解与经典理论不同。 实际上原子中的束缚电子并不作简谐振动,ω_j 应是两个量子能级间共振跃迁的频率,f_j 亦非整数,它正比于跃迁概率,从而正比于谱线强度。 人们喜欢用"振子强度"一词来称呼它,不再叫它做"振子数"。 有关量子论的详细介绍,是《新概念物理教程·量子物理》的任务,我们不可能在这里深入下去。 下面我们只把某些最基本的量子概念用结论式的方式介绍出来,以便读者对光的

---

[1] 在《新概念物理教程·电磁学》第六章 3.2 节给出加速带电粒子辐射的坡印亭矢量公式(6.50)

$$S = \frac{e^2\dot{v}^2\sin^2\theta}{16\pi^2\varepsilon_0 c^3 r^2}.$$

对球面积分,即得单位时间内辐射的能量

$$r^2\int_0^{2\pi}\mathrm{d}\varphi\int_0^\pi S\sin\theta\,\mathrm{d}\theta = \frac{e^2\dot{v}^2}{6\pi\varepsilon_0 c^3}.$$

量子性有个初步了解。这对学习本章后面的一些内容是不可回避的。

（1）原子的离散能级与粒子布居

1897 年 J.J.汤姆孙（J.J.Thomson）发现了质量比原子小得多的粒子 —— 电子。1911 年卢瑟福（E.Rutherford）在 α 粒子散射实验中发现：原子的质量几乎全部集中在很小的硬核里，即所谓原子核，核外有 Z 个电子（Z—— 原子序数）。原子核带电 Ze，电子带电$-e$，它们相互吸引着。按照库仑定律，电荷之间的作用力 f 与万有引力一样，也服从距离 r 的平方反比律。人们很自然会想到，原子像个小太阳系，原子核相当于太阳，电子相当于行星，电子绕着原子核旋转。这便是原子的太阳系模型。

其实，在一些关键问题上原子和太阳系不可能是一样的。根据经典电动力学，作加速运动的带电粒子要向外辐射能量。因此绕原子核转的电子的能量将在辐射中丧失掉，从而跌落到原子核上，正像人造地球卫星再入大气后其能量在与空气的摩擦中耗散掉一样，最后跌落在地面上。这样一来，原子将是极不稳定的。但这与事实不符。原子在经历碰撞、激发、化合、分解等任何物理、化学过程后变回原来的原子时，它们的状态总是一模一样的。原子结构的这种高度稳定性，对太阳系来说是绝对不可想象的。

为了"拯救"原子免遭塌陷的厄运，玻尔（N.Bohr）于 1913 年为电子轨道设下了"量子化条件"，限定它的能量在一系列离散的数值 E_1、E_2、E_3、… 上，其中与能量最低的 E_1 相应的定态称为基态（ground state），其余的称为激发态（excited state）。

若我们把能量所取的数值 E_1、E_2、E_3、… 从低到高像阶梯一样排列起来，则阶梯的每级叫一个能级（energy level）。量子力学的最基本概念之一是量子态（quantum state），每个量子态由一组完备的"量子数"来表征。这个问题的细节我们不在这里展开，仅仅指出，一个能级上可以有一个量子态，也可以有 g（$g>1$）个量子态。对于后者，我们说能级是简并的（degenerate），g 称为简并度（degeneracy）。

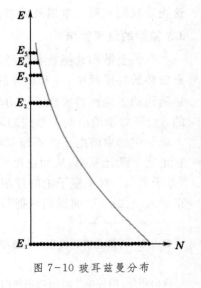

现考虑由 N 个原子组成的系统（如理想气体）。已知单个粒子的能级和量子态的情况，即各能级 1、2、3、… 的能量 E_1、E_2、E_3、… 和简并度 g_1、g_2、g_3、…，各能级上粒子数 N_1、N_2、N_3、… 的分布称为粒子的布居（population）。在总能量给定的条件下，一般说来，粒子数在各能级上可能有多种布居。粒子在各能级之间的搬迁（在量子力学中称为跃迁（transition）改变着它们的布居。在热平衡态下的布居称为热平衡分布，简称平衡分布或热分布。除此之外的分布都是非热平衡分布，简称非平衡分布或非热分布。在《新概念物理教程·热学》内给出，[❶] 热平衡分布是玻耳兹曼分布：

$$N_i \propto g_i e^{-E_i/kT} \quad (i = 1,2,3,\cdots) \tag{7.34}$$

式中 T 是热力学温度，k 是玻耳兹曼常量。（7.34）式表明，在给定温度下，随着能级的升高，粒子数按指数律急剧减少，如图7-10所示。

图 7-10 玻耳兹曼分布

---

❶　见《新概念物理教程·热学》第二章 4.2 节。

(2) 光子

我们在第一章一开头就简短地回顾了人们对光的本性认识的发展过程 —— 从微粒说到波动说,直到近代的光子说。光的波动理论能很好地说明光在传播中产生的现象,如干涉、衍射、偏振等,但涉及光和物质的相互作用问题,如光的发射和吸收,光的波动理论就出了问题,光的粒子性一面又重新凸显出来。在历史上,这个问题是 20 世纪初从黑体辐射和光电效应的实验事实与经典理论无法调和的矛盾中提出的。1900 年普朗克(M.Planck)提出量子假说,认为各种频率的电磁波(包括光),只能像微粒似地以一定最小份额的能量(称为能量子)发生,解释了黑体辐射的频谱分布。这是一个光的发射问题。光照射在金属表面上可使电子逸出的现象称为光电效应,逸出电子的能量与光的强度无关,但与光的频率有关,这是一个光的吸收问题。1905 年爱因斯坦(A.Einstein)发展了光的量子理论,成功地解释了光电效应。所有这些都在《新概念物理教程·量子物理》第一章中作了较详尽的叙述,我们不在这里多说。概括地说,光的量子理论认为,光在和物质(原子)发生作用时,它以一定份额的能量 ε 被发生和吸收,ε 正比于光的频率 ν:

$$\varepsilon = h\nu, \tag{7.35}$$

式中的 h 称为普朗克常量,其数值为

$$h = 6.626\,068\,76(52) \times 10^{-34} \text{J} \cdot \text{s},$$

是物理学中为数不多的几个最基本的普适常量之一。这份能量的携带者表现得像一个静质量为 0 的粒子,称为光子(photon)。 除能量外,光子还具有一定的动量和角动量,它在真空中的速度永远为 c.

设 E_1 和 E_2 是原子中电子的两个能级(见图 7-11),当电子从高能级 E_2 向低能级 E_1 跃迁时,它将发射一个光子;从低能级 E_1 向高能级 E_2 跃迁时吸收一个光子。根据能量守恒定律,

$$E_2 - E_1 = h\nu,$$

亦即被发生或吸收的光子频率应满足的条件为

$$\nu = \frac{E_2 - E_1}{h}, \tag{7.36}$$

此式称为玻尔频率条件。

(3) 自发辐射、受激辐射和受激吸收

光的发射过程实际上有两种,一是在没有外来光子的情况下,处在高能级

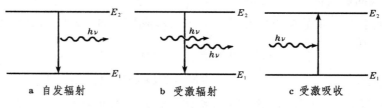

图 7-11 三种跃迁过程

的原子有一定的概率自发地向低能级跃迁,从而发出一个光子来,这种过程称为自发辐射(spontaneous emission)过程(图 7-11a)。 另一发射过程是在满足玻尔频率条件的外来光子的激励下高能级的原子向低能级跃迁,并发出另一个同频率的光子来,这种过程称为受激辐射(stimulated emission)过程(图 7-11b)。 自发辐射是个随机过程,处在高能级的原子什么时候自发地发射光子带有偶然性,所以气体中各原子在自发辐射过程中发出的光子(也可以说是光波),其相位、偏振状态、传播方向都没有确定的联系)。 换句话说,自发辐射的光波是非相干的。然而受激辐射的光波,其频率、相位、偏振状态和传播方向都与外来的光波相同。

光的吸收过程(参见图 7-11c)与受激辐射过程一样,都是在满足玻尔频率条件的外来光子的激励下才发生的跃迁过程。所以吸收过程也叫受激吸收(stimulated absorption)过程,或简称吸收过程。由于气体中原子在各能级上有一定的统计分布,所以在满足玻尔频率条件的外来光束照射下,两能级间受激吸收和受激辐射这两个相反的过程总是同时存在、相互竞争,其宏观效果是二者之差。当吸收过程比受激辐射过程强时,宏观看来光强逐渐减弱;反之,当受激辐射过程比吸收过程强时,宏观看来光强逐渐增强。具体地回答这个问题必须分析两种过程的概率,下面就来讨论这个问题。

仍考虑任意两个能级 E_1 和 $E_2(E_2 > E_1)$。设体系在某时刻 t 处于这两个能级的原子数分别是 N_1 和 N_2,既然两个受激跃迁过程是由外光子引起的,单位时间内每个原子的受激跃迁概率都与满足玻尔频率条件的外来光子数密度,或者说原子周围该频率的辐射能密度的谱密度 $u(\nu)$ 成正比,而单位时间内发生的每种跃迁过程的原子数$(\mathrm{d}N/\mathrm{d}t)$ 还应正比于始态的原子数 N,因此对于受激辐射过程$(E_2 \to E_1)$

$$\left(\frac{\mathrm{d}N_{21}}{\mathrm{d}t}\right)_{受激} = B_{21}\,u(\nu)\,N_2, \tag{7.37}$$

而对于受激吸收过程$(E_1 \to E_2)$

$$\left(\frac{\mathrm{d}N_{12}}{\mathrm{d}t}\right)_{吸收} = B_{12}\,u(\nu)\,N_1, \tag{7.38}$$

自发辐射过程$(E_2 \to E_1)$的概率只与始态 E_2 上的粒子数 N_2 有关,与外来辐射能的密度无关,于是单位时间内发生自发辐射跃迁过程的原子数可写成

$$\left(\frac{\mathrm{d}N_{21}}{\mathrm{d}t}\right)_{自发} = A_{21}\,N_2. \tag{7.39}$$

(7.37)、(7.38)、(7.39)三式中引入的系数 B_{21}、B_{12} 和 A_{21} 称为 爱因斯坦系数,它们都是原子本身的属性,与体系中原子按能级的分布状况无关。可以证明,爱因斯坦系数之间有如下关系:[1]

$$g_1 B_{12} = g_2 B_{21} = \frac{c^3}{8\pi h \nu^3} A_{21}, \tag{7.40}$$

式中 g_1、g_2 分别是两能级的简并度。

3.4 谱线的自然宽度及谱线增宽

设能级 E_2 上的粒子数为 N_2,由于自发辐射 N_2 将随时间减少。设时间 $\mathrm{d}t$ 内的 N_2 的改变量为 $\mathrm{d}N_2$,则

$$\mathrm{d}N_2 = -\mathrm{d}N_{21} = -A_{21}N_2\mathrm{d}t, \quad 或 \quad \frac{\mathrm{d}N_2}{N_2} = -A_{21}\mathrm{d}t.$$

积分后得

$$N_2 = N_{20}\exp(-A_{21}t), \tag{7.41}$$

式中 N_{20} 是 $t=0$ 时的 N_2 值。上式表明,N_2 减少得快慢与概率系数 A_{21} 的大小有关,A_{21} 愈大,则 N_2 减少得愈快,不难看出,A_{21} 具有时间倒数的量纲。它的倒数为[2]

---

[1] 有关自发辐射、受激辐射和受激吸收的理论,是爱因斯坦 1917 年提出的,详见《新概念物理教程·量子物理》第一章 §10。

[2] 这公式只适用于能级 E_2 下面只有一个能级 E_1 的情况。如果它下面有许多能级 E_1、E_1'、E_1''、…,令 A_{21}、A_{21}'、A_{21}''、…分别代表从 E_2 自发跃迁到这些能级的概率系数,则能级 E_2 的寿命为

$$\tau = \frac{1}{A_{21} + A_{21}' + A_{21}'' + \cdots}.$$

$$\tau = \frac{1}{A_{21}}, \tag{7.42}$$

(7.41)式可改写为

$$N_2 = N_{20} \mathrm{e}^{-t/\tau}, \tag{7.43}$$

τ 反映了粒子平均说来在能级 E_2 上停留时间的长短,它称为粒子在该能级上的平均寿命,或简称寿命.与自发跃迁过程对应的寿命称为能级的自然寿命.

各种原子的各个能级的自然寿命 τ 与原子的结构有关,一般激发态能级的寿命数量级为 10^{-8} s.这与 3.2 节中用经典理论按辐射阻尼所估算的 τ 值在数量级上是一致的.

有些激发态的能级寿命特别长,可达 10^{-3} s 甚至 1 s,这种寿命特别长的激发态叫亚稳态(metastable state).亚稳态对激光的获得有着特殊的重要意义(见 5.3 节).

能级寿命 τ 实际上就是持续发射波列的时间. 若把这有限长的波列展开成傅里叶频谱,它的频带宽度 $\Delta\nu$ 与 τ 成反比(参见附录 A):

$$\tau\, \Delta\nu \approx 1. \tag{7.44}$$

波列的频带宽度也就是发射谱线的频带宽度.利用能级自然寿命 τ 估算的谱线频带宽度 $\Delta\nu$ 称为自然线宽.

由于原子间的碰撞或其它外界干扰,都会使原子的跃迁概率大大增加,从而能级的实际寿命一般比自然寿命小几个数量级,从而发射的谱线宽度比自然线宽大几个数量级.下面我们列举两种最重要的谱线增宽机制.

(1)碰撞增宽

大量粒子之间的相互碰撞,加速了激发态上的粒子向低能级跃迁,这相当于缩短了能级的寿命,导致谱线增宽,即所谓碰撞增宽.对于气体介质,碰撞的频率取决于压强,所以谱线的碰撞增宽也称为压力增宽.因碰撞增宽谱线的轮廓是洛伦兹型的.

(2)多普勒增宽

由于热运动,大量粒子的速度具有一定的统计分布,这带来了辐射的多普勒频移效应.也就是说,处于高能级上的粒子,一方面在不停地热运动,一方面又向低能级跃迁而发射光波.所以对接收器,例如光谱仪来说,这些粒子是运动的光源,即使它们发射单一频率 ν_0 的光波,由于多普勒效应,向着接收器方面运动的粒子的辐射,接收到的频率 ν 高于 ν_0;离开接收器方向运动的粒子的辐射,接收到的频率 ν 低于 ν_0,从而接收的频谱增宽了.这就是所谓多普勒增宽.由于气体粒子的热运动服从麦克斯韦速率分布,所以谱线的多普勒增宽的轮廓与麦克斯韦分布函数曲线很相似,是高斯型的. 显然,因粒子热运动引起的多普勒增宽随温度的升高而增加.

§4. 光 的 散 射

4.1 散射与介质不均匀尺度的关系

光线通过均匀的透明介质(如玻璃、清水)时,从侧面是难以看到光线的.如果介质不均匀,如有悬浮微粒的浑浊液体,我们便可从侧面清晰地看到光束的轨迹.这是介质中的不均匀性使光线朝四面八方散射的结果.光的散射与不均匀性的尺度有很大关系,下面我们就这个问题作稍细的解释.

我们知道,按照几何光学,光线在均匀介质中沿直线传播.除了正对着光线的方向外,其它方向应是看不到光亮的。从分子理论来看,当入射光波射在介质上时,将激起其中电子作受迫振动,从而发出相干的次波来。注意,这与惠更斯-菲涅耳原理中所假设的次波不同,这里的次波有真实的振源。理论上可以证明,只要分子的密度是均匀的,次波相干叠加结果,只剩下遵从几何光学规律的光线,沿其余方向的振动完全抵消。从微观的尺度(10^{-8}cm)来看,任何物质都由一个个分子、原子组成,没有物质是均匀的。这里所谓"均匀"分布,是以光波的波长(10^{-5}cm)为尺度来衡量的,即在这样大小的范围内密度的统计平均是均匀的。

如果介质的均匀性遭到破坏,即尺度达到波长数量级的邻近介质小块之间在光学性质上(如折射率)有较大差异,在光波的作用下它们将成为强度差别较大的次波源,而且从它们到空间各点已有不可忽略的光程差,这些次波相干叠加的结果,光场中的强度分布将与上述均匀介质情形有所不同。这时,除了按几何光学规律传播的光线外,其它方向或多或少也有光线存在,这就是散射光。由此可见,尺度与波长可比拟的不均匀性引起的散射,也可看作是它们的衍射作用。如果介质中不均匀团块的尺度达到远大于波长的数量级,散射又可看成是在这些团块上的反射和折射了。例如,图7-12右方的小障碍物使波发生散射,左方的较大物体使波发生反射,边缘部分发生衍射。

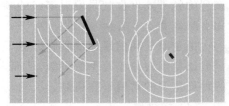

图 7-12 散射、衍射和反射

按不均匀团块的性质,散射可分为两大类:

(1)悬浮质点的散射:如胶体、乳浊液、含有烟、雾、灰尘的大气中的散射属于此类。

(2)分子散射:即使十分纯净的液体或气体,也能产生比较微弱的散射,这是由于分子热运动造成密度的局部涨落引起的。这种散射称为分子散射。物质处在临界点时密度涨落很大,光线照射在其上,就会发生强烈的分子散射,这种现象称为临界乳光。

4.2 瑞利散射和米氏散射

为了解释天空为什么呈蔚蓝色,瑞利研究了细微质点的散射问题,提出了散射光强与λ^4成反比的规律,这就是有名的瑞利散射定律(Lord Rayleigh,1871年)。瑞利定律的适用条件是散射体的尺度比光的波长小。在这条件下作用在散射体上的电场可视为交变的均匀场,散射体在这样的场中极化,只感生电偶极矩而无更高级的电矩。按照电磁理论,偶极振子的辐射场强 E 正比于$\omega^2 p/r$(ω——角频率,p——偶极矩,r——距离),故辐射功率$\propto E^2 \propto \omega^4 p^2/r^2$. 瑞利认为,由于热运动破坏了散射体之间的位置关联,各次波不再是相干的,计算散射时应将次波的强度而不是振幅叠加起来。于是感生偶极辐射的机制就导致了正比于ω^4或$1/\lambda^4$的规律。

较大颗粒对光的散射不遵从瑞利的λ^4反比律。米(C. Mie,1908年)和德拜(P.Debye,1909年)以球形质点为模型详细计算了电磁波的散射,他们的计算适用于任何大小的球体。 图7-13给出了计算的结果,这里球的半径 a 和波长λ 之比是用参量 ka 来表征的($ka=2\pi a/\lambda$)。米-德

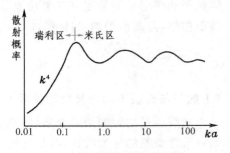

图 7-13 瑞利散射和米氏散射

拜的散射理论证明:只有 $ka<0.3$ 时,瑞利的λ^4反比律是正确的。当 ka 较大时,散射强度与波

长的依赖关系就不十分明显了。

用以上的散射理论可以解释许多我们日常熟悉的自然现象,如天空为什么是蓝的? 旭日和夕阳为什么是红的? 以及,云为什么是白的? 等等。

首先,白昼天空之所以是亮的,完全是大气散射阳光的结果。如果没有大气,即使在白昼,人们仰观天空,将看到光辉夺目的太阳悬挂在漆黑的背景中。这景象是宇航员司空见惯了的。由于大气的散射,将阳光从各个方向射向观察者,我们才看到了光亮的天穹。按瑞利定律,白光中的短波成分(蓝紫色)遭到的散射比长波成分(红黄色)强烈得多,散射光乃因短波的富集而呈蔚蓝色。瑞利曾对天空中各种波长的相对光强作过测量,发现与 λ^4 反比律颇相吻合。大气的散射一部分来自悬浮的尘埃,大部分是密度涨落引起的分子散射。后者的尺度往往比前者小得多,瑞利 λ^4 反比律的作用更加明显。所以每当大雨初霁、玉宇澄清了万里埃的时候,天空总是蓝得格外美丽可爱。其道理就在这里。❶

旭日和夕阳呈红色,与天空呈蓝色属于同一类现象。由于白光中的短波成分被更多地散射掉了,在直射的日光中剩余较多的自然是长波成分了。如图7-14所示,早晚阳光以很大的倾角穿过大气层,经历大气层的厚度要比中午时大得多,从而大气的散射效应也要强烈得多。这便是旭日初升和夕阳西下时颜色显得特别殷红的原因。

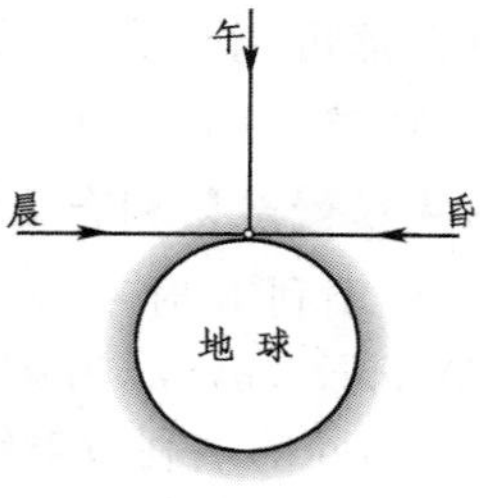

白云是大气中的水滴组成的,因为这些水滴的半径与可见光的波长相比已不算太小了,瑞利定律不再适用。按米-德拜的理论,这样大小的物体产生的散射与波长的关系不大,这就是云雾呈白色的缘故。

图 7-14 旭日和夕阳的颜色

4.3 散射光强的角分布与偏振状态

如图7-15取球坐标的极轴 z 沿入射波的角波矢 k_0 方向,散射波角波矢 k_s 的方向(即观测方向)用 (θ,φ) 来表征。入射波的电矢量 E 必在 xy 平面内(横波),设它与 x 轴的夹角为 ψ,与 k_s 的夹角为 Θ. 按照电磁理论,E 激发的偶极振子发出的次波中,振幅正比于 $\sin\Theta$,强度正比于 $\sin^2\Theta$(见图7-16a)。 若入射光是线偏振的,散射光也是线偏振的,偏振方向如图7-16b所示,与径矢(即 k_s)方向垂直(由横波性所决定),且在以入射光诱发的偶极振子方向为极轴的子午面内。 若入射光是自然光,散射光强的角分布应对 ψ 平均。 因

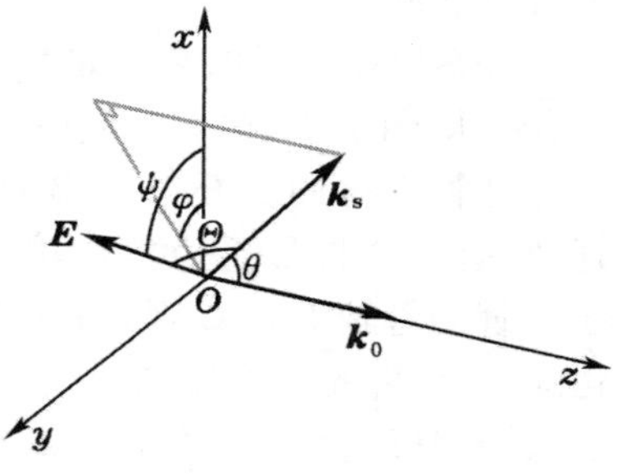

$$\sin^2\Theta = 1-\cos^2\Theta = 1-\sin^2\theta\cos^2(\psi-\varphi),$$

故

$$\overline{\sin^2\Theta} = \frac{1}{2\pi}\int_0^{2\pi}\left[1-\sin^2\theta\cos^2(\psi-\varphi)\right]d\varphi = 1-\frac{1}{2}\sin^2\theta.$$

图 7-15 k_0、k_s、E 各矢量的方向

❶ 也许有人会问,可见光范围内紫光的波长最短,为什么天空不呈紫色? 这要从人类眼睛的光谱响应特征去解释了。 第一章图1-27给出了人眼的视见函数曲线,这曲线的峰值在555nm处,其两侧下降得很快。 以这样的光谱响应去看日光(接近于6000K的黑体辐射谱),生理上引起的感觉是白色。若峰值逐渐向短波一侧移动,生理感觉就始而偏绿,继而偏蓝。 用瑞利散射的 λ^{-4} 律去调制人眼的视见函数曲线,大约可将其峰值移至在540nm处,引起的生理感觉偏于蓝色。

这分布示于图 7-16c。 在此自然光入射情形,偏振态相当于将图 7-16b 绕 z 轴旋转,取各种可

能的方位后重叠在一起
(图 7-16 d)。可以看出,
在垂直于入射光的方向上
($\theta = \pi/2$),散射光是线偏
振的。 在原入射方向或其
逆方向上($\theta = 0$ 或 π),散
射光仍是自然光。前者的
强度正好为后者的一半。
在其它倾斜方向上,散射
光是部分偏振的,强度介
于前两个极端之间。

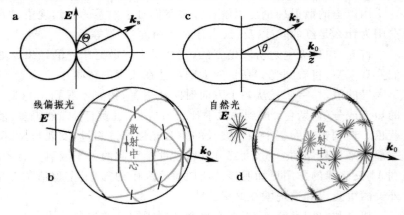

　　以上描绘的散射光特
点,都可以从大气散射中

图 7-16 散射光强的角分布与偏振

得到验证,不过当空气中悬浮了过多较大的灰尘颗粒或水滴时,上面的结论将不适用。

4.4 拉曼散射和布里渊散射

　　瑞利散射不改变原入射光的频率。 1928 年拉曼(C.V.Raman)和曼杰利什塔姆(Л.И.
Мандельштам)在研究液体和晶体内的散射时,几乎同时发现散射光中除与入射光的原有频率
ω_0 相同的瑞利散射线外,谱线两侧还有频率为
$\omega_0 \pm \omega_1$、$\omega_0 \pm \omega_2$、… 等散射线存在。这种现象
称为拉曼散射(Raman scattering)(苏联人称之
为联合散射)。

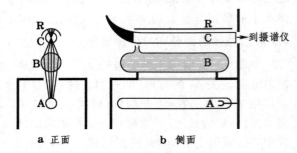

　　观察拉曼散射的装置如图 7-17 所示,其中
A 是一水平的汞弧灯,它装在一暗箱内,上部有
一与灯管平行的长开口。 B 是盛满水的玻璃
管,它起一个柱形透镜的作用,把汞弧光聚焦
在 C 管的管轴上。 C 管充有散射物质(如四氯
化碳)。散射光经设置在 C 的一端的平面窗口

图 7-17 拉曼散射实验装置

射入摄谱仪进行光谱分析。 C 管的另一端拉尖并涂黑,以防反射光进入摄谱仪。 在 C 管之上覆
盖一反射镜 R 以增强 C 内的照明。

　　拉曼光谱(图 7-18)的特征可归纳如下:

　　① 在每条原始入射谱线(角频率 ω_0)两旁都伴
有频率差 $\omega_j(j=1,2,\cdots)$ 相等的散射谱线。在长波
一侧的(角频率为 $\omega_0 - \omega_j$)称为红伴线或斯托克斯
线,在短波一侧的(角频率为 $\omega_0 + \omega_j$)称为紫伴线或
反斯托克斯线。[1]

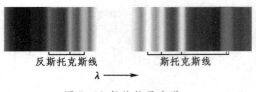

反斯托克斯线　　　　斯托克斯线

$\lambda \longrightarrow$

图 7-18 氢的拉曼光谱

　　② 频率差 $\omega_j(j=1,2,\cdots)$ 与入射光的频率 ω_0 无关,它们与散射物质的红外吸收频率对应,

---

[1]　这名称来源于荧光(光致发光)效应中的斯托克斯定则(G.Stokes,1852 年):发射的荧光波长比入射光的
波长要长些。

表征了散射物质的分子振动频率。

　　拉曼效应也可用经典理论解释。在入射光电场 $E = E_0 \cos\omega_0 t$ 的作用下,分子获得感应电偶极矩 p,它正比于场强 E:

$$p = \alpha\varepsilon_0 E,$$

α 称为分子极化率。 如果分子极化率 α 是一与时间无关的常量,则 p 以角频率 ω_0 作周期性变化,这便是上面讨论过的瑞利散射。 如果分子以固有角频率 ω_j 振动着,且此振动影响着极化率 α,使它也以角频率 ω_j 作周期性变化: ❶

　　于是
$$\alpha = \alpha_0 + \alpha_j \cos\omega_j t,$$

$$p = \alpha_0\varepsilon_0 E_0 \cos\omega_0 t + \alpha_j\varepsilon_0 E_0 \cos\omega_j t \cos\omega_j t$$
$$= \alpha_0\varepsilon_0 E_0 \cos\omega_0 t + \frac{1}{2}\alpha_j\varepsilon_0 E_0 \left[\cos(\omega_0 - \omega_j)t + \cos(\omega_0 + \omega_j)t\right],$$

即感应电矩的变化频率有 ω_0 和 $\omega_0 \pm \omega_j$ 三种,后两种正是拉曼光谱中的伴线。

　　拉曼散射的经典理论是不完善的,特别是它不能解释为什么反斯托克斯线比斯托克斯线弱得多这一事实。完善的解释要靠量子理论。 拉曼散射的量子图像如图 7-19 所示,参与每一对拉曼散射伴线的分子振荡频率 ω_j 是由一对能级 E_{1j} 和 E_{2j} 提供的,它们满足玻尔频率条件:

$$\hbar\omega_j = E_{2j} - E_{1j},$$

式中 $\hbar = h/2\pi$ 是约化普朗克常量。产生拉曼散射的跃迁不是两能级之间的直接跃迁,而是经一个虚能级中转。 虚能级不是真实的能级,它位于某个实在的电子能级 E 下面一定的失谐量(指能量差距)的地方,特别不稳定,粒子在其上停留的时间极为短促。 作为红伴线的虚能级 $E_j' = E_{1j} + \hbar\omega_0$,相应的跃迁过程是(图 7-19a)

$$E_{1j} \xrightarrow{\text{吸收 } \hbar\omega_0} E_j' \xrightarrow{\text{发射 } \hbar(\omega_0 - \omega_j)} E_{2j}.$$

作为紫伴线的虚能级 $E_j'' = E_{2j} + \hbar\omega_0$,相应的跃迁过程是(图 7-19b)

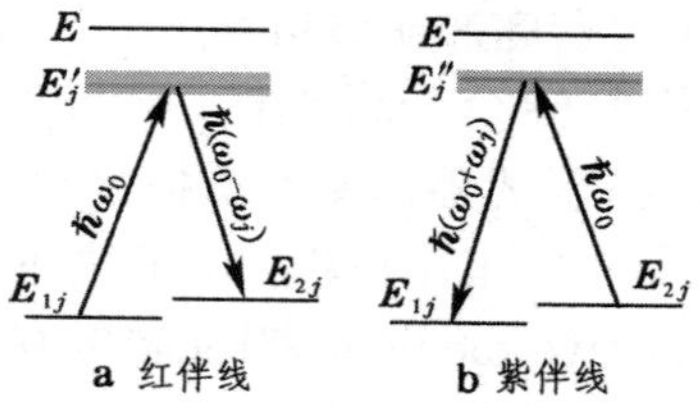

图 7-19 拉曼散射的量子图像

$$E_{2j} \xrightarrow{\text{吸收 } \hbar\omega_0} E_j'' \xrightarrow{\text{发射 } \hbar(\omega_0 + \omega_j)} E_{1j}.$$

由于作为红伴线的初始能级 E_{1j} 比作为紫伴线的初始能级 E_{2j} 低,按玻耳兹曼分布,前者上面的粒子数比后者上面的多。 这就解释了拉曼散射中红伴线强、紫伴线弱的特点。

　　如前所述,拉曼散射是有分子振动参与的光散射过程。在晶体中的振动有较高频的光学支和低频的声学支两种,前者参与的光散射就是拉曼散射,后者参与的光散射叫布里渊散射(L. Brillouin,1921 年)。 其实,任何元激发,如磁介质中的自旋波、半导体中的螺旋波均可参与光的散射过程。也可认为这些都是广义的拉曼散射或布里渊散射过程。 ❷

　　拉曼散射的方法为研究分子结构提供了一种重要的工具,用这种方法可以很容易而且迅速地定出分子振动的固有频率,也可以用它来判断分子的对称性、分子内部的力的大小以及一般有

---

　　❶　这是一种参量效应,在某种意义下也可说是一种非线性效应。以交流电路作对比,当电容器的极板以角频率 ω_j 振动时,电容值 C(这是电路中的一个参量)将类似这里的 α,有周期性变化。此时输入一个角频率为 ω_0 的信号时,被调制的输出信号中将出现和频与差频 $\omega_0 \pm \omega_j$.

　　❷　按习惯,频移波数在 $50 \sim 1000\,\text{cm}^{-1}$ 间的叫拉曼散射,在 $0.1 \sim 2\,\text{cm}^{-1}$ 间的叫布里渊散射.

关分子动力学的性质。分子的光谱本来在红外波段,拉曼效应把它转移到可见和紫外波段来研究,在很多情形下,它已成为分子光谱学中红外吸收方法的一个重要补充。

　　在出现激光之前,拉曼散射光谱已成为光谱学的一个分支。激光问世以来,当光强达到一定水平时,还可出现受激拉曼散射等非线性效应。

§5. 激　　光

5.1 激光概述

　　激光是 20 世纪 60 年代初出现的一种新型光源。我们常见的普通光源有照明用的,如蜡烛、白炽灯、日光灯、炭弧、高压水银灯、高压氙灯、太阳等;有光谱实验和计量等技术上用的,如钠灯、水银灯、镉灯、氦灯等。与普通光源比较,激光具有一系列独特的优点。激光作为一种方向性好和单色性好的强光光束,它一出现,就引起了人们普遍的重视,并很快在生产和科学技术中得到广泛的应用。自从 1960 年在实验室中制成第一台激光器(红宝石激光器)以来,各种激光器的研制和各种激光技术的应用突飞猛进地发展,其形势可以同 20 世纪 50 年代中半导体技术的发展相媲美。至今,作为激光器的工作物质相当广泛,有固体、气体、液体、半导体、染料等,种类繁多。各种激光器发射的谱线分布在一个很宽的波长范围内,短至 $0.24\,\mu m$ 以下的紫外,长至 $774\,\mu m$ 的远红外,中间包括可见光、近红外、红外各个波段;输出功率低的到几微瓦($10^{-6}\,W$),高的达几太瓦($10^{12}\,W$)。 高功率的激光器中有 CO_2 激光器,其连续输出功率可达 $10^4\,W$;钕玻璃激光器的脉冲输出功率可达 $10^{14}\,W$ 的数量级以上;钇铝石榴石(YAG)激光器连续输出功率达 $10^3\,W$,脉冲输出功率达 $10^6\,W$,在计量技术和实验室中经常使用的氦氖(He-Ne)激光器,发射波长为 $632.8\,nm$、$1.15\,\mu m$ 和 $3.39\,\mu m$,连续输出功率 $1\sim100\,mW$。

　　激光器的基本结构包括三个组成部分(图 7-20):

　　① 工作物质:粒子数布居反转的介质,称为激活介质(active medium),对光辐射有放大作用。

　　② 光学共振腔:由一对高反射率的平行反射面构成,使随机受激辐射变为单一方向、单色性好的激光。

　　③ 激励能源:激活工作物质的能源。

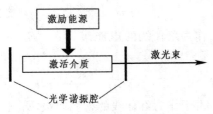

图 7-20 激光器的基本组成部分

5.2 粒子数布居反转与光放大

　　如前所述,自发辐射是不相干的,而受激辐射是相干的。要获得相干性很强的光,就得利用受激辐射产生光放大。下面我们来研究光放大的条件。

　　当一束光射入介质时,受激吸收和受激发射两个过程同时发生,互相竞争。在光束经历一段过程后,若被吸收的光子数多于受激辐射的光子数,则宏观效果是光的吸收。反之,若受激辐射的光子数多于被吸收的光子数,则宏观效果是光的放大。

　　在时间 dt 内受激辐射的光子数为
$$dN_{21} = B_{21}u(\nu)N_2 dt,$$
受激吸收的光子数为
$$dN_{12} = B_{12}u(\nu)N_1 dt,$$
考虑到 $B_{12} = B_{21}$,两者之差为
$$dN_{21} - dN_{12} = B_{21}u(\nu)(N_2 - N_1)dt \propto N_2 - N_1.$$
由此可见,当高能级 E_2 上的粒子数 N_2 多于低能级 E_1 上的粒子数 N_1 时,$dN_{21}-dN_{12}>0$,受激辐射占优势,表现出宏观上的光放大。热平衡时,按照玻耳兹曼分布律,高能级 E_2 上的粒子数

N_2 总是小于低能级 E_1 上的粒子数 N_1，$dN_{21}-dN_{12}<0$，此时，光在介质中传播时总是受激吸收占优势，表现在宏观上总是光的吸收。 N_2 大于 N_1 的分布被称为反转分布，以区别于 N_2 小于 N_1 的正则分布。能造成粒子数反转分布的介质称为激活介质（也就是激光器的工作物质），以区别于粒子数呈正则分布的通常介质。

总之，造成粒子数反转分布是产生激光首先必须具备的条件。

5.3 激活介质中布居反转的实现

由于 $g_1 B_{12} = g_2 B_{21}$［见（7.40）式］，粒子布居反转在二能级系统中很难实现，通常采用三能级系统或四能级系统来实现粒子布居反转。对于不同种类的激光器，实现反转分布的具体方式是不同的，但都可以用图 7-21 所概括的基本过程来说

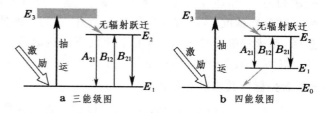

图 7-21 激活介质的工作模式图

明。在图 7-21a 中，E_1 为基态，E_3 和 E_2 为激发态，其中 E_2 为亚稳态，粒子在 E_2 上的寿命比粒子在 E_3 上的寿命要长得多。 一般激发态的寿命在 10^{-8} s，而亚稳态的寿命长达 10^{-3} s，甚至 1 s。

在外界能源（电源或光源）的激励下，基态 E_1 上的粒子被抽运到激发态 E_3 上，因而 E_1 上的粒子数 N_1 减少。 由于 E_3 态的寿命很短，粒子将通过碰撞很快地以无辐射跃迁的方式转移到亚稳态 E_2 上。 由于 E_2 态寿命长，其上就累积了大量粒子，即 N_2 不断增加。 一方面是 N_1 减少，另一方面是 N_2 增加，以致 N_2 大于 N_1，于是实现了亚稳态 E_2 与基态 E_1 间的反转分布。 三能级系统的下能级是基态，在热平衡时基态几乎集中了全部粒子，造成亚稳态与基态之间的反转分布是比较困难的。四能级系统的情况就可以大大改善。图 7-21b 给出了四能级系统的工作模式：E_0 为基态，E_1、E_2、E_3 都是激发态，其中 E_2 是亚稳态。当粒子被激励能源抽运到 E_3 态后，无辐射跃迁到亚稳态 E_2 上，其上累积大量粒子。由于 E_1 不是基态，在热平衡时其上粒子数本来就很少。这样，我们就实现了能级 E_2 和 E_1 之间的粒子布居反转。四能级系统的工作模式对粒子布居反转的效率是比较高的，很多激光器，如 He-Ne 激光器、CO_2 激光器都采用这种模式。

5.4 增益系数

正像介质对光的吸收能力用吸收系数来描述一样（§1），介质对光的放大能力用增益系数［简称增益（gain）］G 来描写。 如图 7-22 所示，当一束光射入介质后，设它在 x 处的光强为 I，经历一段距离到达 $x+dx$ 的地方后，光强变为 $I+dI$. 在吸收的情况下，$dI<0$，我们写成

$$dI = -\alpha I\, dx,$$

在放大的情况下，我们写成

$$dI = GI\, dx, \qquad (7.45)$$

增益系数 G 的意义可理解为光在单位距离内光强增加的百分比。

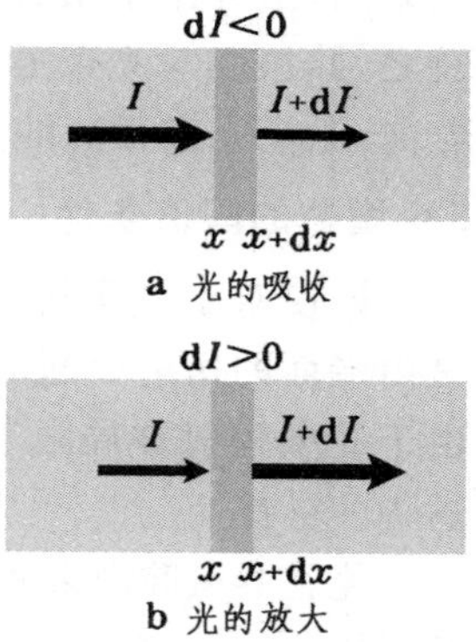

图 7-22 吸收与增益

光在激活介质中传播一段距离（从 0 到 x）后，出射光强 $I(x)$ 与入射光强 I_0 的关系可由（7.45）式经积分得到：

$$\int_{I_0}^{I(x)} \frac{dI}{I} = \ln \frac{I(x)}{I_0} = \int_0^x G\, dx.$$

假如这段距离内增益 G 的变化可忽略，则

$$\int_0^x G\,dx = Gx,$$

前式可写成
$$I = I_0 e^{Gx}.\tag{7.46}$$

即 $I(x)$ 随 x 按指数增长。 这公式我们将在下面用到。

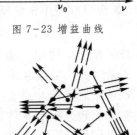

图 7-23 增益曲线

增益 G 的大小与频率 ν 和光强 I 都有关系。典型增益曲线的大致轮廓如图 7-23,它随光强增加而下降。 这一点可解释如下:增益 G 随粒子数反转程度$(N_2 - N_1)$的增加而上升,在同样的抽运条件下,光强 I 愈强,意味着单位时间内从亚稳态上向下跃迁的粒子数就愈多,从而导致反转程度减弱,因此增益也随之下降。

5.5 激光器中共振腔的作用

实现了反转分布的激活介质,可以做成光放大器,但其本身还不成为一台激光器,这是因为在激活介质内部来源于自发辐射的初始光信号是杂乱无章的,在这些光信号的激励下得到放大的受激辐射仍是随机的(图 7-24)。为了获得方向单一和单色性很好的受激辐射,必须在激活介质的两端安置相互平行的反射面(图 7-25)。这对反射面构成了光学共振腔。

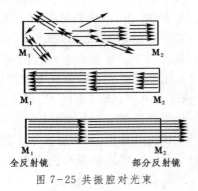

图 7-24 无共振腔
时受激辐射

在理想的情况下,共振腔的两个反射面之一的反射率应是 100%。为了让激光输出,另一个是部分反射的,但反射率也要相当高。一般地说,两反射面既可以是平面,也可以是凹球面,或一平一凹。 为了简单起见,在这里我们只讨论平面共振腔的情况。

如图 7-25,一对互相平行的反射镜 M_1 和 M_2 组成平面共振腔。只有与反射镜轴向平行的光束能在激活介质内来回反射,连锁式地放大,最后形成稳定的强光光束,从部分反射镜 M_2 面输出。凡偏离轴向的那些光线,则或者直接逸出腔外,或者经几次来回,最终跑了出去,它们不可能成为稳定的光束保持下来。总之,共振腔对光束方向具有选择性,使受激辐射集中于特定的方向,激光光束很高的方向性就来源于此。

图 7-25 共振腔对光束
方向的选择性

5.6 增益的阈值条件

即使对于平面共振腔,其输出的光束也不是绝对的平行光束,它总有一定的发散角,这主要是由端面的衍射引起的。例如,He-Ne 激光管的发散角只有几分,对于砷化镓(GaAs)激光管,由于受激辐射被局限于只有几微米的 PN 结深范围内,所以其输出光束在相应方向上的发散角达 $10°$ 左右 。

光在共振腔内来回反射的过程中,一方面激活介质的增益作用使光强放大,另一方面端面上光的损耗,包括光在端面上的衍射、吸收和透射等因素造成的光的损耗使光强变小。镜面 M_1 的反射率 R_1 总不可能是 100%,而输出端 M_2 是部分透射的,反射率 R_2 有时甚至选为 70%～80% 。要使光强在共振腔内来回反射的过程中不断地得到加强,必须使增益大于损耗。

设从镜面 M_1 出发的光强为 I_1,经过腔长为 L 的激活介质的放大,按照(7.43)式到达镜面 M_2 时的光强变为

$$I_2 = I_1 e^{GL},$$

经 M_2 反射以后,光强降为

$$I_3 = R_2 I_2 = R_2 I_1 e^{GL},$$

在回来的路上又经过激活介质的放大,光强增加为

$$I_4 = I_3 e^{GL} = R_2 I_1 e^{2GL},$$

再经 M_1 反射,光强降为

$$I_5 = R_1 I_4 = R_1 R_2 I_1 e^{2GL},$$

至此光束往返一周,完成一个循环。比值

$$\frac{I_5}{I_1} = R_1 R_2 e^{2GL}.$$

增益不小于损耗的条件是

$$R_1 R_2 e^{2GL} \geqslant 1, \tag{7.47}$$

对于给定的共振腔参量 R_1、R_2 和 L,增益 G 必须大过的最低数值 G_{min} 称为共振腔的阈值增益 (threshold gain)。由上式可知

$$G_{min} = -\frac{1}{2L} \ln(R_1 R_2). \tag{7.48}$$

一台激光器的实际增益 G 取决于激励能源的强弱和激活介质的状态。当然在 $G > G_{min}$ 时光强增长,然而随着光强的增大,激活介质的实际增益 G 将下降,当 G 下降到等于 G_{min} 值时,光强就维持稳定了。 降低损耗可以降低激光器的阈值增益,提高它的发光效率。在上面的讨论中我们并未把全部损耗考虑进去。在实际的激光器中还有一些其它损耗,如光在激活介质中的散射损耗等。此外,在外腔式激光器中还多了一重激光管封口的反射损耗。减少这些损耗,是降低激光器的阈值,提高它的发光效率的关键。

如图 7-26,在外腔式激光器中,作为共振腔的两个反射镜 M_1 和 M_2 有意识地安置在激光管的外部,好处是便于调节和进行科学实验。但是这种装置就多了激光管本身的两个封口 b_1 和 b_2,因而它比内腔式激光器多了一重反射损耗。我们知道,光在介质表面反射时,存在一个全偏振角(布儒斯特角)

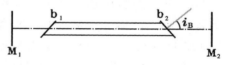

图 7-26 布儒斯特窗

$i_B = \arctan(n_2/n_1)$,以此角入射时,反射光中的 p 振动分量为 0。 这就是说,对于 p 光反射损耗完全被清除了。在布儒斯特角下 s 光仍有较高的反射率。所以,当封口 b_1、b_2 按布儒斯特角倾斜时(这叫布儒斯特窗),s 光由损耗过大从而被抑制,不能成长为激光。对于 p 光,布儒斯特窗口不带来新的损耗,其增益容易满足阈值条件。可见,安置布儒斯特窗的外腔式激光器对光的偏振状态还具有选择性,它所产生的激光是线偏振的,其振动面是窗口法线与管轴所组成的平面。

5.7 激光器对频率的选择

激活介质和共振腔结合在一起,在满足阈值条件下就成为一台激光器,在外界能源的激励下,可以发出激光。激光有很好的方向性这一特点来源于共振腔的作用,激光有很好的单色性这一特点是怎样形成的呢? 激活介质和共振腔两者,各自从不同方面影响着激光的谱线宽度。

先看激活介质对频率的选择作用。我们知道,频带宽度反比于能级的寿命。3.4 节指出,能级自然寿命的数量级为 10^{-8} s,亚稳态寿命的数量级为 10^{-3} s 或更长,与之对应的频带宽度 $\Delta\nu \sim 1$ kHz 或更小。 碰撞增宽和多普勒增宽使频带宽度增大几个数量级。以 He-Ne 激光器为例,在 $1 \sim 2$ mmHg 的压强下 Ne 原子 632.8 nm 谱线的碰撞增宽为 $100 \sim 200$ MHz。在室温下此谱线的多普勒增宽为 1300 MHz。所以多普勒增宽是线宽 $\Delta\nu$ 的主要来源。用波长来表

示，$\Delta\lambda = \Delta\nu\lambda^2/c = 1.8\times10^{-3}\,\text{nm}$。

现在看由共振腔决定的线宽。激光器里的共振腔就是第三章 6.2 节介绍的法-珀腔。由于多光束的干涉作用，在共振腔内可能出现的频率不是任意的，而是有一定间隔 $\Delta\nu_{间隔}$ 的准离散谱 ν_1、ν_2、ν_3、…（图 7-27b），每一纵模的线宽 $\Delta\nu_{单模}$ 称为单模线宽。第三章（3.64）式给出纵模间隔：

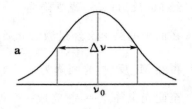

$$\Delta\nu_{间隔} = \nu_k - \nu_{k-1} = \frac{c}{2nL},\qquad(7.49)$$

（3.66）式给出单模线宽：

$$\Delta\nu_{单模} = -\frac{c(1-R)}{2\pi nL\sqrt{R}}.\qquad(7.50)$$

为避免与普朗克常量混淆，这里我们把腔长 h 改用 L 代表，并取 $\theta = 0$。

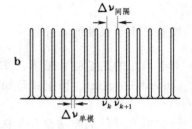

（7.49）式表明，纵模间隔 $\Delta\nu_{间隔}$ 与腔长 L 成反比。以 He-Ne 激光器 632.8 nm 谱线为例，腔长 $L = 10\,\text{cm}$ 时，$\Delta\nu_{间隔} = 1500\,\text{MHz}$；$L = 100\,\text{cm}$ 时，$\Delta\nu_{间隔} = 150\,\text{MHz}$。腔长不稳定，就会引起激光的频率漂移。在激光测长中对激光的单色性要求很高，所以采用较短的激光管，而且还需用某些措施来稳定腔长，并进一步选择单模，以便于单模稳频输出。

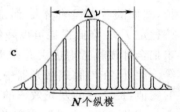

如图 7-27c 所示，纵模频谱是以激活介质的辐射谱线轮廓（图 7-27a）为包络的，其宽度 $\Delta\nu$ 主要是多普勒增宽所决定。因而纵模的数目 $N = \Delta\nu/\Delta\nu_{间隔}$。对于 He-Ne 激光器 632.8 nm 谱线，$\Delta\nu \approx$

图 7-27　共振腔的纵模

1300 MHz，腔长 $L = 10\,\text{cm}$ 的激光器只有一个纵模，腔长 $L = 100\,\text{cm}$ 的激光器有 10 个左右的纵模。

（7.50）式表明，单模线宽与反射率 R 有关，R 愈高，单模线宽愈窄。对于 He-Ne 激光器 632.8 nm 谱线，腔长 $L = 20\,\text{cm}$、$R = 98\%$、$n = 1$ 时，$\Delta\nu_{单模} = 4.8\,\text{MHz}$，这相当于 $\Delta\lambda_{单模} = 6.4\times10^{-6}\,\text{nm}$，比激活介质的谱线宽度小几个数量级。此外，考虑到激光器是一个振荡源，而不是一个无源的法-珀腔，其单模线宽远比仅由法-珀腔决定的单模线宽公式（7.49）所给出的数值小，这是因为激活介质中各频率光的竞争将进一步增强对频率的选择作用。

最后指出，尽管每个单模的线宽 $\Delta\nu_{单模}$ 很窄，但如果不采取特别措施，像在一般实验室中那样拿来激光器就用，则输出光束是多模的，其单色性由激活介质的辐射线宽 $\Delta\nu$ 所决定，这并不比普通在同样能级间跃迁的光源的单色性好得太多。激光的单色性好表现在其单模上，因此要使激光真正表现出很高的单色性来，在技术上还需解决两个问题，一是从多模中提取单模，二是稳定住单模的频率，这就是所谓单模稳频技术。在某些方面的应用中（特别是激光测长仪中）对单色性要求很高，就必须采取这些措施。

5.8 激光光束的特性

从前面的介绍里我们已经看到，由于激光产生的机理与普通光源很不相同，使得它具有一系列普通光源所没有的优异特性。归纳起来有：

（1）能量在空间高度集中

由于共振腔对光束方向的选择作用，使激光器输出的光束发散角很小，即光束的方向性很强。激光的这一特性又带来两个后果,一是光源表面的亮度很高,二是被照射的地方光的照度很大,在这方面我们曾在第一章5.3节中给过一个 He-Ne 激光器的例子,它以 10 mW 的功率产生了比太阳大上万倍的亮度。这样亮的光源在屏幕上形成很小的光斑,可以在幕上得到极大的照度。所以方向性好、亮度高、照度大三者是同一性质的三种表现,它们可归纳为一点,即激光光束的能量在空间高度集中。如果再用调制技术使其能量在时间上也高度集中起来,我们就可获得极高的脉冲功率密度。这将如虎添翼,威力很大。

（2）时间相干性高

如前所述,激光能量在频谱上也是高度集中的,也就是说,它的谱线宽度很窄,单色性很好,或者说,它的时间相干性很高。

在普通光源中,单色性最好的是作为长度基准器的氪灯(^{86}Kr),它的谱线宽度为 $4.7×10^{-3}$ nm。激光中单色性最好的是气体一类的激光器产生的激光,如 He-Ne 激光器发射的 632.8 nm 谱 线,线宽只有 10^{-9} nm,甚至更小。

（3）光束具有空间相干性

从激光器端面输出的光束是相干光束,在其传播的波场空间中,波前上的各点是相干的。也就是说,激光光束与普通光源（它们总是面光源）发出的光束相比,其空间相干性很高。 激光的这一特点可通过图 7-28 所示的双缝干涉实验清楚地显示出来。 用普通光源（如钠灯、水银灯）作双缝干涉实验时,必须在实际光源与双缝之间加单缝 S 来限制光源的宽度（图 a）。如取走单缝 S,用普通的光源直接照射双缝,则干涉条纹立即消失（图 b）。 用激光光源（如 He-Ne 激光器）来作双缝干涉实验时,则可以在没有单缝 S 的条件下让激光直接照射双缝,同样能够出现干涉条纹,而且比普通光源形成的干涉条纹更明亮清晰（图 c）。 激光是相干光束这一特点,是由于产生激光的内部机理所决定的。在激光器内有一个统一的光信号在激活介质中一边传播一边通过受激发射机制放大,又经过两个高反射率的端面反射而形成稳定的光振荡。 因此在激光器内部各发光中心的自发性和独立性被大大抑制,而相互激励、相互强化成为主导方面。这样,从激光器端面输出的就是一束步调一致的光束,在其波场空间中每一点有确定的传播方向,在其波前上各点之间有固定的相位关系。因此,激光光束截面上各部分作为次波源是符合相干条件的。

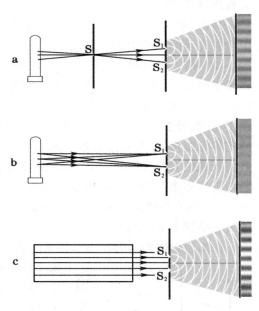

图 7-28 普通光源和激光器空间相干性的比较

上述激光光束的三条基本特性,从应用的角度还可以进一步概括成两个方面,即一方面它是定向的强光光束,这是指它的能量很集中,功率密度可以很大;另一方面它是单色的相干光束,这是指时间相干性和空间相干性都很高。激光在各个技术领域中的广泛应用都是利用了这两方面的特性。例如激光通信、激光测距、激光定向、激光准直、激光雷达、激光切削、激光手术、激光武器、激光显微光谱分析、激光受控热核反应等方面的应用,主要是利用激光第一方面的特性,而激光全息、激光测长、激光干涉、激光测流速等领域，主要是利用激光第二方面的特性。当然激光两方面的特性往往不能截然分开，有的应用（如非线性光学）与激光的两方面特性都有关。

§6. 光的波粒二象性

6.1 单光子实验

本书大部分章节讨论的是波动光学，但到了讨论光和物质相互作用时，就不得不涉及光的粒子性。在上节讨论激光时，涉及光的受激发射和吸收，就得用光子的概念，讨论共振腔时又回到了光波的干涉。所以，光既有波动性，又有粒子性，即所谓光的"波粒二象性（wave-particle duality）"。其实"波动"和"粒子"都是经典物理学从宏观世界里获得的概念，与我们的常识比较符合，我们较容易直观地理解它们。然而光子是微观客体，微观客体的行为"波动"和"粒子"两方面融合在一起，其性质之怪诞与神秘，与人们的日常经验相去甚远，让人难以接受。

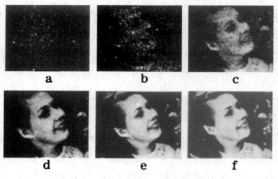

图 7-29 单光子成像实验

目前"单光子"实验已很成熟。这种实验使用极其微弱的光流，在其中发射光子的平均时间间隔远大于光子穿行实验仪器的时间，譬如大$10^3 \sim 10^4$倍。可以理解为每次实验只和一个光子打交道。要将一张照片成像于底板上，通常我们采用一束光照射，经照片透光率的调制，成像后在底板上形成相应的光强分布。在单光子实验中入射光里只包含一个光子，在底板上光子将表现其"粒子性"，整体地为分布在底板上的某个感光单元所接收，决不会弥散开来，同时为一个以上感光单元接收。让微弱光流的实验长期继续下去，不断用光子一个一个地打在底板上。实验结果则如图7-29所示，在底板上起初星星点点，看起来杂乱无章（图a和b），继而人像渐露端倪（图c和d）。随着光子数的积累，最后一幅完美的人像呈现出来（图e和f）。

如果说上面的实验还不难接受的话，请看下面一个实验——单光子杨氏双缝干涉实验（图7-30）。来自狭缝的光束射在双缝上，一分为二，两光束在屏幕上形成干涉条纹。平常做这个实验时采用一定强度的光，同时有大量光子打到屏幕上。若改用单光子实验，情况如何？在单光子实验中入射光里只包含一个光子，在屏幕上光子将整体地为

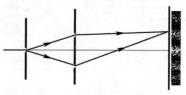

图 7-30 杨氏双缝干涉实验

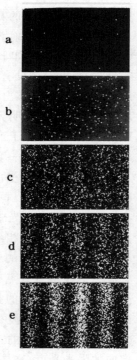

图 7-31 单光子双缝实验中干涉条纹的形成

其上某个感光单元所接收，决不会同时为一个以上感光单元接收。如图7-31所示，在底片上起初也是星星点点（图a和b），继而干涉条纹渐露端倪（图c～e）。随着光子

数的积累,完整的干涉图样最终将呈现出来。由此可见,每个光子对最终形成的干涉条纹都有贡献,个别光子打在屏幕上的位置并不是完全没有规律的。它们的分布有一定的概率,这概率分布就是按波动光学计算出来的光强分布。我们知道,干涉条纹是两束光相干叠加的结果,按经典"粒子"的概念,一个光子只通过双缝之一,另一个缝存在与否似乎对它的行踪没有影响。它打在屏幕上的概率怎么会受另一缝的制约? 如果说下一个光子通过了另一个缝,前后两个光子在时间上相隔甚远,干涉效应绝不可能在它们之间发生,所以是一个光子自己和自己发生干涉。于是人们会好奇地问:这个光子究竟通过了哪条缝? 你可以交替地每次挡住一条缝,于是可以肯定每个光子通过的是另一条缝。实验结果怎样呢? 双缝干涉条纹消失了,屏幕上显现的是单缝衍射图样。

　　我们也可以如图7-32所示,用一对正交的偏振片 P_1 和 P_2 分别置于两缝之前,用偏振态来给通过不同缝的光子作"记号"。这样,我们就可以知道每一光子通过的是哪条缝。 实验结果是干涉条纹不见了。这一点从波动光学是可以预料的,因为振动相互垂直的偏振波不发生干涉。那么为什么不采用不正交的偏振片来做"哪条路探测器"呢? 设摆在双缝前的起偏器 P_1 和 P_2 的透振方向成锐角 θ,这时在屏幕上光是部分相干的,干涉条纹的反衬度小于1,但不等于0。

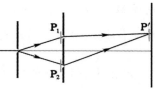

图 7-32 用偏振片做"哪条路探测器"

在屏幕上放置透振方向与 P_1 平行的检偏器 P',其后的光子探测器接收到的光子就一定是通过狭缝1的吗? 通过狭缝2的光子的偏振方向沿 P_2,与它对应的光波有一振动分量 $E\cos\theta$ 能够通过 P'。光子的概率是按光波的强度分布的,所以通过狭缝2的光子也有一定的概率(正比于 $\cos^2\theta$)被检偏器 P' 后的探测器接收到。所以我们不能完全肯定光子通过的是哪条缝。 θ 愈小,光子通过哪条缝的判断越不肯定,与此同时干涉条纹的反衬度越高。 反之,θ 越接近 $90°$,光子通过哪条缝的判断越肯定,同时干涉条纹的反衬度越低,直到 $\theta = 90°$ 时,干涉条纹完全消失。

　　归纳起来,当你得知光子走的是哪条路(粒子性),干涉条纹(波动性)就消失了。干涉条纹(波动性)只有在不知道光子走哪条路(粒子性)的情况出现。所以光子具有波动性和粒子性两方面互补而又互斥的性质。其实这种性质是所有微观客体所共有,并非光子独具。❶ 这就是微观客体的波粒二象性。

6.2 探测光子时概率波的坍缩

　　我们在单光子干涉实验中看到,当光子未被屏幕上某处的探测器接收之前,我们无从知道它的路径。它在空间的位置只能以光波的强度作概率性的描述。光子一旦被探测到,它在整个空间的概率分布立即坍缩到这一点。在杨氏双缝实验中光束分离得不太远,这个问题还显得不那么尖锐,下面我们再看另外的实验。如图7-33所示,像在迈克耳孙干涉仪里那样,让光束以 $45°$ 角投射到一块半镀银的玻璃板上,它将被分为两束,朝着相互垂直的方向传播。用微弱光流做单光子实验,让光子一个一个地通过此装置,每一光束的终端各置一探测器 D_1 和 D_2。 每次 D_1 和 D_2 只有二者之一接收一个光子,不会发生它们同时收到光子一部分信号的情况。 这就是说,两光束的光子被某个探测器接收到的一刹那,两路光波突然坍缩到这一点上,

---

　　❶　见《新概念物理教程·量子物理》第一章。

哪怕 D_1 和 D_2 可以相隔（说得夸张一点）十万八千里！实在有点令人不可思议。

　　会不会当光子通过分束板后就已经走上了某一条路？ 请看下面一个实验。如图7-34a 所示的装置有点像迈克耳孙干涉仪，G_1 和 G_2 是一对相同的半透明分束板，M_1 和 M_2 是两面反射镜，D_I 和 D_{II} 是光子探测器。 设入射到分束板 G_1 上光波的强度是 $I = A^2$，这里 A 是振幅。分束后两路光束的强度各为 $I/2$，振幅各为 $A/\sqrt{2}$。 光束1和光束2分别经 M_1 和 M_2 反射到分束板 G_2 上，再次相遇。如图7-34b 所示，光束1射在 G_2 的复振幅为 $\dfrac{A}{\sqrt{2}}e^{i\varphi_1}$，光

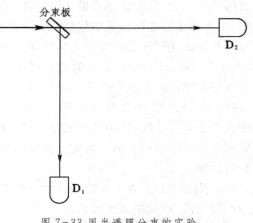

图 7-33 用半透膜分束的实验

束2射在 G_2 的复振幅为 $\dfrac{A}{\sqrt{2}}e^{i\varphi_2}$，$\varphi_1$ 和 φ_2 是两路光程不同引起的不同相位。在 G_2 上两光束各自再分为两束，每束光的强度再次减半，振幅再乘以 $1/\sqrt{2}$，即四束光的振幅皆为 $A/2$.由于光束1在 G_2 半镀银面的内侧反射，无半波损，而光束2在 G_2 半镀银面的外侧反射，有半波损，在 G_2 处两路反射光 的复振幅分别为 $-\dfrac{A}{2}e^{i\varphi_1}$ 和 $\dfrac{A}{2}e^{i\varphi_2}$，两路透射光的复振幅则分别为 $\dfrac{A}{2}e^{i\varphi_1}$ 和 $\dfrac{A}{2}e^{i\varphi_2}$. 射向探测器 D_I 的两束光的复振幅为 $-\dfrac{A}{2}e^{i\varphi_1}$ 和 $\dfrac{A}{2}e^{i\varphi_2}$，叠加起来，复振幅为

$$\tilde{A}_I = \frac{A}{2}\left[e^{i\varphi_2} - e^{i\varphi_1}\right],$$

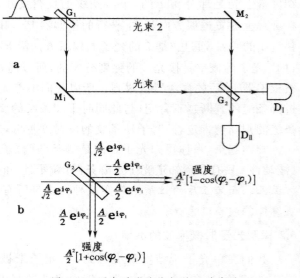

强度为 $\dfrac{A}{2}e^{i\varphi_1}$ 和 $\dfrac{A}{2}e^{i\varphi_2}$，叠加起来，复振幅为

$$I_I = \tilde{A}_I^* \tilde{A}_I = \frac{A^2}{4}\left[e^{-i\varphi_2} - e^{-i\varphi_1}\right]\left[e^{i\varphi_2} - e^{i\varphi_1}\right]$$
$$= \frac{A^2}{2}\left[1 - \cos(\varphi_2 - \varphi_1)\right]. \qquad (7.51)$$

图 7-34 两半透明分束板的干涉实验

同理，射向探测器 D_{II} 的两束光叠加起来的光强为

$$I_{II} = \tilde{A}_{II}^* \tilde{A}_{II} = \frac{A^2}{4}\left[e^{-i\varphi_2} + e^{-i\varphi_1}\right]\left[e^{i\varphi_2} + e^{i\varphi_1}\right] = \frac{A^2}{2}\left[1 + \cos(\varphi_2 - \varphi_1)\right]. \qquad (7.52)$$

D_I 和 D_{II} 接收的光子数都与 $\varphi_2 - \varphi_1$ 相位差有关，这就是干涉现象。 存在着干涉现象表明，我们不能假设光子经分束板 G_1 后已选定了一条路，否则它怎么会"知道"两路的光程差呢？ 所以光波的坍缩只能是在两路波在 G_2 处相遇发生干涉后，在光子被某个探测器接收到时发生的。

总之,光在被物质发射和接收时表现为粒子(光子),在空间传播时只能用波动对它的行为作概率性描述,谈论光子的轨迹是没有意义的。一旦光子被探测到,整个光波就立即坍缩到这一点,无论它原来分布得多么广阔。从日常生活经验看,波粒二象性显得很离奇,但作为微观客体的客观规律,我们必须如实地接受它。

本 章 提 要

1. 光与物质(原子、分子)相互作用

  (1) 吸收 —— 原子、分子共振吸收光的能量;

  (2) 散射 —— 原子、分子将吸收的光能重新发射。

  (3) 色散 —— 原子、分子中的电子对光频的响应产生位移极化,决定了介电常量和折射率的频率响应。

2. 经典电子论与量子辐射图像的对比:

	经 典 电 子 论	量 子 辐 射 图 像
共振吸收	谐振子吸收符合固有频率的电磁波而受迫振动	按玻尔频率条件($h\nu = E_2 - E_1$)吸收光子,从低能级跃迁到高能级(受激吸收)
再发射	振动起来的谐振子向各方向发射电磁波	被激发到高能级的粒子向低能级跃迁,按玻尔频率条件发射一个光子(自发发射和受激发射)
持续时间	由辐射阻尼决定	由能级的自然寿命(自发发射概率的倒数)决定

3. 光的吸收:

  布格定律 $-\mathrm{d}I = \alpha I \, \mathrm{d}x$, $I = I_0 e^{-\alpha l}$ —— 线性规律

  复折射率 $\tilde{n} = n(1 + \mathrm{i}\kappa)$, $\kappa = \dfrac{\alpha \lambda}{4\pi n}$

从全部电磁波段看,所有物质都是选择吸收的。发射什么波段,就吸收什么波段。

4. 光的散射 —— 吸收了光波的原子、分子是再发射光波的次波源。如果在波长尺度下统计平均次波源的分布是均匀的,则相干叠加的结果只有沿原方向直进的光线,无散射波。

  散射是由与波长尺度可比拟的不均匀性(分子密度涨落,悬浮体等)造成的。

  不改变频率的散射:

  (1) 瑞利散射:分子密度涨落引起,强度 $\propto \lambda^{-4}$.

  (2) 米氏散射:半径为 a 上散射. $ka \geqslant 0.3$ 时,散射光强度依赖 $k = 2\pi/\lambda$ 不明显。

  散射光是偏振的,光强和偏振状态的角分布见图 7-16。

  改变频率的散射:

  (1) 拉曼散射 }   分子振动或固体中各种元激发参与的散射。

  (2) 布里渊散射 }   散射光中有反映这些振荡频率的红伴线和紫伴线。

5. 光的色散 —— 在整个波长范围内任何介质都有一系列吸收区,在两个吸收区之间正常色散,折射率 n 随波长 λ 单调下降,符合科西公式:

$$n = A + \frac{B}{\lambda^2} + \frac{C}{\lambda^4}.$$

  在吸收区反常色散,n 随 λ 急剧增大。

  当 ω 远大于所有共振频率时,介电常量

$$\varepsilon = 1 - \frac{\omega_p^2}{\omega^2}, \quad \left(\omega_p = \sqrt{\frac{NZe^2}{\varepsilon_0 m}} \text{——等离子体振荡角频率}\right)$$

这时在真空到介质的表面上会发生全反射。

6. 光速：

$$\left. \begin{array}{ll} \text{相速 } v_p = \dfrac{\omega}{k}, & \text{折射率 } n = c/v_p; \\[2mm] \text{群速 } v_g = \dfrac{\mathrm{d}\omega}{\mathrm{d}k}, & \text{群速折射率 } n_g = c/v_g. \end{array} \right\} \quad \begin{array}{l} \dfrac{c}{v_g} = \dfrac{c}{v_p} + \omega\,\dfrac{\mathrm{d}n}{\mathrm{d}\omega}, \\[2mm] n_g = n - \lambda\,\dfrac{\mathrm{d}n}{\mathrm{d}\lambda}. \end{array}$$

7. 激光

(1) 介质激活与光放大 —— 靠激励能源的抽运,使高能级上的粒子数 N_2 大于低能级上的粒子数 N_1（粒子布居反转）,介质被激活,实现光放大：

$$I = I_0 e^{Gx} \quad G > 0 \text{—— 增益。}$$

(2) 共振腔选模 —— 由一对高反射率 R 的平行反射面构成法-珀腔,从随机受激辐射中选出方向和频率单一的振动模式。

$$\text{单模线宽 } \Delta\nu_{\text{单模}} = -\frac{c(1-R)}{2\pi n L \sqrt{R}}.$$

激光特点：能量在空间高度集中,时间相干性高,光束具有空间相干性。

8. 光的波粒二象性 —— 光子具有波动性和粒子性两方面互补而又互斥的性质。光在被物质发射和接收时表现为粒子(光子),在空间传播时只能用波动对它的行为作概率性描述,一旦光子被探测到,整个光波就立即坍缩到这一点。

思 考 题

7－1. 投石于平静的湖面,激起一列波澜。设想一下,如果水面波的色散规律分别是 $\mathrm{d}v_p/\mathrm{d}\lambda > 0$ 和 $\mathrm{d}v_p/\mathrm{d}\lambda < 0$,你能观察到什么现象? 实地观察一下,水面波的色散属于哪种情况。

7－2. 为什么由点燃的香烟冒出的烟是淡蓝的,而吸烟者口中吐出的烟却呈白色?

7－3. 将一块透明塑料板(如直尺或三角板)立放在光滑桌面或玻璃板上,迎着窗口看它的倒影.有时你会在倒影中看到一些彩色条纹,试解释这个现象。

7－4. 做偏振光干涉的单光子实验,在正交偏振片之间插入一 波晶片,后面置一 光子探测器。现放一个光子通过此系统,这个光子在波晶片里的时候处于 o 光状态还是 e 光状态? 在第二块偏振片内处于透振状态还是被吸收状态? 探测器是否会接收到它?

习 题

7－1. 有一介质,吸收系数 $\alpha = 0.32\,\text{cm}^{-1}$,透射光强分别为入射光强的 10%、20%、50% 及 80% 时,介质的厚度各若干?

7－2. 一玻璃管长 3.50 m,内贮标准大气压下的某种气体,若该气体在此条件下的吸收系数为 $0.165\,0\,\text{m}^{-1}$,求透射光强的百分比。

7－3. 一块光学玻璃对水银灯蓝、绿谱线 $\lambda = 435.8\,\text{nm}$ 和 546.1 nm 的折射率分别为 1.65250 和 1.62450,用此数据定出科西公式(7.11)中的 A、B 两常量,并用它计算对钠黄线 $\lambda = 589.3\,\text{nm}$ 的折射率 n 及色散率 $\mathrm{d}n/\mathrm{d}\lambda$.

7－4. 利用第一章表 1－3 中冕牌玻璃 K9 对 F、D、C 三条谱线的折射率数据定出科西公式(7.10)中的 A、B、C 三常量,用它计算该表中给出的其它波长下折射率数据,并与表中实测数值比较。

7-5. 一棱镜顶角 $50°$，设它的玻璃材料可用二常量科西公式(7.11)来描写，其中 $A = 1.53974$，$B = 4.6528 \times 10^3 \, nm^2$. 求此棱镜对波长 $550.0 \, nm$ 调到最小偏向角时的色散本领.

7-6. 根据(7.25)式证明吸收峰的高度反比于 γ_j，半值宽度(即峰值之半处的宽度，见图7-9b)$\Delta\lambda$ 正比于 γ_j.

7-7. 一块玻璃对波长 $0.070 \, nm$ 的 X 射线的折射率比 1 小 1.600×10^{-6}，求 X 射线能在此玻璃外表面发生全反射的最大掠射角.

7-8. 估计一下铜的等离子体振荡角频率 ω_p 的数量级。

7-9. 求习题 7-4 中冕牌玻璃 K9 对 D 双线的群速。

7-10. 试计算下列各情况下的群速：

(1) $v_p = v_0$（常量）（无色散介质，如空气中的声波）。

(2) $v_p = \sqrt{\dfrac{\lambda}{2\pi}\left(g + \dfrac{4\pi^2 F_T}{\lambda^2 \rho}\right)}$　（水面波，g 为重力加速度，F_T 为表面张力，ρ 为液体的密度）。

(3) n 满足正常色散的科西公式(7.11)。

(4) $\omega^2 = \omega_c^2 + c^2 k^2$　（波导中的电磁波，ω_c 为截止角频率）。

7-11. 摄影者知道用橙黄色滤色镜拍摄天空时，在黑白照片中可增加蓝天和白云的对比。设照相机的镜头和底片的灵敏度将光谱范围限制在 $390.0 \, nm$ 到 $620.0 \, nm$ 之间，并设太阳光谱在此范围内可看成是常量。若滤色镜把波长在 $550.0 \, nm$ 以下的光全部吸收，天空的散射光被它去掉了百分之几？

7-12. 苯(C_6H_6)的拉曼散射中较强的谱线与入射光的波数差 $607, 992, 1178, 1586, 3047, 3062 \, cm^{-1}$，今以氩离子激光($\lambda = 488.0 \, nm$)入射，计算各斯托克斯和反斯托克斯谱线的波长。

7-13. 设一个两能级系统能级差 $E_2 - E_1 = 0.01 \, eV$，

(1) 分别求 $T = 10^2 \, K$，$10^3 \, K$，$10^5 \, K$，$10^8 \, K$ 时粒子数 N_2 与 N_1 之比；

(2) $N_2 = N_1$ 的状态相当于多高的温度？

(3) 粒子数发生反转的状态相当于怎样的温度？

(4) 我们姑且引入"负温度"的概念来描述粒子数反转的状态，你觉得 $T = -10^8 \, K$ 和 $T = +10^8 \, K$ 两个温度中哪一个更高？

附录 A 傅里叶变换 波包的速度

1. 周期函数的傅里叶级数展开

一个 t 的周期函数 $\tilde{f}(t)$ 可展开为如下级数：

$$\tilde{f}(t) = \sum_{n=-\infty}^{\infty} \tilde{F}_n e^{-in\omega t}. \tag{A.1}$$

这级数称为傅里叶级数，其中 $\tilde{F}_n$ 为傅里叶系数，n 取所有整数。它们的集合告诉我们原函数 $\tilde{f}(t)$ 中各频率的成分各占多少比例，称为傅里叶频谱。 由于单位指数函数的正交性：

$$\frac{1}{T}\int_{-T/2}^{T/2} e^{-i(n-m)\omega t}\,dt = \begin{cases} 1, & n=m, \\ 0, & n \neq m. \end{cases} \quad \left(T = \frac{2\pi}{\omega}\right) \tag{A.2}$$

将(A.1)式乘以 $e^{im\omega t}$，在 $-T/2$ 到 $T/2$ 区间对 t 积分后除以 T，得

$$\tilde{F}_m = \frac{1}{T}\int_{-T/2}^{T/2} \tilde{f}(t) e^{im\omega t}\,dt, \tag{A.3}$$

这就是由原函数求傅里叶系数的公式。

例 1 矩形波（图 A-1）

$$\tilde{f}(t) = \begin{cases} 1, & |t| \leqslant T/4, \\ 0, & T/4 < |t| < T/2. \end{cases} \tag{A.4}$$

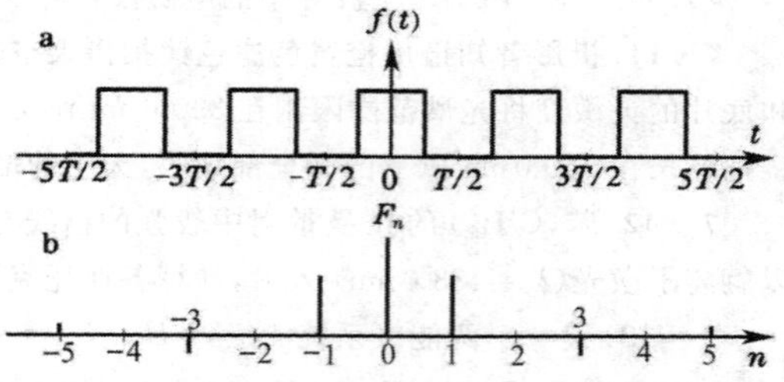

其傅里叶系数为

$$\tilde{F}_0 = \frac{1}{T}\int_{-T/2}^{T/2} \tilde{f}(t)\,dt = \frac{1}{2},$$

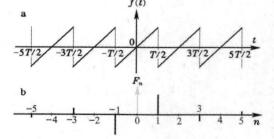

图 A-1 矩形波及其傅里叶频谱

$$\tilde{F}_n = \frac{1}{T}\int_{-T/2}^{T/2} \tilde{f}(t) e^{in\omega t}\,dt = \frac{1}{T}\int_{-T/4}^{T/4} e^{in\omega t}\,dt = \frac{1}{2n\pi i}(e^{in\pi/2} - e^{-in\pi/2}) = \frac{i^n - (-i)^n}{2n\pi i},$$

即

$$F_0 = \frac{1}{2}, \quad F_{\pm 1} = \frac{1}{\pi}, \quad F_{\pm 2} = 0, \quad F_{\pm 3} = \frac{-1}{3\pi}, \quad F_{\pm 4} = 0, \quad F_{\pm 5} = \frac{1}{5\pi}, \tag{A.5}$$

于是

$$f(t) = \frac{1}{2} + \frac{2}{\pi}\left(\cos\omega t - \frac{1}{3}\cos 3\omega t + \frac{1}{5}\cos 5\omega t + \cdots\right). \tag{A.6}$$

例 2 锯齿波（图 A-2）

$$\tilde{f}(t) = t/T, \quad -T/2 < t \leqslant T/2. \tag{A.7}$$

其傅里叶系数为

$$\tilde{F}_0 = \frac{1}{T^2}\left(\frac{t^2}{2}\right)\Big|_{-T/2}^{T/2} = 0,$$

$$\tilde{F}_n = \frac{1}{T^2}\int_{-T/2}^{T/2} \tilde{f}(t) e^{in\omega t}\,dt = \frac{1}{T^2}\int_{-T/2}^{T/2} t e^{in\omega t}\,dt$$

$$= \frac{1}{T^2}\left(\frac{t}{in\omega} + \frac{1}{n^2\omega^2}\right) e^{in\omega t}\Big|_{t=-T/2}^{t=T/2}$$

图 A-2 锯齿波及其傅里叶频谱

$$= \frac{1}{4n\pi i}(e^{in\pi} + e^{-in\pi}) + \frac{1}{4n^2\pi^2}(e^{in\pi} - e^{-in\pi}) = \frac{(-1)^n}{2n\pi i}, \quad (n \neq 0). \tag{A.8}$$

即

$$F_0 = 0, \quad F_{\pm 1} = \frac{\pm 1}{\pi}, \quad F_{\pm 2} = 0, \quad F_{\pm 3} = \frac{\mp 1}{3\pi}, \quad F_{\pm 4} = 0, \quad F_{\pm 5} = \frac{\pm 1}{5\pi}, \cdots \tag{A.9}$$

于是

$$f(t) = \frac{1}{\pi}\left(\sin\omega t - \frac{1}{2}\sin 2\omega t + \frac{1}{3}\sin 3\omega t - \cdots\right). \tag{A.10}$$

2. 傅里叶积分变换

上面介绍了周期函数的傅里叶级数展开,非周期函数相当于周期 $T \to \infty$ 的周期函数。现在我们进行这一过渡。

设函数 $f(t)$ 为周期函数,周期为 T.在图 A－3 中只画了它在 $\pm T/2$ 之间一个周期内的曲线。按照(A.1)式,我们把它展成指数式的傅里叶级数:

$$\tilde{f}(t) = \sum_{n=-\infty}^{\infty} \tilde{F}_n e^{-in\Omega t},$$

$\Omega = 2\pi/T$ 为基频。傅里叶系数为

$$\tilde{F}_n = \frac{1}{T} \int_{-T/2}^{T/2} \tilde{f}(t) e^{in\Omega t} dt.$$

为此改换一下变量,令 $\omega_n = n\Omega = 2n\pi/T$, $\tilde{F}(\omega_n) = T\tilde{F}_n$,则上两式分别化为

$$\tilde{f}(t) = \sum_{n=-\infty}^{\infty} \tilde{F}(\omega_n) e^{i\omega_n t} \frac{\Delta\omega}{2\pi}, \tag{A.11}$$

$$F(\omega_n) = \int_{-T/2}^{T/2} \tilde{f}(t) e^{i\omega_n t} dt. \tag{A.12}$$

式中 $\Delta\omega = \omega_{n+1} - \omega_n = \Omega = 2\pi/T$. 现取 $T \to \infty$,即 $\Omega \to 0$ 的极限,此时 $\Delta\omega \to 0$,把 ω_n 看成连续变量 ω,(A.11)式中的求和化为积分,两式分别化为

$$\begin{cases} \tilde{f}(t) = \int_{-\infty}^{+\infty} \tilde{F}(\omega) e^{-i\omega t} \dfrac{d\omega}{2\pi}, & (A.13) \\ \tilde{F}(\omega) = \int_{-\infty}^{+\infty} \tilde{f}(t) e^{i\omega t} dt. & (A.14) \end{cases}$$

(A.12)式叫傅里叶积分变换,或傅里叶变换,(A.13)式称为傅里叶逆变换。 ❶

单色波列应该是无穷长的,任何有限长的波列经傅里叶分解,都包含一定范围 $\Delta\omega$ 内的角频率,或者说,它的频谱有一定的宽度。 一般说来,频谱宽度与波列长度是成反比的。 下面分析几个包络形式不同的波列。

例 1　方垒型波列(图 A－3a)

$$f(t) = \begin{cases} A e^{-i\omega_0 t} & |t| \leqslant \tau, \\ 0, & |t| > \tau. \end{cases} \tag{A.15}$$

它的傅里叶变换为(图 A－3b)

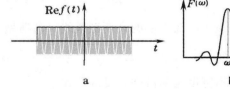

$$\begin{aligned} F(\omega) &= A \int_{-\tau/2}^{\tau/2} e^{i(\omega-\omega_0)t} dt \\ &= A\tau \frac{\sin\beta}{\beta} \quad [\beta = (\omega-\omega_0)\tau/2] \end{aligned} \tag{A.16}$$

图 A－3 方垒型波列及其频谱

在 $\beta = \pm\pi$ 处(即 $\omega - \omega_0 = \pm 2\pi/\tau$ 处)$F(\omega) = 0$,此范围内是频谱函数的"主极强",此范围外其数值就很小了。 从而我们定义频谱的宽度为 $\Delta\omega = 4\pi/\tau$. 另一方面,波列的长度 $\Delta t = \tau$,故频谱宽度与波列长度成反比:

$$\Delta\omega \Delta t = 4\pi. \tag{A.17}$$

---

❶ 在不同书籍和文献中傅里叶变换(A.13)式及其逆变换(A.14)式还有以下一些不同写法:

$$\begin{cases} \tilde{f}(t) = \int_{-\infty}^{+\infty} \tilde{F}(\omega) e^{-i\omega t} d\omega, \\ \tilde{F}(\omega) = \int_{-\infty}^{+\infty} \tilde{f}(t) e^{i\omega t} \dfrac{dt}{2\pi}. \end{cases} \quad 或 \quad \begin{cases} \tilde{f}(t) = \int_{-\infty}^{+\infty} \tilde{F}(\omega) e^{-i\omega t} \dfrac{d\omega}{\sqrt{2\pi}}, \\ \tilde{F}(\omega) = \int_{-\infty}^{+\infty} \tilde{f}(t) e^{i\omega t} \dfrac{dt}{\sqrt{2\pi}}. \end{cases}$$

在各种不同写法中,$\tilde{F}(\omega)$ 的定义相差一个常数因子。

例 2 指数型波列(图 A-4a)

$$f(t) = A\mathrm{e}^{-\gamma|t|}\mathrm{e}^{-\mathrm{i}\omega_0 t}. \tag{A.18}$$

图 A-4 指数型波列及其频谱

它的傅里叶变换为(图 A-4b)

$$\begin{aligned} F(\omega) &= A\left[\int_0^\infty \mathrm{e}^{-\gamma t}\mathrm{e}^{\mathrm{i}(\omega-\omega_0)t}\mathrm{d}t + \int_{-\infty}^0 \mathrm{e}^{\gamma t}\mathrm{e}^{-\mathrm{i}(\omega-\omega_0)t}\mathrm{d}t\right] \\ &= A\left[\frac{-1}{-\gamma-\mathrm{i}(\omega-\omega_0)} + \frac{1}{\gamma-\mathrm{i}(\omega-\omega_0)}\right] \\ &= \frac{2\gamma A}{(\omega-\omega_0)^2+\gamma^2}. \end{aligned} \tag{A.19}$$

频谱是以 $\omega=\omega_0$ 为中心的洛伦兹型谱线,在 $\omega-\omega_0=\pm\gamma$ 处其数值减到峰值的一半。我们可以定义谱宽 $\Delta\omega=2\gamma$. 至于波列长度,因 $t=\pm1/\gamma$ 时,波幅降到峰值的 $1/\mathrm{e}\approx36\%$,我们可以定义波列长度为 $\Delta t=2/\gamma$,故频谱宽度也与波列长度成反比:

$$\Delta\omega\,\Delta t = 2. \tag{A.20}$$

图 A-5 高斯型波列及其频谱

例 3 高斯型波列(图 A-5a)

$$f(t) = A\mathrm{e}^{-at^2}\mathrm{e}^{-\mathrm{i}\omega_0 t}. \tag{A.21}$$

它的傅里叶变换为(图 A-5b)

$$\begin{aligned} F(\omega) &= A\int_{-\infty}^\infty \mathrm{e}^{-at^2}\mathrm{e}^{\mathrm{i}(\omega-\omega_0)t}\mathrm{d}t \\ &= A\exp\left[-(\omega-\omega_0)^2/4a\right]\int_{-\infty}^\infty \exp\left[-at^2-\mathrm{i}(\omega-\omega_0)t+(\omega-\omega_0)^2/4a\right]\mathrm{d}t \\ &= A\exp\left[-(\omega-\omega_0)^2/4a\right]\int_{-\infty}^\infty \mathrm{e}^{-ay^2}\mathrm{d}y \qquad [y=x+\mathrm{i}(\omega-\omega_0)/2a] \\ &= A\sqrt{\frac{\pi}{a}}\exp\left[-(\omega-\omega_0)^2/4a\right]. \end{aligned} \tag{A.22}$$

频谱是以 $\omega=\omega_0$ 为中心的高斯型谱线。高斯型谱线的宽度可用波数的方差来定义:

$$\Delta t=\sqrt{\overline{t^2}}=\frac{1}{\sqrt{2a}}, \quad \Delta\omega=\sqrt{\overline{(\omega-\omega_0)^2}}=\sqrt{2a},$$

故频谱宽度也与波列长度成反比:

$$\Delta\omega\,\Delta t = 1. \tag{A.23}$$

从以上几个例子可以看出,无论波列的包络形式如何,频谱宽度总是与波列长度成反比的,二者的乘积是个数量级为 1 的常数。高斯波包独特之处,就是它的频谱也是高斯型的函数。

3. 空间频谱

上面讲的是时间变量的傅里叶变换,也可以对空间变量作傅里叶变换。时间的傅里叶变换是一维的,空间的傅里叶变换可以高于一维。在变换光学(见第五章)中经常要对波前(二维的)上的信息分布作傅里叶变换。我们取这一平面为 xy 面,其上的信息分布用复函数 $\tilde{g}(x,y)$ 来描述。如图 A-6 所示,它在 x、y 两个方向上的周期分别为 d_1 和 d_2,它们的倒数称为空间频率,记作 f_1 和 f_2,即 $f_1=1/d_1$,$f_2=1/d_2$. 与角频率相当的是 $q_1=2\pi f_1$,$q_2=2\pi f_2$. 如果 $\tilde{g}(x,y)$ 是非周期性函数,则可对它作傅里叶变换。习惯上我们对空间变量作傅里

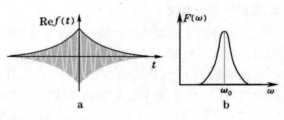

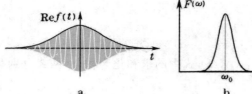

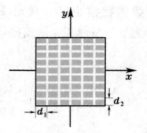

图 A-6 二维平面上的空间周期

叶变换在指数上采取与时间变量情形相反的正负号。只需将(A.13)、(A.14)式中的变量作如下代换，即可得空间的傅里叶变换及其逆变换的公式。

$$t \rightarrow (x, y), \quad \omega \rightarrow -(q_1, q_2) = -2\pi(f_1, f_2),$$

积分是二重的：

$$\begin{cases} \widetilde{g}(x, y) = \int_{-\infty}^{+\infty}\int_{-\infty}^{+\infty} \widetilde{G}(q_1, q_2) \, e^{-i(q_1 x + q_2 y)} \, \dfrac{\mathrm{d}q_1}{2\pi} \dfrac{\mathrm{d}q_2}{2\pi}, & (A.24) \\[2mm] \widetilde{G}(q_1, q_2) = \int_{-\infty}^{+\infty}\int_{-\infty}^{+\infty} \widetilde{g}(x, y) \, e^{-i(q_1 x + q_2 y)} \, \mathrm{d}x \, \mathrm{d}y. & (A.25) \end{cases}$$

或者用(f_1, f_2)作变量：

$$\begin{cases} \widetilde{g}(x, y) = \int_{-\infty}^{+\infty}\int_{-\infty}^{+\infty} \widetilde{G}(f_1, f_2) \, e^{-i2\pi(f_1 x + f_2 y)} \, \mathrm{d}f_1 \mathrm{d}f_2, & (A.24') \\[2mm] \widetilde{G}(f_1, f_2) = \int_{-\infty}^{+\infty}\int_{-\infty}^{+\infty} \widetilde{g}(x, y) \, e^{-i2\pi(f_1 x + f_2 y)} \, \mathrm{d}x \, \mathrm{d}y. & (A.25') \end{cases}$$

4. 波包的群速

实际的波列都是有限长的波包，按傅里叶变换的观点，它们都可看成一定频带宽度单色波的叠加：

$$\widetilde{f}(t, x) = \int_{-\infty}^{+\infty} \widetilde{F}(\omega) \, e^{-i(\omega t - kx)} \, \frac{\mathrm{d}\omega}{2\pi}. \tag{A.26}$$

在色散介质中各单色成分传播的快慢不同。在第 3 节里我们已看到，波包的频带宽度与它的长度成反比。在无色散介质内角频率ω与角波数k成正比。设此波包有个中心角频率ω_0及其相应的角波数k_0. 我们假定波列不太短，从而它的频带不太宽，亦即$\widetilde{F}(\omega)$显著不等于 0 有效频率范围是$\omega = \omega_0$附近不太大的范围，在此范围内k随ω的变化偏离线性规律不太远，可认为

$$k - k_0 \approx \frac{\mathrm{d}k}{\mathrm{d}\omega}(\omega - \omega_0).$$

令$\Delta\omega = \omega - \omega_0$，$\Delta k = k - k_0$，(A.26) 式里的指数函数可作如下改写：

$$\begin{aligned} \exp\Big[-i(\omega t - kx)\Big] &= \exp\Big[-i(\omega - \omega_0)t - (k - k_0)x\Big] \exp\Big[-i(\omega_0 t - k_0 x)\Big] \\ &= \exp\Big[-i\Delta\omega\Big(t - \frac{\mathrm{d}k}{\mathrm{d}\omega}x\Big)\Big] \exp\Big[-i(\omega_0 t - k_0 x)\Big]. \end{aligned}$$

于是(A.26) 式化为

$$\begin{aligned} \widetilde{f}(t, x) &= \int_{-\infty}^{+\infty} \widetilde{F}(\omega_0 + \Delta\omega) \exp\Big[-i\Delta\omega\Big(t - \frac{\mathrm{d}k}{\mathrm{d}\omega}x\Big)\Big] e^{-i(\omega_0 t - k_0 x)} \frac{\mathrm{d}\omega}{2\pi} \\ &= e^{-i(\omega_0 t - k_0 x)} \int_{-\infty}^{+\infty} \widetilde{F}(\omega_0 + \Delta\omega) \exp\Big[-i\Delta\omega\Big(t - \frac{\mathrm{d}k}{\mathrm{d}\omega}x\Big)\Big] \frac{\mathrm{d}\Delta\omega}{2\pi}. \end{aligned} \tag{A.27}$$

上式中的积分是一个傅里叶逆变换，其变换结果为以$t' = t - \dfrac{\mathrm{d}k}{\mathrm{d}\omega}x$为宗量的包络函数

$$\mathscr{A}(t') = \mathscr{A}\Big(t - \frac{\mathrm{d}k}{\mathrm{d}\omega}x\Big). \tag{A.28}$$

于是(A.27) 式化为

$$\widetilde{f}(t, x) = \mathscr{A}\Big(t - \frac{\mathrm{d}k}{\mathrm{d}\omega}x\Big) e^{-i(\omega_0 t - k_0 x)}. \tag{A.29}$$

以高斯型波包为例，按(A.22) 式

$$F(\omega) = A\sqrt{\frac{\pi}{a}} \, \exp\Big[-(\omega - \omega_0)^2/4a\Big],$$

因而

$$F(\omega_0 + \Delta\omega) = A\sqrt{\frac{\pi}{a}} \, \exp\Big[-(\Delta\omega)^2/4a\Big].$$

则(A.27) 式中的积分为

$$\begin{aligned} I &= \int_{-\infty}^{+\infty} \widetilde{F}(\omega_0 + \Delta\omega) \exp\Big[-i\Delta\omega\Big(t - \frac{\mathrm{d}k}{\mathrm{d}\omega}x\Big)\Big] \frac{\mathrm{d}\Delta\omega}{2\pi} \\ &= \int_{-\infty}^{+\infty} A\sqrt{\frac{\pi}{a}} \exp\Big[-(\Delta\omega)^2/4a\Big] \exp\Big(-i\Delta\omega t'\Big) \frac{\mathrm{d}\Delta\omega}{2\pi}, \end{aligned}$$

这是高斯函数的傅里叶逆变换,它等于

$$I = A\,\mathrm{e}^{-at'2} = A\exp\left[-a\left(t-\frac{\mathrm{d}k}{\mathrm{d}\omega}x\right)^2\right],$$

于是

$$\tilde{f}(t,x) = A\exp\left[-a\left(t-\frac{\mathrm{d}k}{\mathrm{d}\omega}x\right)^2\right]\mathrm{e}^{-\mathrm{i}(\omega_0 t-k_0 x)}.$$

这里的包络函数为

$$\mathscr{A}(t') = A\,\mathrm{e}^{-at'2}.$$

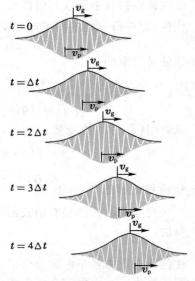

图 A-7　群速是波包的传播速度

现在来看看(A.29)式的物理意义. 因子 $\mathrm{e}^{-\mathrm{i}(\omega_0 t-k_0 x)}$ 所描述的是以相速 $v_\mathrm{p}=\dfrac{\omega_0}{k_0}$ 传播的波动. 因子

$$\mathscr{A}\left(t-\frac{\mathrm{d}k}{\mathrm{d}\omega}x\right) = \mathscr{A}\left(t-\frac{x}{v_\mathrm{g}}\right),$$

其中

$$v_\mathrm{g} = \frac{\mathrm{d}\omega}{\mathrm{d}k} \tag{A.30}$$

是以速度 v_g 传播的包络. v_g 称为波的**群速**(group velocity),(A.30)式就是它的表达式. 有色散时,群速(图 A-7)一般不等于相速. 正常色散时 $v_\mathrm{g}<v_\mathrm{p}$(见第七章 2.4 节).

5. 波包的能量速度

群速是波包的传播速度,也可认为它就是波所携带的能量的传播速度. 但能量传播的速度有自己的定义,群速等于能量速度是需要证明的. 现在我们推导光波(电磁波)的能量速度.❶

从麦克斯韦方程不难导出

$$\boldsymbol{E}\cdot\frac{\partial \boldsymbol{D}}{\partial t}+\boldsymbol{H}\cdot\frac{\partial \boldsymbol{B}}{\partial t} = -\nabla\cdot(\boldsymbol{E}\times\boldsymbol{H}). \tag{A.31}$$

我们需要计算的是平均能流,为此可用如下复数式:

$$\frac{1}{2}\left(\boldsymbol{E}^*\cdot\frac{\partial \boldsymbol{D}}{\partial t}+\boldsymbol{E}\cdot\frac{\partial \boldsymbol{D}^*}{\partial t}+\boldsymbol{H}^*\cdot\frac{\partial \boldsymbol{B}}{\partial t}+\boldsymbol{H}\cdot\frac{\partial \boldsymbol{B}^*}{\partial t}\right) = -\frac{1}{2}\nabla\cdot\left(\boldsymbol{E}^*\times\boldsymbol{H}+\boldsymbol{E}\times\boldsymbol{H}^*\right), \tag{A.32}$$

式中＊号代表复数共轭. 在色散介质中,各场矢量只有它们的傅里叶分量具有简单的比例关系:

$$\begin{cases} \boldsymbol{D}(\omega) = \varepsilon_0\varepsilon(\omega)\boldsymbol{E}(\omega), \\ \boldsymbol{B}(\omega) = \mu_0\mu(\omega)\boldsymbol{H}(\omega). \end{cases} \tag{A.33}$$

式中 $\varepsilon(\omega)$ 是相对介电常量, $\mu(\omega)$ 是相对磁导率. 色散必有一定的吸收,这意味着 $\varepsilon(\omega)$ 是复数. 在光频波段可认为 $\mu(\omega)=1$.

没有无穷长的波列. 设吸收不强烈,场矢量都可写成频带较窄的波包:

$$\begin{cases} \boldsymbol{E}(t) = \displaystyle\int \boldsymbol{E}(\omega)\mathrm{e}^{-\mathrm{i}\omega t}\frac{\mathrm{d}\omega}{2\pi}, \\ \boldsymbol{D}(t) = \displaystyle\int \boldsymbol{D}(\omega)\mathrm{e}^{-\mathrm{i}\omega t}\frac{\mathrm{d}\omega}{2\pi} = \varepsilon_0\int\varepsilon(\omega)\boldsymbol{E}(\omega)\mathrm{e}^{-\mathrm{i}\omega t}\frac{\mathrm{d}\omega}{2\pi}; \end{cases} \tag{A.34}$$

取上式对 t 的微商:

$$\frac{\partial \boldsymbol{D}}{\partial t} = -\mathrm{i}\varepsilon_0\int\omega\varepsilon(\omega)\boldsymbol{E}(\omega)\mathrm{e}^{-\mathrm{i}\omega t}\frac{\mathrm{d}\omega}{2\pi}, \tag{A.35}$$

于是

$$\boldsymbol{E}^*\cdot\frac{\partial \boldsymbol{D}}{\partial t} = -\mathrm{i}\varepsilon_0\iint\omega_2\varepsilon^*(\omega_2)\boldsymbol{E}^*(\omega_1)\cdot\boldsymbol{E}(\omega_2)\mathrm{e}^{-\mathrm{i}(\omega_1-\omega_2)t}\frac{\mathrm{d}\omega_1}{2\pi}\frac{\mathrm{d}\omega_2}{2\pi}. \tag{A.36}$$

---

❶　赵凯华,电磁波的群速与能量传播速度,《大学物理》,1984 年,第 10 期,1～4.

取上式的复共轭,然后将积分的傀变量 ω_1、ω_2 对换:

$$\boldsymbol{E} \cdot \frac{\partial \boldsymbol{D}^*}{\partial t} = \mathrm{i}\varepsilon_0 \iint \omega_2 \varepsilon^*(\omega_2) \boldsymbol{E}(\omega_1) \cdot \boldsymbol{E}^*(\omega_2) \mathrm{e}^{-\mathrm{i}(\omega_1-\omega_2)t} \frac{\mathrm{d}\omega_1}{2\pi} \frac{\mathrm{d}\omega_2}{2\pi}$$

$$= \mathrm{i}\varepsilon_0 \iint \omega_1 \varepsilon^*(\omega_1) \boldsymbol{E}(\omega_2) \cdot \boldsymbol{E}^*(\omega_1) \mathrm{e}^{-\mathrm{i}(\omega_2-\omega_1)t} \frac{\mathrm{d}\omega_1}{2\pi} \frac{\mathrm{d}\omega_2}{2\pi}. \tag{A.37}$$

(A.36)、(A.37) 两式相加,得

$$\boldsymbol{E}^*(t) \cdot \frac{\partial \boldsymbol{D}(t)}{\partial t} + \boldsymbol{E}(t) \cdot \frac{\partial \boldsymbol{D}^*(t)}{\partial t}$$

$$= \mathrm{i}\varepsilon_0 \iint \left[\omega_1 \varepsilon^*(\omega_1) - \omega_2 \varepsilon(\omega_2) \right] \boldsymbol{E}^*(\omega_1) \cdot \boldsymbol{E}(\omega_2) \mathrm{e}^{\mathrm{i}(\omega_1-\omega_2)t} \frac{\mathrm{d}\omega_1}{2\pi} \frac{\mathrm{d}\omega_2}{2\pi}$$

$$= \mathrm{i}\varepsilon_0 \iint \left[\left(\omega+\frac{\Delta\omega}{2}\right) \varepsilon^*\left(\omega+\frac{\Delta\omega}{2}\right) - \left(\omega-\frac{\Delta\omega}{2}\right) \varepsilon\left(\omega-\frac{\Delta\omega}{2}\right) \right] \boldsymbol{E}^*\left(\omega+\frac{\Delta\omega}{2}\right) \cdot \boldsymbol{E}\left(\omega-\frac{\Delta\omega}{2}\right) \times \mathrm{e}^{\mathrm{i}\Delta\omega t} \frac{\mathrm{d}\omega}{2\pi} \frac{\mathrm{d}\Delta\omega}{2\pi}, \tag{A.38}$$

式中 $\omega = \frac{1}{2}(\omega_1+\omega_2)$, $\Delta\omega = \omega_1 - \omega_2$.

将介电常量 $\varepsilon(\omega)$ 分解为实部 $\varepsilon'(\omega)$ 和虚部 $\varepsilon''(\omega)$,实部 $\varepsilon'(\omega) = n^2(\omega)$ 描述介质的色散,虚部 $\varepsilon''(\omega)$ 代表耗散。 于是

$$\left(\omega+\frac{\Delta\omega}{2}\right) \varepsilon^*\left(\omega+\frac{\Delta\omega}{2}\right) - \left(\omega-\frac{\Delta\omega}{2}\right) \varepsilon\left(\omega-\frac{\Delta\omega}{2}\right)$$

$$= \left(\omega+\frac{\Delta\omega}{2}\right) \varepsilon'\left(\omega+\frac{\Delta\omega}{2}\right) - \left(\omega-\frac{\Delta\omega}{2}\right) \varepsilon'\left(\omega-\frac{\Delta\omega}{2}\right) - \mathrm{i}\left(\omega+\frac{\Delta\omega}{2}\right) \varepsilon''\left(\omega+\frac{\Delta\omega}{2}\right) - \mathrm{i}\left(\omega-\frac{\Delta\omega}{2}\right) \varepsilon''\left(\omega-\frac{\Delta\omega}{2}\right)$$

$$\approx \frac{\mathrm{d}\omega\varepsilon'(\omega)}{\mathrm{d}\omega} \Delta\omega - 2\mathrm{i}\omega\varepsilon''(\omega). \tag{A.39}$$

由于 $\Delta\omega$ 不超过波包的带宽,故而上面作了泰勒展开。 在弱吸收区 $\varepsilon'' \ll \varepsilon'$,虚部只保留零级项即可。

现令

$$\langle \boldsymbol{E}^* \cdot \boldsymbol{E} \rangle_{\omega,t} \equiv \int \Delta\omega \, \boldsymbol{E}^*\left(\omega+\frac{\Delta\omega}{2}\right) \cdot \boldsymbol{E}\left(\omega-\frac{\Delta\omega}{2}\right) \mathrm{e}^{\mathrm{i}\Delta\omega t} \frac{\mathrm{d}\Delta\omega}{2\pi}. \tag{A.40}$$

将(A.38) 式代入(A.37) 式,有

$$\boldsymbol{E}^* \cdot \frac{\partial \boldsymbol{D}}{\partial t} + \boldsymbol{E} \cdot \frac{\partial \boldsymbol{D}^*}{\partial t} = \varepsilon_0 \int \left[\frac{\mathrm{d}\omega\varepsilon'(\omega)}{\mathrm{d}\omega} \frac{\partial}{\partial t} + 2\omega\varepsilon''(\omega) \right] \langle \boldsymbol{E}^* \cdot \boldsymbol{E} \rangle_{\omega,t} \frac{\mathrm{d}\omega}{2\pi}$$

$$\approx \varepsilon_0 \left[\frac{\mathrm{d}\omega\varepsilon'(\omega)}{\mathrm{d}\omega} \frac{\partial}{\partial t} + 2\omega\varepsilon''(\omega) \right]_{\omega=\omega_0} \int \langle \boldsymbol{E}^* \cdot \boldsymbol{E} \rangle_{\omega,t} \frac{\mathrm{d}\omega}{2\pi} = \varepsilon_0 \left[\frac{\mathrm{d}\omega\varepsilon'(\omega)}{\mathrm{d}\omega} \frac{\partial}{\partial t} + 2\omega\varepsilon''(\omega) \right]_{\omega=\omega_0} \langle \boldsymbol{E}^* \cdot \boldsymbol{E} \rangle_t, \tag{A.41}$$

式中

$$\langle \boldsymbol{E}^* \cdot \boldsymbol{E} \rangle_t = \int \langle \boldsymbol{E}^* \cdot \boldsymbol{E} \rangle_{\omega,t} \frac{\mathrm{d}\omega}{2\pi}. \tag{A.42}$$

由于 $\Delta\omega$ 的取值范围很小,(A.38) 式和(A.42) 式所定义的 $\langle \boldsymbol{E}^* \cdot \boldsymbol{E} \rangle_{\omega,t}$ 和 $\langle \boldsymbol{E}^* \cdot \boldsymbol{E} \rangle_t$ 都是 t 的缓变函数。又因 ω 的取值范围也很小,故在(A.41) 式中我们把方括号内的量提到积分号之外,令其取波包中心频率 ω_0 处之值。

作如下代换

$$\boldsymbol{E} \to \boldsymbol{H}, \quad \boldsymbol{D} \to \boldsymbol{B}, \quad \varepsilon_0\varepsilon \to \mu_0\mu,$$

即可得到相应的磁能项表达式

$$\boldsymbol{H}^*(t) \cdot \frac{\partial \boldsymbol{B}(t)}{\partial t} + \boldsymbol{H}(t) \cdot \frac{\partial \boldsymbol{B}^*(t)}{\partial t} = \mu_0 \left[\frac{\mathrm{d}\omega\mu'(\omega)}{\mathrm{d}\omega} \frac{\partial}{\partial t} + 2\omega\mu''(\omega) \right]_{\omega=\omega_0} \langle \boldsymbol{H}^* \cdot \boldsymbol{H} \rangle_t = \mu_0 \frac{\partial}{\partial t} \langle \boldsymbol{H}^* \cdot \boldsymbol{H} \rangle_t. \tag{A.43}$$

由于 $\mu'(\omega)=1$, $\mu''(\omega)=0$,(A.43) 式比(A.41) 式大为简化。

最后,考虑(A.32)式右端的能流项。它们的平均值为

$$\boldsymbol{E}^*(t)\times\boldsymbol{H}(t)+\boldsymbol{E}(t)\times\boldsymbol{H}^*(t)=\langle\boldsymbol{E}^*\times\boldsymbol{H}\rangle_t+\langle\boldsymbol{E}\times\boldsymbol{H}^*\rangle_t=\int\left[\langle\boldsymbol{E}^*\times\boldsymbol{H}\rangle_{\omega,t}+\langle\boldsymbol{E}\times\boldsymbol{H}^*\rangle_{\omega,t}\right]\frac{\mathrm{d}\omega}{2\pi},$$

$$(\mathrm{A}.44)$$

其中

$$\langle\boldsymbol{E}^*\times\boldsymbol{H}\rangle_{\omega,t}=\int\boldsymbol{E}^*\left(\omega+\frac{\Delta\omega}{2}\right)\times\boldsymbol{H}\left(\omega-\frac{\Delta\omega}{2}\right)\mathrm{e}^{\mathrm{i}\Delta\omega t}\frac{\mathrm{d}\Delta\omega}{2\pi},\tag{A.45}$$

$\langle\boldsymbol{E}\times\boldsymbol{H}^*\rangle_{\omega,t}$ 是上式的复共轭。

将(A.41)、(A.43)、(A.44)各式代入(A.32)式,得如下形式的方程:

$$\frac{\partial W}{\partial t}+\nabla\cdot\boldsymbol{S}+Q=0,\tag{A.46}$$

其中

$$\begin{cases} W=\dfrac{\varepsilon_0}{2}\left[\dfrac{\mathrm{d}\omega\varepsilon'(\omega)}{\mathrm{d}\omega}\right]_{\omega=\omega_0}\langle\boldsymbol{E}^*\cdot\boldsymbol{E}\rangle_t+\dfrac{\mu_0}{2}\langle\boldsymbol{H}^*\cdot\boldsymbol{H}\rangle_t, & (\mathrm{A}.47)\\[2mm] \boldsymbol{S}=\dfrac{1}{2}\mathrm{Re}\langle\boldsymbol{E}^*\times\boldsymbol{H}\rangle_t, & (\mathrm{A}.48)\\[2mm] Q=2\omega_0\varepsilon_0\varepsilon''(\omega_0)\langle\boldsymbol{E}^*\cdot\boldsymbol{E}\rangle_t. & (\mathrm{A}.49) \end{cases}$$

若无色散和吸收,$\mathrm{d}\varepsilon'/\mathrm{d}\omega=0$, $\varepsilon''=0$,从而 $\mathrm{d}\omega\varepsilon'/\mathrm{d}\omega=\varepsilon'=\varepsilon$. 对于严格的单色波,

$$\begin{cases} \boldsymbol{E}(\omega)=2\pi\delta(\omega-\omega_0)\boldsymbol{E}, \\ \boldsymbol{H}(\omega)=2\pi\delta(\omega-\omega_0)\boldsymbol{H}, \end{cases} \begin{cases} \langle\boldsymbol{E}^*\cdot\boldsymbol{E}\rangle_t=\boldsymbol{E}^*\cdot\boldsymbol{E}, \\ \langle\boldsymbol{H}^*\cdot\boldsymbol{H}\rangle_t=\boldsymbol{H}^*\cdot\boldsymbol{H}, \\ \langle\boldsymbol{E}^*\times\boldsymbol{H}\rangle_t=\boldsymbol{E}^*\times\boldsymbol{H}, \end{cases}$$

$$\begin{cases} W=\dfrac{\varepsilon_0}{2}\boldsymbol{E}^*\cdot\boldsymbol{E}+\dfrac{\mu_0}{2}\boldsymbol{H}^*\cdot\boldsymbol{H}, \\[2mm] \boldsymbol{S}=\dfrac{1}{2}\mathrm{Re}\,\boldsymbol{E}^*\times\boldsymbol{H}, \\[2mm] Q=0. \end{cases}$$

亦即,W 就是我们熟悉的平均电磁能量密度,$\boldsymbol{S}$ 就是平均电磁能流密度(坡印亭矢量),(A.47)式和(A.48)式所定义的 W 和 $\boldsymbol{S}$ 应是上述两个概念在色散介质中的推广,Q 是因介质吸收引起单位体积内电磁能的耗散。(A.46)式是电磁波在色散介质中的能量平衡方程。

能量传播速度 $\boldsymbol{v}_W$ 应定义为 $\boldsymbol{S}$ 与 W 之比:

$$\boldsymbol{v}_W\equiv\frac{\boldsymbol{S}}{W}.\tag{A.50}$$

在电磁波中$\sqrt{\varepsilon_0\varepsilon'(\omega)}\,E=\sqrt{\mu_0\mu'(\omega)}\,H$ [这里取 $\mu'(\omega)=1$], 且因 $\boldsymbol{E}\perp\boldsymbol{H}$,$\boldsymbol{E}^*\times\boldsymbol{H}$ 沿单位角波矢 $\hat{\boldsymbol{k}}$ 的方向,以及 $c=1/\sqrt{\varepsilon_0\mu_0}$,(A.47) 式、(A.48) 式化为

$$\begin{cases} W=\varepsilon_0\left[\dfrac{\mathrm{d}\omega\varepsilon'(\omega)}{\mathrm{d}\omega}+\varepsilon'(\omega)\right]_{\omega=\omega_0}\langle\boldsymbol{E}^*\cdot\boldsymbol{E}\rangle_t=\varepsilon_0\left[\omega\dfrac{\mathrm{d}\varepsilon'(\omega)}{\mathrm{d}\omega}+2\varepsilon'(\omega)\right]_{\omega=\omega_0}\langle\boldsymbol{E}^*\cdot\boldsymbol{E}\rangle_t, & (\mathrm{A}.51)\\[3mm] \boldsymbol{S}=2c\varepsilon_0\sqrt{\varepsilon'(\omega)}\,\langle\boldsymbol{E}^*\cdot\boldsymbol{E}\rangle_t\,\hat{\boldsymbol{k}}, & (\mathrm{A}.52) \end{cases}$$

于是

$$\boldsymbol{v}_W=\frac{2c\sqrt{\varepsilon'(\omega)}}{\omega\dfrac{\mathrm{d}\varepsilon'(\omega)}{\mathrm{d}\omega}+2\varepsilon'(\omega)}\,\hat{\boldsymbol{k}}.\tag{A.53}$$

由于不再会引起误解,这里我们就用 ω 代表波包的中心频率 ω_0.

现在来计算群速。在各向同性介质中群速 $\boldsymbol{v}_g$ 也沿 $\hat{\boldsymbol{k}}$ 方向,其大小 $v_g=\mathrm{d}\omega/\mathrm{d}k$. 在色散介质中折射率 $n(\omega)=\sqrt{\varepsilon'(\omega)}$,色散关系 $\omega/k=c/n$ 可写为

$$\omega\sqrt{\varepsilon'(\omega)}=ck,\tag{A.54}$$

取微分

$$\left[\sqrt{\varepsilon'(\omega)} + \frac{\omega}{2\sqrt{\varepsilon'(\omega)}} \frac{\mathrm{d}\varepsilon'(\omega)}{\mathrm{d}\omega}\right]\mathrm{d}\omega = c\,\mathrm{d}k,$$

由此得

$$v_{\mathrm{g}} = \frac{\mathrm{d}\omega}{\mathrm{d}k} = \frac{2c\sqrt{\varepsilon'(\omega)}}{2\varepsilon'(\omega) + \omega\dfrac{\mathrm{d}\varepsilon'(\omega)}{\mathrm{d}\omega}}. \tag{A.55}$$

比较(A.53)、(A.55)式可知
这便是要证明的。

$$v_{\mathrm{g}} = v_W. \tag{A.56}$$

　　在上述推导中用到弱吸收($\varepsilon'' \ll \varepsilon'$)和波包频带很窄的假设。 没有这些条件，我们不能得到类似(A.46)形式的能量平衡方程。 上面的 W、S 和 v_W 都只有在吸收可忽略的条件下才可能有近似的定义，在强烈吸收的波段里 v_W 根本没有意义。 另一方面，在强烈吸收时波列很短，波包的频带很宽，v_{g} 的概念也变得含糊不清了。 总之，$v_{\mathrm{g}} = v_W$ 的结论只适用于弱吸收的透明波段。

附录 B 物理常量

物理量	符号	数 值	单 位	相对标准不确定度
真空中的光速	c	299 792 458	$m \cdot s^{-1}$	精确
真空磁导率	μ_0	$4\pi \times 10^{-7}$	$N \cdot A^{-2}$	精确
真空电容率	ε_0	$8.854\ 187\ 817\cdots \times 10^{-12}$	$F \cdot m^{-1}$	精确
引力常量	G	$6.674\ 08(31) \times 10^{-11}$	$m^3 \cdot kg^{-1} \cdot s^{-2}$	4.7×10^{-5}
普朗克常量	h	$6.626\ 070\ 040(81) \times 10^{-34}$	$J \cdot s$	1.2×10^{-8}
约化普朗克常量	$h/2\pi$	$1.054\ 571\ 800(13) \times 10^{-34}$	$J \cdot s$	1.2×10^{-8}
元电荷	e	$1.602\ 176\ 6208(98) \times 10^{-19}$	C	6.1×10^{-9}
电子质量	m_e	$9.109\ 383\ 56(11) \times 10^{-31}$	kg	1.2×10^{-8}
质子质量	m_p	$1.672\ 621\ 898(21) \times 10^{-27}$	kg	1.2×10^{-8}
中子质量	m_n	$1.674\ 927\ 471(21) \times 10^{-27}$	kg	1.2×10^{-8}
电子比荷	$-e/m_e$	$-1.758\ 820\ 024(11) \times 10^{11}$	$C \cdot kg^{-1}$	6.2×10^{-9}
精细结构常数	α	$7.297\ 352\ 5664(17) \times 10^{-3}$		2.3×10^{-10}
精细结构常数的倒数	α^{-1}	$137.035\ 999\ 139(31)$		2.3×10^{-10}
里德伯常量	R_∞	$1.097\ 373\ 156\ 8508(65) \times 10^7$	m^{-1}	5.9×10^{-12}
阿伏伽德罗常量	N_A	$6.022\ 140\ 857(74) \times 10^{23}$	mol^{-1}	1.2×10^{-8}
摩尔气体常量	R	$8.314\ 4598(48)$	$J \cdot mol^{-1} \cdot K^{-1}$	5.7×10^{-7}
玻耳兹曼常量	k	$1.380\ 648\ 52(79) \times 10^{-23}$	$J \cdot K^{-1}$	5.7×10^{-7}
斯特藩－玻耳兹曼常量	σ	$5.670\ 367(13) \times 10^{-8}$	$W \cdot m^{-2} \cdot K^{-4}$	2.3×10^{-6}
维恩位移定律常量	b	$2.897\ 7729(17) \times 10^{-3}$	$m \cdot K$	5.7×10^{-7}
原子质量常量	m_u	$1.660\ 539\ 040(20) \times 10^{-27}$	kg	1.2×10^{-8}
理想气体的摩尔体积（标准状态）	V_m	$22.413\ 962(13) \times 10^{-3}$	$m^3 \cdot mol^{-1}$	5.7×10^{-7}
玻尔磁子	μ_B	$9.274\ 009\ 994(57) \times 10^{-24}$	$J \cdot T^{-1}$	6.2×10^{-9}
核磁子	μ_N	$5.050\ 783\ 699(31) \times 10^{-27}$	$J \cdot T^{-1}$	6.2×10^{-9}
玻尔半径	a_0	$5.291\ 772\ 1067(12) \times 10^{-9}$	m	2.3×10^{-10}
经典电子半径	r_e	$2.817\ 940\ 3227(19) \times 10^{-15}$	m	6.8×10^{-10}

注:表中的数据为国际科学联合会理事会科学技术数据委员会(CODATA)2014 年的国际推荐值。

习 题 答 案

第一章

1—1. $7.8 \times 10^6 \, \mathrm{km}^2$.

1—2. 从略。

1—3. (1)从略，(2)无色散。

1—4 到 **1—8**.从略。

1—9. 1.670.

1—10. $11°4'$.

1—11.(1)仍平行，(2)否。

1—12.(1)41.8°，(2)48.6°，(3)62.7°.

1—13.从略。

1—14. 0.667.

1—15.证明从略,此法限于 $n < n_g$.

1—16. (1) 5.09×10^{14} Hz, (2) 387.7 nm.

1—17. 3.74×10^{14} Hz.

1—18.

谱 线	F	线		D	线	
介 质	真 空	水		真 空	水	
折射率	1	1.337		1	1.333	
波长/nm	486.1	363.6		589.3	442.1	
频率/Hz	6.17×10^{14}	6.17×10^{14}		5.09×10^{14}	5.09×10^{14}	
光速/(m/s)	3×10^8	2.24×10^8		3×10^8	2.25×10^8	

1—19.证明从略,电子发出切连科夫辐射。

1—20 到 **1—21**.从略。

1—22. $E_A = 100$ lx, $E_B = 35$ lx.

1—23. $(1/\sqrt{2})$m.

1—24.(1)从略。

　　(2)与发光面和被照射面位置均无关。

1—25.从略。

1—26. 1.5×10^5 sb.

第二章

2—1 到 **2—3**.从略。

2—4.球心处。

2—5.凹面镜前30cm处(实像),

　　　　　10cm处(虚像)

2—6.半径 19.4 cm 凸面镜,

　　30 倍倒立实像。

2—7. a. $n > n'$,实物,实像；

　　b. $n > n'$,虚物,实像；

　　c. $n > n'$,实物,虚像；

　　d. $n > n'$,虚物,虚像。

2—8.从略。

2—9. 2.0.

2—10.从略。

2—11. 9 mm.

2—12 到 **2—14**.从略。

2—15. 40.0 cm.

2—16. 1.502.

2—17. 80 cm,发散。

2—18.

物距 s/cm	−24	−12	−6.0	0	6.0	12	24	36
像距 s'/cm	8	6	4	0	−12	∞	24	18
横向放大率 V	1/3	1/2	2/3	1	2	$-\infty$	−1	−1/2
像的虚实	实	实	实		虚		实	实
像的正倒	正	正	正	正	正	倒	倒	倒

2—19.

物距 s/cm	−24	−12	−6.0	0	6.0	12	24	36
像距 s'/cm	−24	∞	12	0	−4	−6	−8	−9
横向放大率 V	−1	∞	2	1	2/3	1/2	1/3	1/4
像的虚实	虚	实	实		虚	虚	虚	虚
像的正倒	倒	正	正	正	正	正	正	正

2—20. (4.2～5)cm.

2—21. 光源后 120 cm 和 40 cm 处.

2—22. (1)40 cm 和 60 cm;

(2)−2/3,−3/2.

2—23. 从略。

2—24. 60 cm.

2—25. L_2 之右 10.0 cm,2 倍。

2—26 到 2—31. 从略。

2—32. (1)$f=f'=10.2$ cm,

$X_H=X_{H'}=-0.34$ cm.

(2)$f=f'=38.7$ cm,

$X_H=0.65$ cm, $X_{H'}=-1.29$ cm.

(3)$f=f'=-128.6$ cm,

$X_H=2.14$ cm, $X_{H'}=-2.86$ cm.

2—33. $f=f'=3.00$ cm,

$X_H=X_{H'}=-2.00$ cm.

两主点重合,在球心处。

2—34. $s'=-6.00$ cm, $V=3$.

2—35 到 2—37. 从略。

2—38. 移近画面 0.014 cm.

2—39. (1/3)m.

2—40. −0.4 D = −40 度, 3 D = 300 度。

2—41. 2×: 4.17 cm,

3×: 2.08 cm,

5×: 0.83 cm,

10×: 0.23 cm.

2—42. 800×,倒像。

2—43. (1)7.3 mm, (2)$V_0=-27$,

(3)$M=-1335$, (4)0.0001 mm.

2—44. (1)从略;

(2)$f_0=16$ cm, $f_E=-4$ cm.

2—45. (1)开普勒型 $P_E=+6$ D,

$f_E=17$ m, $d=67$ cm;

(2)伽利略型 $P_E=-6$ D,

$f_E=-17$ m, $d=33$ cm.

2—46. 入射光瞳为物镜本身,

出射光瞳在目镜后 2.2 cm 处,

$D_{出瞳}=5.0$ mm.

2—47. (1)出射光瞳到目镜距离

$$\left(1+\frac{f_E}{f_0}\right)f_E\approx f_E,$$

(2)从略。

2—48. 20 倍。

2—49. (1)出射光瞳到目镜距离

$$\left(1+\frac{f_E}{f_0+\Delta}\right)f_E\approx f_E,$$

(2)从略。

2—50. 孔径光阑为 DD;

入射光瞳在 L_1 左 $4a$ 处,大小与 DD 同;

出射光瞳在 L_2 右 $2a$ 处,大小与 DD 同;

L_1 边框为 视场光阑,即入射窗。

2—51 到 2—53. 从略。

2—54. 正透镜非黏合面 42.3 mm,

黏合面 −47.0 mm.

2—55. $E=3.5\times10^7$ W/m².

2—56. 2.25 倍。

2—57. (1)20 倍: $H_0/H=1$,

(2)25 倍: $H_0/H=1$,

(3)50 倍: $H_0/H=4.0$.

2—58. (1)14 等, (2)60 倍, (3)10 等.

2—59. 250 倍。

第三章

3—1. F 线 14.6 mm,

D 线 17.7 mm,

A 线 19.7 mm.

3—2. 562.5 mm.

3—3. 1.05×10^{-2} rad≈36′.

3—4. 64.0 cm.

3—5. (1)1.13 mm; (2)22 根;

(3)间距小一半,44 根;

(4)条纹总体反向平移;

(5) 0.05 mm.

3—6. 0.49 mm,10 根。

3—7. 1.8 mm,30 条。

3—8. (1)从略;

(2)一系列同心半圆;

(3)$\Delta\rho=(\sqrt{n+1}-\sqrt{n})\rho_1$, $\rho_1=0.104$ mm.

3—9. (1)条纹向上移动;(2)1.000 865 3.

3—10. 1.000 289.

3—11. 0.74 mm.

3—12. 11″, 1 m 远处 0.002 4 mm²,

10 m 远处 0.24 mm².

3—13. 2.36 μm.

3—14. (1)29.47 μm,

压 T 中部,条纹变密(疏)端规块长(短);

(2)G_2 上下表面有不平行度,角差 $1.35'$.

3—15. $6.24 \times 10^{-6}/℃$.

3—16.(1)从略;　(2)$1.51\,\mu m$;

(3)避开了精确判断盖片与 P 区上表面交棱位置的困难。

3—17. $381\,mm$.

3—18. $104.2\,nm$.

3—19.(1)$105.8\,nm$;

(2)紫光 1.375π,红光 0.7857π.

3—20.(1)29.8%;

(2)$n = 1.84$,$h = 0.13\,\mu m$;

(3)MgF 能增透,　$R = 8.5\%$;

(4)ZnS 能增透,　$R = 4.3\%$.

3—21.(1)厚 $2\,cm$ 时 $122\,\mu m$,

　　　厚 $20\,\mu m$ 时 $0.122\,\mu m$;

(2)$h < 82\lambda = 45\,\mu m$.

3—22. 从略。

3—23.(1)$2.947\,\mu m$; (2)17 级; (3)2 级。

3—24. $\lambda = 3.438\,\mu m$.

3—25. $589.00\,nm$, $589.60\,nm$.

3—26. $1\,211.47$ 条。

3—27. 精度 $0.032\,\mu m$,量程约 $2\,m$.

3—28.(1)$\lambda = 2v/\nu$;　(2)$v = 15\,\mu m/s$;

(3)$5.2 \times 10^{-2}\,Hz$.

3—29. $h = 2.94\,cm$.

3—30. $2°34'$

3—31.(1)1.7×10^5 级;

(2)$2.2 \times 10^{-6}\,rad = 0.45''$.

(3)色分辨本领约 2.6×10^7,

　　可分辨最小波长间隔 $2.3 \times 10^{-5}\,nm$;

(4)1.2×10^5 条,　$1.9 \times 10^{-5}\,nm$;

(5)$\delta(\Delta\lambda) \approx 3 \times 10^{-8}\,nm$.

3—32.(1)两条,$\lambda = 620.0\,nm$,$413.3\,nm$;

(2)$\Delta\lambda = 4.03\,nm$,　$\Delta\lambda' = 1.79\,nm$.

第四章

4—1.(1)$8.0\,m$,　$2.7\,m$,　$1.6\,m$,

(2)$4.0\,m$,　$2.0\,m$,　$1.3\,m$.

4—2.(1)$0.87\,mm$,　$1.5\,mm$;

(2)$1.2\,mm$,　$1.7\,mm$.

4—3. $I_0/4$.

4—4. $2I_0$.

4—5. a. $2I_0$,　b. $2I_0$,　c. $I_0/4$,

　　d. I_0,　e. $5I_0$,　f. $I_0/16$.

4—6. $121I_0$.

4—7. $99^2 I_0$.

4—8.(1)$23.60\,m$,　(2)缩小到 $1/10$。

4—9.(1)　$\rho_k = \sqrt{k}\rho_1$,

第一个半波带半径 $\rho_1 = 0.57\,mm$,

(2)$k \approx 32$,有效面积半径为 $3.2\,mm$.

4—10. $43\,cm$.

4—11. 从略。

4—12.

	反射	折射
(1)	$12.4''$	$8.2''$
(2)	$47.4''$	$10.7''$
(3)	$66'40''$	$11.1''$

4—13. 从略。

4—14. $63\,\mu m$.

4—15.(1)$D \approx 2.8\,m$,　(2)1200 倍。

4—16. 最小分辨角 $0.064''$,

正常视角放大率 $M = 938$ 倍。

主观亮度为自然亮度的 938 倍。

4—17.(1)$0.25\,\mu m$,　(2)290 倍;

(3)$111\,mm$.

4—18. $D = 9.76\,cm$.

4—19. $255\,m$.

4—20. $D \approx 5.05\,m$.

4—21. 缺级 $k = \pm 3, \pm 6, \cdots$

$I_0 = 4I_{单缝}$,　$I_1 = 2.74I_{单缝}$.

4—22. $I_4 = 0.39I_{单缝}$.

4—23. 从略。

4—24. 主极强半角宽度

$$\Delta\theta = \frac{\lambda}{Nd\cos\theta_k},$$

缺级与正入射时同。

4—25. 从略。

4－26. $I_\theta = I_0 \left(\dfrac{\sin\alpha}{\alpha}\right)^2 \left[3 + 2\left(\cos 2\alpha + \cos 5\alpha + \cos 7\alpha\right)\right]$, 　其中 $\alpha = \pi a \sin\theta/\lambda$.

4－27. (1) $I_\theta = I_0 \left(\dfrac{\sin\alpha}{\alpha}\right)^2 \left(\dfrac{\sin 6N\alpha}{\sin 6\alpha}\right)^2$;

(2) 同(1);

(3) $I_\theta = 4I_0 \cos^2 2\alpha \left(\dfrac{\sin\alpha}{\alpha}\right)^2 \left(\dfrac{\sin 6N\alpha}{\sin 6\alpha}\right)^2$;

　　其中 $\alpha = \pi a \sin\theta/\lambda$.

4－28. 2.41×10^{-4} nm.

4－29. 大于 9.82 mm ≈ 10 mm.

4－30. (1) 0.2 mm/nm, (2) 0.042 nm,

4－34.

(3) ± 4 级。

4－31. $1°33'$.

4－32. (1) 0.005 nm;

(2) $1/D_\theta = 0.244$ nm/(′);

(3) $\theta_b \approx 12°39'$, 亦即闪耀方向与光栅平面的法线之间的角度。

4－33. 0.25 nm.

	光栅	棱镜	法-珀腔
(1) 色分辨本领	3×10^4	3×10^3	6×10^5
(2) 角色散本领	$2.2'$/nm	$0.31'$/nm	$39'$/nm
(3) 自由光谱范围	一级 850.0 nm ~1700.0 nm	——	$\lambda = 550.0$ nm 时 0.003 nm

第五章

5－1. $\widetilde{T}_L = \exp\left[\dfrac{-\mathrm{i}k}{2}\left(\dfrac{n_L-n}{r_1} - \dfrac{n_L-n'}{r_2}\right)(x^2+y^2)\right] = \exp\left(-\mathrm{i}\,n'k\,\dfrac{x^2+y^2}{2F'}\right) = \exp\left(-\mathrm{i}\,k'\,\dfrac{x^2+y^2}{2F'}\right)$,

　　其中 $\dfrac{1}{F'} = n'\left(-\mathrm{i}\,n'k\,\dfrac{x^2+y^2}{2F'}\right)$, 　　F'——像方焦距, 　$k' = n'k$.

5－2 到 5－3. 从略。

5－4. 200 mm^{-1}.

5－5. 相干 $\delta y_{\min} = \dfrac{\lambda}{\sin u_0}$, 非相干 $\delta y_{\min} = \dfrac{0.61\lambda}{\sin u_0}$.

5－6. (1) 1 m, 　(2) 2 cm 内,

(3) 6.3×10^{-3} rad $= 21'42''$,

(4) 1.3 cm.

5－7. (1) 大于 25 cm;

(2) 半角宽度 4.9×10^{-4} rad $= 1'42''$,

　　0 级线宽 0.78 mm;

(3) 半角宽度同(2), 0 级线宽 0.39 mm;

(4) 同(2)。

5－8. 从略。

5－9. $I(x', y') = I_0 \left(\dfrac{\sin N\beta}{\sin\beta}\right)^2$

　　$\beta = \dfrac{\pi d x'}{\lambda F}$, 　F——透镜焦距。

5－10. (1)

(x', y')/mm	(f_x, f_y)/mm^{-1}
0, 0	**0, 0**
0, 1	**0, 2.8**
$\sqrt{2}/2, \sqrt{2}/2$	**2.0, 2.0**
0.5, 2	**1.4, 5.6**
3, -5	**8.3, -13.97**
$-10, -15$	**$-27.8, -41.7$**

(2) 42 mm^{-1}.

5－11. (1) 一组与 y 正交的等距直线;

(2) $\varphi_O(y) = ky\sin\theta_O + \varphi_0$,

　　$\varphi_R(y) = ky\sin\theta_R = -ky\sin\theta_O$.

(3) 从略;

(4) $1°$ 时 36.26 μm, $60°$ 时 0.632 8 μm;

(5) 可以构成全息图, 匹配;

(6) $\theta_0 = -\theta/2$ (原方向直进), $\theta_{+1} = \theta/2$, $\sin\theta_{-1} = 3\sin\theta/2$.

5－12. $\theta_0 = 0$ (原方向直进),

　　$\sin\theta_{\pm1} = \pm 2\sin\theta/2$.

5－13. $+1$ 级 $(0, y_0/2, z/2)$, -1 级在无穷远。

5－14. 从略。

第六章

6－1. (1) $54°45'$; 　(2) $35°15'$.

6－2. 21%.

6—3. 12.5%.

6—4. 53°8′.

6—5. 1.636.

6—6. (1)57.34°; (2)32.26°;

(3)9.55%; (4)9.55%; (5)18.9%.

6—7. 91%.

6—8. $W_2 = 0.90W_0$, $W_3 = 0.09W_0$,

$W_4 = 0.81W_0$.

6—9.

$$\tan\alpha_1' = \frac{\dfrac{n_1}{n_2}\sin^2 i + \cos i\sqrt{1-\left(\dfrac{n_1}{n_2}\sin i\right)^2}}{\dfrac{n_1}{n_2}\sin^2 i - \cos i\sqrt{1-\left(\dfrac{n_1}{n_2}\sin i\right)^2}}\tan\alpha,$$

$$\tan\alpha_2 = \frac{n_2\cos i + n_1\sqrt{1-\left(\dfrac{n_1}{n_2}\sin i\right)^2}}{n_1\cos i + n_2\sqrt{1-\left(\dfrac{n_1}{n_2}\sin i\right)^2}}\tan\alpha.$$

6—10. 反射光 $\alpha_1' = 90°$,

折射光 $\alpha_2 = 18°18′$.

6—11. (1)(2)从略;

(3) $\mathscr{R} = \dfrac{1}{2}(\mathscr{R}_p + \mathscr{R}_s)$, $\mathscr{T} = \dfrac{1}{2}(\mathscr{T}_p + \mathscr{T}_s)$.

6—12. (1)$\mathscr{R}_p = 0$, $\mathscr{R}_s = 15\%$;

(2)$\mathscr{T}_p = 1$, $\mathscr{T}_s = 85\%$.

6—13. (1)$\mathscr{R} = 7\%$, $\mathscr{T} = 93\%$. (2)同(1)。

6—14. 半径>5.1 mm.

6—15. 加膜全反射临界角

$$i_c' = \arcsin\frac{n_2}{n_1} = \arcsin\frac{1}{3.4} = 17°6′,$$

与无膜时 i_c 相同.

6—16 到 **6—17.** 从略.

6—18. (1) $\delta_p = -123°48′$, $\delta_s = -78°48′$;

(2)$\varphi_{1p}' - \varphi_{1s}' = 45°$.

6—19. 140.6 nm.

6—20. $A_o = 0.34A$, $A_e = 0.94A$.

6—21.

α	I_{oo}	I_{ee}	I_{oe}	I_{eo}
0°	$I/2$	$I/2$	0	0
45°	$I/4$	$I/4$	$I/4$	$I/4$
90°	0	0	$I/2$	$I/2$
180°	$I/2$	$I/2$	0	0

6—22. (1)$L_o = 1.314$ mm, $L_e = 1.322$ mm;

(2) $5273.5°\bmod 360° = 233.5°$.

6—23. $3.51° = 3°31′$.

6—24. 12.3 μm.

6—25. (1)$(\delta_o)_{min} = 30.23°$,

$(\delta_e)_{min} = 27.38°$;

(2)$\Delta\delta(\delta_o)_{min} - (\delta_e)_{min} = 2.85°$.

6—26. 1.44 cm.

6—27. 6.26°.

6—28. (1)$i_e = 20.24°$, $i_o = 25.24°$;

(2)$n_e = 1.60013$.

6—29. 5.284°.

6—30. $\angle S_oMS = 14.14°$.

6—31. 方解石 856.8 nm, 石英 16.17 μm.

6—32. $\dfrac{3}{8}I_0 \to \dfrac{1}{4}I_0$.

6—33. $\begin{cases} I_{eN} = 0.0226I_0, \\ I_{oN} = 0.2425I_0, \end{cases}$ $\dfrac{I_{oN}}{I_{eN}} = 10.72.$

6—34. 50%.

6—35. $A_o/A_e = 2.51$.

6—36. $I_0/4$.

6—37. (1) $\begin{cases} A_{1e} = 0.68A, \\ A_{1o} = 0.18A; \end{cases}$ $\begin{cases} I_e = 0.47I_0, \\ I_o = 0.03I_0. \end{cases}$

(2) $\begin{cases} A_{2e} = 0.66A, \\ A_{2o} = 0.05A; \end{cases}$ $\begin{cases} I_e' = 0.44I_0, \\ I_o' = 0.0022I_0. \end{cases}$

6—38. $i = \dfrac{3}{16}I_0$.

6—39. (1)390.8 nm, 429.9 nm, 477.6 nm,

537.3 nm, 614.1 nm, 716.5 nm;

(2)409.4 nm, 452.5 nm, 505.7 nm,

573.2 nm, 661.3 nm, 781.6 nm.

6—40. (1)一组平行于棱边的直条纹;

(2)4.86 mm; (3)亮暗纹对调;

(4)全部消光。

6—41. 一组平行于棱边的直线条纹,

条纹间隔 $\Delta x = \dfrac{\lambda}{2(n_e-n_o)\alpha} = 0.674$ mm,

从 45° 转动补偿器光轴, 干涉图样强度发生变化.

6—42. (1)$\delta = 2\pi b/a$; (2)从略;

(3)$\theta = \arctan(A_\perp/A_\parallel)$,

$A_\perp$、$A_\parallel$——正椭圆半长短轴。

6—43. $\Delta n = 7.121 \times 10^{-5}$.

6—44. (1)7.5 mm 及其整数倍;

(2)3.75 mm 及其奇数倍。

6—45.(1)从略；

(2)757 nm，679.0 nm，

628.0 nm，583.0 nm，546.1 nm，

514.0 nm，490.0 nm，466.0 nm，

448.0 nm，436.0 nm，421.0 nm，

415.0 nm；

(3)415.0 nm　　$\psi_{max}=2\,700°$，

757.0 nm　　$\psi_{min}=720°$.

6—46. 1.32 mm.

6—47. $0.332\,g/cm^3$.

6—48. 31%.

6—49. $5.6\times10^{-5}\,rad\approx12''$.

第七章

7—1.

I/I_0	l/cm
10%	7.2
20%	5.0
50%	2.2
80%	0.70

7—2. 56.1%.

7—3. $A=1.575$，$B=1.464\times10^4\,nm^2$；

$n_D=1.617$，

$\dfrac{dn}{d\lambda}=-1.431\times10^{-4}/nm$.

7—4. $A=1.504$，

$\qquad B=4.437\times10^3\,nm^2$，

$\qquad C=-1.387\times10^8\,nm^4$；

可 $\left.\begin{array}{l} n_h=1.526，\\ n_g=1.523，\\ n_e=1.517，\\ n_N=1.511，\end{array}\right\}$偏小

见

光

波

段

$\left.\begin{array}{l} n_{863.0}=1.510，\\ n_{950.8}=1.509.\end{array}\right\}$偏大

7—5. $D_\theta\approx12.9''/nm$.

7—6. 从略。

7—7. $6.15'$.

7—8. $1.6\times10^{16}\,Hz$，接近 X 射线边缘。

7—9. $1.937\times10^8\,m/s$.

7—10.(1) $v_g=v_p$（常量）；

$(2)\ v_g=\dfrac{\dfrac{\lambda}{2\pi}\left(g+3\dfrac{4\pi^2 T}{\lambda^2\rho}\right)}{2\sqrt{\dfrac{\lambda}{2\pi}\left(g+\dfrac{4\pi^2 T}{\lambda^2\rho}\right)}}$；

$(3)\ v_g=\dfrac{c}{n}\left(1-\dfrac{2B}{n\lambda^2}\right)$

　　（λ——真空中波长）；

$(4)\ v_g=2c^2k$.

7—11. 70%.

7—12.

波数差 /cm^{-1}	波长/nm	
	斯托克斯线	反斯托克斯线
607	**502.90**	**473.96**
992	**512.83**	**465.47**
1178	**517.76**	**461.47**
1586	**528.94**	**452.94**
3047	**573.24**	**424.83**
3062	**573.73**	**424.56**

7—13.(1)

T/K	N_2/N_1
10^2	0.31
10^3	0.89
10^5	0.998 8
10^8	0.999 999 88

(2)$T=\infty$；　　(3)$T<0$，负温度；

(4)$T=-10^8\,K$ 高于 $T=10^8\,K$.

索　引

A

阿贝–波特实验 Abbe-Porter experiment 五 2.3

阿贝成像原理 Abbe principle of image
formation 五 2.1

阿贝正弦条件 Abbe sine condition 二 7.4

艾里斑 Airy disk 四 4.1

爱因斯坦系数 Einstein coefficients 七 3.3

凹凸反转像 pseudoscopic image 五 4.5

凹凸透镜 convergent meniscus 二 3.1

凹凸正常像 orthoscopic image 五 4.5

凹透镜 concave lens 二 3.1

B

巴比涅原理 Babinet principle 四 1.3

半波带 half-wave zone 四 2.2

半波带法 half-wave zone method 四 2.2

半波损失 half-wave loss 三 3.2，六 2.4

半峰宽度 width at half maximum 三 6.2

傍轴近似 paraaxial approximation 五 1,4

傍轴条件 paraaxial condition 二 2.2，三 2.1，
五 1,4

包络面 envelop 一 3.2

比尔定律 Beer law 七 1.1

比旋光率 specific rotatory power 六 6.4

玻尔频率条件 Bohr frequency condition 七 3,3

玻耳兹曼分布 Boltzmann distribution 七 3.3

玻片堆 pile of glass plates 六 2.5

波包 wave packet 七 2.4

波带片 zone plate 四 2.4

波的叠加原理 superposition principle of waves
三 1.2

波的独立传播定律 law of independent
propagation of waves 三 1.2

波动说 undulatory theory 一 1.1

波晶片 wave plate 六 4.2

波粒二象性 wave-particle duality 七 §6

波列 wave train 三 2.4

波面 wave surface 一 3.1

波前 wave front 四 1.2，五 1,1

波前重建 wavefront reconstruction 五 4.1

波前函数 wave front function 四 1.2

波前全息记录 wavefront holographic recording
五 4.1

波线 ray 一 3.1

薄膜干涉 film interference 三 3.1

薄透镜 thin lens 二 §3

补偿板 compensating plate 三 5.1

布格定律 Bouguer law 七 1.1

布居 population 七 3.3

布居反转 population inversion 七 5.2，5.3

布拉格条件 Bragg condition 四 7.2

布里渊散射 Brillouin scattering 七 4.4

布儒斯特窗 Brewster window 七 5.6

布儒斯特角 Brewster angle 六 2.2

部分偏振光 partially polarized light 六 1.5

部分相干 partial coherence 三 2.6

C

参考光波 reference wave 五 4.4

参考光束 reference beam 五 4.1

长程标准器 etalon 三 5.5

衬比度 contrast 三 2.5

成像 imagery，imaging，image forming 二 1.1

出射窗 exit window 二 6.2

出射光瞳 exit pupil 二 6.1

出射视场角 exit viewing angle 二 6.2

磁致旋光 magnetic rotation 六 6.5

次波 secondary wavelet 一 3.2

次极大 secondary maximum 四 3,4，5.3

D

单缝衍射 single-slit diffraction 四 1.1，3.2

单缝衍射因子 diffraction factor for single-slit
四 3.4，5.4

单膜线宽 single-mode line width 三 6.2，七 5.7

单色仪 monochromator 二 5.7

单轴晶体 uniaxial crystal 六 3,2

作 者 简 介

赵凯华　北京大学物理系教授,曾任北京大学物理系主任,国家教委高等学校理科物理学与天文学教学指导委员会委员、基础物理教学指导组组长,中国物理学会副理事长、教学委员会主任。 科研方向为等离子体理论和非线性物理。 主要著作有《电磁学》(与陈熙谋合编,高等教育出版社出版,1987 年获全国第一届优秀教材优秀奖),《光学》(与钟锡华合编,北京大学出版社出版,1987 年获全国第一届优秀教材优秀奖),《定性与半定量物理学》(高等教育出版社出版,1995 年获国家教委第三届优秀教材一等奖),等。《新概念物理教程》中已出版的《力学》《热学》《量子物理》三卷是与罗蔚茵合写的,与罗蔚茵的合作项目: "《新概念力学》面向 21 世纪教学内容和课程体系改革",1997 年获国家级教学成果奖一等奖; "新概念物理"1998 年获国家教育委员会科学技术进步奖一等奖。 他负责的"电磁学"被译为 2003 年度"国家精品课程"。

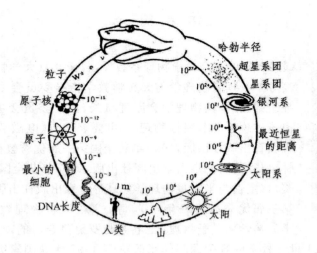

        物理学是探讨物质基本结构和运动基本规律的学科。从研究对象的空间尺度来看,大小至少跨越了 42 个数量级。

        人类是认识自然界的主体,我们以自身的大小为尺度规定了长度的基本单位 —— 米(meter)。与此尺度相当的研究对象为宏观物体,以伽利略为标志,物理学的研究是从这个层次上开始的,即所谓宏观物理学。 19—20 世纪之交物理学家开始深入到物质的分子、原子层次($10^{-9}\sim10^{-10}$ m),在这个尺度上物质运动服从的规律与宏观物体有本质的区别,物理学家把分子、原子,以及后来发现更深层次的物质客体(各种粒子,如原子核、质子、中子、电子、中微子、夸克)称为微观物体。微观物理学的前沿是高能或粒子物理学,研究对象的尺度在 10^{-15} m 以下,是物理学里的带头学科。20 世纪在这学科里的辉煌成就,是 60 年代以来逐步形成了粒子物理的标准模型。

        近年来,由于材料科学的进步,在介于宏观和微观的尺度之间发展出研究宏观量子现象的一门新兴的学科 —— 介观物理学。此外,生命的物质基础是生物大分子,如蛋白质、DNA,其中包含的原子数达 $10^{4}\sim10^{5}$ 之多,如果把缠绕盘旋的分子链拉直,长度可达 10^{-4} m 的数量级。细胞是生命的基本单位,直径一般在 $10^{-5}\sim10^{-6}$ m 之间,最小的也至少有 10^{-7} m 的数量级。从物理学的角度看,这是目前最活跃的交叉学科 —— 生物物理学的研究领域。

        现在把目光转向大尺度。 离我们最近的研究对象是山川地体、大气海洋,尺度的数量级在 $10^{3}\sim10^{7}$ m 范围内,从物理学的角度看,属地球物理学的领域。扩大到日月星辰,属天文学和天体物理学的范围,从个别天体到太阳系、银河系,从星系团到超星系团,尺度横跨了十几个数量级。 物理学最大的研究对象是整个宇宙,最远观察极限是哈勃半径,尺度达 $10^{26}\sim10^{27}$ m 的数量级。宇宙学实际上是物理学的一个分支,当代宇宙学的前沿课题是宇宙的起源和演化,20 世纪后半叶这方面的巨大成就是建立了大爆炸标准宇宙模型。这模型宣称,宇宙是在一百多亿年前的一次大爆炸中诞生的,开初物质的密度和温度都极高,那时既没有原子和分子,更谈不到恒星与星系,有的只是极高温的热辐射和在其中隐现的高能粒子。 于是,早期的宇宙成了粒子物理学研究的对象。粒子物理学的主要实验手段是加速器,但加速器能量的提高受到财力、物力和社会等因素的限制。粒子物理学家也希望从宇宙早期演化的观测中获得一些信息和证据来检验极高能量下的粒子理论。 就这样,物理学中研究最大对象和最小对象的两个分支 —— 宇宙学和粒子物理学,竟奇妙地衔接在一起,结成为密不可分的姊妹学科,犹如一条怪蟒咬住自己的尾巴。

《新概念物理教程·光学》(第二版) 封面插图说明

時空無花情花開,羽絨豪放雲天嬌,芳情雀艷若翠仙,飛鳳玉凰下凡來。

—— 咏孔雀诗

　　鸟类的羽毛在不同方向上显示不同的颜色,因为它的多层结构类似体全息图,产生干涉效果。

　　光学是一门五彩缤纷的学科。 在阳光下长期进化的结果是,人类的眼睛不仅能够接收到太阳光谱中较强的一个波段,即所谓可见光波段,而且以不同的鲜明色彩来感受它们波长的区别。这靠的是视网膜上三种视锥细胞,它们对光的响应曲线都覆盖了整个可见光范围,但峰值分别处在此范围的长、中、短波段。任何一个波长的光都在这三种视锥细胞上唤起不同比例的反应,每一比例产生特定颜色的生理感觉。多数哺乳动物具有少于三种色感受细胞,它们的视觉有不同程度的"色盲"。但鸟类和某些爬虫类具有三种以上的色感受单元,它们的色感更加丰富,能够分辨人类不能分辨的许多颜色。动植物的保护色更加真实地模拟着背景颜色的光谱,可说明这一点。

　　人类对光学的研究从可见光范围开始。随着科学技术的进步,发展了愈来愈多的探测仪器,人类获取信息的手段从可见光逐步扩展到红外、紫外,乃至整个电磁波谱,光学研究的频谱范围空前拓展了。